农业农村部农业生态与资源保护总站◎组编

晏 启　陈宝雄◎主编

中国兰科植物
野外识别手册

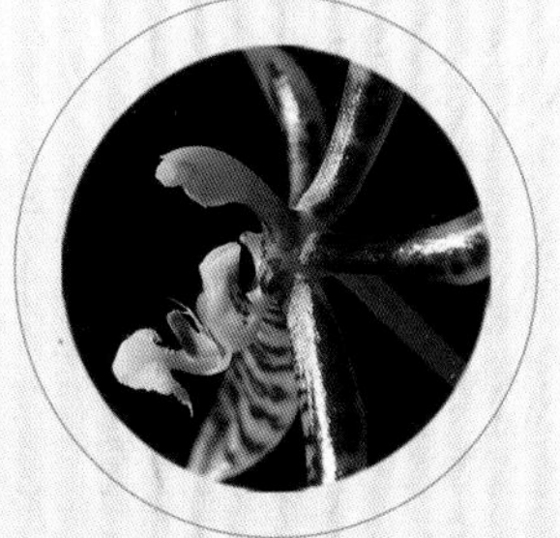

中国农业出版社

北　京

图书在版编目（CIP）数据

中国兰科植物野外识别手册 / 农业农村部农业生态与资源保护总站组编，晏启，陈宝雄主编. —北京：中国农业出版社，2021.5
ISBN 978-7-109-27788-5

Ⅰ. ①中… Ⅱ. ①农… ②晏… ③陈… Ⅲ. ①兰科—野生植物—识别—中国—手册 Ⅳ. ①Q949.71-62

中国版本图书馆CIP数据核字（2021）第023014号

中国兰科植物野外识别手册
ZHONGGUO LANKE ZHIWU YEWAI SHIBIE SHOUCE

中国农业出版社出版
地址：北京市朝阳区麦子店街18号楼
邮编：100125
责任编辑：闫保荣　　文字编辑：李瑞婷
责任校对：吴丽婷
印刷：北京缤索印刷有限公司
版次：2021年5月第1版
印次：2021年5月北京第1次印刷
发行：新华书店北京发行所
开本：889mm × 1194mm　1/16
印张：44.25
字数：600千字
定价：380.00元

PREFACE

号称“花中四君子”的梅、兰、竹、菊，自古以来一直是文人墨客感物喻志的象征，其中兰花更是因其绰约多姿的叶片、高洁淡雅的花朵以及沁人肺腑的香味而备受国人喜爱。然而，由于兰花具有“爱朝日，避夕阳，喜南暖，畏北凉”的生长习性，野生兰花或生长在山脉连绵之山泉流水边，或生长在树木丛生、倾斜山坡的山谷深涧处，或生长在土层较深的岩石缝隙之中。兰花最忌尘埃，也怕烈日和狂风暴雨，空气受污染的城市不利于兰花生长。人工栽培兰花不但不容易繁殖，而且其茎叶形态和花的香气远逊于野生兰花。因此，自20世纪80年代起，随着我国改革开放和人民生活水平的提高，国内外对野生兰花的需求猛增，一些珍稀兰花的价格连年翻番，从而导致对野生兰花的无节制采挖，大量野生兰花种群数量急剧下降，甚至濒临灭绝！为了保护珍贵的野生兰花，《濒危野生动植物种国际贸易公约》(CITES）早在20世纪80年代就将兰科植物纳入保护范围，明确禁止野生兰花的贸易。我国也高度重视兰科植物的保护工作，《中华人民共和国野生植物保护条例》严格规范了包括兰科植物在内的濒危物种的采集管理，2006年制定的《濒危野生动植物进出口管理条例》也收录了全部的兰科植物，规范了野生动植物保护与利用市场，兰科植物的保护有法可依。

针对兰科植物物种数量多、花型结构复杂、识别困难等问题，农业农村部农业生态与资源保护总站组织编写了本书，对兰科植物每个属的代表植物花部结构进行了详细描述，利用图片直观展示其识别特征，并用表格比较各物种的关键识别特征。该手册以通俗易懂的文字和图文并茂的方式传授兰科植物鉴别知识，既可作为基层植物保护人员的野外工作手册，又可作为兰花爱好者的学习教材，是一本不可多得的科普读物。

中国工程院院士 刘旭

前言

FOREWORD

兰花是被子植物中的一个大家族，同时，兰科植物是世界性濒危物种，全科所有种类均被列入《野生动植物濒危物种国际贸易公约》(CITES)的保护范围。我国境内的野生兰科植物也境况堪忧。

为了保护兰科植物，我国出台了一系列的保护规划和措施。这些规划和措施的落实需要基层技术人员的辛苦付出。但是，中国数以千计的兰科植物的识别，对于基层技术人员和群众来讲是比较困难的。

为了提高基层技术人员识别兰科植物的能力和水平，国家农业农村部决意编写一本适宜广大基层技术员的兰科植物野外识别手册。因此突出野外识别特征是这本书的鲜明特色，这些特征不需要基层技术人员“动刀动枪”地解剖，非常便于在野外调查时使用；且此著作构思新颖，用表格对比的形式和恰到好处的配图指出所列植物的关键识别特征，类似于“人、表”对话，对于每一个特征可以对号入座，比起大而全的全文字介绍，更方便无太多分类知识的人掌握；由于兰科植物是种子植物中最进化的类群之一，近年来，随着研究的广泛和深入，不断有新种和新分布种的发现，因此，本书在参考《中国植物志》和《Flora of China》的基础上，查阅了大量文献，收录了很多国内外新发表的种类，以期囊括尽可能多的兰科植物。

我们希望本手册经过基层技术人员的学习、参考、使用后能日趋完善。本书的出版可以直接提高广大基层工作技术员的兰科植物识别能力和水平，能在我国兰科植物资源的调查监测、原生境保护区（点）建设、资源开发利用、技术人员培训等方面发挥一定的作用！

丰富的兰科植物资源为我们的编写工作提供了取之不尽的素材。感谢中国科学院植物研究所金效华副研究员、中国热带农业科学院热带作物品种资源研究所黄明忠博士等人提供资料，感谢西双版纳热带植物园黄文工程师、湖北大西沟省级自然保护区陈希璞副局长、湖北五峰兰科保护区张炎华护林员、后河国家级自然保护区黄大钱工程师、王业清工程师、深圳邹玲珍老师、河南农业大学李家美教授、巫山县林业局周厚林工程师、广西农业科学院花卉研究所范继征工程师等人提供照片。感谢武汉市伊美净科技发展有限公司的植物技术人员在全国各地搜集植物照片与文稿整理中付出的艰辛的劳动。

受主客观条件限制，书中难免会存在不足和错误，敬请读者批评指正。

兰科植物形态术语

根与茎

单轴生长（monopodial） 主轴（茎）的延长是顶芽不断生长的结果，如万代兰等。

合轴生长（sympodial） 主轴（茎）的生长是有限的。它的延长是靠每年侧芽发出的新侧轴，新侧轴的延长又靠下一年的新侧轴，如此连续不断，整个植株的轴（茎）是由许多侧轴连接而成，如石斛等。

菌根（mycorrhiza） 指真菌侵入植物根部后，根部通过消化菌丝体从中取得养分，而真菌也从植物根部取得某种物质，两者共生，称为菌根。

根被（velamen） 存在于某些附生兰根部外层的海绵质组织，此组织在根部发育成熟时已不具活性的内含物，但有通气和吸水的功能。

根状茎（rhizome） 又叫根茎，指横走的、无叶的茎。一般近圆柱状，有节。通常位于地下的根茎较肥厚、粗短，如天麻等；位于地上的根茎较细长，如贝母兰等。

块茎（tuber） 指肥厚的地下茎。常为不规则的长椭圆形、卵球形或其他形状，一般无节。

假鳞茎（pseudobulb） 即膨大呈卵球形或其他形状的茎。通常位于地上，绿色；也有位于地下，非绿色。

琴唇万代兰－示茎单轴生长

重唇石斛－示茎合轴生长

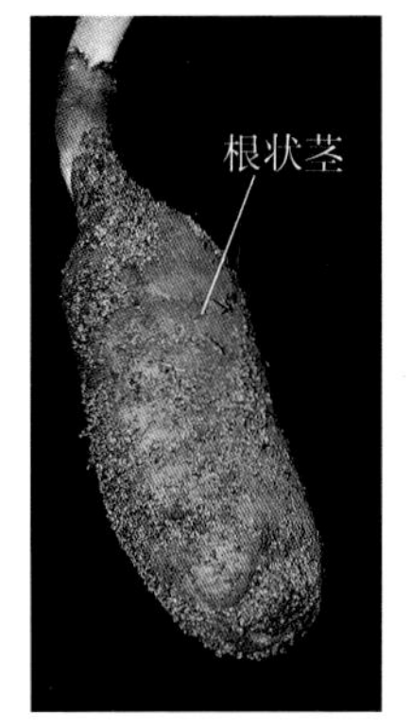

天麻－示根状茎

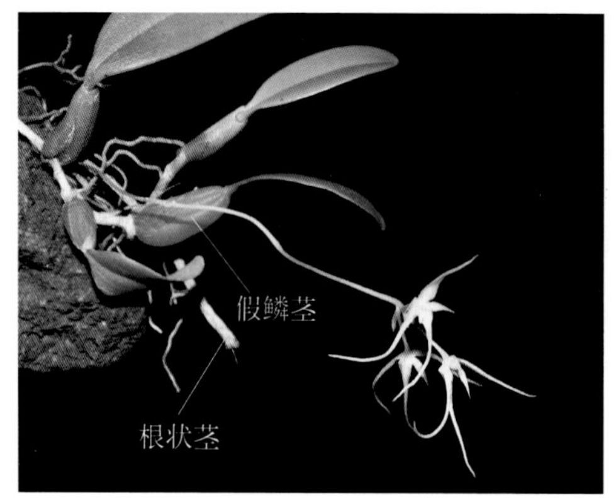

广东石豆兰－示根状茎及假鳞茎

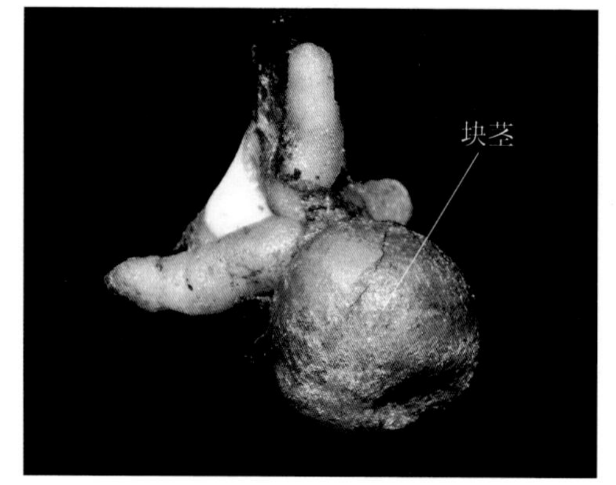

二叶兜被兰－示块茎

花

花莛（scape） 古籍上称“箭”或“花葶”，即生花的茎。

苞片（bract） 古籍上称“箨”或“小包衣”，是变态的叶。苞片存在于花梗基部，花生于其腋内，故也称花苞片。

萼片（sepal） 花的外轮花被片。包括 1 片中萼片（背萼片）和 2 片侧萼片。

中萼片（dorsal sepal） 又叫背萼片，古籍上叫“主瓣”，指外轮中央的 1 片萼片，常近直立。

侧萼片（lateral sepal） 古籍上称“副瓣”，指外轮两侧的 2 片萼片，常向左右伸展。

合萼片（synsepal） 由 2 片侧萼片合生而成，常见于兜兰、杓兰和合萼兰。

花瓣（petal） 古籍上称“捧心”，是内轮花被片中的左右两片。

唇瓣（lip，labellum） 古籍上称“舌”，是内轮花被片中央的 1 片花被片变态而成，常有鲜艳的色泽和复杂的结构。

下唇（hypochile） 唇瓣由于中部缢缩而分为上下两部分时，靠近基部的那部分称为下唇。

上唇（epichile） 唇瓣由于中部缢缩而分为上下两部分时，靠近顶端的那部分称为上唇。

爪（claw） 唇瓣扩展基部狭窄的部分，如线柱兰、叉柱兰等。

唇盘（disc） 唇瓣中裂片和侧裂片之间的部分。

胼胝体（callus） 纽扣状的赘生物。常见于花的唇盘上、距内或唇瓣中裂片外面。

距（spur） 唇瓣基部向下延伸成中空的圆筒状部分。

萼囊（mentum） 指由蕊柱足和着生于其两侧的2片侧萼片基部以及着生于其顶端的唇瓣基部组成的囊状部分。

褶片（lamella） 唇瓣上面纵向延伸的薄片状或薄脊状组织。

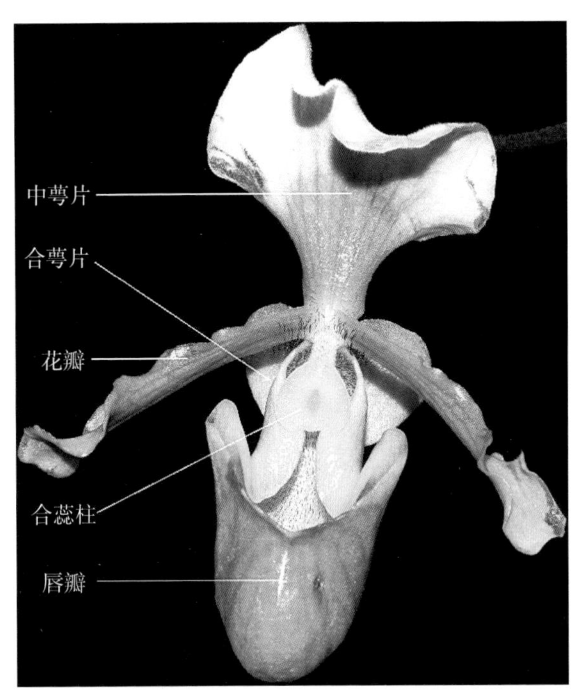

小叶兜兰－示花结构

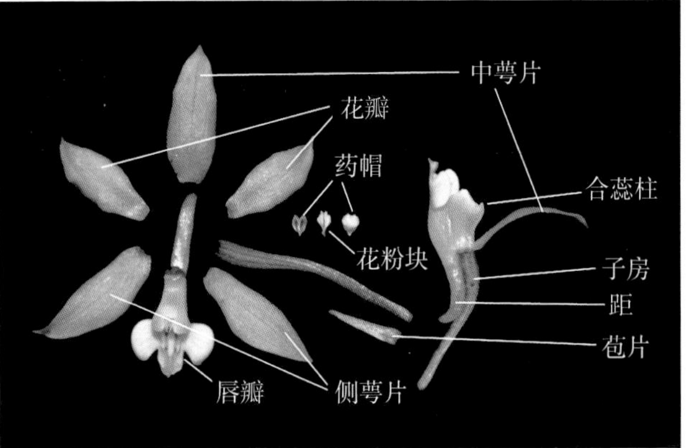

钩距虾脊兰－示花解剖结构

兜唇石斛－示上下唇结构

铁皮石斛－示萼囊结构

西南点唇兰－示爪

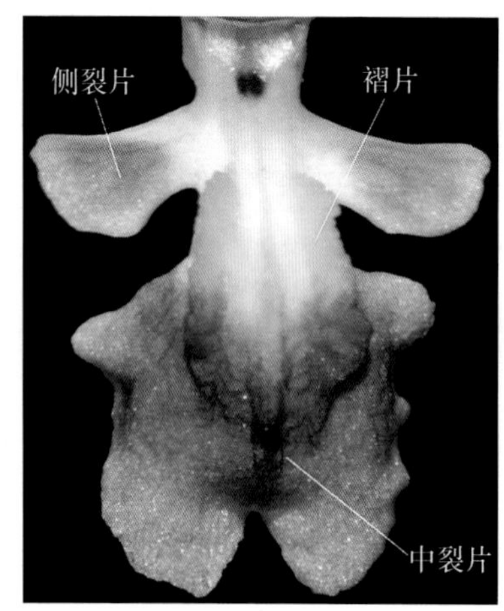

肾唇虾脊兰－示唇瓣

蕊

蕊柱（column） 雌雄蕊愈合而成的柱状器官，也称合蕊柱，上面通常只有1枚雄蕊和1个柱头（腔）。

蕊柱足（column-foot） 蕊柱基部向前下方或前方延伸的部分。

蕊喙（rostellum） 位于花药和柱头之间的舌状组织，是由柱头组织的一部分变态而来的。

花药（anther） 雄蕊中产生花粉的部分。

药床（clinandrium） 蕊柱顶端的凹陷部分，花药存卧其中。

药帽（operculum） 花药顶端帽状组织，药室包藏其下。

退化雄蕊（staminode） 由雄蕊退化变态而来，呈多种形状，或2枚位于蕊柱顶端两侧，如头蕊兰等；或1枚位于蕊柱后上方，如兜兰和杓兰等。

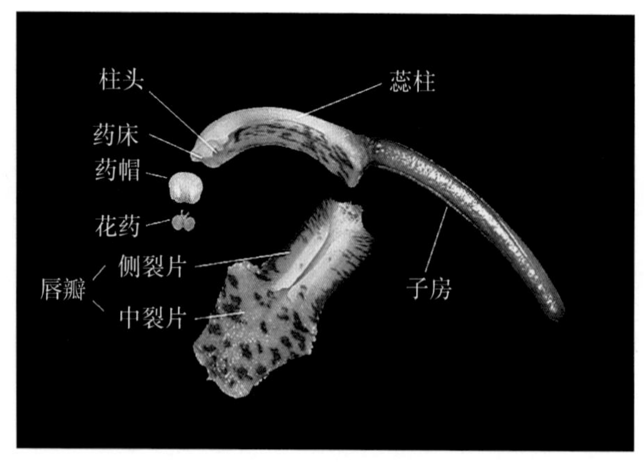

兰属－示蕊柱结构

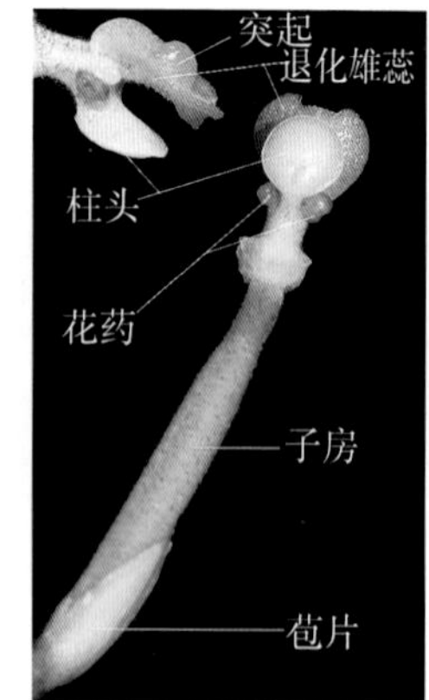

小叶兜兰－示蕊柱结构

花粉块

花粉团（pollinia） 花粉黏合而成的团块，在每个花药内有 2 ～ 8 个。可分为松弛柔软的粒粉质花粉团、团块粒粉质（sectile）花粉团（指花粉团内包含许多小团块）、较坚硬的蜡质花粉团和很坚硬的骨质花粉团。

花粉团柄（caudicle） 花粉团的一部分变态而成的柄状部分，常伸出药室之外，连接于蕊喙的黏盘上。

黏盘柄（stipe） 黏盘扩大和延伸的部分，也起源于柱头组织，一端连接于黏盘，另一端连接于花粉团或花粉团柄上。

黏盘（viscidum） 包藏于蕊喙或镶嵌于蕊喙中的盘状黏块，在接触昆虫身体后脱出并粘贴于昆虫身体上。

黏囊（bursicle） 蕊喙中包藏黏盘的囊状组织。

花粉块（pollinarium） 整个花粉团、花粉团柄、黏盘柄、黏盘结构的总称。但有些种类缺少花粉团柄，有些种类缺少黏盘柄，有些种类缺少黏盘，亦称花粉块。

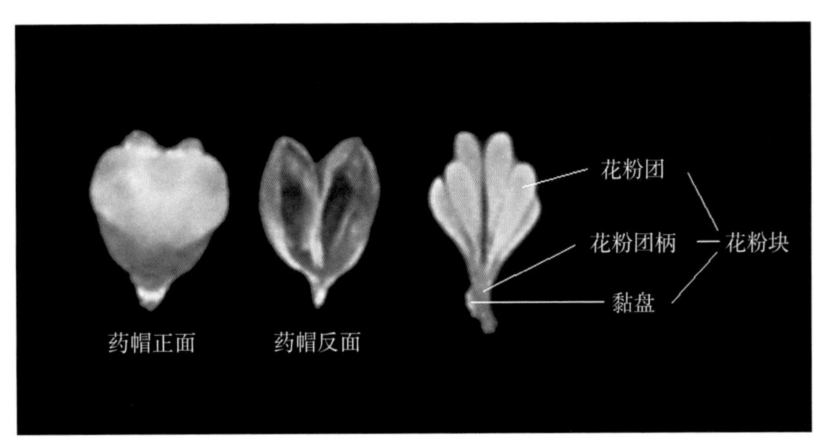

虾脊兰属－示花粉块结构

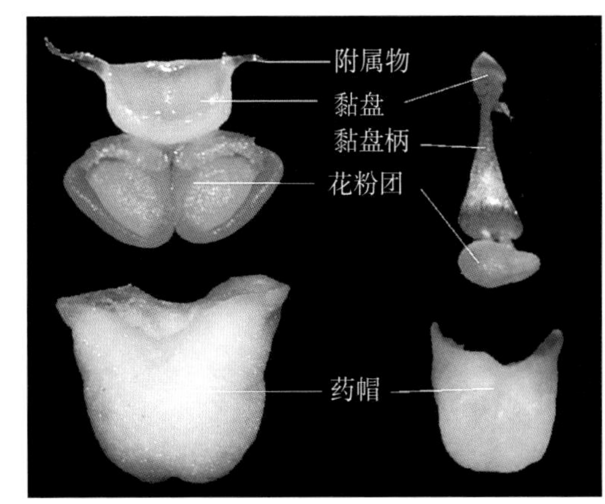

碧玉兰（左）、版纳蝴蝶兰（右）－示药帽及花粉块结构

中国兰科植物分属检索表

1．能育雄蕊2～3枚，如为2枚，则与侧萼片对生；花粉松散或稍黏合，但不形成花粉团。

2．花辐射对称；唇瓣与花瓣相似，不为囊状或兜状。

3．能育雄蕊3枚；花序直立，不分枝 ………………………………………………………………… 2．三蕊兰属 *Neuwiedia*

3．能育雄蕊2枚；花序常多少外弯或下垂，有分枝 ……………………………………………………… 1．拟兰属 *Apostasia*

2．花两侧对称；唇瓣囊状或兜状，明显不同于花瓣。

4．叶折扇状（脉），通常茎生，较少2片铺地而生；花被在果期宿存 …………………………… 3．杓兰属 *Cypripedium*

4．叶对折，基生，2列，3至多片；花被在果期脱落 ………………………………………………… 4．兜兰属 *Paphiopedilum*

1．能育雄蕊1枚，罕有2枚，如为2枚，则与中萼片和唇瓣对生；花粉黏合，形成特定形状的花粉团。

5．花粉团柔软或粒粉质；全部为地生植物（包括腐生种类）；叶不具关节。

6．果实为颖果状；种子具厚种皮，无翅或具近环形翅。

7．自养植物，具绿叶 ……………………………………………………………………………………51．香荚兰属 *Vanilla*

7．腐生植物，无绿叶。

8．果实肉质，不开裂；种子无翅或有近环形狭翅，翅（一侧）比种子（自身）狭窄 ………………… 52．肉果兰属 *Cyrtosia*

8．果实干燥，开裂；种子具近环形宽翅，翅（一侧）比种子（自身）宽

9．茎粗壮；花序轴、子房和萼片多少被锈色毛；蕊柱不及唇瓣长度的1/2 ………………………… 53．山珊瑚属 *Galeola*

9．茎较纤细；花序与花均无毛；蕊柱超过唇瓣长度的1/2 ………………………………………… 54．倒吊兰属 *Erythrorchis*

6．果实为蒴果；种子不具厚种皮，通常两端具狭长的翅，多少呈梭状，极少例外。

10．腐生植物，无绿叶。

11．萼片与花瓣茎部合生。

12．萼片离生 ………………………………………………………………………………… 70．拟锚柱兰属 *Didymoplexiopsis*

12．萼片或多或少合生。

13. 花粉团2个；萼片与花瓣自基部至近顶端合生，仅顶端留有5个齿状裂片；柱头通常生于蕊柱基部 ………… 67. 天麻属 *Gastrodia*

13. 花粉团4个；萼片与花瓣自基部合生至中部；柱头生于近蕊柱顶端。

14. 蕊柱无翅，基部具短的蕊柱足 ………… 68. 双唇兰属 *Didymoplexis*

14. 蕊柱具1对镰刀状翅，基部不具蕊柱足 ………… 69. 锚柱兰属 *Didymoplexiella*

11. 萼片与花瓣离生。

15. 子房顶端与萼片基部之间有一个杯状附属物（副萼）………… 55. 盂兰属 *Lecanorchis*

15. 子房与萼片之间无杯状附属物。

16. 植物具梭状的、珊瑚状的、块状的或圆筒状的肉质根状茎，不具成簇的肉质纤维根。

17. 花粉团不具花粉团柄；唇瓣在中部以下具宽阔的距 ………… 74. 宽距兰属 *Yoania*

17. 花粉团具花粉团柄；唇瓣不具宽阔的距。

18. 根状茎圆筒形、茎状、俯仰状（下部伏地，末端上举）；蕊喙与花药等长 ………… 15. 叠鞘兰属 *Chamaegastrodia*

18. 根状茎珊瑚状或块状；蕊喙小，短于花药。

19. 唇瓣无距；花药具纤细的花丝；花粉团柄1个 ………… 71. 肉药兰属 *Stereosandra*

19. 唇瓣有距；花药不具纤细的花丝；花粉团柄2个 ………… 72. 虎舌兰属 *Epipogium*

16. 植物具短而坚硬的根状茎和簇生的肉质纤维根。

20. 柱头顶生；蕊喙不存在。

21. 能育雄蕊2枚 ………… 61. 双蕊兰属 *Diplandrorchis*

21. 能育雄蕊1枚 ………… 62. 无喙兰属 *Holopogon*

20. 柱头侧生或近顶生；蕊喙存在，常位于柱头腔之上。

22. 唇瓣先端深2裂或偶见长渐尖；蕊喙大，通常与花药等长 ………… 63. 鸟巢兰属 *Neottia*

22. 唇瓣先端不为深2裂，亦非长渐尖；蕊喙较小，明显短于花药。

23. 唇瓣基部有距或呈囊状，中裂片上具纵褶片 ………… 57. 头蕊兰属 *Cephalanthera*

23. 唇瓣基部无距，亦不呈囊状，中裂片上不具纵褶片 ………… 59. 无叶兰属 *Aphyllorchis*

10. 自养植物，具绿叶。

24. 叶纸质或薄革质，折扇状（脉）。

25. 叶簇生于茎的下部至基部；花粉团8个 …………………………………………………………… 73. 白及属*Bletilla*
25. 叶散生于茎中部以上或较少簇生于茎顶端；花粉团2个或4个。
26. 花序侧生或顶生；花密集着生于缩短的花序轴上；蕊喙长，直立；花粉块由具小团块的花粉团、花粉团柄和黏盘组成。
27. 花序不分枝；萼片短于1厘米；唇瓣基部宽于顶部 …………………………………………… 64. 竹茎兰属*Tropidia*
27. 花序分枝；萼片长于3厘米；唇瓣顶部宽于基部 ………………………………………… 65. 管花兰属*Corymborkis*
26. 花序顶生；花散生于延长的花序轴上；蕊喙很小或几乎看不见；花粉块只有粒粉质的花粉团，无花粉团柄和黏盘。
28. 花辐射对称；唇瓣与花瓣相似；柱头顶生……………………………………………… 58. 金佛山兰属*Tangtsinia*
28. 花两侧对称；唇瓣明显不同于花瓣；柱头侧生。
29. 花序上部苞片小，非叶状，短于花梗和子房（大花头蕊兰*Cephalanthera damasonium*除外）；唇瓣3裂，基部囊状或有距 ……………………………………………………………………………………… 57. 头蕊兰属*Cephalanthera*
29. 花序上部苞片大，叶状，长于花梗和子房；唇瓣中部收狭，形成上下唇，基部无距，亦非囊状，有时下唇凹陷为半球形 …………………………………………………………………………………………… 60. 火烧兰属*Epipactis*
24. 叶草质或膜质，非折扇状（脉）。
30. 植物在花期无叶。
31. 叶1片，宽卵形至心形，具长柄 …………………………………………………………………… 66. 芋兰属*Nervilia*
31. 叶常7～8片，矩圆形至椭圆形，具短柄 …………………………………………………………… 21. 肥根兰属*Pelexia*
30. 植物在花期有叶。
32. 花粉团粒粉质（不由小团块组成）。
33. 叶多片，基生………………………………………………………………………………………… 20. 绶草属*Spiranthes*
33. 叶1～2片，基生或茎生。
34. 叶基生；花多朵，通常超过10朵。
35. 植物具数条近肉质的根；叶扁平，宽4～5厘米，具长的叶柄 …………………………… 24. 隐柱兰属*Cryptostylis*
35. 植物具球形块茎；叶圆柱形，直径2～3毫米，不具明显叶柄 …………………………… 25. 葱叶兰属*Microtis*
34. 叶茎生；花1～2（～3）朵。
36. 植物不具块茎；叶椭圆形至矩圆状披针形，长3～8厘米，不具网状脉 ……………………… 56. 朱兰属*Pogonia*
36. 植物地下具球形块茎；叶卵形至心形，长度不足2厘米，具网状脉。

37. 苞片非叶状；唇瓣有2个距 ………………………………………………… 22. 铠兰属 *Corybas*

37. 苞片叶状；唇瓣无距……………………………………………………… 23. 指柱兰属 *Stigmatodactylus*

32. 花粉团团块状粒粉质（由松散的小团块组成）。

38. 花药以狭窄的基部连接于蕊柱，不与蕊柱完全合生，其顶端通常变窄和延长，在后期整个枯萎或脱落；花粉团柄从花药顶端伸出。

39. 柱头1个。

40. 唇瓣与蕊柱分离，整个或下半部呈舟状或囊状；囊的末端不为2裂。

41. 唇瓣舟状或下半部呈凹陷的囊状；花粉团几乎不具花粉团柄……………………… 5. 斑叶兰属 *Goodyera*

41. 唇瓣囊状；花粉团具长的花粉团柄………………………………………… 6. 袋唇兰属 *Hylophila*

40. 唇瓣基部多少贴生于蕊柱上，基部有囊或距；囊或距的末端浅2裂。

42. 蕊柱扭转；蕊喙不为叉状2裂，唇瓣基部囊状 ……………………………… 7. 血叶兰属 *Ludisia*

42. 蕊柱不扭转；蕊喙叉状2裂；唇瓣基部有距。

43. 距长7～10毫米；唇瓣上有1条褶片和2个胼胝体 ……………………… 8. 爬兰属 *Herpysma*

43. 距长1.5～40毫米；唇瓣上不具褶片，亦无胼胝体……………………… 9. 钳唇兰属 *Erythrodes*

39. 柱头2个，侧生（一柱齿唇兰 *Odontochilus tortus* 例外）。

44. 萼片多少合生成管。

45. 萼片合生至中部或中部以上，形成萼管；蕊柱具2个直立的臂状附属物 ……………… 10. 叉柱兰属 *Cheirostylis*

45. 萼片在中部以下合生成萼管；蕊柱不具臂状附属物………………………… 11. 旗唇兰属 *Vexillabium*

44. 萼片离生。

46. 叶很小，长4～15毫米；花序具1～2（～3）朵花 ……………………… 12. 全唇兰属 *Myrmechis*

46. 叶明显较大，长于2厘米；花序通常具3至数朵花。

47. 花不倒置，唇瓣位于上方………………………………………………… 13. 翻唇兰属 *Hetaeria*

47. 花倒置，唇瓣位于下方（金线兰属 *Anoectochilus* 的少数种例外，但唇瓣中部的爪边缘有流苏或齿，可区别于翻唇兰属 *Hetaeria*）。

48. 唇瓣具圆锥形或纺锤形距。

49. 蕊柱无翅，唇瓣无中唇，距内胼胝体有明显的柄……………………… 17. 二尾兰属 *Vrydagzynea*

49. 蕊柱具翅，唇瓣有明显中唇，距内胼胝体无柄………………………… 18. 金线兰属 *Anoectochilus*

48. 唇瓣囊状，无距。

50. 唇瓣基部具1条隆起的中脊 …………………………………………………………… 14. 菱兰属*Rhomboda*

50. 唇瓣无隆起的中脊。

51. 中唇长，边缘梳齿状到全缘，蕊柱扭转，柱头裂片顶生……………………………… 19. 齿唇兰属*Odontochilus*

51. 中唇短，蕊柱不扭转，柱头裂片侧生………………………………………………… 16. 线柱兰属*Zeuxine*

38. 花药以宽阔的基部或背面贴生于蕊柱，其顶端不变窄，宿存；花粉团柄从花药基部伸出。

52. 花具2个距 ……………………………………………………………………………………50. 鸟足兰属*Satyrium*

52. 花无距或具1个距。

53. 花药由于蕊柱向后弯曲而非直立；唇瓣直立，无距；叶短于2厘米；侧萼片近中部处多少囊状或距状
………………………………………………………………………………………………… 49. 双袋兰属*Disperis*

53. 花药直立；唇瓣平展或点头状，基部通常有距；叶通常长于2厘米；侧萼片近中部处不呈囊状或距状。

54. 唇瓣近基部具2个孔 ……………………………………………………………………… 48. 孔唇兰属*Porolabium*

54. 唇瓣无孔。

55. 药隔宽兜状；花药的2个药室彼此明显分开 ……………………………………………47. 兜蕊兰属*Androcorys*

55. 药隔非兜状；花药的2个药室彼此紧密相连。

56. 柱头通常1个（在舌唇兰属*Platanthera*的一些种中偶见2个）。

57. 花序为缩短的聚伞状，无苞片；花序柄下部与叶柄合生，形成短茎；种子有2个气囊
……………………………………………………………………………………………… 45. 冷兰属*Frigidorchis*

57. 花序为总状、穗状或减退为单花，有苞片；花序柄不与叶柄合生，种子不具气囊。

58. 黏盘包藏于一个共同的黏囊中。

59. 具肉质块茎。

60. 块茎前部分裂为掌状…………………………………………………………… 32. 掌裂兰属*Dactylorhiza*

60. 块茎不裂…………………………………………………………………………………26. 红门兰属*Orchis*

59. 不具块茎，根状茎细、指状…………………………………………………………27. 盔花兰属 *Galearis*

58. 黏盘裸露或包藏于2个分开的黏囊中。

61. 柱头通常不凸出或增厚（舌唇兰属*Platanthera*中一些种例外）。

62．花苞片叶状………………………………………………………… 30．苞叶兰属 *Brachycorythis*

62．花苞片非叶状。

63．唇瓣不裂，线形或舌状……………………………………………… 31．舌唇兰属 *Platanthera*

63．唇瓣非舌状，常分裂。

64．蕊喙发达，长达蕊柱的1/2 ………………………………………… 29．舌喙兰属 *Hemipilia*

64．蕊喙不发达……………………………………………………… 28．小红门兰属 *Ponerorchis*

61．柱头凸出或增厚。

65．退化雄蕊具柄；蕊喙不存在；萼片与花瓣多少靠合成兜…………………34．尖药兰属 *Diphylax*

65．退化雄蕊无柄；蕊喙小，但明显可见；萼片与花瓣不靠合成兜。

……………………………………………………………………… 33．反唇兰属 *Smithorchis*

56．柱头2个，分开。

66．黏盘内卷而呈角状；唇瓣通常无距…………………………………35．角盘兰属 *Herminium*

66．黏盘不内卷，有时稍弯曲，但不为角状；唇瓣通常有距。

67．蕊喙尖嘴状、方形或三角形，不具明显的臂。

68．蕊喙尖嘴状，两侧各有1个齿；地下根状茎圆筒状；黏盘包藏于一个由唇瓣与蕊柱形成的穴中

……………………………………………………………………… 39．长喙兰属 *Tsaiorchis*

68．蕊喙方形或三角形，两侧不具齿；地下块茎椭圆状或掌状；黏盘裸露。

69．块茎呈掌状分裂；柱头大，楔形………………………………………… 38．手参属 *Gymnadenia*

69．块茎不裂；柱头通常近棒状。

70．总状花序的花通常不偏向一侧；萼片彼此完全分离；叶通常1片

……………………………………………………………………… 36．无柱兰属 *Amitostigma*

70．总状花序的花常偏向一侧；萼片约3/4长度靠合成兜；叶2～4片或更多

………………………………………………………………………37．兜被兰属 *Neottianthe*

67．蕊喙不为尖嘴状、方形或三角形，有臂。

71．黏盘包藏于由蕊喙臂末端形成的筒中……………………………… 40．白蝶兰属 *Pecteilis*

71．黏盘裸露。

72. 蕊喙臂短，花药的2个药室平行 …………………………………………………… 41. 阔蕊兰属 *Peristylus*

72. 蕊喙臂长；花药的2个药室通常叉开。

73. 茎、花序轴、叶、子房均具紫点；距具膨大的球形末端和一个大的距口 …………………………………………………………………………………43. 紫斑兰属 *Hemipiliopsis*

73. 茎、花序轴、叶、子房并非均具紫点；距不具膨大的球形末端，亦无大的距口。

74. 花序具1（～2）朵较大的花（直径3～4厘米）；花瓣明显大于萼片 ……………………………………………………………………………46. 合柱兰属 *Diplomeris*

74. 花序具1～2朵非常小的花（直径4～5毫米）或3至多朵较大的花；花瓣小于萼片。

75. 花序通常具3至多朵花；柱头分离，非垫状；块茎椭圆状或矩圆形 …………………………………………………………………………… 42. 玉凤花属 *Habenaria*

75. 花序具1～2朵花；柱头相连，垫状；块茎卵圆形或球形 ………………………………………………………………………… 44. 高山兰属 *Bhutanthera*

5. 花粉团蜡质或骨质，坚硬或较坚硬；大多数为附生植物，较少为地生植物（包括少数腐生种类）；叶通常在基部具关节。

76. 植物为单轴生长，不具假鳞茎或肉质茎，也无根状茎或块茎；花粉团骨质，坚硬，通常由一个共同的黏盘柄连接于一个黏盘上。

77. 植物无绿叶，至少在花期无叶。

78. 植株很小；花莛或花序直立，短于2厘米，无毛 ………………………………145. 带叶兰属 *Taeniophyllum*

78. 植株略小；花莛或花序下垂，长于10厘米，被密毛 ………………………………169. 异型兰属 *Chiloschista*

77. 植物具正常的绿叶。

79. 花粉团4个，近球形，彼此分离。

80. 地生植物；唇瓣5裂；蕊柱足长达6毫米 ……………………………… 148. 五唇兰属 *Doritis*

80. 附生植物；唇瓣多少3裂；蕊柱足不存在或很短（长不足2毫米）。

81. 茎长25～100厘米；叶茎生；唇瓣基部有距 ……………………………146. 肉兰属 *Sarcophyton*

81. 茎很短，长不足2～3厘米；叶基生；唇瓣在中裂片基部有囊 …………………149. 象鼻兰属 *Nothodoritis*

79. 花粉团2个，近球形，有时每个再分为2片，非球形。

82. 花粉团无裂隙、裂口或孔洞。

83. 植物小；叶长5～15毫米；萼片与花瓣基部彼此合生或呈管状 ……………189. 拟蜘蛛兰属 *Microtatorchis*

83．植物较小或中等大；叶长4～7厘米；萼片与花瓣离生。

84．蕊柱不具蕊柱足。

85．唇瓣的侧裂片大，先端边缘具齿或流苏……………………………………………………193．巾唇兰属*Pennilabium*

85．唇瓣的侧裂片不明显，先端边缘无齿或流苏……………………………………………… 194．槌柱兰属*Malleola*

84．蕊柱具明显蕊柱足。

86．唇瓣无活动关节……………………………………………………………………………… 191．管唇兰属*Tuberolabium*

86．唇瓣具活动关节。

87．花莛无毛；茎长2～12厘米 ……………………………………………………………… 192．虾尾兰属*Parapteroceras*

87．花莛密被刚毛状细毛；茎短于1厘米 ……………………………………………………… 190．火炬兰属*Grosourdya*

82．花粉团多少具裂隙、裂口、孔洞或再分为2片。

88．每个花粉团顶端具孔洞。

89．唇瓣基部不具距或囊。

90．叶为纤细的圆柱状……………………………………………………………………………………… 183．钗子股属*Luisia*

90．叶非圆柱状。

91．花序长2～4厘米；唇瓣在中部缢缩；蕊柱足不存在 ……………………………………… 184．香兰属*Haraella*

91．花序长0.5～1.5厘米；唇瓣3裂；蕊柱足短，但清晰可见 ……………………………… 182．胼胝兰属*Biermannia*

89．唇瓣基部有距或囊。

92．唇瓣非3裂，通常中部缢缩，有1个兜状或囊状下唇，囊口两侧不具2枚侧裂片 ……………………185．盆距兰属*Gastrochilus*

92．唇瓣3裂，基部有明显的距，距口两侧有2枚侧裂片。

93．花大，完全开放；距常细长而弯曲，向末端渐狭；花粉团无柄……………………………… 186．槽舌兰属*Holcoglossum*

93．花小，不完全开放；距常圆筒状；花粉团具柄。

94．唇瓣基部具胼胝体，侧裂片小，近三角形，中裂片狭长圆形…………………………… 187．鸟舌兰属*Ascocentrum*

94．唇瓣无附属物，侧裂片大，卵状椭圆形，中裂片圆形………………………………………… 188．心启兰属*Singchia*

88．每个花粉团有裂隙或裂口，有时分裂为2个不等大的片。

95．每个花粉团常为球形，有裂隙或裂口，不再分裂为2片。

96．蕊柱足明显。

97. 叶圆柱状……………………………………………………………………………… 175. 凤蝶兰属 *Papilionanthe*

97. 叶扁平。

98. 唇瓣无距。

99. 唇瓣具活动关节…………………………………………………………………………177. 低药兰属 *Chamaeanthus*

99. 唇瓣不具活动关节……………………………………………………………………… 176. 蝴蝶兰属 *Phalaenopsis*

98. 唇瓣有距。

100. 距常为角状，弯曲，末端多指向唇瓣中裂片的背面；中裂片大，扁平 ……………………… 180. 指甲兰属 *Aerides*

100. 距常为矩圆的圆筒状，不弯曲；中裂片肉质，很小 ………………………………………… 181. 长足兰属 *Pteroceras*

96. 蕊柱足不明显。

101. 唇瓣具活动关节 ………………………………………………………………………………… 179. 萼脊兰属 *Sedirea*

101. 唇瓣不具活动关节。

102. 黏盘柄宽阔，短于或稍长于花粉团；黏盘通常近圆形或横椭圆形 ………………………… 170. 万代兰属 *Vanda*

102. 黏盘柄狭窄，明显长于花粉团，通常在顶端变宽；黏盘非近圆形或横椭圆形。

103. 植株较大，具粗厚的气生根；叶长20～40厘米 ……………………………………… 171. 钻喙兰属 *Rhynchostylis*

103. 植株中等大，不具上述综合特征。

104. 距中部狭窄，末端扩大呈拳卷状，距内有附属物 …………………………………… 173. 寄树兰属 *Robiquetia*

104. 距不为上述形状，距内无附属物。

105. 茎伸长；蕊喙先端2裂 ………………………………………………………………… 172. 叉喙兰属 *Uncifera*

105. 茎短缩。

106. 花序细长，疏生多花，花小；唇瓣中裂片细小；距短 ……………………… 174. 拟囊唇兰属 *Saccolabiopsis*

106. 花序短，花少，较大；唇瓣中裂片大；距纤细，圆筒状 ………………………178. 风兰属 *Neofinetia*

95. 每个花粉团完全分裂为2个不等大的片，不为球形。

107. 蕊柱足明显。

108. 茎长2～8厘米，具（4～）6～10片或更多的茎生叶（异色白点兰 *Thrixsfermum eximium* 除外）；唇瓣在2枚侧裂片之间或中裂片基部均不具附属物……………………………………………………………… 168. 白点兰属 *Thrixspermum*

108. 茎短于1厘米，具3～5片基生叶；唇瓣在2枚侧裂片之间或中裂片基部具1枚肉质附属物。
……………………………………………………………………………………………………… 176. 蝴蝶兰属 *Phalaenopsis*

107．蕊柱足不明显或不存在。
109．唇瓣具活动关节。
110．萼片和花瓣倒披针形或狭匙形，长为宽的5～6倍 ………………………………………… 167．蜘蛛兰属 *Arachnis*
110．萼片和花瓣宽倒卵形至倒卵状椭圆形，长为宽的2～3倍。
111．茎长10～20厘米，具3～5片叶；萼片与花瓣具彩色斑点；黏盘小，近圆形 ………… 166．湿唇兰属 *Hygrochilus*
111．茎长20～70厘米，具6～8片叶；萼片与花瓣具彩色横条纹；黏盘大，马鞍形……… 165．花蜘蛛兰属 *Esmeralda*
109．唇瓣不具活动关节。
112．唇瓣基部既无距又无囊，有时凹陷。
113．花序长30～50厘米，比叶长得多；花直径5～6厘米；唇瓣短于萼片或花瓣 …………… 150．拟万代兰属 *Vandopsis*
113．花序长10～15厘米，短于或稍长于叶；花直径1.5～2.0厘米；唇瓣长于萼片或花瓣 ……………………………………………………………………………………………… 151．蛇舌兰属 *Diploprora*
112．唇瓣基部有距或囊。
114．蕊喙长，向侧面或上面斜歪或有时扭曲；黏盘柄细长，长达花粉团的6～9倍 ……………147．小囊兰属 *Micropera*
114．蕊喙和黏盘柄均不为上述情况。
115．唇瓣的距内具隔壁或脊（长度不同）。
116．花序长约1厘米，具2～7朵花；蕊柱近顶端两侧具2个线形、弯曲的附属物 ……………………………………………………………………………………… 161．钻柱兰属 *Pelatantheria*
116．花序长于3厘米，通常具10朵花；蕊柱不具上述附属物。
117．蕊喙很小；花粉团无花粉团柄；黏盘柄形状多种多样，但非长线形，也不弯曲 …………………………………………………………………………………… 163．隔距兰属 *Cleisostoma*
117．蕊喙大；花粉团具明显的花粉团柄；黏盘柄长线形，多少弯曲。
118．叶先端不等的深2裂；黏盘柄强烈弯曲 ………………………………………… 162．大喙兰属 *Sarcoglyphis*
118．叶先端很浅的2裂，黏盘柄稍弯曲 ……………………………………………… 164．坚唇兰属 *Stereochilus*
115．唇瓣的距内不具隔壁或脊。
119．距的内壁上有附属物（常为舌状）。
120．叶圆柱状；距的背壁上有Y形的附属物 ………………………………………157．拟隔距兰属 *Cleisostomopsis*

120．叶非圆柱状；距的背壁上具舌状附属物

121．距在背壁的中部至基部具1枚直立的、顶端分叉的舌状物；蕊柱不具明显的齿，无毛 ………………………………………………………… 160．鹿角兰属 *Pomatocalpa*

121．距在背壁的上部具1枚活动的、有毛的舌状物；蕊柱具齿，有毛。

122．花序长5～10（～15）毫米，明显短于叶，密生数花或减退为单花 ………158．毛舌兰属 *Trichoglottis*

122．花序长5～45厘米，与叶近等长或明显长于叶，疏生数花至多花 ………159．掌唇兰属 *Staurochilus*

119．距的内壁上通常无附属物。

123．花不扭转，唇瓣位于上方 ………………………………………………153．脆兰属 *Acampe*

123．花扭转，唇瓣位于下方。

124．唇瓣基部具爪，爪的上半部有距；距远离子房；中裂片边缘啮蚀皱波状或有流苏；蕊柱具短的蕊柱足 ………………………………………………………… 152．羽唇兰属 *Ornithochilus*

124．唇瓣基部无爪但有距；距与子房靠近；中裂片全缘；蕊柱无蕊柱足。

125．花直径3～5厘米；唇瓣明显短于花瓣，几乎只有花瓣长度的1/10 ………… 155．火焰兰属 *Renanthera*

125．花直径小于1厘米；唇瓣与花瓣近于等长。

126．唇瓣在中裂片基部有1枚肉质的、横向的附属物伸展于距口之上 ………… 154．盖喉兰属 *Smitinandia*

126．唇瓣不具上述的附属物 ……………………………………………… 156．匙唇兰属 *Schoenorchis*

76．植物为合轴生长，大多具假鳞茎或肉质茎，地下常有根状茎或块茎；花粉团蜡质，非十分坚硬，通常不具黏盘柄。

127．侧萼片合生而成合萼片；花序圆锥状 ………………………………………… 92．合萼兰属 *Acriopsis*

127．侧萼片离生或与中萼片靠合成管；如果2枚侧萼片合生，则花序为总状而非圆锥状。

128．花粉团2个。

129．自养植物，具1片绿叶。

130．唇瓣基部有爪；萼囊距状，圆筒形，长4～6毫米 ………………………………104．吻兰属 *Collabium*

130．唇瓣基部无爪；萼囊非上述形状。

131．唇瓣3裂；萼囊明显，圆锥形，长2毫米…………………………………… 105．金唇兰属 *Chrysoglossum*

131．唇瓣不裂；萼囊不明显 ………………………………………………… 106．密花兰属 *Diglyphosa*

129．自养或腐生植物，前者具2至多片绿叶，后者无绿叶。

132. 唇瓣基部不具囊或距；叶基部不具长柄，亦无假茎；若为腐生植物，则蕊柱不具蕊柱足 ……………………91. 兰属 *Cymbidium*

132. 唇瓣基部具囊或距；叶基部有长柄，长柄常形成假茎；若为腐生植物，则蕊柱具明显的蕊柱足。

133. 花序直立，药帽具2个暗色突起；唇瓣明显3裂……………………………………………………………………89. 美冠兰属 *Eulophia*

133. 花序下垂，药帽不具2个暗色突起；唇瓣通常不裂或不明显3裂…………………………………………… 90. 地宝兰属 *Geodorum*

128. 花粉团4～8个。

134. 花粉团8个。

135. 植株茎叶、花序等被棕褐色毛 ………………………………………………………………………………128. 毛鞘兰属 *Trichotosia*

135. 植株茎、叶通常无毛。

136. 花粉团以一个共同的黏盘柄连接于黏盘。

137. 蕊柱足不存在；萼囊也不存在；花药顶端有喙 ……………………………………………… 137. 矮柱兰属 *Thelasis*

137. 蕊柱足明显；萼囊存在；花药顶端钝，无喙 ………………………………………………… 138. 馥兰属 *Phreatia*

136. 花粉团通常不具黏盘柄而直接连接于黏盘或黏性物质上，有时不存在黏盘和黏性物质，在极罕有的情况下每个花粉团具1个黏盘柄。

138. 蕊柱不具明显的蕊柱足。

139. 花序缩短，头状；萼片长4～5毫米 ………………………………………………… 134. 禾叶兰属 *Agrostophyllum*

139. 花序总状或减退为单花；萼片长（8～）10～70毫米。

140. 花序腋生 ……………………………………………………………………………… 123. 柱兰属 *Cylindrolobus*

140. 花序侧生或顶生。

141. 假鳞茎纤细，直径1.5～2.5毫米，近似叶柄。

142. 花序总状，具数花；花不扭转，唇瓣位于上方，基部有短距 ………………………… 93. 云叶兰属 *Nephelaphyllum*

142. 花序减退为单花；花扭转，唇瓣位于下方，基部无距 ……………………………………… 96. 滇兰属 *Hancockia*

141. 假鳞茎不存在或粗大，绝非叶柄状。

143. 假鳞茎近球形至卵球形，罕有卵状圆锥形，具1～5片顶生叶；黏盘三角形 …………… 98. 苞舌兰属 *Spathoglottis*

143. 假鳞茎圆筒形至圆锥形，极罕近球形，有时无假鳞茎，而为长茎所代替，具数片至多片基生或侧生叶；黏盘非三角形或不存在。

144. 茎圆柱状，从下部至上部具10片以上叶。

145. 叶在花期以后不凋落；唇瓣无距 ………………………………………………………… 107. 竹叶兰属 *Arundina*

145. 叶在花期以后凋落；唇瓣基部有距 ………………………………………………………… 108. 笋兰属 *Thunia*

144. 茎不明显或明显，后者在中部以上具2～6（～8）片叶。

146. 柱头通常近顶生；唇瓣基部无距亦无囊，在中裂片基部或唇盘上有小泡状物 ………………………………………………………… 99. 黄兰属 *Cephalantheropsis*

146. 柱头侧生；唇瓣通常基部有距或囊，极罕无距亦无囊，在中裂片基部或唇盘上无小泡状物。

147. 植株常较高大，具圆锥形、长卵形或近圆筒形的假鳞茎或延长的茎；叶疏生于茎的上部或假鳞茎顶端；唇瓣通常与蕊柱翅完全分离 ………………………………………………………… 100. 鹤顶兰属 *Phaius*

147. 植株较小，不具或具近卵球形的假鳞茎；叶近基生；唇瓣通常与蕊柱翅基部边缘合生 ………………………………………………………… 101. 虾脊兰属 *Calanthe*

138. 蕊柱具明显的蕊柱足。

148. 花莛或花序发自茎或假鳞茎的上部或顶端。

149. 萼片合生而成圆筒状或坛状的管。

150. 花序长4～10厘米，具10～40朵花；叶长5.0～16.5厘米；假鳞茎不呈网状………… 133. 宿苞兰属 *Cryptochilus*

150. 花序短于3厘米，具1～2朵花；叶长1.5～2.5厘米；假鳞茎表面呈网状 ………………… 131. 盾柄兰属 *Porpax*

149. 萼片离生或仅侧萼片基部与蕊柱合生，不形成管。

151. 假鳞茎或茎具1个明显节间。

152. 幼叶卷叠方式为旋转，假鳞茎圆锥形 ………………………………………………………… 119. 毛兰属 *Eria*

152. 幼叶卷叠方式为对折，假鳞茎不为圆锥形。

153. 萼片背面被密毛 ………………………………………………………… 120. 钟兰属 *Campanulorchis*

153. 萼片背面无毛 …………………………………………………………121. 蛤兰属 *Conchidium*

151. 假鳞茎或茎具多个明显节间。

154. 叶圆柱形 ………………………………………………………… 122. 拟毛兰属 *Mycaranthes*

154. 叶扁平。

155. 蕊柱顶端具2个直立的臂状附属物；茎不膨大成假鳞茎；叶1片………………………… 132. 牛角兰属 *Ceratostylis*

155. 蕊柱顶端不具臂状附属物；茎常膨大成假鳞茎；叶2至多片。

156. 唇瓣全缘；蕊柱足与蕊柱成直角 ………………………………………………… 130. 美柱兰属 *Callostylis*
156. 唇瓣3裂；蕊柱足与蕊柱不成直角。
157. 花苞片大而明显，颜色鲜艳 ………………………………………………… 124. 绒兰属 *Dendrolirium*
157. 花苞片小，颜色不鲜艳。
158. 花小，密生呈试管刷状 ………………………………………………… 125. 气穗兰属 *Aeridostachya*
158. 花序非上述情况。
159. 假鳞茎沿根状茎有序排列，长为叶的1/4，叶生于茎顶端 ……………… 126. 藓兰属 *Bryobium*
159. 假鳞茎沿根状茎聚生，长为叶的1/2，叶生于茎上部 ………………… 127. 苹兰属 *Pinalia*
148. 花莛或花序发自假鳞茎的中部至基部，或直接发自根状茎。
160. 假鳞茎中部有节；萼片合生成管 ………………………………………… 102. 坛花兰属 *Acanthephippium*
160. 假鳞茎至少在中部无节；萼片完全离生。
161. 植株在花期无叶 ………………………………………………………… 97. 粉口兰属 *Pachystoma*
161. 植株在花期有叶。
162. 叶1片；假鳞茎叶柄状 …………………………………………………… 94. 带唇兰属 *Tainia*
162. 叶2至多片（苞舌兰属*Spathoglottis*偶见1片叶）；假鳞茎明显不同于叶柄。
163. 唇瓣具活动关节，无距；叶顶生 ………………………………………… 95. 毛梗兰属 *Eriodes*
163. 唇瓣不具活动关节，基部具长达2厘米以上的距；叶近基生 ……………… 101. 虾脊兰属 *Calanthe*
134. 花粉团4～6个。
164. 萼片在基部合生成筒，与子房几乎呈直角伸展 ………………………… 103. 筒瓣兰属 *Anthogonium*
164. 萼片与子房不具上述复合特征。
165. 腐生植物，不具绿叶。
166. 植物在地下具珊瑚状根状茎 ……………………………………………… 88. 珊瑚兰属 *Corallorhiza*
166. 植物在地下不具珊瑚状根状茎。
167. 根状茎长1～3厘米，不分枝；萼片长1～2毫米 ………………………… 82. 紫茎兰属 *Risleya*
167. 根状茎长5～12厘米，分枝；萼片长17～22毫米 ………………………… 91. 兰属 *Cymbidium*

165. 自养植物，具绿叶。

168. 蕊柱具明显的蕊柱足；萼囊清晰可见。

169. 花序发自假鳞茎基部或根状茎上。

170. 花粉块不具黏盘，亦无黏盘柄 ······ 142. 石豆兰属 *Bulbophyllum*

170. 花粉块具黏盘和黏盘柄。

171. 蕊柱足长，弯曲；中萼片明显不同于侧萼片 ······ 143. 短瓣兰属 *Monomeria*

171. 蕊柱足很短或不存在；中萼片与侧萼片相似 ······ 144. 大苞兰属 *Sunipia*

169. 花序发自茎或假鳞茎上部或顶端。

172. 花粉块不具花粉团柄和黏盘；植物具假鳞茎或肉质茎；茎有时节间膨大而成假鳞茎，或呈竹秆状或末端竹鞭状，或完全被两侧压扁的叶基所围抱。

173. 植株在根状茎上着生许多单节的假鳞茎 ······ 141. 厚唇兰属 *Epigeneium*

173. 植株具数节至多节茎或假鳞茎状的茎。

174. 茎的每个分枝末端膨大而形成单节间的假鳞茎，顶端生1片叶 ······ 140. 金石斛属 *Flickingeria*

174. 茎非上述特征；叶通常2至多片 ······ 139. 石斛属 *Dendrobium*

172. 花粉块具花粉团柄和黏盘；植物具非肉质的茎，茎不具上述特征，基部偶见呈球茎状。

175. 叶近基生；茎短于1厘米 ······ 118. 多穗兰属 *Polystachya*

175. 叶密集而2列着生于整个茎上；茎长于5厘米。

176. 叶紧密套叠，两侧压扁呈短剑状 ······ 129. 拟石斛属 *Oxystophyllum*

176. 叶正常。

177. 花粉团6个 ······ 135. 牛齿兰属 *Appendicula*

177. 花粉团4个 ······ 136. 柄唇兰属 *Podochilus*

168. 蕊柱不具明显的蕊柱足；萼囊不存在。

178. 植物具长茎；叶茎生 ······ 108. 笋兰属 *Thunia*

178. 植物不具长茎；叶基生或生于假鳞茎顶端。

179. 叶两侧压扁或有时圆柱状 ······ 81. 鸢尾兰属 *Oberonia*

179. 叶扁平（腹背压扁）。

180．地生植物，不具裸露的绿色假鳞茎。

181．花粉块不具花粉团柄、黏盘柄和黏盘。

182．蕊柱长而弯曲，花倒置 …………………………………………………………… 75．羊耳蒜属 *Liparis*

182．蕊柱短而直，花不倒置。

183．叶1～2片，无凸出的脉纹 …………………………………………………… 77．原沼兰属 *Malaxis*

183．叶2片或更多，具凸出的脉纹。

184．蕊柱两侧无指状附属物，药隔宽，药室分开，唇瓣侧裂片合抱蕊柱 ……………80．小沼兰属 *Oberonioides*

184．蕊柱两侧具指状附属物，药隔窄。

185．唇瓣全缘或不明显分裂，无胼胝体 ………………………………………… 78．沼兰属 *Crepidium*

185．唇瓣3裂，基部具1个横向胼胝体…………………………………………79．无耳沼兰属 *Dienia*

181．花粉块具明显的花粉团柄、黏盘柄或黏盘。

186．植物具单花。

187．萼片短于2厘米；唇瓣的距向前伸展，与唇瓣近平行 ……………………… 86．布袋兰属 *Calypso*

187．萼片长于2.5厘米；唇瓣的距下垂…………………………………………… 87．独花兰属 *Changnienia*

186．植物具多花。

188．唇瓣基部具纤细的距，距长于花梗和子房 ………………………………85．筒距兰属 *Tipularia*

188．唇瓣无距。

189．植物在地下不具非绿色的球茎状假鳞茎；叶（2～）3至多片，非顶生，通常带状至线形
…………………………………………………………………………………………91．兰属 *Cymbidium*

189．植物在地下具非绿色的球茎状假鳞茎；叶1～2片，生于假鳞茎顶端，通常狭椭圆形至披针形，极罕线形。

190．花粉块具纤细的黏盘柄；萼片长5～11毫米 …………………………………… 83．山兰属 *Oreorchis*

190．花粉块不具明显的黏盘柄；萼片长17～30毫米 ………………………… 84．杜鹃兰属 *Cremastra*

180．附生植物，具裸露的绿色假鳞茎。

191．叶膜质或纸质；唇瓣不3裂。

192．两枚侧萼片离生；花瓣先端不分裂为叉状 ……………………………………… 75．羊耳蒜属 *Liparis*

192．两枚侧萼片中部以下合生而成合萼片；花瓣先端分裂为叉状 ……………… 76．丫瓣兰属 *Ypsilorchis*

191. 叶厚革质；唇瓣3裂。

193. 萼片基部凹陷并具囊 …………………………………………………………………… 115. 新型兰属*Neogyna*

193. 萼片基部不凹陷，亦不具囊。

194. 唇瓣有距。

195. 假鳞茎在根状茎上彼此紧靠，顶端具2片叶；花多数，生于下垂的总状花序上：距向上弯曲 ……………………………………………………………………………………………116. 蜂腰兰属*Bulleyia*

195. 假鳞茎彼此直接互相连接，顶端具1片叶；花单朵；距伸直 ………………………… 117. 瘦房兰属*Ischnogyne*

194. 唇瓣无距，有时基部有囊。

196. 唇瓣基部凹陷或囊状。

197. 蕊柱纤细，通常与唇瓣近等长 ………………………………………………………… 114. 耳唇兰属*Otochilus*

197. 蕊柱粗短，通常短于唇瓣 ……………………………………………………………… 113. 石仙桃属*Pholidota*

196. 唇瓣基部不凹陷或稍凹陷，但绝非囊状。

198. 唇瓣基部呈S形弯曲 ……………………………………………………………………… 111. 曲唇兰属*Panisea*

198. 唇瓣基部不呈S形弯曲。

199. 假鳞茎如存在则有节，有时呈茎状；叶（2～）3至多片，侧生，通常带形或线形，极罕为狭椭圆状倒披针形 ……………………………………………………………………………………………91. 兰属*Cymbidium*

199. 假鳞茎无节，亦不呈茎状；叶1～2片，顶生，通常狭椭圆形至矩圆状披针形，极罕线性。

200. 总状花序通常具（10～）20～30朵花；花直径1～2厘米。

201. 花粉块不具明显的花粉团柄或黏盘；唇瓣不裂 ………………………………… 75. 羊耳蒜属*Liparis*

201. 花粉块具1个长的花粉团柄和1个很小的黏盘；唇瓣3裂 ………… 112. 足柱兰属*Dendrochilum*

200. 总状花序通常具1至数花；花直径3～5厘米。

202. 花通常2至多朵；叶在花期存在；假鳞茎与叶均长期存在 …………… 109. 贝母兰属*Coelogyne*

202. 花单朵；叶在花期通常不存在或极幼嫩（但四川独蒜兰*Pleione limprichtii*与岩生独蒜兰*Pleione saxicola*例外）；假鳞茎与叶均短期生存，每年更新 ……………………… 110. 独蒜兰属*Pleione*

目录

CONTENS

1. 拟兰属 *Apostasia* Blume

亚灌木状草本。叶折扇状，先端常具长芒。花序总状或具侧枝而呈圆锥状，常外弯或下垂；花近辐射状对称，黄色至白色；蕊柱具2枚可育雄蕊；花柱圆柱状；柱头顶生，小头状。

约9种，产于亚洲热带地区至澳大利亚，北界在中国南部和日本琉球群岛。我国5种。

拟兰－示花部结构

拟兰

多枝拟兰

深圳拟兰

剑叶拟兰

拟兰属植物野外识别特征一览表

序号	种名	块根	叶形	茎分枝情况	花序	退化雄蕊	果实性状	花期	分布与生境
1	佛冈拟兰 *A. fogangica*	管状、近球形	狭卵状披针形，先端具长芒尖	不分枝	圆锥状	退化雄蕊近圆柱形，下部贴生于花柱上	具3条棱	5—6月	产于广东省佛冈市。生于海拔250米土质疏松的林下
2	拟兰 *A. odorata*	无	披针形或线状披针形	不分枝或偶见1个分枝	圆锥状	退化雄蕊下方具2个突出的翅	无棱	5—7月	产于广东北部至南部、广西西南部、云南南部、海南。生于海拔690～720米的林下
3	多枝拟兰 *A. ramifera*	无	卵形或卵状披针形	多分枝	总状，具1～4朵花	退化雄蕊下方膨大并具2条脊	无棱	5—6月	产于海南西南部。生于密林中
4	深圳拟兰 *A. shenzhenica*	管状、近球形	卵形或卵状披针形	不分枝	圆锥状	退化雄蕊明显长于花柱，下部贴生于花柱上	无棱	5—6月	产于广东、深圳。生于海拔200米的阔叶林中
5	剑叶拟兰 *A. wallichii*	无	线形或近线形，先端渐尖并具长芒尖	不分枝	总状或呈圆锥状	退化雄蕊近圆柱形，下部贴生于花柱上	无棱	8月	产于云南西南部。生于海拔1 000米的热带雨林下石缝中

晏启 / 武汉市伊美净科技发展有限公司

2. 三蕊兰属 *Neuwiedia* Blume

亚灌木状草本，直立，通常具向下垂直生长的根状茎和支柱状的气生根。叶数片至多片，折扇状。总状花序顶生；花苞片较大，绿色；子房3室；花近辐射状对称；花被片通常稍靠合，不完全展开；萼片3片，相似或侧萼片略斜歪；花瓣3片，亦大致相似，但中央的1片（唇瓣）常稍大或形态略有不同；能育雄蕊3枚，中央1枚有时较长或较短，侧生2枚的药室有时不等长；花丝明显，连接于花药背面基部上方。

约有10种，产于东南亚至新几内亚岛和太平洋岛屿。我国1种，见于云南东南部、我国香港、海南。

示花部结构

三蕊兰全株

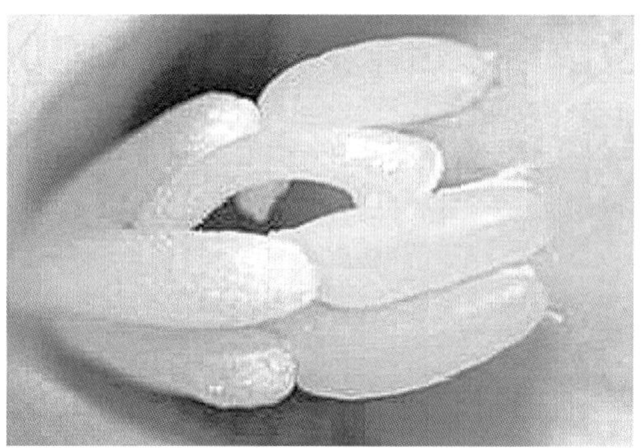

示雄蕊

示果实

三蕊兰属植物野外识别特征一览表

种名	根	叶	花	唇瓣	雄蕊	花期	分布与生境
三蕊兰 *N.singapureana*	亚灌木状草本，直立，通常具向下垂直生长的根状茎和支柱状的气生根	多片，近簇生于短的茎上	绿白色，不甚张开	中央花瓣（唇瓣）与侧生花瓣相似，但中脉较粗厚	能育3枚，中央1枚有时较长或较短，侧生2枚的药室有时不等长	5—6月	产于云南东南部、我国香港、海南。生于海拔约500米的林下

刘胜祥 / 华中师范大学

3. 杓兰属 *Cypripedium* Linnaeus

地生草本，具横走根状茎和许多较粗厚的纤维根。茎直立，基部常有数枚鞘。叶 2 至数片；叶片通常椭圆形至卵形，具折扇状脉、放射状脉或 3 ～ 5 条主脉，有时有黑紫色斑点。花序顶生，通常具单花或少数具 2 ～ 3 朵花；花大，通常较美丽；唇瓣为深囊状，球形、椭圆形或其他形状，一般有宽阔的囊口，囊内常有毛。

全属约 50 种，主要产于东亚、北美、欧洲等温带地区和亚热带山地。我国 38 种（本手册包含 34 种），广布于自东北地区至西南山地和我国台湾高山。

西藏杓兰 – 示花部结构

无苞杓兰

杓兰

褐花杓兰

白唇杓兰

对叶杓兰

雅致杓兰

毛瓣杓兰

华西杓兰

大叶杓兰

黄花杓兰

台湾杓兰

玉龙杓兰

毛杓兰

紫点杓兰

绿花杓兰

高山杓兰

扇脉杓兰

丽江杓兰

波密杓兰

大花杓兰

斑叶杓兰

小花杓兰

巴郎山杓兰

离萼杓兰

山西杓兰

暖地杓兰

太白杓兰

宽口杓兰

云南杓兰

杓兰属植物野外识别特征一览表

序号	种名	茎	叶	花序	花	萼片	花瓣	唇瓣	退化雄蕊	花期	分布与生境
1	无苞杓兰 *C. bardolphianum*	具细长而横走的根状茎；茎直立，较短，长2～3厘米，无毛，大部分位于疏松的腐殖质层之下，基部有鞘	近对生，平展或斜立；叶片椭圆形，近无毛	具1朵花；花无苞片，花序柄无毛	较小，通常萼片与花瓣淡绿色而有密集的褐色条纹，唇瓣金黄色	合萼片与中萼片相似，但较短	长圆状披针形，斜歪，无毛	囊状，腹背压扁，表面在囊口前方有小疣状突起	宽椭圆状长圆形，表面有小乳突	6—7月	产于甘肃、四川、云南和西藏。生于海拔2 300～3 900米的树木与灌木丛生的山坡、林缘或疏林下腐殖质丰富、湿润、多苔藓之地，常成片生长
2	杓兰 *C. calceolus*	具较粗壮的根状茎；茎直立，被腺毛，基部具数枚鞘，近中部以上具3～4片叶	椭圆形或卵状椭圆形，先端急尖或短渐尖，背面疏被短柔毛	顶生，通常具1～2朵花	具栗色或紫红色萼片和花瓣，但唇瓣黄色	合萼片与中萼片相似	线形或线状披针形，扭转，被短柔毛	深囊状，椭圆形，囊底具毛，囊外无毛	近长圆状椭圆形，先端钝，下面有龙骨状突起	6—7月	产于黑龙江、吉林、辽宁和内蒙古。生于海拔500～1 000米的林下、林缘、灌木丛中或林间草地上
3	褐花杓兰 *C. calcicola*	具粗壮、较短的根状茎；茎直立，通常无毛，较少上部有短柔毛，基部具数枚鞘，鞘上方有3～4片叶	椭圆形，两面近无毛，先端渐尖或急尖，边缘有细缘毛	顶生1朵花；花序柄被短柔毛	深紫色或紫褐色，囊口周围不具白色或浅色圈	合萼片椭圆状披针形	卵状披针形，内表面基部具短柔毛	深囊状，椭圆形，囊口与其他部分色泽一致，囊底有毛	近长圆形，基部近无柄	6—7月	产于四川和云南。生于海拔2 600～3 900米的林下、林缘、灌丛中、草坡上或山溪河床旁多石湿润处
4	白唇杓兰 *C.cordigerum*	具短而粗壮的根状茎；茎直立，通常具短柔毛和腺毛，尤其在上部，基部具数枚鞘	椭圆形或宽椭圆形，先端急尖或渐尖，边缘有疏缘毛	顶生1朵花，花序柄多少具腺毛，尤其上部	直径9～10厘米，通常具淡绿色至淡黄绿色萼片和花瓣以及白色的唇瓣	合萼片椭圆状卵形	线状披针形，内表面基部有短柔毛，不扭转	深囊状，椭圆形，腹背略压扁，囊口较小，囊底有毛，外面无毛	近长圆形，基部有明显的短柄	6—8月	产于西藏南部。生于海拔3 000～3 400米的松林下或山旁草地

（续）

序号	种名	茎	叶	花序	花	萼片	花瓣	唇瓣	退化雄蕊	花期	分布与生境
5	大围山杓兰 *C.daweishanense*	植株有粗壮的根状茎；无毛，被1枚鞘覆盖	灰绿色或绿色重斑有紫褐色，近圆形或宽椭圆形	顶生1朵花	相当大；中萼片淡黄绿色，合萼片淡黄、淡灰绿色，疏有栗色斑点；花瓣淡黄色，密有栗色斑点；唇瓣淡黄色，有栗色斑点	合萼片披针形	向前弯曲，内折，椭圆状长圆形	分裂，前表面具乳突	舌形，正面被微柔毛	5—6月	产于云南（屏边）。生于海拔2 300米灌丛中潮湿但排水良好且腐殖质丰富的土壤上
6	对叶杓兰 *C. debile*	具较短的根状茎；茎直立，纤细，无毛，基部具2～3枚筒状鞘，顶端生2片叶	对生或近对生，平展；宽卵形、三角状卵形或近心形	顶生，下垂或俯垂，具1朵花	较小，常下弯而位于叶下方；萼片和花瓣淡绿色或淡黄绿色，在基部有栗色斑；唇瓣白色并有栗色斑	合萼片与中萼片相似	披针形，常多少围抱唇瓣	深囊状，近椭圆形，有较宽的囊口和宽阔的内折侧裂片，囊底有细毛	近圆形至卵形	5—7月	产于我国台湾、甘肃、湖北和四川。生于海拔1 000～3 400米的林下、沟边或草坡上
7	雅致杓兰 *C. elegans*	具细长而横走的根状茎；茎直立，密被长柔毛，基部具2枚筒状鞘，顶端具2片叶	对生或近对生，平展；卵形或宽卵形，通常两面疏生短柔毛，边缘有长缘毛	顶生，近直立，具1朵花；花序柄被长柔毛	小，萼片与花瓣淡黄绿色，内表面有栗色或紫红色条纹；唇瓣淡黄绿色至近白色，略有紫红色条纹	合萼片与中萼片相似	披针形，无毛	囊状，近球形，常上举而不显露囊口，前方有3条纵列紫色疣状突起	小，横椭圆形，基部有短柄	5—7月	产于云南西北部和西藏南部。生于海拔3 600～3 700米的林下、林缘或灌丛中腐殖质丰富之地

（续）

序号	种名	茎	叶	花序	花	萼片	花瓣	唇瓣	退化雄蕊	花期	分布与生境
8	毛瓣杓兰 *C. fargesii*	具粗壮、较短的根状茎；茎直立，包藏于2～3枚近圆筒形的鞘内，顶端具2片叶	近对生，铺地；宽椭圆形至近圆形，先端钝，上面绿色并有黑栗色斑点，无毛	花莛顶生，具1朵花，花序柄无毛	较美丽；萼片淡黄绿色，中萼片基部有密集的栗色粗斑点；花瓣带白色，内表面有淡紫红色条纹，外表面有细斑点；唇瓣黄色而有淡紫红色细斑点	合萼片椭圆状卵形	花瓣背面上侧尤其接近顶端处密被长柔毛	深囊状，近球形，腹背压扁，囊的前方表面具小疣状突起	卵形或长圆形	5—7月	产于甘肃、湖北和四川。生于海拔1 900～3 200米的灌丛下、疏林中或草坡上腐殖质丰富处
9	华西杓兰 *C. farreri*	具粗壮而较短的根状茎；茎直立，近无毛，基部具数枚鞘，鞘上方通常有2片叶	椭圆形或卵状椭圆形，两面无毛，边缘稍具细缘毛	顶生，具1朵花；花序柄上部近顶端处被短柔毛	有香气；萼片与花瓣绿黄色并有较密集的栗色纵条纹；唇瓣蜡黄色，囊内有栗色斑点	合萼片卵状披针形	花瓣披针形，先端渐尖，内表面基部和背面中脉被短柔毛	深囊状，壶形，下垂；囊口边缘呈齿状	近长圆状卵形，基部有短柄	6月	产于甘肃南部、四川西部和云南西北部。生于海拔2 600～3 400米的疏林下多石草丛中或荫蔽岩壁上
10	大叶杓兰 *C. fasciolatum*	具粗短的根状茎；茎直立，无毛或在上部近关节处具短柔毛，基部具数枚鞘，鞘上方具3～4片叶	椭圆形或宽椭圆形，先端短渐尖，两面无毛，具缘毛	顶生，通常具1朵花，花序柄上端被短柔毛	大，直径达12厘米，有香气，黄色，萼片与花瓣上具明显的栗色纵脉纹；唇瓣有栗色斑点	合萼片与中萼片相似	花瓣线状披针形，内表面基部和背面中脉被短柔毛	深囊状，近球形，常多少上举；囊口边缘多少呈齿状，囊底具毛，囊外无毛	卵状椭圆形，边缘略内弯，基部有耳并具短柄，下面有龙骨状突起	4—5月	产于湖北和四川。生于海拔1 600～2 900米的疏林中、山坡灌丛下或草坡上

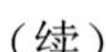

（续）

序号	种名	茎	叶	花序	花	萼片	花瓣	唇瓣	退化雄蕊	花期	分布与生境
11	黄花杓兰 *C. flavum*	具粗短的根状茎；茎直立，密被短柔毛，尤其在上部近节处	椭圆形至椭圆状披针形，两面被短柔毛，边缘具细缘毛	顶生，常具1朵花；花序柄被短柔毛	黄色，有时有红色晕，唇瓣上偶见栗色斑点	合萼片宽椭圆形	长圆形至长圆状披针形，稍斜歪，内表面基部具短柔毛，边缘有细缘毛	深囊状，椭圆形，两侧和前沿均有较宽阔的内折边缘，囊底具长柔毛	近圆形或宽椭圆形，龙骨状突起上面有明显的网状脉纹	6—9月	产于甘肃、湖北、四川、云南和西藏。生于海拔1 800～3 450米林下、林缘、灌丛中或草地上多石湿润之地
12	台湾杓兰 *C. formosanum*	具较细长的根状茎；根状茎横走，分叉；茎直立，无毛或具细毛，基部具数枚鞘，顶端生叶	2片，近对生，位于整个植株的上部；扇形	顶生1朵花；花序柄近无毛或疏被短柔毛	俯垂，白色至淡粉红色，萼片与花瓣基部有淡紫红色斑点；唇瓣上略有淡紫红色短纹和斑点	合萼片椭圆状卵形	长圆状披针形，内表面基部具长柔毛	下垂，囊状，倒卵形或椭圆形，囊口略狭长并位于前方，囊底有毛	卵状三角形或卵状箭头形	4—5月	产于我国台湾。生于海拔2 400～3 000米的林下或灌木林中
13	玉龙杓兰 *C. forrestii*	具细长而横走的根状茎；茎直立，包藏于2枚圆锥形的鞘之内，顶端具2片叶	近对生，平展或近铺地；椭圆形或椭圆状卵形，上面绿色，有较多的黑色斑点	顶生，具1朵花；花序柄被长柔毛	小，暗黄色，有栗色细斑点	合萼片卵状椭圆形	斜卵形，多少围抱唇瓣	囊状，轮廓近圆形，腹背压扁，表面有乳头状突起	长圆形，表面有乳头状突起	6月	产于云南西北部。生于海拔3 500米的松林下、灌木丛生的坡地或开旷林地上

（续）

序号	种名	茎	叶	花序	花	萼片	花瓣	唇瓣	退化雄蕊	花期	分布与生境
14	毛杓兰 *C. franchetii*	具粗状、较短的根状茎；茎直立，密被长柔毛，尤其上部为甚，基部具数枚鞘，鞘上方有3～5片叶	椭圆形或卵状椭圆形，两面脉上疏被短柔毛，边缘具细缘毛	顶生，具1朵花；花序柄密被长柔毛	淡紫红色至粉红色，有深色脉纹	合萼片椭圆状披针形	披针形，内表面基部被长柔毛	深囊状，椭圆形或近球形	卵状箭头形至卵形，基部具短耳和很短的柄，背面略有龙骨状突起	5—7月	产于甘肃、山西、陕西、河南、湖北和四川。生于海拔1 500～3 700米的疏林下或灌木林中湿润、腐殖质丰富和排水良好的地方，也见于湿润草坡上
15	紫点杓兰 *C. guttatum*	具细长而横走的根状茎；茎直立，被短柔毛和腺毛，基部具数枚鞘，顶端具叶	2片，常对生或近对生，常位于植株中部或中部以上	顶生1朵花；花序柄密被短柔毛和腺毛	白色，具淡紫红色或淡褐红色斑	合萼片狭椭圆形	常近匙形或提琴形，内表面基部具毛	深囊状，钵形或深碗状，多少近球形，具宽阔的囊口，囊底有毛	卵状椭圆形，先端微凹或近截形，背面有较宽的龙骨状突起	5—7月	产于黑龙江、吉林、辽宁、内蒙古、河北、山西、山东、陕西、宁夏、四川、云南和西藏。生于海拔500～4 000米的林下、灌丛中或草地上
16	绿花杓兰 *C. henryi*	具较粗短的根状茎；茎直立，被短柔毛，基部具数枚鞘，鞘上方具4～5片叶	椭圆状至卵状披针形，先端渐尖，无毛或在背面近基部被短柔毛	顶生，通常具2～3朵花	绿色至绿黄色	合萼片与中萼片相似	线状披针形，通常稍扭转，内表面基部和背面中脉上有短柔毛	深囊状，椭圆形，囊底有毛，囊外无毛	椭圆形或卵状椭圆形，基部具柄，背面有龙骨状突起	4—5月	产于山西、甘肃、陕西、湖北、四川、贵州和云南。生于海拔800～2 800米的疏林下、林缘、灌丛坡地上湿润和腐殖质丰富之地

（续）

序号	种名	茎	叶	花序	花	萼片	花瓣	唇瓣	退化雄蕊	花期	分布与生境
17	高山杓兰 *C. himalaicum*	具较细长的根状茎；茎直立，疏被短柔毛，基部具数枚鞘，鞘上方具3片叶	长圆状椭圆形至宽椭圆形，边缘具缘毛	顶生1朵花；花序柄多少被短柔毛	芳香，淡绿黄色，有密集的紫褐色或红褐色纵条纹	合萼片狭长圆形或长圆状披针形	狭长圆形或线状披针形，内表面基部具长柔毛	深囊状，近椭圆形，略两侧压扁，周围钝齿状，囊底有长毛	宽卵状心形，基部略有短柄	6—7月	产于西藏。生于海拔3 600～4 000米的林间草地、林缘或开旷多石山坡上
18	扇脉杓兰 *C. japonicum*	具较细长、横走的根状茎；茎直立，被褐色长柔毛，基部具数枚鞘	近对生，叶上半部边缘呈钝波状，基部近楔形，具扇形辐射状脉，直达边缘	顶生1朵花；花序柄被褐色长柔毛	俯垂；萼片和花瓣淡黄绿色，基部多少有紫色斑点；唇瓣淡黄绿色至淡紫白色，多少有紫红色斑点和条纹	合萼片与中萼片相似	斜披针形，内表面基部具长柔毛	下垂，囊状，近椭圆形或倒卵形，囊口周围有明显凹槽并呈波浪状齿缺	椭圆形，基部有短耳	4—5月	产于陕西、甘肃、安徽、浙江、江西、湖北、湖南、四川和贵州。生于海拔1 000～2 000米的林下、林缘、溪谷旁、荫蔽山坡等湿润和腐殖质丰富的土壤上
19	丽江杓兰 *C. lichiangense*	具粗壮、较短的根状茎；茎直立，包藏于2枚筒状鞘之内，顶端具2片叶	近对生，铺地；卵形、倒卵形至近圆形，上面暗绿色并具紫黑色斑点，有时还具紫色边缘	顶生，具1朵花	甚美丽，较大；萼片暗黄色而有浓密的红肝色斑点或完全红肝色，花瓣与唇瓣暗黄色而有略疏的红肝色斑点	合萼片椭圆形，边缘有缘毛	斜长圆形，内弯而围抱唇瓣，背面上侧有短柔毛，边缘有缘毛	深囊状，近椭圆形，腹背压扁，囊的前方表面有乳头状突起但无小疣	近长圆形，上面有乳头状突起	5—7月	产于四川西南部和云南西北部。生于海拔2 600～3 500米的灌丛中或开旷疏林中

（续）

序号	种名	茎	叶	花序	花	萼片	花瓣	唇瓣	退化雄蕊	花期	分布与生境
20	波密杓兰 *C. ludlowii*	直立，无毛，基部具数枚鞘，鞘上方有3片叶	椭圆状卵形或椭圆形，近先端和基部偶见腺毛	顶生1朵花	淡绿黄色或淡紫色	合萼片卵形至披针形	斜披针形，不扭转，内表面基部有短柔毛	囊状，近椭圆形，囊底有毛	近卵状长圆形，中央略有纵槽，无毛	不详	产于西藏东南部。生于海拔4 300米的林下湿润处
21	大花杓兰 *C. macranthos*	具粗短的根状茎；茎直立，稍被短柔毛或变无毛，基部具数枚鞘，鞘上方具3～4片叶	椭圆形或椭圆状卵形，边缘有细缘毛	顶生1朵花	大，紫色、红色或粉红色，通常有暗色脉纹，极罕白色	合萼片卵形	披针形，不扭转，内表面基部具长柔毛	深囊状，近球形或椭圆形，囊口较小，囊底有毛	卵状长圆形，基部无柄，背面无龙骨状突起	6—7月	产于黑龙江、吉林、辽宁、内蒙古、河北、山东和我国台湾。生于海拔400～2 400米的林下、林缘或草坡上腐殖质丰富和排水良好之地
22	斑叶杓兰 *C. margaritaceum*	具较粗壮而短的根状茎；茎直立，较短，为数枚叶鞘所包，顶端具2片叶	近对生，铺地；宽卵形至近圆形，上面暗绿色并有黑紫色斑点	顶生，具1朵花	较美丽，萼片绿黄色有栗色纵条纹，花瓣与唇瓣白色或淡黄色而有红色或栗红色斑点与条纹	合萼片椭圆状卵形，略短于中萼片，边缘有乳突状缘毛	斜长圆状披针形，向前弯曲并围抱唇瓣	囊状，近椭圆形，腹背压扁，囊的前方表面有小疣状突起	近圆形至近四方形，上面有乳头状突起	5—7月	产于四川西南部和云南西北部。生于海拔2 500～3 600米的草坡上或疏林下
23	小花杓兰 *C. micranthum*	具细长而横走的根状茎；茎直立或稍弯曲，无毛，基部具2～3枚鞘，顶端生2片叶	近对生，平展或近铺地；椭圆形或倒卵状椭圆形，无毛	顶生，具1朵花；花序柄密被红锈色长柔毛	小，淡绿色，萼片与花瓣有黑紫色斑点与短条纹，唇瓣有黑紫色长条纹，囊口周围白色并有淡紫红色斑点	合萼片椭圆形，背面密被长柔毛；中萼片卵形，凹陷，背面密被紫色长柔毛	卵状椭圆形	囊状，近椭圆形，明显的腹背压扁，囊前方有乳头状突起	宽椭圆形或近四方形，基部略有耳	5—6月	产于四川东北部至西南部。生于海拔2 000～2 500米的林下

（续）

序号	种名	茎	叶	花序	花	萼片	花瓣	唇瓣	退化雄蕊	花期	分布与生境
24	巴郎山杓兰 *C. palanphanense*	具细长而横走的根状茎；茎直立，无毛，大部分包藏于数枚鞘之中，顶端具2片叶	对生或近对生，平展；叶片近圆形或近宽椭圆形	顶生1朵花；花序柄纤细，被短柔毛	俯垂，血红色或淡紫红色	合萼片卵状披针形	斜披针形，背面基部略被毛	囊状，近球形，具较宽阔的、近圆形的囊口	卵状披针形	6月	产于四川西部至西南部。生于海拔2 200～2 700米的林下或灌丛中
25	离萼杓兰 *C. plectrochilum*	具粗壮、较短的根状茎；茎直立，被短柔毛，基部具数枚鞘，鞘上方通常具3片叶	椭圆形至狭椭圆状披针形，先端急尖或短渐尖，上面近无毛，背面脉上偶见微柔毛	顶生1朵花；花序柄纤细，被短柔毛	较小；萼片栗褐色或淡绿褐色，花瓣淡红褐色或栗褐色并有白色边缘，唇瓣白色而有粉红色晕	中萼片卵状披针形；侧萼片完全离生，线状披针形	线形，内表面基部具短柔毛	深囊状，倒圆锥形，略斜歪，末端钝，囊口周围具短柔毛，囊底亦有毛	宽倒卵形或方形的倒卵形，基部具很短的柄，背面有龙骨状突起	4—6月	产于湖北、四川、云南和西藏。生于海拔2 000～3 600米的林下、林缘、灌丛中或草坡上多石之地
26	宝岛杓兰 *C. segawae*	具稍粗壮而匍匐的根状茎，常成片生长；茎直立，被腺毛，基部具1～2枚鞘，鞘上方具3～4片叶	椭圆形至椭圆状披针形，先端近急尖，两面被短柔毛	顶生1朵花；花序柄纤细，被腺毛	直径5～6厘米，具淡绿黄色的萼片与花瓣以及黄色的唇瓣，其上罕有细小的红色斑点	合萼片卵形，无毛	线状，不扭转，披针形，内表面基部密被短柔毛	深囊状，近球形，囊口较小并边缘具齿缺	长圆形，基部具柄	3—4月	产于我国台湾东北部。生于海拔3 000米以上的山地林下、溪床草丛中或高山草木丛生的山坡上

（续）

序号	种名	茎	叶	花序	花	萼片	花瓣	唇瓣	退化雄蕊	花期	分布与生境
27	山西杓兰 *C. shanxiense*	具稍粗壮而匍匐的根状茎；茎直立，被短柔毛和腺毛，基部具数枚鞘，鞘上方具3～4片叶	椭圆形至卵状披针形，边缘有缘毛	顶生，通常具2朵花	褐色至紫褐色，具深色脉纹，唇瓣常有深色斑点	合萼片与中萼片相似	狭披针形或线形，不扭转或稍扭转	深囊状，近球形至椭圆形，囊底有毛，外面无毛	长圆状椭圆形，基部有明显的短柄	5—7月	产于内蒙古、河北、山西、甘肃、青海和四川。生于海拔1 000～2 500米的林下或草坡上
28	四川杓兰 *C. sichuanense*	具粗壮、有时分枝的根状茎；无毛，被1枚鞘覆盖	绿色，具深红棕色斑点，宽椭圆形至近圆形	顶生，具1朵花	黄色至绿黄色；中萼片有栗色斑点；合萼片有较少的栗色斑点；花瓣和唇瓣有栗色斑点和条纹	合萼片与中萼片相似，先端二尖	前弯，内折，长圆状披针形	前部通常有角状的栗色斑点	具短柄，基部有明显的耳廓，钝	6—7月	产于四川。生于竹林和落叶灌丛中富含腐殖质的土壤上
29	暖地杓兰 *C. subtropicum*	具粗短的根状茎；茎直立，直径约1厘米，被短柔毛，基部具数枚鞘，中部以上具9～10片叶	椭圆状长圆形至椭圆状披针形，上面无毛，背面被短柔毛，边缘多少具缘毛	总状花序顶生，具7朵花；花序轴被淡红色毛	黄色，唇瓣上有紫色斑点	合萼片宽卵状椭圆形	近长圆状卵形，内表面脉上和背面被淡红色毛	深囊状，倒卵状椭圆形，囊内基部具毛，囊外无毛	近舌状，先端钝，略向上弯曲，基部有柄	7月	产于西藏东南部。生于海拔1 400米的桤木林下
30	太白杓兰 *C. taibaiense*	根茎粗壮，直径4～5毫米，茎直立，无毛，基部有2或3枚鞘	椭圆形或椭圆状披针形，背面稍被短柔毛或无毛，上面无毛	顶生1朵花	紫红色	合萼片卵状椭圆形至狭椭圆形，先端双裂	披针形，具长柔毛	深囊状，倒卵圆状近球形，外表面无毛，内底有毛	中央有一纵沟，背侧先端有黏液	6—7月	产于陕西。生于海拔2 600～3 300米草坡上

（续）

序号	种名	茎	叶	花序	花	萼片	花瓣	唇瓣	退化雄蕊	花期	分布与生境
31	西藏杓兰 *C. tibeticum*	具粗壮、较短的根状茎；茎直立，无毛或上部近节处被短柔毛，基部具数枚鞘，鞘上方通常具3片叶	椭圆形、卵状椭圆形或宽椭圆形，无毛或疏被微柔毛，边缘具细缘毛	顶生1朵花	大，俯垂，紫色、紫红色或暗栗色，通常有淡绿黄色的斑纹，花瓣上的纹理尤其清晰，唇瓣的囊口周围有白色或浅色的圈	合萼片与中萼片相似，但略短而狭	披针形或长圆状披针形，内表面基部密被短柔毛	深囊状，近球形至椭圆形，外表面常皱缩，后期尤其明显，囊底有长毛	卵状长圆形，背面多少有龙骨状突起，基部近无柄	5—8月	产于甘肃南部、四川西部、贵州西部、云南西部和西藏东部至南部。生于海拔2 300～4 200米的透光林下、林缘、灌木坡地、草坡或乱石地上
32	宽口杓兰 *C. wardii*	具略细长的根状茎；茎直立，较细弱，被短柔毛，基部具数枚鞘，鞘以上具2～3（～4）片叶	椭圆形至椭圆状披针形，两面被短柔毛，边缘具细缘毛	顶生1朵花；花序柄纤细，被短柔毛	较小，略带淡黄的白色，唇瓣囊内和囊口周围有紫色斑点	合萼片宽椭圆形，略短于中萼片	近卵状菱形或卵状长圆形	深囊状，近倒卵状球形，有较宽阔的囊口	狭舌状至倒卵状椭圆形	6—7月	产于云南和西藏。生于海拔2 500～3 500米的密林下、石灰岩岩壁上或溪边岩石上
33	乌蒙杓兰 *C. wumengense*	茎完全包藏于3枚宽筒状的鞘内，上端具2片叶	斜立，卵状椭圆形，绿色而有紫色斑点，无毛	顶生，1朵花	直径6～7厘米，色泽不详，有紫色斑点和条纹	中萼片宽卵形，两面无毛，边缘具缘毛；合萼片椭圆形，两面无毛，边缘具缘毛	斜卵状长圆形，两面无毛，边缘有缘毛	深囊状，近球形，囊前方表面有小疣状突起	/	5月	产于云南中北部。生于海拔2 900米的石灰岩上、箭竹丛下

（续）

序号	种名	茎	叶	花序	花	萼片	花瓣	唇瓣	退化雄蕊	花期	分布与生境
34	云南杓兰 *C. yunnanense*	具粗短的根状茎；茎直立，无毛或在上部近节处疏被短柔毛，基部具数枚鞘，鞘上方具3～4片叶	椭圆形或椭圆状披针形，背面被微柔毛，毛以脉上为多	顶生1朵花；花序柄上端疏被短柔毛	略小，粉红色、淡紫红色或偶见灰白色，有深色的脉纹	合萼片椭圆状披针形	披针形，内表面基部具毛	深囊状，椭圆形，囊口周围有浅色的圈，囊底有毛，外面无毛	椭圆形或卵形，基部近无柄，白色并在中央具1条紫条纹	5月	产于四川西部至西南部、云南西北部和西藏东南部。生于海拔2 700～3 800米的松林下、灌丛中或草坡上

刘胜祥 / 华中师范大学

4. 兜兰属 *Paphiopedilum* Pfitzer

地生、半附生或附生草本。叶基生，3至多片，2列，对折；叶带形、狭长圆形或狭椭圆形。具单花或较少数花或多花；唇瓣深囊状，球形、椭圆形至倒盔状；蕊柱短，常下弯，具2枚侧生的能育雄蕊；花被在果期脱落。

共85种，分布于亚洲热带地区至太平洋岛屿。我国28种，产于西南至华南。

长瓣兜兰

白花兜兰

麻栗坡兜兰

杏黄兜兰

硬叶兜兰

德氏兜兰

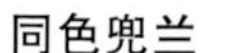

同色兜兰

巨瓣兜兰

文山兜兰

飘带兜兰

带叶兜兰

亨利兜兰

波瓣兜兰

小叶兜兰

紫毛兜兰

虎斑兜兰

卷萼兜兰

紫纹兜兰

彩云兜兰

秀丽兜兰

根茎兜兰

红旗兜兰

格力兜兰

绿叶兜兰

巧花兜兰

白旗兜兰

天伦兜兰

包氏兜兰

兜兰属植物野外识别特征一览表

序号	种名	花瓣与中萼片关系	叶片	花葶	花	唇瓣	花期	分布与生境	备注
1	白花兜兰 *P. emersonii*	花瓣明显大于中萼片	表面无网格斑，全绿色	明显短于叶	1朵，白色；花瓣长度不足宽度1倍；中萼片白色	深囊状，球形，先端具内弯或内卷边缘，囊口明显小于囊身，唇瓣长宽相近	4—5月	产于广西北部和贵州南部。生于海拔约780米的石灰岩灌丛中腐殖土的岩壁上或岩石缝隙中	/

（续）

序号	种名	花瓣与中萼片关系	叶片	花莛	花	唇瓣	花期	分布与生境	备注
2	麻栗坡兜兰 *P. malipoense*	花瓣明显大于中萼片	表面有深浅绿色相间网格斑，背面布满紫斑	明显长于叶	1朵，黄绿色或淡绿色；花瓣长度不足宽度1倍	深囊状，近球形，先端具内弯或内卷的边缘，囊口明显小于囊身，唇瓣长宽相近	12月—次年3月	产于广西西部、贵州西南部和云南东南部。生于海拔1 100～1 600米的石灰岩山坡林下多石处或积土岩壁上	/
3	杏黄兜兰 *P. armeniacum*	花瓣明显大于中萼片	表面有深浅绿色相间网格斑，背面布满紫斑	明显长于叶	1朵，纯黄色；花瓣长度不足宽度1倍	深囊状，球形，先端具内弯或内卷的边缘，囊口明显小于囊身，唇瓣长宽相近	2—4月	产于云南西部。生于海拔1 400～2 100米的石灰岩壁积土处或多石而排水良好的草坡上	植物具走茎
4	硬叶兜兰 *P. micranthum*	花瓣明显大于中萼片	表面有深浅绿色相间网格斑，背面布满紫斑	明显长于叶	1朵，中萼片和花瓣常浅黄色至乳白色，有紫红色粗脉纹；花瓣长度不足宽度1倍	深囊状，近球形，先端具内弯或内卷的边缘，囊口明显小于囊身，唇瓣长宽相近	3—5月	产于广西西南部、贵州南部和西南部、云南东南部。生于海拔1 000～1 700米的石灰岩山坡草丛中或石壁缝隙或积土处	植物具走茎
5	德氏兜兰 *P. delenatii*	花瓣明显大于中萼片	表面有深浅绿色网格斑，背面密集紫斑	明显长于叶	1或2朵，中萼片白色，有浅粉红色晕；花瓣长度不足宽度1倍	深囊状，近球形，粉红色至浅紫红色，囊口明显小于囊身，唇瓣长宽相近	3—4月	产于广西（柳州北部）、云南东南部、越南。生于海拔1 000～1 300米石灰岩地区的灌木和长满草的地方	植物不具走茎

（续）

序号	种名	花瓣与中萼片关系	叶片	花莛	花	唇瓣	花期	分布与生境	备注
6	同色兜兰 *P. concolor*	花瓣明显大于中萼片	表面有深浅绿色（或有时略带灰色）相间的网格斑，背面布满紫点或完全紫色	短于叶	1～2朵，淡黄色至黄色，中萼片与花瓣上有0.5～1.0毫米褐红色斑；花瓣长度不足宽度1倍	深囊状，狭椭圆形，先端具内弯或内卷的边缘，囊口稍小于囊身，唇瓣长度超过宽度	6—8月	产于广西西部、云南东南部至西南部和贵州。生于海拔300～1 400米的石灰岩地区多腐殖质土壤上或岩壁缝隙或积土处	/
7	巨瓣兜兰 *P. bellatulum*	花瓣明显大于中萼片	表面有深浅绿色网格斑或略带乳白色的绿色斑，背面密布紫斑	短于叶	1朵，白色或乳白色，中萼片与花瓣上有1.5～2.0毫米褐红色斑；花瓣长度不足宽度1倍	深囊状，椭圆形，先端具内弯或内卷的边缘，囊口稍小于囊身，唇瓣长度超过宽度	4—6月	产于广西西部和云南东南部至西南部。生于海拔1 000～1 800米的石灰岩岩隙积土处或多石土壤上	/
8	文山兜兰 *P. wenshanense*	花瓣明显大于中萼片	表面具深浅绿色网格斑和略带浊白色斑，背面除基部绿色并具紫点外均为紫色	短于叶	1～3朵，乳白色或黄白色，中萼片和花瓣具1条由棕红色斑点组成的中央条纹；花瓣长度不足宽度1倍	深囊状，椭圆形，外面被白色微柔毛，先端具内弯或内卷的边缘，囊口稍小于囊身，唇瓣长度超过宽度	5月	产于云南东南部。生于石灰岩地区浓密的灌木和草坡上	/
9	飘带兜兰 *P. parishii*	花瓣明显小于中萼片	表面深绿，背面浅绿或浅黄绿色	长于叶，密生白色短柔毛	2～6朵，子房密被短柔毛；花瓣长度约为宽度10倍	倒盔状，先端无内弯或内卷的边缘	6—7月	产于云南南部。生于海拔1 000～1 100米的林中树干上	花被在授粉后脱落

（续）

序号	种名	花瓣与中萼片关系	叶片	花莛	花	唇瓣	花期	分布与生境	备注
10	长瓣兜兰 *P. dianthum*	花瓣明显小于中萼片	表面暗绿，背面浅绿	长于叶，无毛	花序具2～6朵花，子房无毛；花瓣长度约为宽度10倍	倒盔状，先端无内弯或内卷的边缘	7—9月	产于广西西南部、贵州西南部和云南东南部。生于海拔1 000～2 250米的林缘或疏林中的树干上或岩石上	花被在果期宿存
11	带叶兜兰 *P. hirsutissimum*	花瓣明显小于中萼片	表面绿色至深绿色，背面淡绿色，基部背面偶有紫斑	通常绿色，被深紫色长柔毛	1朵，花瓣无紫褐色粗中脉及粗条纹；花瓣长度不到宽度6倍；雄蕊近方形，上有2个突起	倒盔状，外表面略有细毛，先端无内弯或内卷的边缘	4—5月	产于广西西部至北部、贵州西南部和云南东南部。生于海拔700～1 500米的林下或林缘岩石缝中或多石湿润土壤上	/
12	亨利兜兰 *P. henryanum*	花瓣明显小于中萼片	表面深绿色或伴有黄白色边缘，背面浅绿色并且有时基部背面有紫褐色斑	绿色，密被褐色或紫褐色毛	1朵，花瓣无紫褐色粗中脉及粗条纹；中萼片与花瓣均具紫褐色大斑点；花瓣长度不到宽度6倍	倒盔状，唇瓣外表面无毛，先端无内弯或内卷的边缘	7—8月	产于云南东南部。生于林缘草坡上，海拔不详	/
13	波瓣兜兰 *P. insigne*	花瓣明显小于中萼片	表面绿色，背面近基部有紫褐色斑	深绿色，密被紫褐色短柔毛	1朵，花瓣无紫褐色粗中脉及粗条纹；中萼片有红褐色斑点，花苞片超过子房长度的一半；花瓣长度不到宽度6倍	倒盔状，外表面无毛，先端无内弯或内卷的边缘	10—12月	产于云南西北部。生于草丛中多石之地	/

（续）

序号	种名	花瓣与中萼片关系	叶片	花莛	花	唇瓣	花期	分布与生境	备注
14	小叶兜兰 *P. barbigerum*	花瓣明显小于中萼片	表面绿色，背面色稍浅	有紫褐色斑点，密被短柔毛	1朵，花瓣无紫褐色粗中脉及粗条纹；中萼片无斑点，花苞片不及子房长度的一半；花瓣长度不到宽度6倍	倒盔状，外表面无毛，先端无内弯或内卷的边缘	10—12月	产于广西北部和贵州。生于海拔800～1 500米的石灰岩山丘荫蔽多石之地或岩隙中	/
15	紫毛兜兰 *P. villosum*	花瓣明显小于中萼片	表面暗绿，背面绿色，近基部背面有紫斑	黄绿色，有紫色斑点和较密的长柔毛	1朵，中萼片与花瓣无2～3条紫褐色粗纵条纹；花瓣中脉两侧色泽明显不一致；花瓣长度不到宽度6倍	倒盔状，先端无内弯或内卷的边缘	11月—次年3月	产于云南南部至东南部。生于海拔1 100～1 700米的林缘或林中树上透光处或多石、有腐殖质和苔藓的草坡上	/
16	虎斑兜兰 *P. tigrinum*	花瓣明显小于中萼片	表面绿色，背面浅绿	紫色，被短柔毛	1朵，中萼片上具3条褐红色纵带；花瓣上有2条类似纵带；花瓣长度不到宽度6倍	倒盔状，先端无内弯或内卷的边缘	6—8月	产于云南西部。生于海拔1 500～2 200米的林下荫蔽多石处或山谷旁灌丛边缘	/
17	卷萼兜兰 *P. appletonianum*	花瓣明显小于中萼片	表面具深浅绿色网格斑，背面浅绿色，基部背面有紫斑	明显长于叶，疏被短柔毛	1朵，花瓣近匙形；花瓣长度不到宽度6倍	先端无内弯或内卷的边缘，在内弯的侧裂片上具疣状突起，唇瓣的囊前端有缺刻	1—5月	产于广西南部和海南。生于海拔300～1 200米的林下阴湿、腐殖质多的土壤上或岩石上	/

（续）

序号	种名	花瓣与中萼片关系	叶片	花葶	花	唇瓣	花期	分布与生境	备注
18	紫纹兜兰 *P. purpuratum*	花瓣明显小于中萼片	表面具深浅绿色网格斑，背面浅绿色	长于叶，密被短柔毛	1朵，花瓣近矩圆形；花瓣长度不到宽度6倍；花瓣紫栗色，有紫色脉，从基部到1/3处有紫栗色斑点	紫褐色或淡栗色；先端无内弯或内卷的边缘，在内弯的侧裂片上具疣状突起	10月—次年1月	产于广东南部、广西南部、云南东南部、我国香港。生于海拔700米以下的林下腐殖质丰富多石之地或溪谷旁苔藓砾石丛生之地或岩石上	/
19	彩云兜兰 *P. wardii*	花瓣明显小于中萼片	表面具深浅蓝绿网格斑，背面绿色，背面有密集紫斑	明显长于叶，密被短柔毛	1朵，整个花瓣密生黑褐红色斑点；花瓣长度不到宽度6倍	盔状，先端无内弯或内卷的边缘，在内弯的侧裂片上具疣状突起	12月—次年2月	产于云南西南部。生于海拔1 200～1 700米的山坡草丛多石积土中	/
20	秀丽兜兰 *P. venustum*	花瓣明显小于中萼片	表面有深绿与灰绿或浅褐绿色相间网格斑，背面遍布紫斑点	明显长于叶，密被短硬毛	1朵，花瓣无斑点或有稀疏的黑色粗斑点；花瓣长度不到宽度6倍	有明显的绿色粗脉纹，先端无内弯或内卷的边缘，在内弯的侧裂片上具疣状突起	1—3月	产于西藏东南部至南部。生于海拔1 100～1 600米的林缘或灌丛中腐殖质丰富处	/
21	根茎兜兰 *P. areeanum*	花瓣明显小于中萼片	表面暗绿，背面浅绿且基部背面有紫斑	浅绿褐色，被短柔毛	1朵，中萼片浅褐绿色；花瓣浅黄绿色，具紫褐色脉；花瓣长度不到宽度6倍	浅绿褐色，具暗色脉，先端无内弯或内卷的边缘	10—11月	产于云南西南部至西部（芒市和高黎贡山），缅甸北部。生于林下枯木上	根状茎长达8厘米，粗达1厘米

（续）

序号	种名	花瓣与中萼片关系	叶片	花莛	花	唇瓣	花期	分布与生境	备注
22	红旗兜兰 *P. charlesworthii*	花瓣明显小于中萼片	表面深绿，背面淡绿，基部背面有密集紫褐色斑	绿色，有紫褐色斑和微绒毛	1 朵，中萼片粉红色或粉红白色，有深色脉；退化雄蕊白色；花瓣长度不到宽度 6 倍	盔状，两侧呈耳状，先端无内弯或内卷的边缘	9—10 月	产于云南西部至西北部（保山市、临沧县和贡山县）。生于海拔 1 800 ～ 1 900 米的常绿阔叶林下或石缝积土处	/
23	格力兜兰 *P. gratrixianum*	花瓣明显小于中萼片	表面深绿色，背面绿色，近基部背面具紫斑	短于叶，绿色，被紫色短柔毛	花序柄被短毛；中萼片白色，近基部有浅绿色或浅黄色晕；花瓣长度不到宽度 6 倍	盔状，两侧略呈耳状，先端无内弯或内卷的边缘	10—12 月	产于云南东南部(麻栗坡)。生于海拔 1 800 ～ 1 900 米森林中的岩石地带	/
24	绿叶兜兰 *P. hangianum*	花瓣明显大于中萼片	表面深绿色，基部边缘紫色，具缘毛；背面淡绿色，具龙骨状隆起	短于叶，黄绿色，具紫色斑点，密被白色短柔毛	花淡黄色，花瓣基部紫红色；花瓣长度不到宽度 6 倍	球形，外部无毛，先端无内弯或内卷的边缘	4—5 月	产于云南南部（金平）。生于海拔 600 ～ 800 米的非常潮湿但排水良好的岩石地带或岩石裂缝处，通常在瀑布后面	/
25	巧花兜兰 *P. helenae*	花瓣明显小于中萼片	表面暗绿色，背面浅绿色，近基部具紫色细斑点，边缘黄白色	绿色，有紫斑和黑紫色毛	合萼片圆形，花瓣长度不到宽度 6 倍	先端无内弯或内卷的边缘，在内弯的侧裂片上无疣状突起	9—11 月	产于广西西南部(那坡)。生于海拔 700 ～ 1 100 米悬崖的裂缝处	/

（续）

序号	种名	花瓣与中萼片关系	叶片	花莛	花	唇瓣	花期	分布与生境	备注
26	白旗兜兰 *P. spicerianum*	花瓣明显小于中萼片	表面暗绿色，背面浅绿色，近基部具紫斑	明显短于叶，紫色，上部疏被短柔毛	中萼片白色，具1条褐红色中脉；花瓣长度不到宽度6倍；退化雄蕊基部内卷似1对眼睛	先端无内弯或内卷的边缘	9—11月	产于云南(高黎贡山，思茅)。生于海拔900～1 400米岩石地、悬崖或森林或岩石上石灰岩的裂缝、浓密的山坡上	/
27	天伦兜兰 *P. tranlienianum*	花瓣明显小于中萼片	表面深绿色并具浅色边缘，背面淡绿色	绿色，密被紫红色短毛	花瓣边缘强烈波状，长度不到宽度6倍；退化雄蕊在下部具1个绿色脐状突起	先端无内弯或内卷的边缘	9月	产于云南东南部(麻栗坡)，越南北部。生于海拔约1 000米的灌木丛中多岩石、排水良好的地方	/
28	包氏兜兰 *P. villosum* var. *boxallii*	花瓣明显小于中萼片	表面无网格斑	具紧密的紫色毛	中萼片具明显的黑栗色粗斑点；花瓣长度不到宽度6倍	倒盔状，先端无内弯或内卷的边缘	11月	产于云南西南部(盈江)。生于海拔1 200～1 300(～2 000)米森林中的岩石或多岩石的地方	此种为紫毛兜兰变种

黄永启 / 南宁市第二中学

5. 斑叶兰属 *Goodyera* R. Brown

地生草本。根状茎常伸长，匍匐，具节，节上生根。茎直立，短或长，具叶。叶互生，稍肉质，具柄，上面常具杂色的斑纹。总状花序顶生，具少数至多数花；花常较小或小，倒置；萼片离生，近相似，背面常被毛；中萼片直立，凹陷，与较狭窄的花瓣黏合呈兜状；侧萼片直立或张开；花瓣较萼片薄，膜质；唇瓣围绕蕊柱基部，不裂，无爪，基部凹陷呈囊状，前部渐狭，先端多少向外弯曲，囊内常有毛。

约 40 种，主要分布于北温带。我国 33 种（本手册包含 28 种），全国均产之，以西南部和南部为多。

多叶斑叶兰

大花斑叶兰

大花斑叶兰

波密斑叶兰

莲座叶斑叶兰

莲座叶斑叶兰

大武斑叶兰

大武斑叶兰

烟色斑叶兰

脊唇斑叶兰

白网脉斑叶兰

花格斑叶兰

南湖斑叶兰

长苞斑叶兰

高斑叶兰

高斑叶兰

斑叶兰

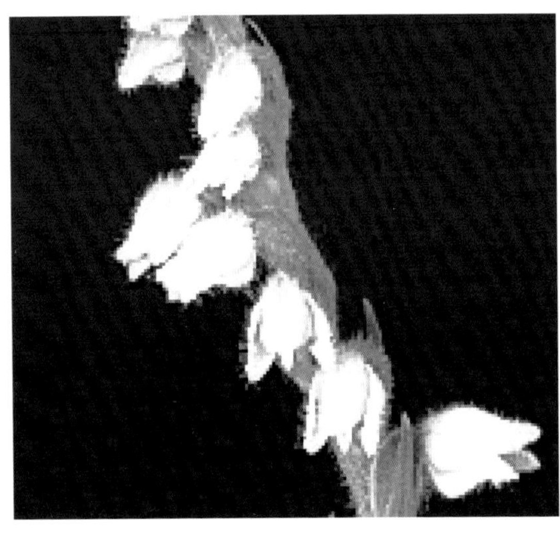
小斑叶兰

小斑叶兰

红花斑叶兰

歌绿斑叶兰

小小斑叶兰

兰屿斑叶兰

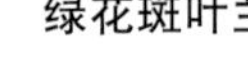
绿花斑叶兰

秀丽斑叶兰

绒叶斑叶兰

斑叶兰属植物野外识别特征一览表

序号	种名	茎	叶	花序	花	萼片	唇瓣	花期	分布与生境
1	阿里山斑叶兰 *G. arisanensis*	根状茎粗壮，密生；茎上升，茎基部的叶近玫瑰状	卵形，可能有白色网状脉，基部楔形，先端锐尖，基部叶柄状，具管状鞘	花梗疏生短柔毛，密被12～25朵花，离生	小	无毛，具1条脉	卵状披针形，具3条脉；下唇裂片向外侧苞片基部外凸出，无毛	8月	产于我国台湾，生于海拔2 500米森林中
2	大花斑叶兰 *G. biflora*	直立，绿色，具4～5片叶	上面绿色，具白色均匀细脉连接成的网状脉纹，背面淡绿色，有时带紫红色，具柄	总状花序通常具2朵花，常偏向一侧	大，长管状，白色或带粉红色	背面被短柔毛，中萼片与花瓣黏合呈兜状	白色，内面具多数腺毛，前部伸长，舌状，长为囊长的2倍，先端近急尖且向下卷曲	2—7月	产于陕西南部、甘肃南部、河南南部、江苏、安徽、浙江、我国台湾、湖北、湖南、广东、四川、贵州、云南、西藏。生于海拔560～2 200米的林下阴湿处
3	波密斑叶兰 *G. bomiensis*	根状茎短；叶基生，密集呈莲座状，5～6片	上面绿色，具由不均匀的细脉和色斑连接成的白色斑纹，背面淡绿色，具柄	总状花序具8～20朵较密、偏向一侧的花，下部具3～5片鞘状苞片	小，白色或淡黄白色，半张开	白色或背面带淡褐色，先端钝，具1条脉，中萼片狭卵形	基部呈囊状，内面无毛，在中部中脉两侧各具2～4个乳头状突起，近基部具1条纵向脊状褶片	5—9月	产于湖北西部、西藏东部、云南。生于海拔900～3 650米的山坡阔叶林至冷杉林下阴湿处
4	莲座叶斑叶兰 *G. brachystegia*	直立，基部具5～6片集生呈莲座状的叶	宽椭圆形或卵形，绿色，无白色斑纹，先端急尖，基部近圆形，具柄	总状花序具多数、稍密集、近偏向一侧的花	小，白色，半张开	背面无毛，先端钝，具1条脉，中萼片与花瓣黏合呈兜状	宽卵形，后部凹陷呈半球形兜状，内面增厚，有时有3条脉，无毛	6月	产于云南东北部、贵州。生于海拔1 300～2 000米的林下

（续）

序号	种名	茎	叶	花序	花	萼片	唇瓣	花期	分布与生境
5	大武斑叶兰 *G. daibuzanensis*	直立，绿色，粗壮，具5～7片叶	椭圆形至长卵形，上面绿色，具白色不规则的斑纹，背面灰白色，具柄	总状花序具多数花，长约7厘米	较大，带绿白色或白色，半张开	背面被柔毛，具1条脉	白色，基部凹陷呈囊状，其内面具多数腺毛	9—10月	产于我国台湾。生于海拔700～1 600米的林下阴湿处
6	高黎贡斑叶兰 *G. dongchenii* var. *gongligongensis*	具2或3片叶	上面绿色，具白色网状脉，卵形，基部叶柄状，具管状鞘	花序被短柔毛，8～10朵花	不张大，白色	中萼片狭三角形，侧萼片卵形，先端渐尖	内具刚毛，具2条肉质褶片	9月	产于云南北部。生于海拔2 400米处
7	多叶斑叶兰 *G. foliosa*	直立，绿色，具4～6片叶	卵形至长圆形，偏斜，绿色，先端急尖，基部楔形或圆形，具柄	总状花序具几朵至多朵密生、常偏向一侧的花	中等大，半张开，白带粉红色、白带淡绿色或近白色	狭卵形，凹陷，先端钝，具1条脉，背面被毛	基部呈囊状，囊半球形，内面具多数腺毛，背面有时具红褐色斑块	7—9月	产于云南西部至东南部、西藏东南部、福建、我国台湾、广东、广西、四川。生于海拔300～1 500米的林下或沟谷阴湿处
8	烟色斑叶兰 *G. fumata*	肉质，具6片叶	椭圆状披针形，有时两侧不等，上面绿色，背面淡绿色，具柄	总状花序约具40朵疏生、不偏向一侧的花	中等大，黄色，芳香，张开	背面被短柔毛，中萼片具1条脉	淡褐色，基部凹陷，围抱蕊柱，内面被腺毛，前部骤狭成线形，先端急尖，向下卷曲	3—4月	产于我国台湾、海南、云南。生于海拔1 100～1 300米的林下
9	脊唇斑叶兰 *G. fusca*	短，粗壮，基部具多片集生呈莲座状的叶	卵形或卵状椭圆形，绿色，无白色斑纹，先端钝或急尖，基部具柄	总状花序具多数、密生、近偏向一侧的花	小，白色，半张开	长圆形，具1条脉，背面被腺状柔毛	宽卵形，后部凹陷，囊状，内面中脉两侧各具1条纵向脊状隆起，无毛	8—9月	产于云南西北部、西藏东南部至南部。生于海拔2 600～4 500米的林下、灌丛下或高山草甸

（续）

序号	种名	茎	叶	花序	花	萼片	唇瓣	花期	分布与生境
10	白网脉斑叶兰 *G. hachijoensis*	直立，红褐色，具4～5片叶	上面绿色，具白色均匀细脉连接成的网状脉纹，背面灰白色，骤然收狭成柄	总状花序长4～8厘米，具多数花	小，近球形，微张开，淡绿色或白色，无毛	中萼片卵形或卵状长圆形，凹陷，具1条脉	卵形，前部舌状，舟形，先端钝，基部凹陷呈囊状，内面具多数腺毛	5—6月	产于我国台湾，较广布。生于海拔400～1 500米的林下阴湿处
11	光萼斑叶兰 *G. henryi*	直立，绿色，具4～6片叶	绿色，先端急尖，基部钝或楔形，具柄	总状花序具3～9朵密生的花	中等大，白色或略带浅粉红色，半张开	背面无毛，具1条脉	白色，卵状舟形，基部凹陷，囊状，内面具多数腺毛，前部舌状，狭长，几乎不弯曲，先端急尖	8—9（—10）月	产于甘肃南部、浙江、江西、我国台湾、湖北、湖南、广东、广西、四川、贵州、云南。生于海拔400～2 400米的林下阴湿处
12	花格斑叶兰 *G. kwangtungensis*	直立，绿色，具3～5片叶	上面深绿色，具白色有规则的斑纹，背面淡绿色，先端急尖，基部楔形，具柄	总状花序具多数、偏向一侧的花，长8～10厘米	较大，白色	长圆状披针形，近等长，背面被短柔毛，具1条脉	卵状披针形，基部呈囊状，球形，内面具多数腺毛，背面突起呈龙骨状	5—6月	产于广东、我国台湾。生于海拔2 200米以下林下阴湿处
13	南湖斑叶兰 *G. nankoensis*	直立，绿色，或多或少被疏柔毛，基部具4～5片叶	直立伸展，叶片小，两面无毛，背面淡绿色，上面绿色，沿中肋具1条白色带，先端稍钝，基部圆形，具柄	总状花序直立，具10～15朵稍密生、近偏向一侧的花	白色略带红晕，半张开	近等大，凹陷，具1条脉，背面无毛	卵状舟形，前部舟状，先端急尖，常向下弯，基部凹陷呈囊状，内面无毛	7—8月	产于我国台湾。生于海拔2 000～2 500米的高山林下阴湿处、苔藓丛中

（续）

序号	种名	茎	叶	花序	花	萼片	唇瓣	花期	分布与生境
14	长苞斑叶兰 *G. Prainii*	直立，粗壮，具6～7片叶	上面绿色，背面淡绿色，具柄	总状花序具多数偏向一侧的花，下部的花苞片长于花	较小，半张开	具1条脉，背面被毛	宽卵形，舟状，基部凹陷，囊状，内面无毛，具5条粗脉，前部向下弯	9月	产于云南西北部、福建、湖南。生于海拔1 400～2 800米的常绿阔叶林树干上
15	高斑叶兰 *G. procera*	直立，无毛，具6～8片叶	上面绿色，背面淡绿色，先端渐尖，基部渐狭，具柄	总状花序具多数密生的小花，似穗状	小，白色带淡绿，芳香，不偏向一侧	具1条脉，先端急尖，无毛	宽卵形，基部凹陷，囊状，内面有腺毛，前端反卷，唇盘上具2枚胼胝体	4—5月	产于四川西部至南部、西藏东南部、安徽、浙江、福建、我国台湾、广东、我国香港、海南、广西、贵州、云南。生于海拔250～1 550米的林下
16	小斑叶兰（羞叶兰）*G. repens*	直立，绿色，具5～6片叶	上面深绿色具白色斑纹，背面淡绿色，先端急尖，基部钝或宽楔形，具柄	总状花序具密生、多少偏向一侧的花	小，白色或带绿色或带粉红色，半张开	背面或多或少被腺状柔毛，具1条脉	卵形，基部凹陷呈囊状，内面无毛，前部短舌状，略外弯	7—8月	产于黑龙江、吉林、辽宁、内蒙古、河北、山西、陕西、甘肃、青海、新疆、安徽、我国台湾、河南、湖北、湖南、四川、云南、西藏。生于海拔700～3 800米的山坡、沟谷林下
17	滇藏斑叶兰 *G. robusta*	粗壮，直立，具5～6片叶	绿色，具9条脉，脉绿色，具柄	总状花序直立，具13朵偏向一侧的花	中等大，白色或粉红色，半张开	白色或粉红色，背面被毛，先端钝	白色，后部凹陷，囊状，内面具多数腺毛，稍向下弯，上面具2条隆起的褶片	11—12月	产于云南西部和南部。生于海拔1 000～2 100米的林下阴湿处

（续）

序号	种名	茎	叶	花序	花	萼片	唇瓣	花期	分布与生境
18	红花斑叶兰 *G. rubicunda*	直立，绿色，具7～9片叶	纸质，绿色，具3条明显的脉，基部楔形，具柄	总状花序具多数花	中等大，张开	红褐色，具1条脉，背面被短柔毛	内面白色，背面黄色，基部囊状，内面有腺毛，前部渐狭尾状，反卷，先端钝	7—8月	产于我国台湾，较广布。生于海拔300～1 500米的林下阴湿处
19	斑叶兰 *G. schlechtendaliana*	直立，绿色，具4～6片叶	上面绿色，具白色不规则的点状斑纹，背面淡绿色，具柄	总状花序具几朵至20余朵疏生、近偏向一侧的花	较小，白色或带粉红色，半张开	背面被柔毛，具1条脉	卵形，基部凹陷呈囊状，内面具多数腺毛，前部舌状，略向下弯	8—10月	产于陕西南部、甘肃南部、河南南部、山西、江苏、安徽、浙江、江西、福建、我国台湾、湖北、湖南、广东、海南、广西、四川、贵州、云南、西藏。生于海拔500～2 800米的山坡或沟谷阔叶林下
20	歌绿斑叶兰 *G. seikoomontana*	直立，绿色，具3～5片叶	绿色，叶面平坦，具3条脉，骤狭成柄	总状花序具1～3朵花	较大，绿色，张开，无毛	中萼片卵形，凹陷	卵形，基部凹陷呈囊状，厚，内面具白色具密的腺毛，背面绿色	2月	产于我国台湾南部。生于海拔700～1 300米的林下
21	绒叶斑叶兰 *G. velutina*	直立，暗红褐色，具3～5片叶	上面深绿色或暗紫绿色，天鹅绒状，沿中肋具1条白色带，背面紫红色，具柄	总状花序具6～15朵偏向一侧的花	中等大	微张开，背面被柔毛，淡红褐色或白色，凹陷	基部凹陷呈囊状，内面有腺毛，前部舌状，舟形，先端向下弯	9—10月	产于云南东北部、浙江、福建、我国台湾、湖北、湖南、广东、海南、广西、四川。生于海拔700～3 000米的林下阴湿处

（续）

序号	种名	茎	叶	花序	花	萼片	唇瓣	花期	分布与生境
22	绿花斑叶兰 *G. viridiflora*	直立，绿色，具2～3(～5)片叶	绿色，甚薄，先端急尖，基部圆形，骤狭成柄	总状花序具2～3(～5)朵花	较大，绿色，张开，无毛	绿色或带白色，先端淡红褐色，具1条脉，无毛	卵形，舟状，较薄，基部绿褐色，凹陷，囊状，内面具密的腺毛，前部白色，舌状	8—9月	产于云南东北部、江西、福建、我国台湾、广东、海南、我国香港、云南。生于海拔300～2600米的林下、沟边阴湿处
23	秀丽斑叶兰（新拟）*G. vittata*	粗壮，直立，具5～6片叶	上面深绿色，沿中肋具1条白色带，背面带红紫色，具柄	总状花序具9朵偏向一侧的花	中等大，半张开	粉红色，基部白色，具3条脉，无毛	白色，宽卵状披针形，近3裂，具7条脉，基部凹陷呈囊状，内面具多数腺毛	7—9月	产于西藏东南部。生于海拔2100米的针阔混交林下阴湿处
24	卧龙斑叶兰 *G. wolongensis*	直立，绿色，具3～4片叶	上面绿色，无白色斑纹，先端急尖，基部圆形，骤狭成柄	总状花序具12～18朵花	小，白色，半张开	先端稍钝，具1条脉	半球形，帽状，后部长，凹陷，囊状，内面无毛，中部具3条脊状隆起	8月	产于四川。生于海拔2700米的冷杉林下阴湿处
25	天全斑叶兰（新拟）*G. wuana*	直立，绿色，具7片疏生的叶	上面绿色，具由不均匀细脉和色斑连接成的白色斑纹，背面淡绿色，具柄	总状花序具9朵花，偏向一侧	小，白色或带粉红色，半张开	背面无毛，先端钝，具1条脉	白色，半圆状帽形，后部凹陷呈囊状，内面具2条褶片，前部三角形，先端钝	8—9月	产于四川。生于林下
26	小小斑叶兰（小羞叶兰）*G. yangmeishanensis*	直立，带红色或红褐色，具3～5片疏生的叶	上面具由均匀细脉连接成的白色网脉纹，偶尔中肋处整个呈白色，具柄	花茎长约4厘米，具12朵密生的花，无毛	小，红褐色，微张开，多偏向一侧	背面无毛，先端钝，具1条脉	肉质，凹陷呈深囊状，内面具腺毛，前部边缘具不规则的细锯齿或全缘	8—9月	产于我国台湾。生于海拔约1000米的林下阴湿处

（续）

序号	种名	茎	叶	花序	花	萼片	唇瓣	花期	分布与生境
27	兰屿斑叶兰（新拟）*G. yamiana*	直立，绿色，无毛，具4～5片疏生的叶	绿色，有时上面有灰白色斑点，背面灰白色，骤狭成柄	总状花序具多数密生而不偏向一侧的小花	小，白绿色，微张开	卵形，先端钝，具1条脉，背面无毛	内面具密的腺毛，前部卵形，白色，先端近急尖，上面中央向基部具多数、近排成带状的细乳突	10—11月	产于我国台湾。生于海拔200～400米的山顶或山脊的林下
28	川滇斑叶兰（新拟）*G. yunnanensis*	粗壮，直立，基部具6～7片较密生的叶	绿色，无白色斑纹，具柄	总状花序具多数密集、偏向一侧的花	小，白色或淡绿色，半张开	白色或淡绿色，具1条脉，背面被疏的腺状柔毛	半球状兜形，囊状，内面无毛，具4条短的、不明显的平行脉	8—10月	产于四川西部、云南。生于海拔2 600～3 900米的林下或灌丛下

刘胜祥 / 华中师范大学

6. 袋唇兰属 *Hylophila* Lindley

地生草本。总状花序，具多数较密生的花；花倒置；中萼片和花瓣黏合呈兜状；唇瓣几乎呈囊状；蕊柱短，在中部呈臂状伸出；花丝长；花粉团具长的花粉团柄；柱头1个。

约10种，分布于东南亚到新几内亚和所罗门群岛。我国台湾1种，是本属植物分布的北界。

袋唇兰

袋唇兰属植物野外识别特征一览表

种名	植株颜色	花色	唇瓣	花粉团	柱头	花期	分布与生境
袋唇兰 *H. nipponica*	茎、花序梗、花苞片暗紫褐色或红褐色	绿色带红棕色	呈1个膨大为圆球形的囊，黄色，微2裂	具长柄	1个	7月	产于我国台湾。生于海拔100～400米的林下阴湿处

晏启 / 武汉市伊美净科技发展有限公司

7. 血叶兰属 *Ludisia* A. Richard

地生草本。叶上面通常黑绿色或暗紫红色，常具金红色或金黄色的脉。总状花序顶生；中萼片凹陷，与花瓣黏合呈兜状，侧萼片张开；唇瓣顶部扩大为横长方形，下部常与蕊柱的下部合生成短的小管，基部具2浅裂的囊，囊内具2枚较大的胼胝体；柱头1个。

1种，分布于印度、缅甸、中南半岛至印度尼西亚。我国1种，分布于我国南部至云南南部。

血叶兰

血叶兰

血叶兰

血叶兰属植物野外识别特征一览表

种名	叶色	花色	唇瓣	囊	花期	分布与生境
血叶兰 *L. discolor*	表面黑绿色，具5条金红色有光泽的脉，背面淡红色	白色或带淡红色	下部与蕊柱的下半部合生成管，基部具囊，上部常扭转，顶部扩大为横长方形	2浅裂，囊内具2枚肉质的胼胝体	2—4月	产于云南、广东、广西、海南、我国香港。生于海拔900～1 300米的山坡或沟谷常绿阔叶林下阴湿处

晏启 / 武汉市伊美净科技发展有限公司

8. 爬兰属 *Herpysma* Lindley

地生草本。根状茎伸长，匍匐，茎状，具节，节上生根。总状花序顶生；花苞片大，较子房长；花倒置；唇瓣较萼片短，呈提琴形，中部反折，基部具狭长的距；距与子房近等长，末端稍 2 裂；柱头 1 个。

2 种，分布于喜马拉雅地区至菲律宾。我国 1 种，分布于云南西北部。

爬兰

爬兰

爬兰

爬兰属植物野外识别特征一览表

种名	根状茎	花苞片	颜色	唇瓣	距	花期	分布与生境
爬兰 *H. longicaulis*	伸长，匍匐，茎状，多节	长圆状披针形，较子房长	萼片、花瓣白色，中上部为橙黄色或粉红色，唇瓣白色	长圆形，中裂片近四方形	圆筒状，下垂，与子房并行，近等长，末端 2 浅裂	8—9 月	产于云南西北部。生于海拔 1 200 米的山坡密林下

晏启 / 武汉市伊美净科技发展有限公司

9. 钳唇兰属 *Erythrodes* Blume

地生草本。总状花序顶生，似穗状；花较小，倒置；中萼片与花瓣黏合呈兜状；唇瓣基部常多少贴生于蕊柱，上部张开或向下反曲，基部具距；距圆筒状，向下伸出于侧萼片基部之外；蕊喙 2 裂；柱头 1 个。

约 20 种，主要分布于南美洲和亚洲热带地区，也见于北美、中美、新几内亚岛和太平洋一些岛屿。我国 3 种，分布于我国台湾、广东、广西和云南。

钳唇兰

钳唇兰

钳唇兰

钳唇兰属植物野外识别特征一览表

序号	种名	花序	侧萼片情况	唇瓣中裂片	距	花期	分布与生境	备注
1	密花小唇兰 *E. blumei* var. *aggregatus*	花密集着生于短的花序轴上	向前延伸	圆形	下垂，基部稍膨大，末端 3 裂	7 月	产于我国台湾鸣海山。生于海拔 1 200 米区域	根据《Flora of China》（FOC），密花小唇兰为钳唇兰的变种。根据《中国生物物种名录》（2021），密花小唇兰为独立的种
2	钳唇兰 *E. blumei*	花疏生于长的花序轴上	张开	宽卵形或三角状卵形	下垂，中部稍膨大，末端 2 浅裂	4—5 月	产于我国台湾、广东、广西、云南（金屏）。生于海拔 400～1 500 米的山坡或沟谷常绿阔叶林下阴处	
3	硬毛钳唇兰 *E. hirsuta*	花稍密生	向前延伸	圆形或横向椭圆形	水平伸展，先端膨大，明显 2 裂，有时近 4 裂	3 月	产于海南。生于海拔 100～1 500 米常绿阔叶林	

晏启 / 武汉市伊美净科技发展有限公司

10. 叉柱兰属 *Cheirostylis* Blume

地生草本或半附生草本。叶互生，具柄。总状花序顶生；萼片膜质，在中部或中部以上合生呈筒状；花瓣与中萼片贴生；唇瓣直立，基部常多少呈囊状；蕊喙直立，2 裂，叉状；柱头 2 枚，凸出，位于蕊喙基部两侧；根状茎匍匐或斜上升，具节。

全属约 50 种，分布于热带非洲、热带亚洲和太平洋岛屿。我国现 20 种，产于我国台湾、华南至西南省区。

大花叉柱兰

叉柱兰

叉柱兰

中华叉柱兰

和社叉柱兰

雉尾叉柱兰

大花叉柱兰

粉红叉柱兰

琉球叉柱兰

屏边叉柱兰

屏边叉柱兰

反瓣叉柱兰

全唇叉柱兰

箭药叉柱兰

羽唇叉柱兰

云南叉柱兰

叉柱兰属植物野外识别特征一览表

序号	种名	茎	叶	花序	花苞片	萼片	花瓣	唇瓣	花期	分布与生境
1	尖唇叉柱兰 *C. acuminata*	直立，上附2～5片叶，偶尔在花期枯萎	披针形，无毛，先端急尖，正面浅绿色	总状花序，有毛，具2～3片不育苞片，浅粉色	披针形，背面有毛，先端渐尖	近中部合生呈筒状，外表面背短柔毛，筒基部带绿色，顶端裂片粉红色	贴生于背侧萼片，白色，斜镰刀形	全缘，先端渐尖，略超出萼片管	12月中旬—次年1月底	产于云南省勐腊县。生于海拔800米的石灰岩山地森林中
2	短距叉柱兰 *C. calcarata*	直立，较短，上附4～5片叶	披针形，在花期枯萎	总状花序，具短柔毛，有鞘，花1～5朵	卵形到披针形，无毛，花白色	近2/3处合生呈筒状，外表面背短柔毛，萼片三角形	匙形，斜贴生于背侧萼片，偶有反折	唇瓣3裂，长1.6厘米	3月	产于云南南部。生于海拔1 200米左右的石灰岩山地森林中
3	叉柱兰 *C. clibborndyeri*	直立，具3～5片叶	背面稍浅绿色，卵形，基部心形，先端急尖	粉红色，具1～4片不育苞片，花5～7朵	卵状披针形，具鞘，先端急尖	绿色或棕色，近3/5处合生呈筒状，外表无毛，顶端裂片粉红色	紧贴背侧萼片，白色，具淡绿色脉，卵形或披针形，先端钝	匙形，无毛，先端钝，全缘	3—4月	产于我国台湾中南部和我国香港。生于海拔300～1 500米山坡或溪旁林下的潮湿石上
4	中华叉柱兰 *C. chinensis*	直立或近直立，无毛，具2～4片叶	卵形至阔卵形，绿色，膜质，先端急尖	总状花序，具2～5朵花	长圆状或披针形，凹陷，先端长渐尖，背面被毛	近中部合生呈筒状，外面疏被毛，分离部分为三角状卵形，先端近钝，具1条脉	白色，膜质，狭倒披针状长圆形，呈镰刀状，先端钝，具1条脉	直立，长约5～7毫米，3裂	1—3月	产于我国台湾、我国香港、广西、贵州。生于海拔200～800米的山坡或溪旁林下的潮湿石上、覆土中或地上
5	和社叉柱兰 *C. tortilacinia*	直立，肉质，具2～5片叶	卵形至披针形，先端急尖，基部圆形或截形，膜质，全缘，无毛	被短柔毛，具1～3片不育苞片，具1～3朵花	卵状披针形，先端渐尖，外面被毛，较子房短	褐绿色，外面被毛，侧萼片较中萼片稍长，在其中部合生呈筒状	白色，偏斜，匙形，与中萼片紧贴	呈T形，基部囊状	1月	产于我国台湾。生于海拔约1 000米山地的竹林中

（续）

序号	种名	茎	叶	花序	花苞片	萼片	花瓣	唇瓣	花期	分布与生境
6	雉尾叉柱兰 *C. cochinchinensis*	直立，具2～4片叶	卵形或卵圆形，纸质，绿色，背面背白毛	纤细，基部有短柔毛，具2～3片不育苞片，具3～10朵花	披针形到线状披针形，无毛，先端渐尖	淡绿色、棕色或白色，近中部合生呈筒状，被短柔毛或无毛；顶部3裂，先端钝尖	白色，斜镰刀形，具1条脉，先端钝尖	3裂，较萼片更长	2—5月	产于我国台湾南部。生于海拔700～2 500米的林下
7	大花叉柱兰 *C. griffithii*	直立，较短，偶有拉长，肉质，具3～4片叶	在花期时常凋萎，卵形，先端渐尖，基部近圆形，具柄	疏生，具长柔毛，具2或3片不育苞片，具1～3朵花	披针形，先端渐尖，较子房短	近中部合生呈筒状，外面疏被短柔毛，上部离生，离生部分急尖，开展	偏斜，狭长圆形，镰状，先端钝，基部收狭	长15～17毫米，基部稍凹陷，囊状	9月	产于云南。生于海拔2 260米的山坡林下阴湿处
8	粉红叉柱兰 *C. jamesleungii*	直立，具2～3片叶	心形，带红绿色，具细乳突，先端急尖，具网状脉	纤细，具4片疏生的不育苞片，具长柔毛，总状花序具2～3朵花	舟状，粉红色，膜质，具1条脉，短于子房	中部以下合生呈筒状，粉红色，近基部被长柔毛，中部以上分离成三角形，外侧无毛	白色，披针形，倾斜	长5毫米	3月	产于我国香港。生于海拔约600米溪边阴处长苔藓的石头凹处中的潮湿土壤上
9	琉球叉柱兰 *C. liukiuensis*	直立，带褐色，肉质，具3～4片叶	无毛，上面呈有光泽的暗灰绿色，背面带红色	被短柔毛，具2～4片不育苞片	卵形，凹陷，先端渐尖，常较子房稍长	白色略带红褐色，背面被疏毛，下部的2/3处合生呈筒状，裂片三角形	白色，斜长圆形至倒披针形，先端钝，具1条脉，与中萼片紧贴	呈T形，长6～7毫米	1—2月	产于我国台湾北部及东部。生于海拔200～800米山坡树林下或竹林内
10	麻栗坡叉柱兰 *C. malipoensis*	直立，上附1～4片叶	卵圆形，网状带深绿色，先端急尖或渐尖	总状花序，具2～4朵花，花梗被短柔毛	卵状披针形，先端渐尖	中部以下合生呈筒状，基部被长柔毛，中部之上分离，3裂	白色，花瓣紧贴于背侧萼片，狭披针状长圆形	3裂，长6～9毫米	12月—次年2月	产于云南东南部。生于海拔1 100米左右的石灰岩山地森林和灌丛中

（续）

序号	种名	茎	叶	花序	花苞片	萼片	花瓣	唇瓣	花期	分布与生境
11	箭药叉柱兰 *C. monteiroi*	直立，短，具2～3片叶	暗绿色，具较深色的脉，中肋在两面明显，基部近心形，具柄	纤细，被短柔毛，具3～7片不育苞片，具2～8朵花	粉红色，伞形	橄榄绿带粉红色，下部2/3处合生呈筒状，外侧无毛，基部稍呈浅囊状，上部分离	白色，偏斜，倒披针形，与中萼片紧贴	长达11.5毫米，与蕊柱的基部贴生，基部肉质	3—5月	产于我国香港。生于海拔约300米的溪旁山坡陡壁林下阴处潮湿的石上或土壤中
12	羽唇叉柱兰 *C. octodactyla*	淡红褐色，肉质，直立，无毛，具3～6片叶	背面淡绿色，两面无毛，先端急尖	总状花序顶生，花序梗极短或几乎无梗，具（1～）2～3朵花	卵形，淡绿色，先端渐尖，短于子房	下部的2/3处合生呈筒状，中萼片的分离部分为三角形，先端急尖，具1条脉	白色，斜匙形或狭匙形，与中萼片紧贴，先端钝，具1条脉	直立，呈T形，长10～11毫米，与蕊柱基部合生	9月	产于我国台湾。生于海拔1 000～1 900米的山坡阴湿的林下或公路边坡上
13	屏边叉柱兰 *C. pingbianensis*	直立，圆柱形，无毛，具4～8片叶	卵形，绿色，先端急尖，基部圆形，具柄	总状花序具2～3朵花，花序梗几无	卵形，绿色，先端渐尖，较子房短	外部无毛，下部的2/3合生呈筒状，上部的1/3离生，先端稍钝	长匙形，先端钝，基部渐狭，与中萼片紧贴	呈T形，基部稍凹陷呈囊状	9—10月	产于云南。生于海拔2 100米的山坡密林下阴湿处
14	细小叉柱兰 *C. pusilla*	茎直立，圆柱状，具3～6片叶	散布，卵形，绿色，先端急尖，基部圆形，无毛	无毛或疏生短柔毛，具1～2片不育苞片	卵形，较子房短，先端渐尖	萼片在1/2～3/5处形成管状；顶端离生，先端急尖	白色，小，近直立	3裂	10月	产于云南南部。生于海拔1 300米的山坡密林下阴湿处

（续）

序号	种名	茎	叶	花序	花苞片	萼片	花瓣	唇瓣	花期	分布与生境
15	匍匐叉柱兰 *C. serpens*	匍匐，亮绿色，肉质，具多节	互生于两节之间，近心形，无柄，亮翠绿色	直立，被疏毛，上具2～3片亮绿色至透明状、短渐尖小苞片，具1～3朵花	/	从基部半合生，先端钝，绿色，外面被疏柔毛	长匙形或镰刀状，基部狭窄向上逐渐扩大至先端变圆，白色	边缘通常内卷形成肉质增生，将唇瓣明显分为上下两唇	1—4月	产于广西靖西县。附生于海拔550～900米的北热带季雨林中靠近地面、爬满苔藓的悬崖或树干上
16	东部叉柱兰 *C. tabiyahanensis*	直立，具5～6片叶	在茎顶端丛生，椭圆形或长圆形，基部楔形，先端急尖	疏生短柔毛，具2或3片不育苞片	披针形，背面被短柔毛，先端渐尖	萼片离生，不形成筒状，绿色，微红色，外表被短柔毛，具3条脉	紧贴背侧萼片，白色，倒卵形长圆形或镰刀形，具2条脉	白色，3裂，呈T形，基部凹陷呈囊状	3—5月	产于我国台湾南部。生于海拔约1 000米的阔叶林林区
17	全唇叉柱兰 *C. takeoi*	直立，具2～6片叶	淡绿色，卵形或宽卵形，基部圆形或近心形，骤狭成柄	长10～18厘米，疏生短柔毛，具2～3片不育苞片，具1～3朵花	卵形至卵状披针形，先端渐尖	外面被疏散的毛，中部合生呈筒状，筒的中部略收缩，分离部分为三角形，先端急尖	偏斜，长圆状镰刀形，先端钝，具1条脉，与中萼片紧贴	白色，狭长圆形，全缘，侧缘弯曲，先端钝到近尖	3月	产于我国台湾。生于海拔约100～1 400米的山坡密林下或路旁坡地
18	反瓣叉柱兰 *C. thailandica*	直立，具3～4片叶	在花期常枯萎，宽披针形，纹理薄	长11～22厘米，被短柔毛，具数片不育苞片，具3～4朵花	披针形，小，被短柔毛	棕绿色，基部2/3合生形成一筒部；离生顶部裂成三角形	不贴伏到中萼片，白色，近膨大，先端下弯	白色	2月	产于云南南部。生于海拔1 200米开阔森林的林下

（续）

序号	种名	茎	叶	花序	花苞片	萼片	花瓣	唇瓣	花期	分布与生境
19	云南叉柱兰 *C. yunnanensis*	浅绿色，一般短于1厘米，具2～3片叶	卵形，绿色，膜质，先端急尖，基部近圆形，骤狭成柄	疏生，具长柔毛，具3或4片不育苞片，具2～5（～10）朵花	卵形，凹陷，先端渐尖，背面被毛	膜质，近中部合生呈筒状，萼筒外面下部疏被毛，分离部分为三角状卵形，先端近钝	紧贴到背侧萼片，白色，狭倒披针状长圆形，膜质，全缘或有时具2～3枚钝齿，先端钝	直立，长10～12毫米，基部稍扩大，囊状	3—4月	产于湖南、广东、海南、广西、四川、贵州、云南。生于海拔200～1100米山坡或沟旁林下阴处地上或覆有土的岩石上
20	红衣指柱兰 *C. rubrifolius* 产于我国台湾（屏东，青山村）。生于海拔2400米林中									

苗文杰 / 武汉市伊美净科技发展有限公司

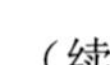

11. 旗唇兰属 *Vexillabium* F. Maekawa

地生小草本。根状茎匍匐，伸长，肉质，具节，节上生根。花茎顶生，直立，圆柱形，绿色或带紫红色，被毛，中部以下有时具1～2片绿色或带粉红色的鞘状苞片；总状花序具少数花，被毛；花小，倒置（唇瓣位于下方），纯白色或萼片背面带紫红色；唇瓣与花瓣多为白色，萼片在中部以下或多或少合生，钟状；唇瓣较萼片长，呈T形或Y形，伸出于萼片之外，直立，基部扩大成具2浅裂的囊状距。

约4种，分布于中国、日本和菲律宾北部的岛屿、韩国的济州岛。我国1种，分布于我国台湾和大陆一些省份中。

旗唇兰

旗唇兰

旗唇兰

旗唇兰属植物野外识别特征一览表

种名	茎	花序	萼片	花瓣	唇瓣	花期	分布与生境
旗唇兰 *K. yakushimensis*	根状茎匍匐，伸长，肉质，具节，节上生根	带粉红色，具3～7朵花，被疏柔毛	侧萼片斜镰状长圆形，直立伸展，基部合生成囊	与中萼片等长，且与中萼片紧贴呈兜状	白色，呈T形，较萼片和花瓣厚而长，从花被中伸出，前部扩大为倒三角形的片，其片的前部2裂或微凹，中部爪细长	8—9月	产于陕西、安徽、浙江、我国台湾、湖南、四川。生于海拔450～1 600米的林中树上苔藓丛中或林下、沟边岩壁石缝中

刘胜祥 / 华中师范大学

12. 全唇兰属 *Myrmechis* (Lindley) Blume

地生小草本。根状茎伸长，匍匐，肉质，具节，节上生根。茎直立，圆柱形，无毛，具数片叶。叶小，互生，叶片卵形或近圆形，稍肉质，绿色，通常长不及 2 厘米，具短柄。花较小，不完全开放，通常 2～3 朵排成顶生的总状花序；花倒置（唇瓣位于下方）；萼片离生，中萼片与花瓣黏合呈兜状；侧萼片基部斜歪而凹陷，围绕唇瓣基部；花瓣较狭；唇瓣基部扩大为球形的囊，与蕊柱基部贴生，囊内两侧各具 1 枚胼胝体；前部扩大且 2 裂，或仅稍扩大；蕊柱很短，具浅的药床；花药卵形，2 室；花粉团 2 个，有深裂隙，为具小团块的粒粉质，具极短的花粉团柄，共同具 1 个黏盘；蕊喙短而直立，2 裂；柱头 2 个，凸出，具细乳突，位于蕊喙基部两侧。

约 7 种，分布于中国、日本、印度、印度尼西亚。我国 5 种，分布于西藏、云南、四川、湖北、我国台湾。

日本全唇兰

宽瓣全唇兰

全唇兰

矮全唇兰

阿里山全唇兰

全唇兰属植物野外识别特征一览表

序号	种名	植株	萼片	花瓣	唇瓣	花期	分布与生境
1	日本全唇兰 *M. japonica*	地生，高8～15厘米	卵状披针形，长6毫米，先端稍尖，具1条脉	卵状长圆形，宽2.3毫米	前部扩大，片宽3.0～3.5毫米；呈T形，基部囊内2枚胼胝体近四方形，其顶部截平状或钝	7—8月	产于云南西北部、福建、四川、西藏。生于海拔800～2 600米的山坡林下阴湿地上或岩石上苔藓丛中
2	全唇兰 *M. chinensis*	地生，高5～10厘米	卵状披针形，长5～6毫米	卵形，宽2.5毫米	前部稍扩大，片宽1.0～1.5毫米；呈T形，基部囊内2枚胼胝体近四方形，其顶部截平状或钝	7月	产于湖北、四川。生于海拔2 000～2 200米的山坡或沟谷林下阴湿处
3	阿里山全唇兰 *M. drymoglossifolia*	地生，矮小，高5～6厘米	长(7～)8～9毫米，披针形	花较大；花瓣斜歪，狭卵形，先端向上弯曲	前部扩大，2裂；爪部细长，上面具细乳突，基部囊内2枚胼胝体长圆形，其顶部明显凹缺呈2齿裂	5—8月	产于我国台湾。生于海拔1 800～3 000米的林下阴湿处
4	宽瓣全唇兰 *M. urceolata*	地生，高5～9厘米	长5～7毫米，长圆状卵形	较小；花瓣宽卵形，坛状，宽3.5毫米，不斜歪，先端不向上弯曲	前部扩大，2裂；爪很短，边缘全缘，基部囊内2枚胼胝体横椭圆形，其顶部钝	5—7月	产于广东、海南、云南。生于海拔550～2 200米的山坡林下阴湿处
5	矮全唇兰 *M. pumila*	地生，高5～12厘米	长5～7毫米，卵形	花较小；花瓣倒披针状长圆形，宽2毫米，不斜歪，先端不向上弯曲	前部扩大，2裂；爪部细长，边缘具细圆齿，基部囊内2枚胼胝体长圆形，其顶部截平或略微凹陷	7—8月	产于云南。生于海拔2 800～3 800米的林下阴湿处

郑炜 / 四川水利职业技术学院

13. 翻唇兰属 *Hetaeria* Blume

地生草本。根状茎伸长，茎状，匍匐，肉质，具节，节上生根。茎直立，圆柱形，具数片叶。叶稍肉质，互生，上面绿色或沿中肋具1条白色的条纹，具柄，叶柄基部扩大成抱茎的鞘。花茎直立，常被毛；花序顶生，总状，具多数花；子房不扭转，花不倒置（唇瓣位于上方）；萼片离生，中萼片与花瓣黏合呈兜状；侧萼片包围唇瓣基部的囊；花瓣与中萼片近等长，常较萼片窄；唇瓣基部凹陷，呈囊状或杯状，内面基部具各种形状的胼胝体，胼胝体向先端渐狭或顶部多少扩大；蕊柱短，前面两侧具翼状附属物。

大约30种，分布于非洲热带地区和亚洲，延伸到新几内亚、澳大利亚和太平洋岛屿，我国6种。

四腺翻唇兰

白肋翻唇兰

四腺翻唇兰

白肋翻唇兰

滇南翻唇兰

长序翻唇兰

香港翻唇兰

翻唇兰属植物野外识别特征一览表

序号	种名	植株	叶片	花序与花	花苞片	花瓣	唇瓣	花期	分布与生境
1	四腺翻唇兰 *H. biloba*	地生，高28～34厘米	上面绿色，具3条绿色脉	总状花序具4～9朵花，花白色	披针形，边缘具缘毛，背面被长柔毛	瓣线形	前部极扩大，为2裂，裂片近圆形，长、宽均为2.5毫米，中部收狭成细爪，爪长约为1毫米，基部囊内具5条脉，其中4条侧脉近基部各具1枚褶片状、横长圆形、先端钩曲的胼胝体	2—3月	产于我国台湾、海南。生于海拔800～1 000米的密林下或路旁疏林下
2	白肋翻唇兰 *H. cristata*	地生，高10～25厘米	上面沿中肋常具1条白色的条纹	总状花序具3～15朵疏生的花，花小，红褐色	边缘撕裂状，即具流苏	偏斜，卵形	前部3裂，基部囊内具2枚角状的胼胝体，唇盘中央具一群纵向散布的肉突或具2个纵向脊状隆起	9—10月	产于我国香港、我国台湾。生于山坡林下
3	滇南翻唇兰 *H. affinis*	地生，高25～45厘米	上面和脉均为绿色	总状花序具多数花，花小，前部略张开；萼片绿色，花瓣白色	边缘无流苏	倒卵形	葫芦状卵形，前部不裂，片小，宽卵形，先端钝，裂片基部缢缩，基部囊内具2枚长圆形、顶部2～4裂的胼胝体，唇盘中央无肉突或脊状隆起	3—4月	产于云南南部。生于海拔820～1 000米的密林下
4	长序翻唇兰 *H. finlaysoniana*	地生，高30～35厘米	上面和脉均为绿色	总状花序具多数较疏散的花，花小，半张开；萼片粉红色或近白色，花瓣白色	披针形，背面被柔毛，先端渐尖	斜菱状倒卵形，宽2.5毫米	位于上方，凹陷呈舟状，基部凹陷呈囊状，先端骤狭或渐狭，具尖头；内面具5条脉，其中4条侧脉近基部各具1～3枚细长、向基部弯曲、钩状的胼胝体	3—5月	产于广西、海南。生于密林下

（续）

序号	种名	植株	叶片	花序与花	花苞片	花瓣	唇瓣	花期	分布与生境
5	斜瓣翻唇兰 *H. obliqua*	地生，高30～37厘米	上面和脉均为绿色	总状花序具多数较密生的花，花小	披针形，背面背柔毛，先端渐尖	斜，近匙状倒披针形，宽1.6毫米	位于上方，近长圆形，凹陷呈舟状，先端骤狭，具突尖头，内面具3条脉，在2条侧脉近基部各具（1～）2枚近长方形、顶部具不规则2～3裂的胼胝体	3月	产于海南。生于密林下
6	香港翻唇兰 *H. youngsayei*	茎细长，高20～40厘米	宽卵形	总状花序近密生14～20朵花	披针形，被微柔毛，先端渐尖	展开，白色，斜倒卵形	宽卵状，黄色，凹面，边缘有点卷	3—4月	产于我国香港、海南。生于海拔600～900米的森林、山沟中

郑炜 / 四川水利职业技术学院

14. 菱兰属 *Rhomboda* Lindley

草本植物，陆生或很少附生。根状茎匍匐，多节，肉质，具长柔毛。茎直立，无毛，在基部有一些管状鞘。叶中脉通常白色，披针形、卵形或椭圆形，倾斜，先端锐尖，具有叶柄状基部扩张呈管状的复合鞘。花序直立，顶生，总状，具短柔毛，带有一些分散的鞘苞片的花序梗；花苞被稀疏短柔毛；花瓣与背萼纵行并形成兜帽，通常广泛扩张，膜质；唇缘贴在柱的腹边缘。

全球约25种，喜马拉雅山和印度东北部均有分布；我国4种。

艳丽菱兰

小片菱兰

艳丽菱兰

白肋菱兰

菱兰属植物野外识别特征一览表

序号	种名	根与茎	花莛	叶	花序	花	萼片	唇瓣	花期	分布与生境
1	小片菱兰（翻唇兰、小片齿菱兰）*R. abbreviata*	根状茎匍匐，肉质，具节，节上生根；茎直立，圆柱形，无毛	出自茎基部	卵形或卵状披针形，正面暗绿色，背面淡绿色或带红色	花序轴和花序梗上疏被短柔毛	小，白色或淡红色，不倒置	中萼片卵形，凹陷呈舟状，具1条脉，与半卵形花瓣黏合呈兜状；侧萼片偏斜的卵形，凹陷，较中萼片稍长	近卵形，上部边缘向内折、缢缩，顶部略扩大为1个四方形，中部收狭呈爪状，基部扩大并凹陷呈囊状	3—6月	产于广东、我国香港、海南、广西。生于山坡或沟谷密林下阴处
2	艳丽菱兰 *R. moulmeinensis*	茎深红棕色	出自茎基部	卵状椭圆形到卵状披针形，背面灰绿色，正面绿色，沿中脉有宽白色条纹	花序轴和花序梗上密被长柔毛	紫绿色，花瓣白色、粉红色	中萼片直立，宽卵形；侧萼片蔓延，宽卵形，稍倾斜	倒卵形，先端不规则，具小齿	8—10月	产于广西、贵州、四川、西藏、云南。生于海拔400～2 200米潮湿的森林、山谷中

（续）

序号	种名	根与茎	花莛	叶	花序	花	萼片	唇瓣	花期	分布与生境
3	白肋菱兰 *R. tokioi*	茎深红棕色	出自茎基部	卵形到卵状披针形，背面淡绿色，正面有时沿中脉有白色条纹	总状花序密生花朵	白色，花瓣白色，卵形，斜，两侧极不相等	中萼片宽卵形；侧萼片卵形，斜立	倒卵形，先端钝	8—10月	产于广东和台湾。生于海拔低于1 500米的树林中
4	贵州菱兰 *R. fanjingensis*	茎暗红棕色	/	卵状椭圆形，正面绿色，沿中脉有1条狭窄的白色条纹	总状花序多花；花苞片淡红色	半开，萼片粉红色，花瓣白色	中萼片狭卵状椭圆形；侧萼片反折，卵状椭圆形	白色，下唇尖，尖截形或凹形；顶端裂片圆形	10—11月	产于贵州东北部。生于海拔500米的森林中

刘胜祥 / 华中师范大学

15. 叠鞘兰属 *Chamaegastrodia* Makino et F. Maekawa

腐生草本，植株矮小。根粗壮，短，肥厚，肉质，排生于根状茎上。无绿色叶，具彼此多少叠生、非绿色的、鞘状膜质的鳞片。子房不扭转；萼片离生；柱头2个，离生。

约4种，分布于中国、日本至亚洲热带地区。我国均产，分布于湖北、四川、云南以及西藏东南部。

戟唇叠鞘兰

川滇叠鞘兰

川滇叠鞘兰

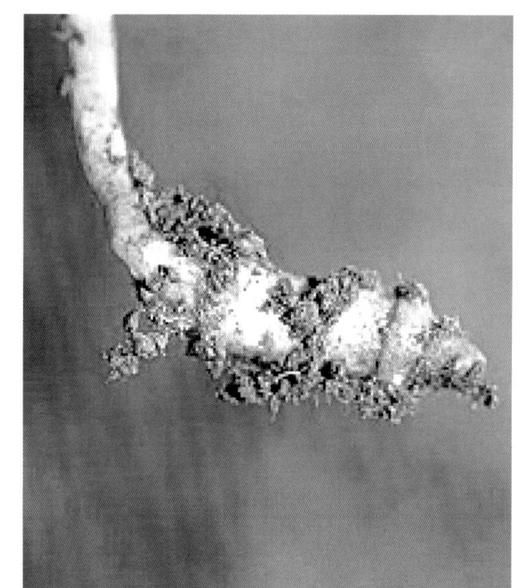

川滇叠鞘兰

叠鞘兰属植物野外识别特征一览表

序号	种名	唇瓣外形	唇瓣爪部	唇瓣前部	花色	花期	分布与生境
1	戟唇叠鞘兰 *C. vaginata*	楔形或楔状长圆形	无爪	不扩大，不裂，先端近急尖	暗红色	8月	产于四川西南部、西藏东部。生于海拔2 500～2 800米的山坡常绿阔叶林下阴湿处
2	叠鞘兰 *C. shikokiana*	呈T形	爪部较宽，宽度与前部裂片的基部几乎相等，两侧具凸出的边	扩大，2裂，裂片近方形并对折，中间略凹陷或具1枚很小的尖头，裂片的边缘全缘或仅微啮蚀状	黄色或淡褐红色	7—8月	产于四川西南部、西藏东部。生于海拔2 500～2 800米的山坡常绿阔林下阴湿处
3	川滇叠鞘兰 *C. inverta*	呈T形	爪部狭窄，宽度较前部裂片的基部要窄得多，两侧无凸出的边	扩大，2裂，裂片近方形并对折，中间略凹陷或具1枚很小的尖头，前部裂片的边缘全缘或仅微啮蚀状	黄橙色	7—8月	产于四川西南部、云南昆明与腾冲以北。生于海拔1 200～2 600米的山坡或沟谷林下阴湿处

晏启 / 武汉市伊美净科技发展有限公司

16. 线柱兰属 *Zeuxine* Lindley

地生草本。根状茎常伸长，茎状，匍匐，肉质，具节，节上生根。茎直立，具叶。叶互生，常稍肉质。总状花序顶生，具少数或多数花，后者似穗状花序；花小，几乎不张开，倒置（唇瓣位于下方）；唇瓣基部与蕊柱贴生，凹陷呈囊状；蕊柱短，前面两侧具或不具纵向、翼状附属物；蕊喙常显著，直立，叉状 2 裂。蒴果直立。

约 50 种，分布于非洲热带地区至亚洲热带和亚热带地区。我国 15 种，分布于长江流域及其以南各省区，尤以我国台湾为多。

线柱兰

绿叶线柱兰

线柱兰

线柱兰

东部线柱兰

宽叶线柱兰

黄花线柱兰

白肋线柱兰

大花线柱兰

全唇线柱兰

关刀溪线柱兰

眉原线柱兰

芳线柱兰

芳线柱兰

白花线柱兰

线柱兰属植物野外识别特征一览表

序号	种名	根与茎	叶	花色	花序	萼片	花瓣	唇瓣	花果期	分布与生境
1	宽叶线柱兰 *Z. affinis*	茎暗红褐色，向上变成绿褐色，具4～6片叶	卵形、卵状披针形或椭圆形，在花开放时常凋萎、下垂，常带红色	黄白色	总状	中萼片宽卵形，凹陷；侧萼片卵状长圆形	斜长椭圆形	呈Y形，前部2裂片倒卵状扇形，呈钝角叉开，前部边缘全缘或具波状齿	2—4月	产于我国台湾、广东、海南、云南。生于海拔800～1650米的山坡或沟谷林下阴处
2	绿叶线柱兰 *Z. agyokuana*	茎紫绿色，具4～5片叶	卵状椭圆形，表面深绿色，背面淡绿色	白色	总状	红褐色，中萼片卵形，先端急尖；侧萼片张开，披针形	狭倒卵形	卵形，呈包卷状，基部囊状，内面两侧各具1枚钩状胼胝体，近中部3裂	9月	产于我国台湾。生于海拔900～1000米的山坡林下阴湿处
3	黄花线柱兰 *Z. flava*	植物细长，茎直立	宽披针形至狭卵形，通常在花期枯萎、下垂	/	/	中萼片近卵形，凹陷；侧萼片斜	椭圆形	呈T形，3裂，具包卷的边缘	5月	产于云南。生于海拔1400米石灰岩地区的开阔森林中
4	耿马齿唇兰 *Z. gengmanensis*	植物粗壮，根茎伸长	卵形至椭圆形，在开花时不枯萎，背面深绿色，沿中脉和侧脉有白色	粉红色	/	中萼片卵形，凹陷；侧萼片广展，卵状椭圆形	斜倒卵形	3裂，包含2个短的、圆形的胼胝体，外膨大，前部2裂	5月	产于云南。生于海拔2500米的林下阴湿石坡上的土层中
5	白肋线柱兰 *Z. goodyeroides*	具4～6片叶	卵形或长圆状卵形，沿中肋具1条白色的条纹	白色或粉红色	总状	中萼片卵形，凹陷，先端急尖；侧萼片长圆状披针形	镰状	呈T形，前部稍扩大，片圆形或近肾形，全缘或顶部近2裂，基部囊内具2枚钩状的胼胝体	9—10月	产于云南东南部、广西西部。生于海拔1200～2500米的石灰岩山谷或山洼地密林下阴湿处或石缝中

（续）

序号	种名	根与茎	叶	花色	花序	萼片	花瓣	唇瓣	花果期	分布与生境
6	大花线柱兰 *Z. grandis*	茎圆柱形，具3～6片叶	披针形、长椭圆形至卵形，常带红色，在花开放时常凋萎、下垂	白色	总状	中萼片卵形，上半部白色；侧萼片的边缘白色，卵形	偏斜的长圆形	前部扩大，片为近圆形，2裂，中部爪的边缘不向内卷曲，基部囊内具2枚狭披针形、向后弯曲的胼胝体	2—4月	产于海南、湖南。生于林下
7	全唇线柱兰 *Z. integrilabella*	茎无毛，淡红褐色，具4～5片叶	长圆形或卵状椭圆形，表面绿色，沿中肋具1条银白色的条纹，背面淡红色	白色	总状	中萼片椭圆形	镰状，与中萼片黏合呈兜状	菱形，前部和基部均收狭，基部无胼胝体	4月	产于我国台湾。生于海拔1 000～1 800米的阔叶林中
8	关刀溪线柱兰 *Z. kantokeiense*	茎高30厘米	在花开放时凋落，被柔毛	/	总状	萼片长2～3毫米	薄，无毛	呈T形，前部的2裂片极叉开，其夹角近为180度	/	特产于我国台湾的中部山区
9	膜质线柱兰 *Z. membranacea*	根茎短，淡褐色	线形，淡褐色	白色	/	中萼片长圆状披针形，凹陷；侧萼片椭圆形	长圆状卵形	白色，船形，3裂，含2枚胼胝体	11月—次年1月	产于我国香港潮湿的草地、山谷、溪边
10	芳香线柱兰 *Z. nervosa*	根状茎伸长，匍匐，肉质，具3～6片叶	卵形或卵状椭圆形，正面绿色或沿中肋具1条白色的条纹	白色	总状	背面被毛	甚芳香，偏斜的卵形	呈Y形，前部扩大，2裂，裂片近圆形或倒卵形，基部囊内具2枚、各裂为3～4个角状的胼胝体	2—3月	产于我国台湾、云南。生于海拔200～800米的林下阴湿处

（续）

序号	种名	根与茎	叶	花色	花序	萼片	花瓣	唇瓣	花果期	分布与生境
11	眉原线柱兰 *Z. niijimai*	根状茎斜升，茎状，茎高约20厘米	2片，具短柄，卵状披针形，基部圆形，膜质	透明	总状	中萼片卵形；侧萼片偏斜的卵形	卵状三角形	长4毫米，较侧萼片短，前部2裂片为斜的圆形，长和宽均为2毫米	/	特产于我国台湾南投
12	香线柱兰 *Z.odorata*	茎直立，圆柱形，粗壮，具多片叶	偏斜的椭圆形或卵状椭圆形	白绿色	总状	萼片背面被毛，中萼片卵形，先端钝；侧萼片斜卵形	较大，颇香，花瓣偏斜的卵形	长9.0～9.5毫米，略长于侧萼片，前部2裂片近方形或圆形，边缘波状，基部囊内两侧各具1枚向后弯、3～4裂的胼胝体	4月	产于我国台湾。生于海拔300～350米的山坡林下阴湿处
13	白花线柱兰 *Z. parviflora*	茎圆柱形，淡紫褐色，具3～5片叶	卵形至椭圆形，在花开放时常凋萎、下垂，淡绿色，正面绒毛状	白色	总状	萼片背面被柔毛，中萼片卵状披针形或卵形；侧萼片长圆状卵形	斜倒披针状长圆形	长4毫米，呈T形，前部2裂片极叉开，其夹角近呈180度，裂片长圆形，前部边缘全缘或具不规则的齿	2—4月	产于我国台湾、海南、我国香港、云南。生于海拔200～1 640米的林下阴湿地上或岩石上覆土中
14	折唇线柱兰 *Z. reflfolia*	植株细长，根茎伸长，直立，绿棕色，具4～6片叶	鲜绿色，卵状披针形	白色	/	中萼片卵形；侧萼片卵形，略斜	白色，长圆形	呈Y形，3裂，基部白色，囊内具2枚钩状的胼胝体	4月	产于我国香港、我国台湾。生于森林中的开阔地上

（续）

序号	种名	根与茎	叶	花色	花序	萼片	花瓣	唇瓣	花果期	分布与生境
15	线柱兰 *Z.strateumatica*	根状茎短，匍匐；茎淡棕色，直立或近直立，具多叶	淡褐色，无柄，具鞘抱茎，线形至线状披针形，先端渐尖，有时均呈苞片状	白色或黄白色	总状	中萼片狭卵状长圆形，凹陷，与花瓣黏合呈兜状；侧萼片偏斜的长圆形	歪斜，半卵形或近镰状	肉质或较薄，舟状，淡黄色或黄色，基部凹陷呈囊状，其内面两侧各具1枚近三角形的胼胝体	/	产于福建、我国台湾、湖北、广东、我国香港、海南、广西、四川、云南。生于海拔1 000米以下的沟边或河边的潮湿草地上

张垚 / 山西省阳泉市规划和自然资源局

17. 二尾兰属 *Vrydagzynea* Blume

地生草本。根状茎伸长，匍匐，肉质，圆柱形，具节，节上生根。茎直立，圆柱形，具叶。叶稍肉质，互生，具柄。总状花序顶生，直立，短缩，具多数密生的花；花中等大或小，倒置（唇瓣位于下方），花被片不甚张开；中萼片与花瓣黏合呈兜状；侧萼片伸展；唇瓣短，不裂，与蕊柱并行，基部具距；距从两侧萼片之间伸出，距内壁近基部有2枚具细柄的胼胝体；蕊柱很短；花药直立，位于蕊柱后侧，2室；蕊喙短，直立，2齿裂；柱头2个，分离，隆起，位于蕊喙前面基部的两侧。

约40种，分布于印度东北部至东南亚和太平洋一些岛屿。我国1种，分布于我国台湾、海南和我国香港。

二尾兰

二尾兰

二尾兰属植物野外识别特征一览表

种名	花序	花	萼片	唇瓣	花期	分布与生境
二尾兰 *V. nuda*	具3～10朵密生的花，花序轴被短柔毛	白色或绿白色，不甚张开	背面或仅其下部被毛，中萼片与花瓣黏合呈兜状，侧萼片前侧的基部常扩大呈耳状	较萼片短，白色，中部具肉质的脊，基部具与子房并行的距	3—5月	产于我国台湾、海南和我国香港。生于海拔300～700米的阴湿林下或山谷湿地上

刘胜祥 / 华中师范大学

18. 金线兰属 *Anoectochilus* Blume

地生草本。根状茎伸长，茎状，匍匐，肉质，具节。叶互生，常稍肉质，部分种的叶片上面具杂色的脉网或脉纹，基部通常偏斜，具柄。花大、中等大或较小，排列为顶生的总状花序；萼片离生，背面通常被毛，侧萼片基部围绕唇瓣基部；花瓣较萼片薄，膜质，与中萼片近等长，常斜歪；唇瓣基部与蕊柱贴生，基部凹陷呈圆球状的囊，唇瓣前部多明显扩大、2裂，其裂片的形状各异且叉开，基部囊或距的末端2浅裂或不裂，其内面中央具1枚纵向隔膜状的龙骨状褶片或罕无，而在它的两侧各具1枚肉质、形状各异、具短柄或无柄的胼胝体。

约有40余种，分布于亚洲热带地区至大洋洲。我国11种，分布于西南部至南部。

滇南开唇兰

峨眉金线兰

滇越金线兰

滇越金线兰

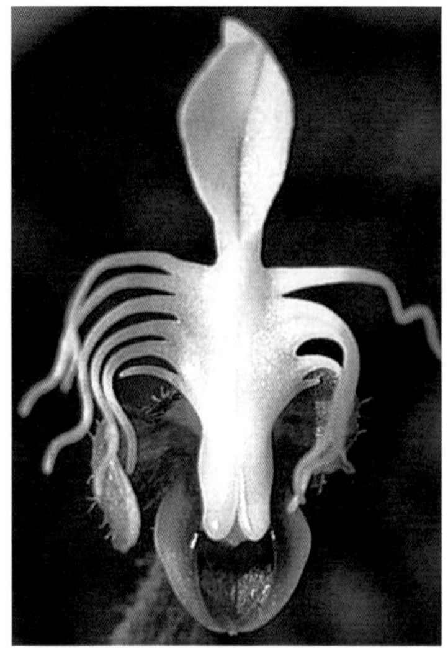

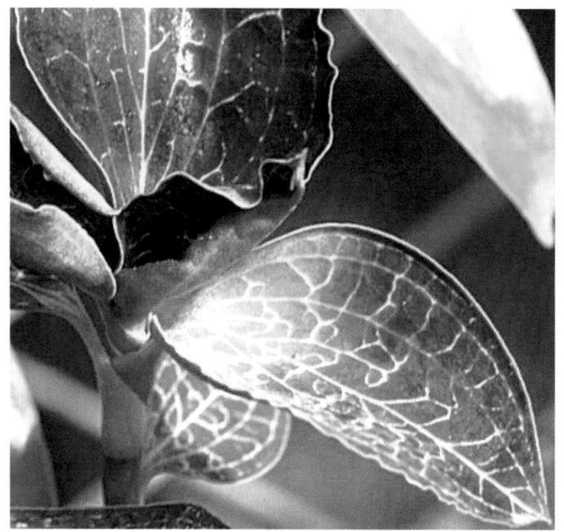

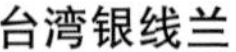
台湾银线兰

海南开唇兰

恒春银线兰

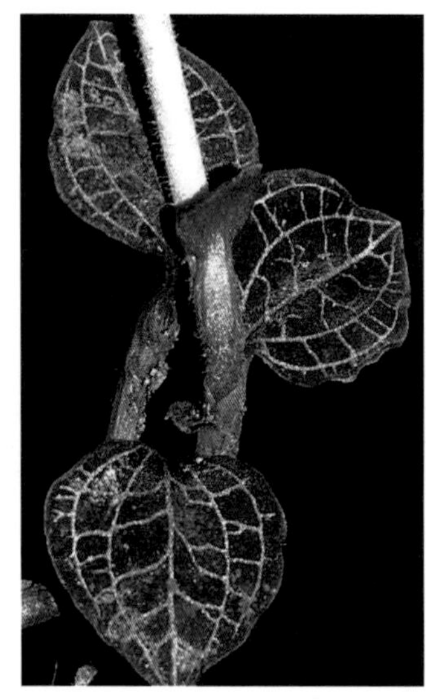

金线兰

浙江金线兰

浙江金线兰

金线兰属植物野外识别一览表

序号	种名	叶	花序	苞片	花色与着生方式	萼片	唇瓣	花期	分布与生境
1	保亭金线兰 *A. baotingensis* 本种与金线兰的区别在于唇瓣爪部两侧边缘仅各具3条长2.5～3.0毫米的丝状细裂条。花序具2～12朵花。花期4月。产于海南。生于海拔约320米的林中石上覆土中								
2	滇南开唇兰 *A. burmannicus*	上面深绿色，无金红色或白色美丽的网脉	总状，具多数较疏生的花	淡红色，背面被短柔毛	黄白色，不倒置（唇瓣位于上方）	萼片淡红色，具1条脉，中萼片卵形，凹陷呈舟状	黄色，呈Y形，爪部细长，前部2裂片呈V形叉开	9—12月	产于云南南部至西南部。生于海拔1 050～2 150米的山坡或沟谷常绿阔叶林下阴湿处
3	滇越金线兰 *A. chapaensis*	偏斜卵形，上面黑绿色，具金红色、有绢丝光泽美丽的网脉，背面淡绿色	总状，具2～7朵较疏生的花	淡红色，卵状披针形，背面被短柔毛，较子房短	白色，不倒置（唇瓣位于上方）	具1条脉，中萼片卵形，凹陷呈舟状	上举，呈Y形，前部2裂片倒卵状三角形，爪部两侧各具1枚长方形的片，片的边缘具细锯齿，且在片的前方两侧各具2条短裂条	7—8月	产于云南。生于海拔1 380米的山坡密林中阴湿处
4	峨眉金线兰 *A. emeiensis*	上面黑绿色，具金红色带绢丝光泽美丽的网脉，背面带紫红色	总状，具3～4朵较疏生的花，花具腥臭气	淡紫红色，先端渐尖，背面被短柔毛，较子房短	不倒置（唇瓣位于上方）	紫红色，具1条脉，中萼片卵状椭圆形，凹陷呈舟状	前部2裂片长圆状倒披针形，爪部两侧各具1枚近四方形的片，片的边缘具粗锯齿或细锯齿	8—9月	产于四川。生于海拔900米的溪边林下石缝中
5	台湾银线兰 *A. formosanus*	上面呈绒毛状、墨绿色，具白色美丽的网脉，背面带红色	总状，具3～5朵花	卵状披针形，背面被毛	白色，不甚张开，倒置（唇瓣位于下方）	红褐色，中萼片凹陷呈舟状	位于下方，爪部两侧各具5条丝状长流苏裂条，前部2裂片，距内胼胝体位于其近末端处	10—11月	产于我国台湾。多生于海拔500～1 600米的阴湿森林或竹林内

（续）

序号	种名	叶	花序	苞片	花色与着生方式	萼片	唇瓣	花期	分布与生境
6	海南开唇兰 *A. hainanensis*	背面淡紫色，正面天鹅绒黑绿色，具浓密的金色网状脉	总状，具4～6朵花	卵状披针形，外表面有毛	花稍香，白色	背萼片卵状椭圆形，侧萼片椭圆形，斜	白色，呈Y形，外唇纵向扩张，2裂	1月	产于海南。生于山地森林中阴凉潮湿处
7	恒春银线兰 *A. koshunensis*	上面呈绒毛状，墨绿色，具白色美丽的网脉，背面带红色	总状，具5～6朵花	卵形或卵状披针形，背面被毛	白色，不倒置（唇瓣位于上方）	红褐色，中萼片卵形，凹陷呈舟状	呈Y形，基部具圆锥状距，位于上方，爪部两侧仅各具1枚片状物，前部2裂片长椭圆形，距内胼胝体位于近距口处	7—10月	产于我国台湾北部至南部。生于海拔1 500～1 700米的常绿阔叶林下
8	屏边金线兰 *A. pingbianensis*	卵形，上面暗绿色，具金红色、带绢丝光泽的美丽网脉，背面淡绿色或淡红色	总状花序具多数花	粉红色，背面被柔毛，与子房等长	白色，倒置（唇瓣位于下方）	粉红色，具1条脉，中萼片卵形，凹陷呈舟状	位于下方，呈T形，爪部两侧具丝状长短不等的流苏状裂条，前部2裂片之间呈180度角叉开	10月	产于云南。生于海拔1 500米的林下阴湿处
9	金线兰 *A. roxburghii*	上面暗紫色或黑紫色，具金红色带有绢丝光泽的美丽网脉，背面淡紫红色	总状，具2～6朵花	淡红色	白色或淡红色，不倒置（唇瓣位于上方）	中萼片卵形，凹陷呈舟状	呈Y形，基部具圆锥状距，前部2裂片近长圆形或楔状长圆形；中部收狭成爪	9—11月	产于西藏东南部、浙江、江西、福建、湖南、广东、海南、广西、四川、云南。生于海拔50～1 600米的常绿阔叶林下或沟谷阴湿处

（续）

序号	种名	叶	花序	苞片	花色与着生方式	萼片	唇瓣	花期	分布与生境
10	兴仁金线兰 *A. xingrenensis*	上面有金色、具光泽的网脉	总状	/	白色或淡红色，倒置（唇瓣位于下方）	/	爪两侧具4～8个短齿，爪基部上部成为三角形的2褶片，距内无胼胝体	/	产于贵州
11	浙江金线兰 *A. zhejiangensis*	上面紫绿色	总状，具1～4朵花	膜质，背面被短柔毛	白色，不倒置（唇瓣位于上方）	淡红色，中萼片凹陷呈舟状	白色，呈Y形，基部距向上U形，前部2裂片为斜的倒三角形，爪部两侧各具1枚长圆形的片	7—9月	产于浙江、福建、广西。生于海拔700～1 200米的山坡或沟谷密林下阴湿处

张谦 / 天水市第二中学

19. 齿唇兰属 *Odontochilus* Blume

地生草本。叶绿色或紫色，偶尔有1～3条白色条纹。总状花序；花瓣膜质；唇瓣3裂，中部收狭成爪，其两侧多具锯齿，基部凹陷呈圆球状囊，囊小，藏于两侧萼片基部。

约40种，分布于亚洲热带地区至大洋洲。我国12种，1亚种。

齿唇兰

西南齿唇兰

红萼齿唇兰

西南齿唇兰

一柱齿唇兰

齿唇兰属植物野外识别特征一览表

序号	种名	营养方式	花色	唇形	囊及囊内情况	爪边缘情况	前唇裂片	柱头	花期	分布与生境	备注
1	短柱齿唇兰 *O. brevistylis*	自养，具暗绿色叶	萼片黄绿色，花瓣白色，唇瓣白色或黄色	Y形	具1枚较低的隔膜，隔膜的基部两侧具2枚肉质、向下钩曲、顶部扩大而先端近截平的胼胝体	两侧各具4～5条流苏状短裂条，而其后部两侧各具波状齿或锯齿	椭圆形	2个	8月	产于云南、西藏。生于海拔1 700～1 900米的常绿阔叶林下阴湿地上	根据《中国植物志》，本属为开唇兰属 *Anoectochilus* 一部分。根据FOC、《中国生物物种名录》（2021），本属为单独属
2	白齿唇兰 *O. brevistylus* subsp. *candidus*	自养，具绿叶	中萼片淡绿褐色，侧萼片绿色，花瓣、唇瓣白色	Y形	末端浅2裂，囊内两侧各具1枚深裂为多条、扭曲的梳状胼胝体	两侧具数条不等长的流苏状裂条，其前部细而长，后部短、齿状	半圆形	2个	8—9月	产于我国台湾。生于海拔约800米的山坡林下阴湿处	

（续）

序号	种名	营养方式	花色	唇形	囊及囊内情况	爪边缘情况	前唇裂片	柱头	花期	分布与生境	备注
3	红萼齿唇兰 *O. clarkei*	自养，具暗绿色叶	萼片紫红色，花瓣黄带红色，唇瓣黄色	Y形	囊的末端圆钝且2浅裂，其内面中央具2枚肉质、针刺状、先端渐尖和向上钩曲的胼胝体	爪的前部两侧各具2～3条流苏状细裂条，而其后部两侧各具1枚近椭圆形、宽大、先端钝的片	倒三角状楔形	2个	9月	产于西藏、四川。生于海拔1 100米的常绿阔叶林下阴处	
4	小齿唇兰 *O. crispus*	自养，具暗绿色叶	萼片、花瓣绿色，唇瓣白色	Y形	具1枚纵向的褶片，褶片基部两侧各具1枚肉质、近圆形、边缘具圆齿而基部具短柄的胼胝体	两侧向内卷而边缘具细圆齿	长圆形至倒卵形，外侧边缘具细圆齿或细锯齿	2个	8—10月	产于云南、西藏。生于海拔1 600 ～ 1 800米的山坡或沟谷林下阴湿处	
5	西南齿唇兰 *O. elwesii*	自养，具暗紫色或深绿色叶	萼片绿色或白色，先端和中部带紫红色，花瓣、唇瓣白色	Y形	囊末端浅2裂，其内面中央具1条隔膜状、纵向的褶片，在褶片两侧各具1枚肉质、近四方形、顶部凹缺的胼胝体	两侧各具4～5条不整齐的短流苏状锯齿，而后部两侧具细圆齿	长方形或近半圆形，顶部和外侧边缘具波状齿	2个	7—8月	产于我国台湾、广西、四川、贵州和云南。生于海拔300～1 500米的山坡或沟谷常绿阔叶林下阴湿处	
6	广东齿唇兰 *O. guangdongensis*	异养	萼片浅黄褐色，花瓣浅黄色，唇瓣黄色	Y形	具2枚无柄、近球形的胼胝体	具不规则狭齿	椭圆形	/	8月	产于湖南、广东。生于常绿阔叶林中富含腐殖质的土壤中	

（续）

序号	种名	营养方式	花色	唇形	囊及囊内情况	爪边缘情况	前唇裂片	柱头	花期	分布与生境	备注
7	台湾齿唇兰 *O. inabae*	自养，具绿叶	萼片、花瓣浅绿色，具规则排列的绿褐色或深绿色的斑块，唇瓣白色	Y形	囊末端浅2裂，其内两侧各具1枚深2裂为棒状的胼胝体	两侧具数条不等长的流苏状裂条，其前部的裂条细而长，而后部的短、细齿状	三角形	2个	5—8月	产于我国台湾。生于海拔500～1 700米的山坡常绿阔叶林下	
8	齿唇兰 *O. lanceolatus*	自养，具暗绿色叶	萼片黄绿色，花瓣白绿色，唇瓣金黄色	Y形	囊2浅裂，具1条片状纵隔膜，而在隔膜两侧囊基部处各具1枚针刺状、线状披针形且常钩曲的胼胝体	两侧各具4～7（～9）条流苏状裂条	楔状长圆形或倒卵形	2个	6—9月	产于云南、我国台湾、广东、广西。生于海拔800～2 200米的山坡或沟谷的常绿阔叶林下阴湿处	
9	南岭齿唇兰 *O. nanlingensis*	自养，具紫红叶	白色	Y形	囊不明显	两侧前端具3条流苏状裂条	舌状	2个	4月	产于我国台湾、广东、海南。生于海拔305米区域	
10	那坡齿唇兰 *O. napoensis*	自养，具绿叶	萼片绿褐色、具白色网格，花瓣红棕色，唇瓣白色	Y形	具2枚无柄、舌状的胼胝体	两侧边缘各有1个梳状凸缘，具9～13条细丝流苏状裂条，近基部为短刺	长圆形	2个	6月	产于广西。生于海拔1 450米山顶附近、石灰岩地区	
11	齿爪齿唇兰 *O. poilanei*	异养	萼片、花瓣紫红色，唇瓣深黄色	T形	具2枚无柄、圆形的胼胝体	略扩张，凹囊状	不裂，先端具三角形镰刀状附属物	2个	9月	产于云南、西藏、福建、海南。生于海拔763米常绿阔叶林下	

（续）

序号	种名	营养方式	花色	唇形	囊及囊内情况	爪边缘情况	前唇裂片	柱头	花期	分布与生境	备注
12	腐生齿唇兰 *O. saprophyticus*	异养	萼片黄绿色、浅红棕色，花瓣、唇瓣白色	T形	具2枚无柄、舌状的胼胝体	两侧具乳突	近圆形	2个	5—7月	产于广西、海南。生于海拔450～1 500米阔叶林下	
13	一柱齿唇兰 *O. tortus*	自养，具深绿色叶	萼片紫绿色、具褐紫色的斑纹，花瓣绿白色，唇瓣白色	Y形	具2枚肉质、长圆形、顶部3浅裂的胼胝体	前部两侧各具4～5条不等长的流苏或流苏状的齿，其后部两侧各具4～5个波状齿	倒卵形	1个	7—9月	产于云南南部至西南部、广西、西藏。生于海拔480～1 250米的山坡或沟谷密林下地上或岩石上覆土中	

晏启 / 武汉市伊美净科技发展有限公司

20. 绶草属 *Spiranthes* Richard

地生草本。根数条，指状，肉质，簇生。叶基生，多少肉质。总状花序顶生，具多数密生的小花，似穗状，常多少呈螺旋状扭转；花小，不完全展开，倒置；萼片离生；中萼片直立，常与花瓣靠合呈兜状；侧萼片基部常向下延伸而胀大，有时呈囊状；唇瓣基部凹陷，常有2枚胼胝体，边缘常呈皱波状；花药直立，2室，位于蕊柱的背侧。

约50种，主要分布于北美洲，少数种类见于南美洲、欧洲、亚洲、非洲和澳大利亚。我国3种。

宋氏绶草

宋氏绶草

绶草

香港绶草

绶草

绶草属植物野外识别特征一览表

序号	种名	花序	苞片	花色与花着生方式	唇瓣	花期	分布与生境
1	绶草 *S. sinensis*	总状花序具多数密生的花	花苞片卵状披针形，先端长渐尖，下部的苞片长于子房	紫红色、粉红色或白色，花小，不完全展开，倒置，似穗状，在花序轴上呈螺旋状排列	宽长圆形，凹陷，长4毫米，宽2.5毫米，先端极钝，前半部上面具长硬毛且边缘具强烈皱波状啮齿，基部凹陷呈浅囊状，囊内具2枚胼胝体	7—8月	产于全国各省区。生于海拔200～3 400米的山坡林下、灌丛下、草地或河滩沼泽草甸中
2	宋氏绶草 *S. sunii*	总状花序具多数密生的花	花苞片倒卵形、椭圆形或菱形，疏生腺状柔毛，先端渐尖	白色，螺旋状着生	宽椭圆形，长5～6毫米，宽约2毫米，基部有2个棍棒状腺体，侧缘直立且呈浅齿状，先端缩短且下弯；唇盘无毛	5月	产于甘肃。生于沿着溪流、草地和混合落叶林的开阔潮湿土壤中
3	香港绶草 *S. hongkongensis*	总状花序具多数密生的花	花苞片卵状披针形，疏生腺状柔毛，先端渐尖	乳白色，螺旋状着生	宽椭圆形，长4～5毫米，宽约2.5毫米，基部增厚，具2个透明球状腺体，侧缘卷起，呈浅囊状，先端极钝而下弯	3—4月	产于我国香港。生于海拔800～900米开阔湿润至干燥的山坡、草地、草甸上

备注：此属还有义富绶草，产于我国台湾，资料不详。亦有学者认为香港绶草与绶草是同种

胡明玉 / 赛石集团

21. 肥根兰属 *Pelexia* Poiteau ex Lindley

地生草本，具成簇的肉质根。叶基生。总状或穗状花序顶生；中萼片常凹陷呈兜状，与花瓣靠合呈盔状；侧萼片基部扩大，与蕊柱足合生，常形成明显的萼囊；柱头2个。

全属约75种，主要产于美洲热带至亚热带地区。我国1种，为归化种。

肥根兰

肥根兰属植物野外识别特征一览表

种名	根	出叶期	叶形	花色	花期	分布与生境
肥根兰 *P. obliqua*	肉质根数条成簇	花后	长圆形至椭圆形	萼片与花瓣淡灰绿色，唇瓣奶油黄色	9月	产于我国香港。生于小峡谷旁

晏启 / 武汉市伊美净科技发展有限公司

22. 铠兰属 *Corybas* Salisbury

地生小草本。茎纤细，常有棱或翅。叶 1 片，常心形或宽卵形，具 1～3 条主脉和网状侧脉。花单朵，顶生，扭转；花苞片较小；唇瓣基部有深槽并与中萼片联合为管状，上部扩大；距 2 个，角状。

全属约 100 种，主要分布在新几内亚、澳大利亚和太平洋岛屿，从东南亚延伸到喜马拉雅山。我国 6 种。

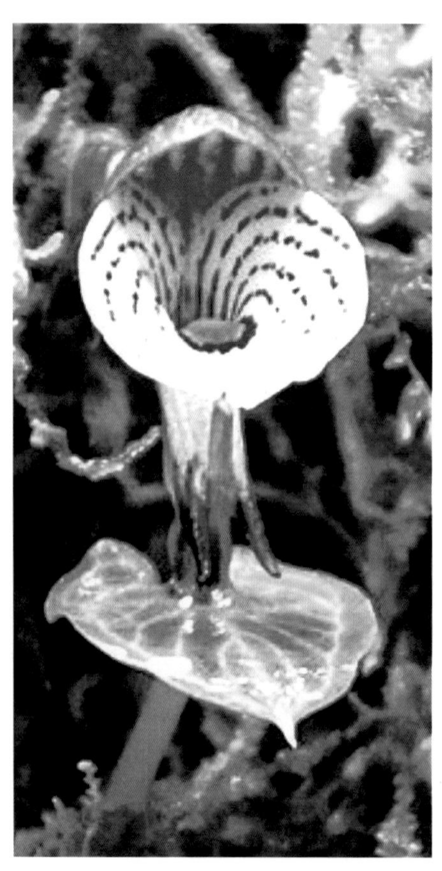
大理铠兰

铠兰

梵净山铠兰

台湾铠兰

铠兰属植物野外识别特征一览表

序号	种名	花苞片形态	花色	花瓣长度	侧萼片	唇瓣	花期	分布与生境
1	梵净山铠兰 *C.fanjingshanensis*	披针形，等于或略短于子房	玫瑰色或粉红色，纵向有紫色条纹	6～7毫米	狭线形或钻形	倒卵圆形，先端圆形，边缘啮蚀状	7月	产于贵州梵净山。生于海拔2 100～2 400米有苔藓的岩石上
2	杉林溪铠兰 *C. himalaicus*	线状披针形，明显长于子房	白色和紫红色	1.2～2.0厘米	丝状，基部合生	圆形，唇盘上有小乳头状突起	7—8月	产于云南、我国台湾。生于海拔1 700～1 900米林下有苔藓的岩石上
3	艳紫盔兰 *C. puniceus*	线状披针形，短于子房	紫红色	约1厘米	丝状，分离	管状，先端有微小的锯齿	7月	产于我国台湾。生于海拔1 200米竹林边或有苔藓的山坡上
4	铠兰 *C. sinii*	钻状，比子房长1.5倍	深紫色	达2.6厘米	钻状，分离	倒卵圆形，先端圆形，边缘啮蚀状	6—11月	产于我国台湾、广西。生于海拔1 500米的林下
5	大理铠兰 *C. taliensis*	线状披针形，略长于子房	带紫色环纹	达8.5毫米	狭线形或钻状	倒卵圆形，中央有1条半圆形、稍肉质的褶片	9月	产于四川、云南、贵州、我国台湾。生于海拔2 100～2 500米的林下
6	台湾铠兰 *C. taiwanensis*	披针形，明显长于子房	淡紫红色	约1厘米	丝状，基部合生	圆形至椭圆形，前部边缘流苏状	8月	产于我国台湾北部。生于海拔1 400米林下铺满苔藓的岩壁上

晏启 / 武汉市伊美净科技发展有限公司

23. 指柱兰属 *Stigmatodactylus* Maximowicz ex Makino

地生小草本，地下具根状茎与小块茎。根茎近似茎的延长，近直生，有时分枝，末端连接球茎状的小块茎。茎纤细，直立，无毛，中部具1片叶。叶很小，绿色，基部无柄，多少抱茎。总状花序顶生，具1～3朵花；花苞片叶状，略小于叶；花近直立；萼片离生，狭窄，相似，但侧萼片略斜歪且较短；花瓣与侧萼片相似；唇瓣宽阔，基部具有1个肉质、2深裂的附属物；蕊柱直立，上部向前弯，两侧边缘有狭翅，无蕊柱足；柱头凹陷，下方有指状附属物；花粉团4个，成2对，粒粉质，无花粉团柄和黏盘。

全属有4种，分布于日本、印度、印度尼西亚和中国南部。我国1种。

指柱兰

指柱兰

指柱兰属植物野外识别特征一览表

种名	茎	叶	花冠	花数量	唇瓣	蕊柱	花期	分布与生境
指柱兰 *S. sikokianus*	根状茎圆柱形，近直生，被绵毛状根毛；茎纤细，多少具纵棱	1片，三角状卵形，着生于茎中部	淡绿色，花瓣、萼片线形	1～3朵	淡红紫色，宽卵状圆形，边缘有细齿，基部有附属物	前面中部有1个小突起	8—9月	产于福建北部、我国台湾和湖南

蔡朝晖 / 湖北科技学院

24. 隐柱兰属 *Cryptostylis* R. Brown

地生草本。叶基生，具长柄。总状花序具密生的花；花不倒置；萼片和花瓣狭窄，张开；唇瓣直立，不裂，基部无距，宽阔，围抱蕊柱；蕊柱极短，具侧生的耳。

约 20 种，分布于大洋洲和亚洲热带地区。我国 2 种，分布于我国台湾、广东、广西。

台湾隐柱兰

隐柱兰

隐柱兰属植物野外识别特征一览表

序号	种名	叶	花苞片	唇瓣	花期	分布与生境	备注
1	隐柱兰 *C. arachnites*	椭圆状卵形或椭圆形，无斑点	披针形	长椭圆状披针形或披针状卵形，背面黄绿色，内面橘红色而具鲜红色斑点，近先端处略黄色	6—7 月	产于广东、广西、我国台湾。生于海拔 200 ～ 1 500 米的山坡常绿阔叶林或竹林下	根据《中国植物志》，我国台湾隐柱兰为隐柱兰的变种
2	台湾隐柱兰 *C. taiwaniana*	宽披针形至长圆状披针形，散生深绿色、大的块状斑点	卵形	菱形，棕黄色，具红褐色斑点及红褐色平行脉	1—3 月	产于我国台湾。生于海拔 100 ～ 500 米的山坡阔叶林下	

晏启 / 武汉市伊美净科技发展有限公司

25. 葱叶兰属 *Microtis* R. Brown

地生草本。茎纤细，直立，具 1 片叶。叶片圆筒状，近轴面具纵槽，细长，下部完全抱茎，基部被鳞片状鞘。总状花序；唇瓣贴生于蕊柱基部，常不裂，无距；蕊柱常有 2 个耳状物或翅。

葱叶兰

葱叶兰

葱叶兰属植物野外识别特征一览表

种名	叶	花色	唇瓣	蕊柱	花期	分布与生境
葱叶兰 *M. unifolia*	圆筒状，近轴面具纵槽，细长，下部完全抱茎，基部被鳞片状鞘	绿色或淡绿色	狭椭圆形舌状，不裂，无距	顶端有 2 个耳状物	5—6 月或 8—9 月	产于安徽、浙江、江西、湖南、四川、福建、我国台湾、广东、广西。生于海拔 100 ～ 750 米阳光充足的草地上

晏启 / 武汉市伊美净科技发展有限公司

26. 红门兰属 *Orchis* Linnaeus

地生草本。块茎卵球形或椭圆形。总状花序顶生；子房扭转；花倒置；中萼片常凹陷呈舟状，侧萼片与中萼片靠合呈兜状；唇瓣基部的距圆筒状或囊状；花粉团 2 个；柱头 1 个。

约 20 种，主要分布于北温带、亚洲亚热带山地以及北非的温暖地区。我国 1 种。

四裂红门兰

四裂红门兰

四裂红门兰

红门兰属植物野外识别特征一览表

种名	块茎	花色	中萼片	唇瓣	唇瓣中裂片	距	花期	分布与生境
四裂红门兰 *O. militaris*	卵球形	紫色或粉红色	凹陷呈舟状，与花瓣靠合呈兜状	4 裂，基部 3 裂	线状长圆形的基部向前扩大为楔状倒卵形或倒心形，先端 2 裂，在缺口中央具 1 小尖	白色或粉红色，狭圆筒状	5—6 月	产于新疆北部。生于海拔 600 米的草原上

晏启 / 武汉市伊美净科技发展有限公司

27. 盔花兰属 *Galearis* Rafinesque

地生草本。具细、指状、肉质的根状茎。叶 1 或 2 片，基部收狭成抱茎的鞘。总状花序顶生；侧萼片、花瓣常与中萼片形成兜状；唇瓣不裂或不明显 3 裂，基部有距。花粉团 2 个。

约 11 种，分布于北温带、亚洲亚热带及北美的高山地区。我国 6 种。

斑唇盔花兰

斑唇盔花兰

河北盔花兰

二叶盔花兰

河北盔花兰

卵唇盔花兰

黄龙盔花兰

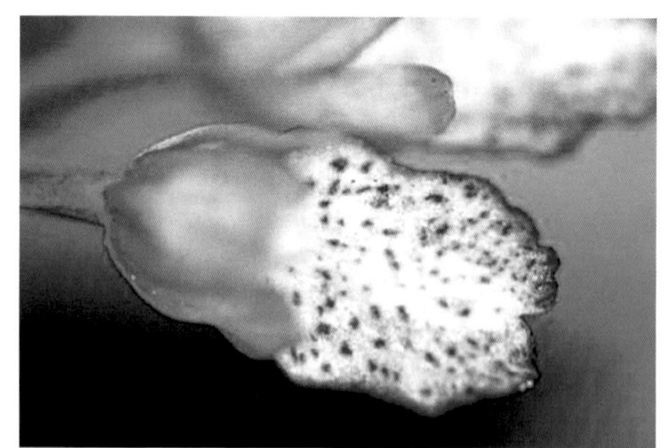
卵唇盔花兰

盔花兰属植物野外识别特征一览表

序号	种名	叶数	叶形	花数	花色	唇瓣	距	花期	分布与生境	备注
1	斑唇盔花兰 *G. wardii*	2片	宽椭圆形至长圆状披针形	5～10朵	紫红色，萼片、花瓣和唇瓣具深紫色斑点	宽卵形或近圆形，不裂	圆筒状，稍短于子房	6—7月	产于四川西部、云南西北部和西藏东部。生于海拔2 400～4 510米的山坡林下或高山草甸中	
2	北方盔花兰 *G. roborowskyi*	1片	卵形、卵圆形或狭长圆形	1～5朵	紫红色	宽卵形，前部3裂	圆筒状，与子房等长或稍长	6—7月	产于四川西部、西藏南部、河北、甘肃、青海、新疆。生于海拔1 700～4 500米的山坡林下、灌丛下及高山草地上	
3	二叶盔花 *G. spathulata*	2片，近对生	狭匙状倒披针形、狭椭圆形、椭圆形或匙形	1～5朵	紫红色	长圆形、椭圆形、卵圆形或近四方形，不裂	圆筒状，长不及子房的1/2	6—8月	产于甘肃东南部、青海东北部、四川西部、云南西北部、西藏东部至南部、陕西。生于海拔2 300～4 300米的山坡灌丛下或高山草地上	根据《中国植物志》，盔花兰属属红门兰属；根据最新的分子生物学证据，其为单独属
4	河北盔花兰 *G. tschiliensis*	1片	长圆状匙形或匙形	1～6朵	紫红色、淡紫色或白色	唇瓣与花瓣相似，卵状披针形或卵状长圆形，不裂	无距	6—8月	产于青海南部、四川西部、云南西北部、河北、山西、陕西、甘肃。生于海拔1 600～4 100米的山坡林下或草地上	
5	黄龙盔花兰 *G. huanglongensis*	1片	椭圆形	1～2朵	白色	长圆形、椭圆形、卵圆形或近四方形，不裂	圆筒状，长不及子房的1/2	6—7月	产于四川黄龙沟。生于海拔3 100米的山坡灌丛中	
6	卵唇盔花兰 *G. cyclochila*	1片	长圆形、宽椭圆形至宽卵形	2朵	淡的粉红色或白色	卵圆形，不裂	线状圆筒形，与子房近等长	5—6月	产于青海东北部、黑龙江、吉林。生于海拔1 000～2 900米的山坡林下或灌丛下	

晏启 / 武汉市伊美净科技发展有限公司

28. 小红门兰属 *Ponerorchis* H. G. Reichenbach

草本，陆生。块茎近球形、卵球形或椭球体，不分裂。茎常直立，无毛。叶基生或茎生，互生或很少近对生，1～5片叶，基部收缩成鞘抱茎，无毛到疏生短柔毛。总状花序具1至多数花。花苞片短于或长于花；花偏向一侧或不偏向一侧，花粉红、紫红、白、黄绿或黄色；子房扭转，无毛或被短柔毛。萼片离生。花瓣常与中萼片合生，呈兜状；唇瓣全缘或3裂或4裂，基部具距或很少无距。蒴果直立。

约20种，分布于中国、日本，再到韩国。我国13种（10种特有种），本手册包含11种。

广布小红门兰

高山小红门兰

齿缘小红门兰

峨眉小红门兰

广布小红门兰

华西小红门兰

小红门兰属植物野外识别特征一览表

序号	种名	株高	叶	花序	花	块茎	唇瓣	花苞片	花期	分布与生境
1	广布小红门兰 *P. chusua*	5～45厘米	1～5片，多为2～3片，茎生，互生，宽间隔，无紫色斑点	具1～20余朵花，多偏向一侧	紫红色或粉红色，花瓣无毛	长圆形或圆球形，长1.0～1.5厘米	宽长圆形到倒卵形，中部以上3裂；中裂片长圆形、正方形、卵形，宽1.8～3.5（～5.0）毫米，长2.0～3.5（～6.0）毫米，长大于宽	披针形或卵状披针形，最下部的花苞片长于、等长于或短于子房	6—8月	产于甘肃东部、青海东部、陕西南部、四川南部、西藏东南部、云南东北部和西北部、黑龙江、河南、湖北、吉林、内蒙古、宁夏。生于海拔500～4 500米的森林、杜鹃花灌木、高山草原中及石灰岩、碎石上
2	华西小红门兰 *P. limprichtii*	4.5～23.0厘米	1片，基生，心形，卵形或椭圆形，正面常有紫斑，背面紫红色	2～20余朵花，花不偏向一侧	紫红色或淡紫色	长圆形或卵圆形，长1～2厘米	宽长圆形、卵形，(10～11)毫米×(8～9)毫米	短于子房	5—6月	产于甘肃东南部、四川西部和云南西北部。生于海拔1 420～4 000米的山坡林下或高山草地上
3	峨眉小红门兰 *P. omeishanica*	8～12厘米	中部以上具1～2片，无紫色斑点	4～8朵花	淡黄绿色	长圆形，长8～12毫米	半圆形，边缘具睫毛，内面有乳头状突起，前部3裂	长20毫米，基部明显超过花	7—8月	产于四川峨眉山。生于海拔2 800米左右的山坡岩下沟边或林缘草地上
4	齿缘小红门兰 *P. crenulata*	3.5～6.0厘米	近中部具2片	1朵花	淡粉红色	椭圆形，长1.5～2.0厘米	近圆形，不分裂	长于子房	/	/

（续）

序号	种名	株高	叶	花序	花	块茎	唇瓣	花苞片	花期	分布与生境
5	奇莱小红门兰 *P. kiraishiensis*	10～18厘米	2片，茎生，互生，中部横长圆形到卵形，宽大于长	1～3朵花	紫红色或粉红色，花瓣无毛	卵形，直径5～6毫米	倒三角形到近圆形，前部3裂	/	7—8月	产于我国台湾。生于海拔3 000～3 900米的高山草原、斜坡上
6	普格小红门兰 *P. pugeensis*	约30厘米	2片，疏离，互生，长圆形或长圆状披针形	十几朵花	淡紫色，内面具细乳突，边缘具乳突状睫毛，具3条脉	长圆形，长2厘米，直径8毫米	卵形，内面具细乳突，中间具1条纵的脊状隆起，边缘具乳突状睫毛，近中部3裂	叶状，20～40毫米，明显超过花	7—8月	产于四川西南部。生于海拔约2 800米的高山草原、斜坡上
7	四川小红门兰 *P. sichuanica*	19～32厘米	2～3片，疏离，互生，最下面1片较大，长圆形、卵形或狭长圆形	茎和花序绿色，2～6朵花	紫罗兰色，萼片和花瓣表面密被细小乳突；子房密被软毛	长圆形或椭圆形，长1～2厘米,直径5～10毫米	宽倒卵形，两面具多数细乳突，边缘具乳突状睫毛，近中部3裂	卵状披针形，先端渐尖，较子房短	5—7月	产于四川西部。生于海拔2 400～2 500米的高山草原、斜坡上
8	高山小红门兰 *P. takasag-omontana*	约14厘米	3片	顶部具3～4朵花	带白色或带粉紫色，萼片无毛	纺锤形	长圆形到倒卵形，中部以下3浅裂；横向裂片卵形到近卵形；中裂片长圆形到倒卵形长圆形	短于或稍超过子房	4月	产于我国台湾中部和东部。生于海拔1 500～2 000米的悬崖上、石灰岩的裂缝中

（续）

序号	种名	株高	叶	花序	花	块茎	唇瓣	花苞片	花期	分布与生境
9	台湾小红门兰 *P. taiwanensis*	9～20（～40）厘米	2～5（～7）片，下面的2～3片较大，往上逐渐变小为苞片状	几朵至10余朵花，多偏向一侧	紫红色或粉红色，子房、萼片无毛	椭圆形或近球形，长0.5～3.0厘米	卵状圆形，近中部3浅裂	下部的短于或长于花	7—8月	产于我国台湾中部和南部。生于海拔1 500～3 400米的悬崖、岩石裂隙、高山草原上
10	细茎小红门兰 *P. exilis*	20～35厘米	中部之下，2～3片，疏生	5～12朵疏生的花	紫红色，子房无毛；中萼片椭圆形，无毛；侧萼片无毛；花瓣直立，边缘具明显的乳突状睫毛	长圆形	基部宽楔形，中部以上3裂，上面具细乳头状突起；侧裂片偏斜的菱形，先端钝；中裂片卵状三角形，高出侧裂片，边缘近全缘	与子房近等长	/	产于云南中部和中北部
11	白花小红门兰 *P. tominagae*	/	2片，倒披针形、披针形或线状长圆形	（1～）2～4花	白色或略带淡紫色	（1～）2～6厘米	倒三角形或近圆形，长8～9（～13）毫米，宽8～12（～15）毫米，上面被短柔毛和具红色斑点	短于或稍超过子房	7—8月	产于我国台湾南部、中部和北部。生于海拔2 700～3 700米的高山潮湿多苔藓的岩石上或草地中

郑炜 / 四川水利职业技术学院

29. 舌喙兰属 *Hemipilia* Lindley

地生草本。茎直立，通常在基部具 1 ～ 3 枚鞘，鞘上方具 1 片叶，向上具 1 ～ 5 片鞘状或鳞片退化状叶。叶片常心形或卵状心形，无柄。总状花序顶生，具数朵或 10 余朵花；花中等大；萼片、花瓣离生，但中萼片常直立，与花瓣靠合呈兜状；唇瓣伸展，分裂或不裂，距长或中等长，蕊柱明显，蕊喙甚大，3 裂；花粉团 2 个。

约 13 种，主产于中国西南山地与喜马拉雅地区，南面分布至泰国；我国 7 种。

扇唇舌喙兰

扇唇舌喙兰

心叶舌喙兰

心叶舌喙兰

心叶舌喙兰

裂唇舌喙兰

裂唇舌喙兰

粗距舌喙兰

短距舌喙兰

广西舌喙兰

舌喙兰属植物野外识别特征一览表

序号	种名	植株	花序与花	距	唇瓣	花期	分布与生境
1	扇唇舌喙兰 *H. flabellata*	地生，1片叶	总状花序具3～15朵花；花颜色变化较大，从紫红色到近纯白色	距明显较萼片长，向末端渐狭，末端钝或2裂	扇形、圆形或扁圆形，基部具明显的短爪，爪长圆形或楔形，爪以上扩大为扇形或近圆形，有时五菱形，边缘具不整齐细齿，先端平截或圆钝，有时微缺	6—8月	产于四川、贵州、云南。生于海拔2 000～3 200米的林下、林缘或石灰岩石缝中
2	心叶舌喙兰 *H. cordifolia*	地生，1片叶	总状花序具几朵疏散的花；花紫红色	距明显较萼片长，上下几乎等粗	近卵形，基部无爪或无明显的爪，中上部明显3裂，边缘具整齐的条状齿突；侧裂片短，圆形；中裂片宽，近卵圆形，稍具锯齿	8—9月	产于西藏、云南、四川。生于海拔2 400米的山坡岩石上
3	裂唇舌喙兰 *H. henryi*	地生，1片叶，罕2片叶	总状花序具3～9朵花；花紫红色	距明显较萼片长，向末端渐狭	宽倒卵状楔形，宽几乎与长相等，3裂；侧裂片三角形或近长圆形，先端钝或具不整齐的细齿；中裂片近方形或其他形状，变化较大，先端2裂并在中央具细尖	8月	产于湖北、四川。生于海拔800～900米的多岩石的地方
4	粗距舌喙兰 *H. crassicalcarata*	地生，1～2片叶	总状花序具（2～）7～15朵偏向一侧的花；花紫红色	距明显较萼片长，上下几乎等粗，末端钝而且稍膨大	近长圆形，基部略宽，先端近截形或微缺，常在中央具细尖，边缘具不整齐的圆齿或缺刻	7月	产于山西、陕西、四川。生于海拔1 000～1 200米的柏树林下或草坡路旁
5	短距舌喙兰 *H. limprichtii*	地生，1片叶，罕具2片叶	总状花序常具10余朵花；花紫红色	距几乎与萼片等长，向末端渐狭，末端钝	近圆形或五角形，边缘具不整齐的细齿，先端微缺或具不整齐的细齿，基部宽楔形，几乎无爪，上面被乳突状微柔毛	8月	产于贵州、云南。生于海拔1 000～1 300米的山坡或开旷的湿地上

（续）

序号	种名	植株	花序与花	距	唇瓣	花期	分布与生境
6	广西舌喙兰 *H. kwangsiensis*	地生，1 片叶	总状花序具 5～7 朵疏生的花；花淡红色	几乎与萼片等长，上下几乎等粗，末端近急尖	近倒心形，先端凹缺，基部稍收狭，上面被细小的乳突	8 月	产于广西东南部和西南部。生于海拔 400～950 米的林下、石灰岩山上
7	美叶舌喙兰 *H. calophylla*	/	/	/	/	/	/

郑炜 / 四川水利职业技术学院

30. 苞叶兰属 *Brachycorythis* Lindley

地生草本。块茎肉质，不裂，颈部生数条细长的根。茎直立，具多片叶。叶互生，椭圆形，常密生呈覆瓦状，向上渐小为苞片状。花序顶生，常具多数花；花苞片叶状；花上举或弓曲；唇瓣前伸或反折，基部舟状，具囊或距，先端裂，边缘全缘；蕊柱粗短；花药先端常钝，2 室；花粉团 2 个，粒粉质，具短的花粉团柄和大而裸露的黏盘；蕊喙较大；柱头 1 个，大；退化雄蕊 2 个，位于花药基部两侧。

约 32 种，分布于热带非洲、南非和热带亚洲，主产于南非及马达加斯加岛。我国 4 种，产于云南、四川、贵州、广西、广东、我国香港、湖南和我国台湾。

长叶苞叶兰

苞叶兰属植物野外识别特征一览表

序号	种名	植株	叶片	花	唇瓣外形	唇瓣前部	花色	花期	分布与生境	备注
1	短距苞叶兰 *B. galeandra*	较矮，8～24 厘米	椭圆形或卵形，较小，长 2.0～4.5 厘米，宽 0.7～2.0 厘米	较小	长 0.7～1.0 厘米，宽 0.6～1.0 厘米	先端常微缺	粉红色、淡紫色或蓝紫色	5—7 月	产于我国台湾、湖南、广东、我国香港、广西、四川、贵州、云南。生于海拔 400～1 800 米的山坡灌丛下、山顶草丛中或沟边阴湿处	北大武苞叶兰在 FOC 中无物种性状描述，该种识别特征主要依据“我国台湾植物资讯整合查询系统”
2	长叶苞叶兰 *B. henryi*	较高，24～54 厘米	长圆状椭圆形，较大，长 6～15 厘米，宽 2～4 厘米	较大	长 1.5～2.5 厘米，宽 1.5～2.0 厘米	先端不微缺	白色或淡紫色	8—9 月	产于云南、贵州。生于海拔 700～1 800（～2 300）米山坡林下或山坡开旷草地上	
3	孟连苞叶兰 *B. menglianensis*	较矮，14～25 厘米	卵形，长 1.2～4.5 厘米，宽 1.0～2.8 厘米	较大	近圆形，1.8～2.3 厘米	先端微缺	白色	7 月	产于云南西南部。生于海拔 1 600 米的草原地带	
4	北大武苞叶兰 *B. peitawuensis*	较高，约 20 厘米	细长椭圆形，长 9.3 厘米，宽 2.3 厘米	较大	镰刀形，长 1.8 厘米，宽 0.55 厘米	先端钝	绿色	8 月	产于我国台湾。生于海拔 1 500 米的阔叶林中	

卢少飞 / 中铁第四勘察设计院集团有限公司

31. 舌唇兰属 *Platanthera* Richard

地生草本。根状茎或块茎。茎直立，具1至数片叶。叶互生，稀近对生，叶片椭圆形、卵状椭圆形或线状披针形。总状花序顶生，具少数至多数花；花苞片草质，直立伸展，通常为披针形；花大小不一，常为白色或黄绿色，倒置（唇瓣位于下方）；中萼片短而宽，凹陷，常与花瓣靠合呈兜状；侧萼片伸展或反折，较中萼片长；花瓣常较萼片狭；唇瓣常为线形或舌状，肉质，不裂，向前伸展，基部两侧无耳，罕具耳，下方具甚长的距，少数距较短；柱头1个，凹陷，与蕊喙下部汇合，两者分不开，或1个隆起位于距口的后缘或前方，或2个隆起，离生，位于距口的前方两侧；退化雄蕊2个，位于花药基部两侧。蒴果直立。

约200种，主要分布于北温带，向南可达中南美洲和非洲热带地区以及亚洲热带地区。我国42种，2亚种，南北均产，尤以西南山地为多。

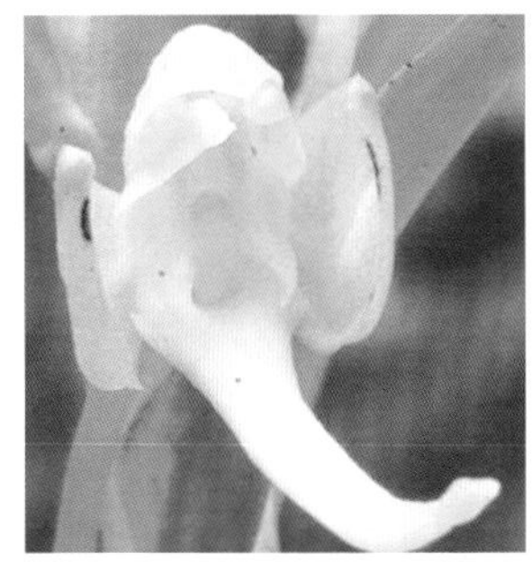
舌唇兰

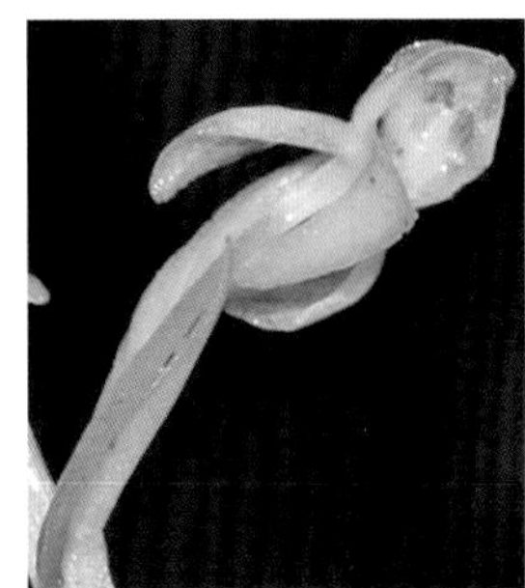
大明山舌唇兰

弓背舌唇兰

藏南舌唇兰

反唇舌唇兰

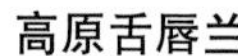
高原舌唇兰

贡山舌唇兰

高黎贡山舌唇兰

密花舌唇兰

舌唇兰

广西舌唇兰

白鹤参

条叶舌唇兰

尾瓣舌唇兰

厚唇舌唇兰

小舌唇兰

小花舌唇兰

棒距舌唇兰

高山舌唇兰

滇西舌唇兰

条裂舌唇兰

筒距舌唇兰

蜻蜓舌唇兰

东亚舌唇兰

舌唇兰属植物野外识别特征一览表

序号	种名	萼片、花瓣颜色	花的排列	花数	花的大小	中萼片	侧萼片	花瓣	唇瓣	花期	分布与生境
1	弧形舌唇兰 *P. arcuata*	/	疏生	多花	大	船形	内折，长圆形，稍大于中萼片，3条脉，先端钝	线形，1条脉	线状至舌状，全缘，在基部具小的侧裂片，边缘反折	/	产于西藏（仅见报道，未见到标本）
2	滇藏舌唇兰 *P. bakeriana*	黄绿色或绿色，花瓣黄色，唇瓣黄色	疏生	多数	/	圆状卵形，直立，舟状，先端钝	反折，长圆状披针形，先端钝	斜卵形，先端钝，直立，与中萼片靠合呈兜状	线形，舌状，向前伸出，稍弓曲，先端钝	7—8月	产于四川西南部、西藏东南部、云南。生于海拔2 200～4 000米山坡林下或灌丛草甸中
3	细距舌唇兰 *P. bifolia*	绿白色或黄绿色	疏生	7～17朵	较大	直立,舟状,卵形或宽卵形,先端钝,基部具3条脉，中部具5～7条脉	卵状披针形，先端稍尖，基部具3条脉	偏斜，线状披针形，先端急尖，基部具2条脉，与中萼片靠合呈兜状	向前伸,舌状，肉质，厚，先端钝	7—8月	产于黑龙江、吉林、辽宁、河北、山西、甘肃、青海、山东、河南、四川。生于海拔200～2 800米山坡林下或湿草地中
4	短距舌唇兰 *P. brevicalcarata*	白色	/	3～8朵	小	卵状椭圆形，先端钝或圆形，具1条脉	斜卵状披针形，先端钝，具1条脉	直立，斜卵形或三角形，先端钝，具1或2条脉	长椭圆形，先端钝，向下反折	5—7月	产于我国台湾。生于海拔1 600～3 700米高山林下或草地中
5	察瓦龙舌唇兰 *P. chiloglossa*	淡黄绿色	密集或疏散	3～10朵	小	狭椭圆形，凹陷，先端钝，具3条脉	斜披针形，先端近渐尖，具1条脉	直立，斜三角形，先端钝，具1条脉，与中萼片相靠合	舌状，向前伸出，稍弧曲，先端钝	8月	产于四川西部、云南西北部和西藏(察隅县、察瓦龙)。生于海拔2 500～3 250米山坡林下、沟边或草地中

（续）

序号	种名	萼片、花瓣颜色	花的排列	花数	花的大小	中萼片	侧萼片	花瓣	唇瓣	花期	分布与生境
6	二叶舌唇兰 *P. chlorantha*	绿白色或白色、芳香	密集	12～32朵	较大	舟状，先端钝，基部具5条脉	斜卵形，先端急尖，具5条脉	直立，偏斜，狭披针形，具1～3条脉，与中萼片相靠合呈兜状	向前伸，舌状，肉质，先端钝	6—7(—8)月	产于黑龙江、吉林、辽宁、内蒙古、河北、山西、陕西、甘肃、青海、四川、云南、西藏。生于海拔400～3 300米山坡林下或草丛中
7	藏南舌唇兰 *P. clavigera*	黄绿色	密集	多花	较小	椭圆状长圆形	椭圆状长圆形或椭圆状披针形，张开或反折	直立，斜卵形，肉质，先端急尖，具3条脉，与中萼片相靠合	线形，肉质，先端钝，在基部距口的前方具1枚凸出的胼胝体	8—9月	产于西藏南部。生于海拔2 300～3 400米山坡林下、灌丛草地、河谷草地或河滩荒地上
8	弓背舌唇兰 *P. curvata*	花黄绿色	较疏生	4～10朵	中等大	宽卵形，直立，舟状	斜披针形，反折	镰状披针形，直立，先端急尖，具1(～3)条脉，与中萼片相靠合	舌状披针形，向前伸展，稍肉质，先端钝，具3条脉	7—8月	产于四川西部至西南部、云南西部和西藏东南部。生于海拔1 900～3 600米山坡林下或灌丛草地上
9	大明山舌唇兰 *P. damingshanica*	黄绿色	疏生	3～8朵	较小	宽卵形，直立，舟状，先端急尖	狭长圆形或宽线形，先端钝，具3条脉	斜卵形，先端急尖，具2条脉，直立，与中萼片靠合呈兜状	向前伸，肉质，舌状线形，先端钝	5月	产于浙江、福建、湖南、广东、广西。生于山坡密林下或沟谷阴湿处

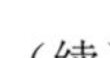
（续）

序号	种名	萼片、花瓣颜色	花的排列	花数	花的大小	中萼片	侧萼片	花瓣	唇瓣	花期	分布与生境
10	反唇舌唇兰 *P. deflexilabe-lla*	黄绿色	密集	多数	较小	卵状长圆形，先端钝	线状披针形，先端钝	直立，偏斜，三角状卵形，先端钝，具1(～2)条脉，与中萼片相靠合	舌状线形，肉质，先端钝，中部弯曲、反折	7—8月	产于四川峨眉山。生于海拔2 500～2 550米山坡林下或路旁
11	多叶舌唇兰 *P. densa*	绿色	密生	15朵	/	直立，形成有花瓣的帽状花序，心形至卵形，先端钝	椭圆形，斜，短且比背萼片狭窄	披针形，先端骤尖	舌状，全缘，先端钝	6月	我国无详细分布地（未见到标本）
12	长叶舌唇兰 *P. devolii*	花黄绿色	/	8～16朵	/	直立，形成具花瓣的兜帽，宽卵形，无毛，3条脉，先端钝	卵形到狭椭圆形，无毛，3条脉，先端钝	卵状披针形，先端钝	舌状披针形	7—11月	产于我国台湾北部和中部。生于海拔1 900～2 400米林下、林缘或路旁
13	高原舌唇兰 *P. exelliana*	淡黄绿色	疏生	3～10朵	较小	狭长圆形，直立，先端钝，具1～3条脉	斜狭长圆形，先端稍钝，具1～3条脉	偏斜，狭三角状披针形，肉质，先端钝，直立，与中萼片靠合呈兜状	舌状或舌状披针形，肉质，厚，伸出，稍弓曲，先端钝	8—9月	产于四川西部、云南西北部、西藏东南部。生于海拔3 300～4 500米亚高山至高山灌丛草甸中

（续）

序号	种名	萼片、花瓣颜色	花的排列	花数	花的大小	中萼片	侧萼片	花瓣	唇瓣	花期	分布与生境
14	对耳舌唇兰 *P. finetiana*	淡黄绿色或白绿色	稍密集	8～26朵	较大	卵状椭圆形，舟状	斜宽卵形	直立，斜舌状，先端截平状，钝，具1条脉，与中萼片靠合呈兜状	线形，稍肉质，边缘反折，基部两侧具1对四方形的耳和上面具1枚凸出的胼胝体	7—8月	产于甘肃东南部、湖北西部和四川。生于海拔1 200～3 500米山坡林下或沟谷中
15	贡山舌唇兰 *P. handel-mazzettii*	/	疏生	8～9朵	小	狭卵形，先端钝，具1条脉	稍反折，斜狭卵形，先端钝，具1条脉	斜正三角形，先端钝，具2条脉，与中萼片靠合呈兜状	狭三角形，先端钝，具3条脉	8月	产于云南西北部贡山。生于海拔3 600～3 800米山坡竹林下
16	高黎贡舌唇兰 *P. herminio-ides*	淡绿色	密生	7朵	小	肾状卵形，先端圆形，具3条脉，无毛	斜长圆形，先端极钝，基部之上前侧边缘膨大，具3条脉	菱状卵形，先端钝，具1条脉，无毛	舌状，基部膨大，无毛	7—8月	产于云南西北部(高黎贡山，独龙江与怒江分水岭）
17	密花舌唇兰 *P. hologlottis*	白色，具芳香	密生	多数	/	舟状，卵形或椭圆形	椭圆状卵形	斜卵形，先端钝，具5条脉，与中萼片靠合呈兜状	舌形或舌状披针形，稍肉质，先端圆钝	6—7月	产于黑龙江、吉林、辽宁、内蒙古、河北、山东、江苏、安徽、浙江、江西、福建、湖南、广东、四川、云南。生于海拔260～3 200米山坡林下或山沟潮湿草地中

（续）

序号	种名	萼片、花瓣颜色	花的排列	花数	花的大小	中萼片	侧萼片	花瓣	唇瓣	花期	分布与生境
18	舌唇兰 *P. japonica*	白色	/	10～28朵	大	卵形，舟状，先端钝或急尖，具3条脉	斜卵形，先端急尖，具3条脉	线形，先端钝，具1条脉，与中萼片靠合呈兜状	线形，不分裂，肉质，先端钝	5—7月	产于我国西南、华南、华中和华东。生于海拔600～2 600米山坡林下或草地中
19	广西舌唇兰 *P. kwangsiensis*	黄绿色	密生	多数	较大	卵状长圆形，直立，舟状，先端钝	斜卵状长圆形，先端稍钝	狭卵形，先端钝，具3条脉，直立，与中萼片靠合呈兜状	线形，肉质，反折，上面具密的乳头状突起，先端钝，基部具距	7—8月	产于广西。生于海拔2 140米山顶草地中
20	披针唇舌唇兰 *P. lancilabris*	黄白色	疏生	8～14朵	较小	披针形，直立，凹陷，先端钝，具1条脉	侧萼片反折，斜舌状披针形，先端钝，具1条脉	斜卵状披针形，与中萼片等长，先端稍急尖，基部前侧边缘近呈角状膨大，具1条脉	向前伸，基部边缘与花瓣贴生，分离的片为披针形	/	产于云南东北部。生于山坡林下
21	白鹤参 *P. latilabris*	黄绿色	疏生或密生	数朵至40朵	中等大或大	舟状，宽卵形或近圆形，先端圆钝	反折或张开，稍偏斜的卵形，先端钝	半卵形或卵形，肉质，具1(～2)条脉，与中萼片相靠合	线形或披针形，肉质，先端钝，近基部具1枚凸出的胼胝体	7—8月	产于四川西南部、云南东北部至西北部和西藏东南部至南部。生于海拔1 600～3 500米山坡林下、灌丛下或草地中

（续）

序号	种名	萼片、花瓣颜色	花的排列	花数	花的大小	中萼片	侧萼片	花瓣	唇瓣	花期	分布与生境
22	条叶舌唇兰 *P. leptocaulon*	黄绿色	疏生	3～6朵	较大	近披针形，直立，先端钝，具3条脉	披针形，反折，稍偏斜，先端钝，具3条脉	肉质，较萼片厚，三角状披针形，先端急尖，具1条脉	舌状披针形，肉质，厚，先端钝，基部无胼胝体	8—10月	产于四川西南部、云南西北部和西藏东南部至南部。生于海拔3 000～4 000米山坡林下或草地中
23	丽江舌唇兰 *P. likiangensis*	花黄绿色，花瓣黄色，萼片绿色	疏生	9～12朵	较大	直立，舟状，心状卵形，具7条脉	张开，斜卵状披针形，具3（～5）条脉	稍肉质，斜线状披针形，先端钝	线形，肉质，先端钝	7月	产于云南西北部。生于海拔2 800～3 000米山坡林下
24	长距舌唇兰 *P. longicalcarata*	绿色	密生	多数	/	卵状三角形，先端钝，具1条脉	卵状披针形，反折，先端钝，具1条脉	斜三角状披针形，与中萼片靠合呈兜状	卵状三角形，朝上或朝前伸	7—9月	产于我国台湾。生于海拔2 800米山坡林下
25	长粘盘舌唇兰 *P. longiglandula*	黄绿色	/	多数	较小	直立，舟状	张开，稍偏斜	斜卵形，前侧边缘稍膨大，先端稍钝，具1条脉，与中萼片相靠合	舌状卵形，肉质，直，先端钝	7月	产于四川峨眉山。生于海拔2 800米山坡竹坡上

（续）

序号	种名	萼片、花瓣颜色	花的排列	花数	花的大小	中萼片	侧萼片	花瓣	唇瓣	花期	分布与生境
26	尾瓣舌唇兰 *P. mandarinorum*	花黄绿色，花瓣淡黄色	疏生	7～20朵	较小	宽卵形至心形，凹陷，先端钝或圆钝，基部具3条脉	反折，偏斜，长圆状披针形至宽披针形，先端钝，具3条脉	下半部为斜卵形，上半部骤狭为线形，尾状，增厚，向外张开，不与中萼片靠合，基部具3条脉	披针形至舌状披针形，先端钝	4—6月	产于我国华东、华南和西南。生于海拔300～2 100米山坡林下或草地中
27	宝岛舌唇兰 *P. mandarinorum* subsp. *formosana* 叶卵形、羽状或披针形。中萼片三角形；侧萼片线状披针形，斜；距12～18毫米。花药、胚珠略发散。花期5—7月。产于我国台湾。生于海拔1 200～1 600米湿润草原、林缘										
28	厚唇舌唇兰 *P. mandarinorum* subsp. *pachyglossa* 距向下弯曲，叶较宽，长圆形至椭圆形。花期6—8月。产于我国台湾。生于海拔2 600～3 000米的高山草原上，与箭竹混生										
29	小舌唇兰 *P. minor*	黄绿色	疏生	多数	较大	直立，宽卵形，凹陷呈舟状，先端钝或急尖	反折，稍斜椭圆形，先端钝	斜卵形，先端钝，基部的前侧扩大，与中萼片靠合呈兜状	舌状，肉质，下垂，先端钝	5—7月	产于我国华东、华南和西南。生于海拔250～2 700米山坡林下或草地中
30	小花舌唇兰 *P. minutiflora*	萼片绿色，花瓣黄色或近白色，唇瓣黄色或白色	密生	4～12朵	较小	直立，舟状，极宽的卵形或近于圆形，先端钝，具1（～3）条脉	镰状卵形，先端钝，具1条脉	斜卵形至卵状披针形，先端钝，具1条脉，与中萼片靠合呈兜状	舌状或舌状披针形，肉质，不裂，先端钝	6—7月	产于四川西部和西北部、西藏东南部、陕西、新疆。生于海拔2 700～4 100米山坡林下

（续）

序号	种名	萼片、花瓣颜色	花的排列	花数	花的大小	中萼片	侧萼片	花瓣	唇瓣	花期	分布与生境
31	齿瓣舌唇兰 *P. oreophila*	绿色至黄绿色	密生	多数	/	直立，舟状，卵形，先端钝	反折，斜狭卵形，先端稍锐尖	斜三角状卵形，先端稍锐尖，具1条脉，与中萼片靠合呈兜状，边缘具睫毛状细齿	线形，肉质，先端稍钝	6—7月	产于四川西南部、云南西北部和西部。生于海拔1 900～3 800米山坡林下、灌丛下或草地中
32	北插天山舌唇兰 *P. peichiatie-niana*	淡绿色	/	2～4朵	小	卵形或三角状卵形，先端急尖，强烈凹陷呈舟状，具3条脉	披针形，先端钝	与中萼片同形，但较小，与中萼片靠合呈兜状	舌形，伸长，先端钝，基部具距	/	产于我国台湾。生于海拔1 400～1 700米山地栎林下
33	棒距舌唇兰 *P. roseotincta*	白色	密生	3～10朵	小	直立，长圆形，先端急尖，具1条脉	长圆形，先端急尖，具1条脉	卵形至卵状披针形，较萼片稍短，外侧部分稍增厚，先端急尖，具1条脉，与中萼片相靠合	舌状披针形，厚肉质，先端急尖，基部无胼胝体	7—8月	产于云南、西藏。生于海拔3 400～3 800米高山草地中
34	高山舌唇兰 *P. sachalin-ensis*	白绿色	密生	多数	长1厘米，宽4毫米	狭卵形，先端钝，具3条脉	镰刀形，先端钝，具3条脉	长圆形，先端钝，具2条脉	宽线形，基部具1枚朝内、长圆形的胼胝体	7—9月	产于我国台湾。生于海拔2 000～3 000米高山草原中

（续）

序号	种名	萼片、花瓣颜色	花的排列	花数	花的大小	中萼片	侧萼片	花瓣	唇瓣	花期	分布与生境
35	长瓣舌唇兰 *P. sikkimensis*	萼片黄绿色，花瓣泥黄绿色，唇瓣褐红色	疏生	5～9朵	/	长三角形，直立，先端近急尖，具1条脉	强烈外卷，线状披针形，先端急尖，具1条脉	镰状披针形，基部偏斜，上部骤狭呈线形，先端钝，具1条脉，张开，不与中萼片相靠合	披针形，向下弯，先端渐尖，具1条脉	/	产于云南。生于海拔2 300米常绿阔叶林下
36	滇西舌唇兰 *P. sinica*	花黄绿色或绿白色，萼片绿色，花瓣白色或带黄色，具香气	较密生	8～12朵	较大	椭圆形，直立，舟状	斜卵形	斜线形，先端截形而稍凹缺，具1条脉，与中萼片靠合呈兜状	线状钻形，稍肉质，先端凹缺，基部稍扩大	6—7月	产于云南。生于海拔2 500～3 500米山坡林下或草坡上
37	蜻蜓舌唇兰 *P. souliei*	黄绿色	较多	/	/	直立，形成具花瓣的兜帽，卵形，无毛，3条脉，先端锐尖或钝	椭圆形，无毛，3条脉，边缘稍反折，先端钝	椭圆披针形，稍肉质，1条脉，先端钝	下垂，稍弧形，圆筒状，约与子房等长，纤细，稍向先端膨大	7—8月	产于青海东部、云南西北部、甘肃、河北、内蒙古、河南、吉林、辽宁、黑龙江、山东、山西、四川、陕西。生于海拔400～4 300米林下溪谷

（续）

序号	种名	萼片、花瓣颜色	花的排列	花数	花的大小	中萼片	侧萼片	花瓣	唇瓣	花期	分布与生境
38	条瓣舌唇兰 *P. stenantha*	花黄绿色，萼片绿色，花瓣黄色，唇瓣黄色	较疏生	7～17朵	长约1厘米	卵形，直立，舟状，先端钝	偏斜的长圆形，先端钝	线形，偏斜，稍肉质，先端钝，具1条脉，直立，与中萼片靠合呈兜状	长卵形或舌状披针形，肉质，先端钝，具3条脉	8—9月	产于云南、西藏。生于海拔1 500～3 100米常绿阔叶林下、铁杉至冷杉林下
39	狭瓣舌唇兰 *P. stenoglossa*	花黄绿色或淡绿色，唇瓣黄绿色	疏生	5～10朵	/	三角形或卵状长圆形，先端急尖，具1条脉	线形，先端钝，具1条脉	斜三角形或卵形，先端急尖，具2条脉，先端颇为张开，不与中萼片靠合	线形，肉质，先端钝	3—5月	产于我国台湾。生于海拔300～800米山坡路旁草丛中或潮湿的山地上
40	独龙江舌唇兰 *P. stenophylla*	绿色	疏生	3～5朵	小，长8毫米	卵状披针形，先端钝，具3条脉，无毛	斜披针形，先端钝，具1条脉，无毛	斜卵状披针形，稍肉质，先端钝，具1条脉，无毛	披针状舌形，肉质，先端钝	8—9月	产于云南、西藏（波密嘎隆拉）。生于海拔2 500～3 800米山坡桦木林下或草地上
41	台湾舌唇兰 *P. taiwaniana*	花黄绿色或淡绿色，唇瓣淡黄色或黄白色	疏生	多数	较小	卵形，先端钝，基部紧缩	卵形，先端钝或急尖	狭卵形，先端渐尖	舌状，不裂，先端圆钝，不向后反卷	/	产于我国台湾。生于海拔3 200～3 600米高山草地上

（续）

序号	种名	萼片、花瓣颜色	花的排列	花数	花的大小	中萼片	侧萼片	花瓣	唇瓣	花期	分布与生境
42	筒距舌唇兰 *P. tipuloides*	黄绿色	疏生	多数	小	宽卵形，直立，舟状，先端稍内弯、钝，具3条脉	狭椭圆形，先端钝，具3条脉	斜卵形至狭长卵形，稍肉质，较萼片厚，先端钝，具1条脉，直立，与中萼片靠合呈兜状	肉质，宽线形，先端钝	5—7月	产于安徽（黄山）、浙江（丽水、开化、龙泉、普陀、临安、遂昌）、江西（铅山）、福建（武夷山）、湖南（宜章）、我国香港。生于海拔750～1 700米山坡密林下或林缘沟谷中
43	东亚舌唇兰 *P. ussuriensis*	淡黄绿色	/	10～20朵	/	直立，形成具花瓣的兜帽，宽卵形，无毛，3条脉，先端钝	展开或反折，狭椭圆形，无毛，3条脉，先端钝	狭长圆状披针形，稍肉质，1条脉，先端钝或近截形	下垂，稍内折，狭披针形，在基部具小侧裂片，先端钝	/	产于广西东北部、安徽、福建、河北、湖北、湖南、江苏、江西、吉林、陕西、四川、浙江
44	阴生舌唇兰 *P. yangmeiensis*	淡黄色或淡绿色	/	5～8朵	/	圆形，凹陷呈舟状，先端钝，具3条脉	线状镰刀形，先端渐尖，具2条脉	斜三角形，前侧圆形，先端渐尖，具2条脉，与中萼片靠合呈兜状	宽线形，向下弯，先端钝	6—8月	产于我国台湾。生于海拔1 000～1 700米北部山坡阴湿的林下

郭磊 / 武汉市伊美净科技发展有限公司

32. 掌裂兰属 *Dactylorhiza* Necker ex Nevski

陆生草本。块茎掌状裂，肉质。茎直立，基部具鞘，上部具叶。叶互生，有紫斑或无。总状花序顶生，密着数朵花；花苞片长于花；花倒置，紫色、黄色、黄绿色，极少白色；子房扭转；萼片离生，中萼片直立，侧萼片张开或反折；花瓣与中萼片相靠合呈兜状；唇瓣不裂或 3 ～ 4 裂，基部有距；距圆筒状或囊状；蕊柱直立，药室 2 个；花粉团 2 个；黏盘 2 个。

该属有 50 种，我国 6 种。

凹舌掌裂兰

凹舌掌裂兰

掌裂兰

紫斑掌裂兰

掌裂兰属植物野外识别特征一览表

序号	种名	叶	花	唇瓣	距	花期	分布与生境
1	凹舌掌裂兰 *D. viridis*	常3～4（～5）片，无紫色斑点	黄绿色至绿褐色	倒披针形，较萼片长	囊状，长2～4毫米	（5—）6—8月	产于黑龙江、吉林、河北、河南、甘肃、湖北、辽宁、内蒙古、宁夏、青海、陕西、山西、四川、我国台湾、西藏、新疆、云南。生于海拔1 200～4 300米的山坡林下、灌丛下或山谷林缘湿地
2	芒尖掌裂兰 *D. aristata*	/	白色、粉红色或洋红色，萼片和花瓣的顶部渐尖	近圆形到倒卵形，在顶点附近3裂	圆筒状，向后蔓延到上弯，6～9毫米	6—8月	产于河北、山西、山东、河南。生境不详
3	掌裂兰 *D. hatagirea*	（3～）4～6片，上面无紫色斑点	蓝紫色、紫红色或玫瑰红色，萼片和花瓣的顶部钝或亚急尖	卵形到圆形，中部以下最宽	圆筒形、圆筒状锥形至狭圆锥形，下垂，略微向前弯曲，末端钝，较子房短或与子房近等长	6—8月	产于四川西部、西藏东部、黑龙江、吉林、内蒙古、宁夏、甘肃、青海、新疆。生于海拔600～4 100米的山坡、沟边灌丛下或草地中
4	阴生掌裂兰 *D. umbrosa*	4～8片，上面无紫色斑点	紫红色或淡紫色，萼片和花瓣的顶部钝	倒卵形或倒心形，在中间以上最宽	圆筒状，长12～15毫米，下垂，稍微弯曲，末端钝，与子房等长	5—7月	产于新疆。生于海拔630～4 000米的河滩沼泽草甸、河谷或山坡阴湿草地中
5	紫点掌裂兰 *D. incarnata* subsp. *cruenta*	3～5片，上面具密而细的紫点，背面多半也具同样的紫色细点或带淡紫色	紫红色或带紫的玫瑰色，萼片和花瓣的顶部钝	5～6毫米，不明显的3裂	圆锥形或圆筒状锥形，下垂，长4.5～6.0毫米，末端稍钝，长约为子房长的1/2	6—7月	产于新疆。生于海拔1 440～2 750米的山坡和溪边潮湿草地上

（续）

序号	种名	叶	花	唇瓣	距	花期	分布与生境
6	紫斑掌裂兰 *D. fuchsii*	5～6片，上面具紫色较粗的斑点	淡的紫蓝色，萼片和花瓣的顶部钝	7～9毫米，深3裂	圆筒状，下垂，劲直，长6～8毫米，末端钝，较子房稍短	6—7月	产于新疆。生于海拔900～2 300米的山坡林下或河谷草地中

备注：*Dactylorhiza* 指其块茎呈手掌状分裂；本属原属于红门兰属掌裂组

李晓艳 / 武汉市伊美净科技发展有限公司

33. 反唇兰属 *Smithorchis* T. Tang et F. T. Wang

地生草本，矮小。根状茎细，匍匐，肉质，颈部具细长根。叶2～43片，互生，狭披针形。总状花序顶生，花7朵，稍疏散；芳香，深橙色，不倒置；萼片离生，近等大；花瓣较萼片小；唇瓣鞋状，不裂，基部囊状；花药无柄，兜状，直立，药室并行，基部不伸长；蕊喙和柱头近圆形，联合，位于药室之下；雄蕊2个，生于花药基部两侧，小；子房扭转。

1种，产于我国云南西北部的高海拔山区。

反唇兰属植物野外识别特征一览表

种名	萼片、花瓣颜色	花的排列	花数	花的大小	中萼片	侧萼片	花瓣	唇瓣	花期	分布与生境
反唇兰 *S. calceoliformis*	深黄色、芳香	疏生	7朵	小	倒卵形，先端钝，具1条脉	偏斜的长圆状卵形，先端稍尖，具1条脉	菱状卵形，较萼片小，稍肉质，先端钝，具1条脉	位于上方，似拖鞋状，肉质，较萼片厚得多，不裂，基部凹陷呈囊状	8—9月	产于云南西北部。生于海拔3 200～4 000米的高山草地上

郭磊 / 武汉市伊美净科技发展有限公司

34. 尖药兰属 *Diphylax* J. D. Hooker

地生草本，矮小，根状茎肉质。茎短，具筒状鞘，具鞘叶。最下部叶较大，向上小叶苞片状，具黄色或白色网脉。总状花序顶生，具几朵至20余朵花；苞片卵形或披针形；花绿白色或粉红色，倒置；萼片等大，靠合呈兜状；花瓣线状长圆形或披针形；唇瓣和萼片近等长，常向前伸展且向下弯，线状舌形或披针形，中部以上增厚；蕊柱极短；蕊喙极短小，很不明显；柱头大，1个，隆起；退化雄蕊2个，具长柄，线形、长方形、卵圆形或倒卵形。

3种，分布于我国西南部，横断山脉地区是本属现在的分布中心。

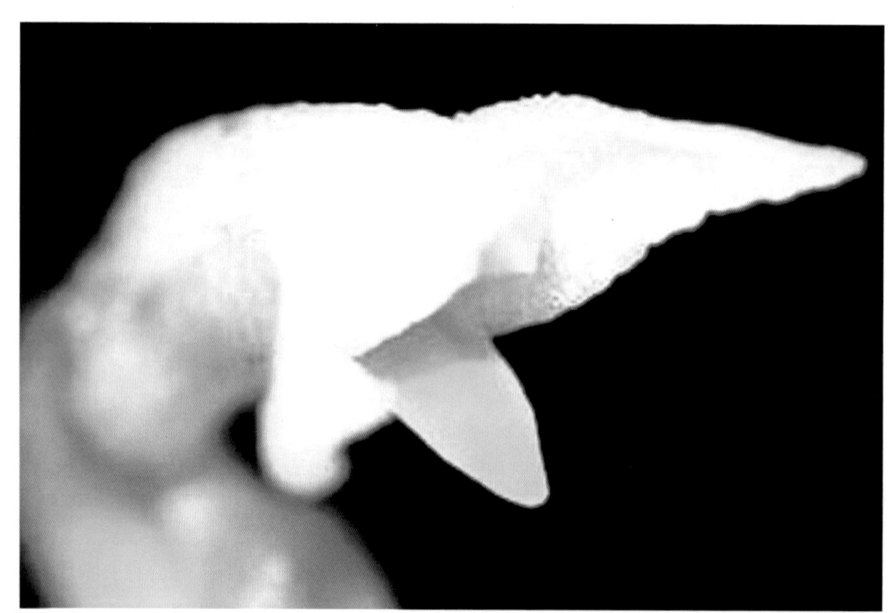
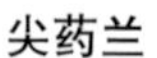

尖药兰

尖药兰

西南尖药兰

尖药兰属植物野外识别特征一览表

序号	种名	萼片、花瓣颜色	花的排列	花数	花的大小	中萼片	侧萼片	花瓣	唇瓣	花期	分布与生境
1	尖药兰 *D. urceolata*	绿白色、白色或粉红色	密生	几朵至12朵	小	卵形或披针形	披针形，先端急尖，具1条脉	线状长圆形，与萼片紧贴，先端钝，具1条脉	向前伸，和花瓣等长，线状披针形，不裂，向下弯，基部凹陷	8—10月	产于四川西部、云南西北部。生于海拔 1 900 ～ 3 800 米的山坡林下
2	长苞尖药兰 *D. contigua*	绿白色	密集或稍密集	10余朵	较大	披针形，先端渐尖，具1条脉	稍偏斜	偏斜的披针形，基部之上前侧边缘稍扩张，与中萼片紧贴，先端近急尖，具1条脉	向前伸，线状长圆形，稍下弯，肉质，在上面和脉上被柔毛，向基部略微膨大，背面无毛	9月	产于云南西北部。生于海拔 3 200 米的山坡竹林下
3	西南尖药兰 *D. uniformis*	白色	总状花序	几朵至20余朵	较大	线状披针形，先端稍钝，基部扩展，凹陷，具1条脉	近镰状的线状披针形，先端钝，基部扩展，具1条脉	与萼片紧贴，基部下延而膨大，向上渐变狭为披针形，与侧萼片近等长，先端钝，具1条脉	向前伸，稍向下弯，线状长圆形，向基部稍微膨大，上部至先端逐渐变狭，先端稍钝	8—9月	产于四川西部、云南西北部、贵州。生于海拔 1 800 ～ 3 200 米的山坡密林下阴处或覆土的岩石上

郭磊 / 武汉市伊美净科技发展有限公司

35. 角盘兰属 *Herminium* Linnaeus

地生草本。块茎球形或椭圆形，肉质，不分裂，颈部生几条细长根。茎直立，具1至数片叶。总状或似穗状花序顶生，花小，密生，通常黄绿色；唇瓣倒置（大多数位于下方），贴生于蕊柱基部，通常无距，少数具短距者其黏盘卷成角状；花粉团2个，裸露，具极短的花粉团柄和黏盘，黏盘常卷成角状；花药2室，生于蕊柱顶端；退化雄蕊2个，位于花药基部两侧，蒴果长圆形，通常直立。

全属约25种，分布于东亚，少数种也见于欧洲和东南亚。我国18种，主要分布于西南部。

裂瓣角盘兰

厚唇角盘兰

雅致角盘兰

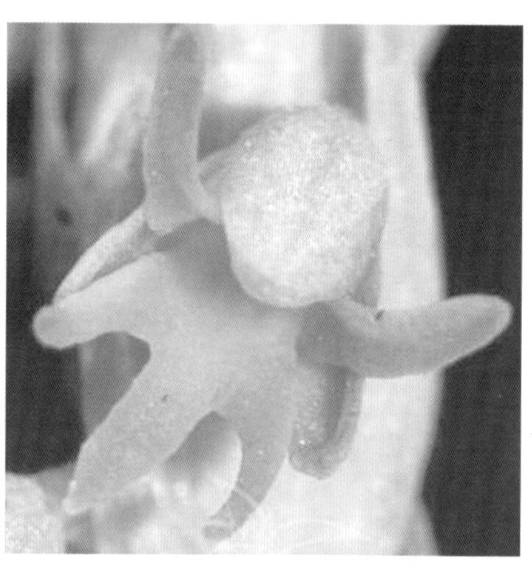
裂瓣角盘兰

条叶角盘兰

矮角盘兰

宽卵角盘兰

耳片角盘兰

角盘兰

长瓣角盘兰

宽萼角盘兰

云南角盘兰

角盘兰属植物野外识别特征一览表

序号	种名	花序	苞片	花色与着生方式	萼片	唇瓣	花期	分布与生境
1	裂瓣角盘兰 *H. alaschanicum*	总状，多数花	直立，先端尾状披针形	绿色，垂头钩曲	中萼片先端钝；侧萼片先端近急尖	基部具明显的长圆形短距，中裂片较侧裂片短	6—9月	产于内蒙古、河北、山西、陕西、宁夏、甘肃、青海、四川、云南、西藏。生于海拔1 800～4 500米的山坡草地、高山栎林下或山谷山坡灌丛草地中
2	狭唇角盘兰 *H. angustilabre*	总状，几朵至12朵花	披针形，渐尖，较花长	绿色至黄绿色，稍俯垂	中萼片先端急尖；侧萼片反折，长圆形，先端急尖	线形，不裂，较萼片长，先端急尖，反曲，基部无距	7月	产于云南。生于海拔3 500米的山坡灌丛草地中
3	厚唇角盘兰 *H. carnosilabre*	总状，密生多数花	卵形，先端急尖，短于子房	淡绿色，几乎偏向一侧生长	中萼片长圆形	基部凹陷，具圆锥状距	8—9月	产于云南。生于海拔3 200米的山坡竹林下
4	矮角盘兰 *H. chloranthum*	总状，具几朵至20余朵花	很小，长度达子房的1/4	淡绿色，垂头钩曲	萼片先端钝	提琴形，3浅裂，裂片相似，钝三角形	7—8月	产于云南西北部和西藏东南部至南部。生于海拔2 500～4 020米的山坡高山草甸或山坡草地中
5	条叶角盘兰 *H. coiloglossum*	总状，具几朵至30余朵花	先端渐尖，短于子房	黄绿色，疏生或较密生	侧萼片长圆形，较中萼片狭得多	中部缢缩，前部与后部等宽	8—9月	产于云南的中部、西部至西南部。生于海拔1 660～2 800米的山坡林下或草地上
6	无距角盘兰 *H. ecalcaratum*	总状，具多数密生的花	直立，先端渐尖或急尖，短于子房	白色	萼片卵形，先端钝	倒卵形，基部略微凹陷，具细乳突	9月	产于四川西部和云南西北部。生于海拔2 600～3 200米的高山草地上

（续）

序号	种名	花序	苞片	花色与着生方式	萼片	唇瓣	花期	分布与生境
7	雅致角盘兰 *H. glossophyllum*	总状，具多数近密生或稍疏散的花	先端渐尖，与子房等长或较子房稍短	黄绿色，子房强烈扭转360度	萼片先端钝，中萼片卵形	近位于上方，倒卵形，裂片三角状披针形，近等长	6—8月	产于四川和云南。生于海拔3 100～3 600米的山坡草地中
8	宽卵角盘兰 *H. josephii*	总状，具7～10余朵花	直立，卵状披针形，长度不及子房的1/2	绿色或黄绿色，疏生	侧萼片伸展，稍内弯	宽卵形至卵状心形，基部略凹陷，上面具2条短的、呈叉状的脊状隆起	7—8月	产于四川、云南、西藏。生于海拔1 950～3 900米的山坡林下、冷杉林缘、高山灌丛草甸或高山草甸中
9	叉唇角盘兰 *H. lanceum*	总状，具多数密生的花	直立，先端急尖，短于子房	黄绿色或绿色，密生	狭椭圆形，与花瓣等长或几乎等长	长圆形，常在近基部上面有1条短的、纵的脊状隆起，中部通常缢缩，在中部或中部以上呈叉状3裂，侧裂片先端或多或少卷曲	6—8月	产于陕西、甘肃、安徽、浙江、江西、福建、我国台湾、河南、湖北、湖南、广东、广西、四川、贵州、云南。生于海拔730～3 400米的山坡杂木林至针叶林下、竹林下、灌丛下或草地中
10	宽叶角盘兰 *H. latifolia*	总状，极多数小花	披针形，直立，与子房近等长	白色，密生	侧萼片倒披针形	提琴形，无距，基部不凹陷，上面不具脊状隆起	不详	产于昆明附近
11	耳片角盘兰 *H. macrophyllum*	总状，具几朵至30余朵花	先端锐尖，较子房短很多	黄绿色，密生，花不偏向一侧	侧萼片与中萼片等长，中萼片卵形	全缘，基部具浅囊状距，基部两侧增宽，其边缘具细圆齿	6—8月	产于西藏南部。生于海拔2 400～4 050米的山坡高山栎、冷杉混交林下，乔松林间空地或山坡灌丛草地中

（续）

序号	种名	花序	苞片	花色与着生方式	萼片	唇瓣	花期	分布与生境
12	角盘兰 *H. monorchis*	总状，具多数花	线状披针形，长渐尖，尾状	黄绿色，垂头	侧萼片较中萼片稍狭，先端稍尖	与花瓣等长，深3裂，侧裂片三角形齿状，较中裂片短很多	6—8月	产于四川西部、云南西北部、西藏东部至南部、黑龙江、吉林、辽宁、内蒙古、河北、山西、陕西、宁夏、甘肃、青海、山东、安徽、河南。生于海拔600～4 500米的山坡阔叶林至针叶林下、灌丛下、山坡草地或河滩沼泽草地中
13	长瓣角盘兰 *H. ophioglossoides*	总状，具几朵至40余朵花	先端渐尖，与子房等长或稍较长	黄绿色，垂头钩曲	中萼片长圆状披针形	位于下方，狭披针形，裂片线形，中裂片较侧裂片长得多	6—7月	产于四川、云南。生于海拔2 150～3 500米的山坡草地上
14	秀丽角盘兰 *H. quinquelobum*	总状，具多数较密生的花	先端渐尖，与子房等长	绿色，密生	侧萼片与中萼片等长，较中萼片略宽	5裂，基部2枚侧裂片小，靠近前部的2枚侧裂片齿状，较中裂片短得多	8—9月	产于云南。生于海拔2 200米的常绿阔叶林下
15	披针唇角盘兰 *H. singulum*	总状，具4～20余朵花	最上部的长约为子房的1/2	白色，直立，密生	侧萼片反折，先端钝	披针形，不裂，肉质，基部具圆筒状倒卵形距	8—9月	产于四川、云南。生于海拔2 600～2 800米的山坡林下
16	宽萼角盘兰 *H. souliei*	总状，具多数花	先端渐尖，短于子房	淡绿色	卵形，明显较花瓣长	下垂，基部无距，3裂，中裂片较侧裂片短近1倍	7—8月	产于四川、云南、西藏。生于海拔1 400～4 200米的山坡阔叶林至针叶林下或山坡草地中

（续）

序号	种名	花序	苞片	花色与着生方式	萼片	唇瓣	花期	分布与生境
17	云南角盘兰 *H. yunnanense*	总状，具多数密生的小花	卵形，基部凹陷，短于子房	黄绿色，密生	侧萼片卵形，与中萼片等宽或稍宽	唇瓣中部不缢缩，前部较后部宽	8—9 月	产于云南西部。生于海拔 2 200 ～ 3 300 米的山坡草地上
18	宽叶角盘兰 *H. tangianum* 资料不详							

李鹏琪 / 武汉市洪山区蓝雪生态环境评价研究所

36. 无柱兰属 *Amitostigma* Schlechter

地生草本。块茎圆球形或卵圆形，肉质，不裂。叶通常 1 片，稀 2 ～ 3 片，基生或茎生。总状花序顶生，常具多数花，少为 1 ～ 2 朵，花多偏向一侧，少数由于花序轴的缩短而呈近头状；花苞片通常为披针形，直立伸展；萼片离生，长圆形、椭圆形或卵形；花瓣直立，较宽，与中萼片分离；唇瓣长而宽，向前伸展，基部具距，3 或 4 裂；蕊柱极短；退化雄蕊 2 个，花粉团 2 个。蒴果近直立。

约 30 种，分布于东亚及邻近地区。我国 22 种（本手册包含 19 种），以西南山区居多。

单花无柱兰

单花无柱兰

单花无柱兰

卵叶无柱兰

贡嘎无柱兰

峨眉无柱兰

细萼无柱兰

滇蜀无柱兰

长苞无柱兰

抱茎叶无柱兰

台湾无柱兰

棒距无柱兰

棒距无柱兰

棒距无柱兰

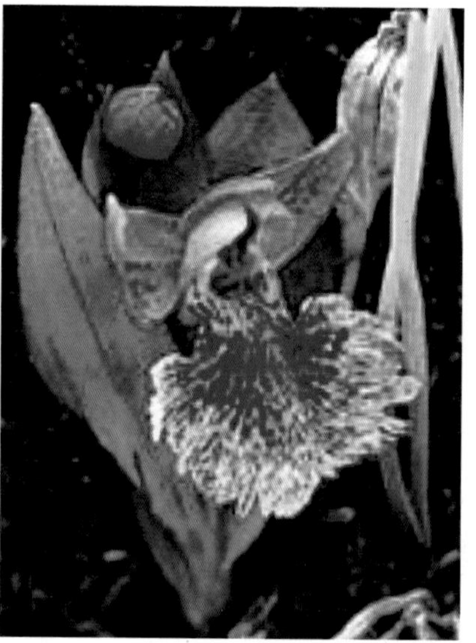

西藏无柱兰

黄花无柱兰

无柱兰属植物野外识别特征一览表

序号	种名	叶	花序	花形态及颜色	中萼片	唇瓣	距	花苞片	花期	分布与生境	备注
1	贡嘎无柱兰 *A. gonggashanicum*	1片，生于茎中部以下，狭长圆形	总状，具3～14朵密生花，不偏向一侧	花较大，花瓣带紫红色，直立，卵形	直立，长7毫米	基部具一簇密毛，基部以上3裂；侧裂片卵圆形	圆筒状	较子房短，最下部苞片有时与子房近等长	6—7月	产于四川。生于海拔2 400～3 800米的山坡林下	/
2	头序无柱兰 *A. capitatum*	1片，生于茎中部或中部之上，狭椭圆形或狭长圆形	总状，3～14朵花，由于花序轴缩短近呈头状，不偏向一侧	花小，白色	卵状椭圆形，全缘	基部凹入，具距，基部以上3裂；侧裂片稍斜线形	圆球形，下垂，长约1毫米	与子房等长或近等长	7月	产于湖北西部、四川东部和西部。生于海拔2 600～3 600米森林中的岩石土壤上和潮湿的地方	/
3	少花无柱兰 *A. parceflorum*	1片，生于茎中部之下，线状披针形	总状，具3～5朵偏向一侧的花	花小，玫瑰红色	直立，卵状长圆形	为长圆形，近基部3裂；中裂片2深裂，使唇瓣呈4裂；侧裂片镰状长圆形	圆筒状，劲直，长达7毫米，向末端渐狭	明显短于子房	7月	产于重庆、四川。生于海拔约2 000米的林下	/
4	峨眉无柱兰 *A. faberi*	1片，生于茎近中部，线状披针形或狭长圆形	总状，常具几朵至10余朵花，多偏向一侧	花小，淡紫色	长圆形，凹陷呈舟状	轮廓为宽卵圆形或近圆形，呈4裂；侧裂片近镰状长圆形	下垂，圆筒状，稍弯曲，长5～6毫米	卵状披针形，直立伸展，先端渐尖，较子房短很多	7月	产于四川西南部。生于海拔2 400～3 800米的林下	/

（续）

序号	种名	叶	花序	花形态及颜色	中萼片	唇瓣	距	花苞片	花期	分布与生境	备注
5	滇蜀无柱兰 *A. tetralobum*	1片，生于茎中部或之下，线状披针形	总状，具几朵至10余朵稍密生的花，偏向一侧	花小，淡紫色或粉红色	直立，凹陷，舟状，长圆形	轮廓为菱状倒卵形，基部之上3裂；中部凹缺，2浅裂，楔状长方形	长5～6毫米，下部多少向前弯曲，末端稍膨大	通常较子房短，有时最下部的苞片与子房近等长	6—8月	产于四川西南部、云南西南部和西部。生于海拔500～2 700米的森林岩石土壤、草坡上	/
6	四裂无柱兰 *A. basifoliatum*	1片，狭长圆状披针形，直立伸展	总状，具几朵至10余朵较密生的花，通常不偏向一侧，长达4厘米	花较小，白色或带红色	卵状长圆形，直立	倒阔卵形，宽大于长，4裂；中裂片楔状倒卵形，顶部凹缺，先端中部2裂	下垂，圆筒状，长2～3毫米	披针形，先端渐尖，短于子房，直立伸展	6—7月	产于四川西南部、云南东北部和西北部。生于海拔2 600～3 800米森林中潮湿的地方、草坡上	/
7	台湾无柱兰 *A. alpestre*	2片，倒披针形或线形	总状，具2～3(～4)朵花，多少偏向一侧	卵状披针形，淡紫或粉红色	卵状长圆形，直立，凹陷呈舟状，先端钝	倒卵形，长大于宽，近中部3裂；中裂片倒卵状四方形，2裂或微凹	圆筒状，下垂，长4.0～4.5毫米	披针形，绿色或紫色，下部的苞片较子房长	7月	产于我国台湾中部和北部。生于海拔2 500～3 800米的高山草原、岩石斑块上	/

（续）

序号	种名	叶	花序	花形态及颜色	中萼片	唇瓣	距	花苞片	花期	分布与生境	备注
8	无柱兰（细葶无柱兰）*A. gracile*	1片大叶生于近基部，狭长圆形、长圆形、椭圆状长圆形或卵状披针形，长5～20厘米	总状，具5～20余朵花，偏向一侧	花瓣椭圆形或卵形，花小，粉红色或紫红色	直立，卵形，凹陷，舟状，先端钝，具1条脉	长大于宽，倒卵形，中部之上3裂；中裂片顶部截形、圆形或圆形而具短尖或稍凹陷	纤细，圆筒状，几乎直的，下垂，长2～3（～5）毫米，较子房短得多	小，直立伸展，卵状披针形或卵形，先端渐尖，较子房短很多	6—7月	产于福建北部、安徽、广西、贵州、河北、河南、湖南、江苏、辽宁、陕西、山东、四川、我国台湾、浙江。生于海拔200～3000米的山坡沟谷边或林下阴湿处覆有土的岩石上或山坡灌丛下	/
9	卵叶无柱兰 *A. hemipilioides*	1片，近基生，卵圆形或近圆形，长1.5～2.2厘米	总状，具（2～）3～12朵花	花瓣长圆形，花小，白色或少为玫瑰色，具褐色斑点	直立，凹陷呈舟状	长与宽近等，倒卵形，近中部3裂；中裂片顶部圆钝	圆筒状，长3毫米，下垂，弯曲，末端钝，短于子房	卵形，先端急尖，较子房短很多	6—7月	产于贵州中部、云南西北部。生于海拔2400～2500米岩石土壤上、森林潮湿的地方、裂缝处	/
10	三叉无柱兰 *A. trifurcatum*	3片，疏生于茎的中部以上，最下面1片叶片最大，狭长圆形，上面的2片小很多，呈苞片状	总状，具6～9朵花，偏向一侧	花粉红色而带点带	较侧萼片稍短	椭圆形或狭椭圆形，中部以下3裂，具5条粗而隆起的脉；中裂片长圆形，顶部圆，无锯齿，全缘	圆锥形或圆筒状，1.0～1.5毫米，末端钝	披针形，短于或稍短于子房	9月	产于云南西北部。生于海拔2900米的沼泽、潮湿的草地上	/

（续）

序号	种名	叶	花序	花形态及颜色	中萼片	唇瓣	距	花苞片	花期	分布与生境	备注
11	棒距无柱兰 *A. bifoliatum*	3片，在茎基部集生，下面的1片大，宽卵形或卵形，在采集时易脱落	总状，具几朵至10余朵花，多少偏向一侧	花小，紫红色或淡紫色，花瓣斜卵形，直立	椭圆状卵形，直立，凹陷呈舟状，边缘全缘	菱形，近基部的1/3处3裂，上面的脉细，不隆起；中裂片楔状长圆形，顶部有时稍凹陷	圆筒状棒形	披针形，先端渐尖，短于子房	8—9月	产于甘肃南部、四川北部。生于海拔700～1 200米潮湿的地方、灌木丛生的山坡、草地上	/
12	球距无柱兰 *A. physoceras*	2片，近对生，卵形或卵状披针形	总状，具3～10余朵花，长达6厘米，偏向一侧，稍密生	花稍大，近直立，带紫蓝色或玫瑰红色	直立，凹陷，舟状	卵形，上面的脉细，不隆起；中裂片圆状倒卵形，先端极钝，边缘具不规则的细齿	球形，颈部缢缩	披针形，直立伸展，先端渐尖，较子房短2倍多	7—8月	产于四川西部至西北部。生于海拔2 000～2 700米的森林、悬崖边潮湿的地方、山谷中	/
13	抱茎叶无柱兰 *A. amplexifolium*	1片，椭圆形或长圆状椭圆形，先端急尖，基部近圆形并抱茎	总状，具1～2朵花	白色，具紫红色斑点，花瓣稍斜椭圆形，先端截形、钝	椭圆形，长3.5毫米，先端钝	轮廓为倒卵形，在基部之上3裂；中裂片楔状倒卵形；侧裂片镰状长圆形，先端极钝	圆筒状，长约2毫米，下垂，弯曲	长圆状椭圆形，较子房短很多	7月	产于四川西部。生于林下	茎下部具乳头状突起
14	长距无柱兰 *A. dolichacentrum*	2片，互生，远离，椭圆形或卵形	1朵花，单生茎顶	较大，淡紫或粉红色，花瓣长圆状椭圆形	长圆状椭圆形，先端钝	圆状倒卵形；中裂片匙形，边缘稍具细圆齿，先端圆钝；侧裂片长圆形或线状长圆形	圆筒状，长10～12毫米	卵状披针形，先端渐尖，短于子房1～2倍	7月	产于四川西部	茎具乳头状突起

（续）

序号	种名	叶	花序	花形态及颜色	中萼片	唇瓣	距	花苞片	花期	分布与生境	备注
15	蝶花无柱兰 *A. papilionaceum*	2片，近对生，卵圆形、椭圆形或披针形	1朵花，生于茎顶端	花较大，粉红色，花瓣斜卵形，先端钝	卵状披针形，凹陷呈舟状，先端稍钝	椭圆形或倒卵形；中裂片匙形或倒卵形，边缘有细齿；侧裂片线形	球形，长约2毫米	卵状披针形，较子房短1～2倍	7月	产于四川	/
16	长苞无柱兰 *A. farreri*	1片，基生，线形或狭长圆形	花单生于茎顶端	花较大，粉红色	直立，凹陷呈舟状，长5.5～8.0毫米	倒卵形，基部宽楔形；中裂片为肾形或倒卵形，先端中部具深的凹陷，在缺口中间具1枚小齿，边缘具细圆齿；侧裂片边缘具细圆齿	圆筒状，下垂，与子房等长，长3～4毫米，几乎直的，距口部几乎不增大	狭披针形，长度常为子房长的2倍或过之	8月	产于云南西北部和西藏东南部。生于海拔3 600～4 200米长满草的山坡上	/
17	西藏无柱兰 *A. tibeticum*	1片，近基生，披针形或倒披针状舌形	花单生于茎顶端，近直立	花较大，深玫瑰红色或紫红色	直立，稍凹陷	倒卵形或心形，基部宽楔形，中部或中部以上3裂；中裂片倒心形，大于侧裂片；中裂片和侧裂片顶部边缘具锯齿	较子房长得多，长8～9毫米，向前弯曲，距口部颇增大	长圆状披针形，常与子房等长或稍长	8月	产于云南西北部和西藏东南部。生于海拔3 600～4 400米的高山草甸上	/

（续）

序号	种名	叶	花序	花形态及颜色	中萼片	唇瓣	距	花苞片	花期	分布与生境	备注
18	一花无柱兰（单花无柱兰）*A. monanthum* var. *monanthum*	1片，生于茎基部至中部，披针形、倒披针形或狭长圆形	1朵花，顶生	花淡紫色、粉红色或白色	直立，凹陷呈舟状，狭卵形	中裂片倒卵形，先端凹缺呈2浅裂，边缘全缘或微波状；侧裂片楔状长圆形，边缘全缘；中裂片大于侧裂片	圆筒状，下垂，长3～4毫米，末端钝	线状披针形，先端急尖，较子房长	7—8月	产于甘肃东南部、四川西部、云南西北部、西藏东南部、陕西。生于海拔2 800 ～ 4 100米的草坡、高山草甸、岩石土壤和砾石流中	/
19	黄花无柱兰 *A. simplex*	1片，生于茎基部之上至中部，线形，宽3～5毫米	仅具1朵花	花黄色，无毛，花瓣直立，斜卵形，先端钝	直立，狭长圆形，凹陷，先端钝，基部收狭	宽的倒卵形，3深裂；中裂片倒心形，前部2裂，裂片宽长圆形，先端圆形；侧裂片长圆状镰形	短，下垂，圆筒形，末端钝	披针形，长8 ～ 10毫米，与子房近等长	7—8月	产于云南（贡山）、四川（康定、天全）。生于海拔2 300 ～4 400米的山坡草地上	/

戴月 / 湖北第二师范学院

37. 兜被兰属 *Neottianthe* (Reichenbach) Schlechter

地生草本。块茎圆球形或椭圆形，肉质。叶1或2片，基生或茎生。总状花序顶生，常具几朵至多朵花；花通常小，罕大，紫红色、粉红色或近白色，罕淡黄色或黄绿色，常偏向一侧，倒置（唇瓣位于下方）；萼片近等大，彼此在3/4以上紧密靠合为兜；唇瓣向前伸展，从基部向下反折，常3裂，基部具距。

本属约7种，主要分布于亚洲亚热带至北温带山地，个别种分布至欧洲。我国7种，四川和云南是其现在的分布中心和分化中心。

川西兜被兰

川西兜被兰

川西兜被兰

侧花兜被兰

二叶兜被兰

二叶兜被兰

卵叶兜被兰

卵叶兜被兰

兜被兰属植物野外识别特征一览表

序号	种名	叶	花序	花	唇瓣	花期	分布与生境	备注
1	大花兜被兰 *N. camptoceras*	基部具2片叶，近对生，椭圆形或卵状披针形或卵形	仅具1（～2）朵花	紫红色	向前伸展，紫红色，近基部3裂	5—6月	产于四川西部至西南部。生于海拔2 700～3 100米的山坡林下或草地上	
2	侧花兜被兰 *N. secundiflora*	线形或线状披针形，茎生	总状花序具多数、较密生的花	粉红色或近白色	前部3浅裂	9—10月	产于四川西部、云南西北部、西藏东部至南部。生于海拔2 700～3 800米的林下或山坡湿润草地上	
3	淡黄花兜被兰 *N. luteola*	线形或线状披针形，茎生	总状花序具9～13朵花	淡黄色或带绿黄色	中部3裂	9—10月	产于云南西北部。生于海拔3 000米的山坡湿润草地上	
4	川西兜被兰 *N. compacta*	基部具2片叶，狭长圆形或长圆状披针形	总状花序具6～8朵密生的花	较大，萼片长9～10毫米	前伸反折，长，中部以下明显3裂，距粗壮	8月	产于四川西北部。生于海拔4 000～4 100米湿润的高山草地上	在《中国生物物种名录》（2021）中，本属划归小红门兰属
5	二叶兜被兰 *N. cucullata*	基部2片叶常彼此紧靠，近对生，卵形、卵状披针形或椭圆形，宽1.5～3.5厘米	总状花序具几朵至10余朵花	较小，萼片长4～8毫米；花瓣披针状线形	向前伸展，中部3裂	8—9月	产于四川西部、云南西北部、西藏东部至南部、黑龙江、吉林、辽宁、内蒙古、河北、山西、陕西、甘肃、青海、安徽、浙江、江西、福建、河南。生于海拔400～4 100米的山坡林下或草地上	
6	卵叶兜被兰 *N. ovata*	基生1片叶，卵形或宽卵形，具1片不育苞片	总状花序具4～8朵花	较小，萼片长4～8毫米，萼片先端钝	近中部3裂；中裂片长圆形	9月	产于四川西部。生于海拔2 450～3 300米的山坡高山松林下或灌丛下	

（续）

序号	种名	叶	花序	花	唇瓣	花期	分布与生境	备注
7	长圆叶兜被兰 *N. oblonga*	1片，常基生，长圆形，无不育苞片	总状花序具5～9朵花	较小，萼片长4～8毫米	近中部3裂；中裂片较狭，披针形	8月	产于云南。生于海拔3 100米的路边黄栎林下	

黄永启 / 南宁市第二中学

38. 手参属 *Gymnadenia* R. Brown

地生草本。块茎下部呈掌状分裂。花序顶生，具多数花，总状，常呈圆柱形；花较小，常密生，红色、紫红色或白色，罕为淡黄绿色，倒置（唇瓣位于下方）；萼片离生，中萼片凹陷呈舟状；侧萼片反折；花瓣直立，较萼片稍短，与中萼片多少靠合；唇瓣宽菱形或宽倒卵形，明显 3 裂或几乎不裂，基部凹陷，具距，距长于或短于子房，多少弯曲，末端钝尖或具 2 个角状小突起；蕊柱短；花药长圆形或卵形，先端钝或微凹，2 室，花粉团 2 个，为具小团块的粒粉质，具花粉团柄和黏盘，黏盘裸露，分离，条形或椭圆形；蕊喙小，无臂，位于两药室中间下面；柱头 2 个，较大，贴生于唇瓣基部；退化雄蕊 2 个，小，位于花药基部两侧，近球形。蒴果直立。

16 种，分布于欧洲与亚洲温带及亚热带山地。我国 5 种，多分布于西南部，其中 2 种较为广布。

手参

手参

手参

角距手参

角距手参

短距手参

西南手参

西南手参

短距手参

手参属植物野外识别特征一览表

序号	种名	植株	叶片	花序	花苞片	萼片与花瓣	唇瓣	花期	分布与生境
1	角距手参 *G. bicornis*	地生，高20～60厘米	椭圆形、狭椭圆形或披针形，先端渐尖	顶生总状花序，多花密生，花淡黄绿色	先端渐尖或长渐尖	萼片宽卵形，稍凹陷，先端钝；花瓣菱状卵形，偏斜	菱状卵形，几乎不裂，先端钝；距细圆筒状，下垂，约为子房长的1/2，距的末端中部凹陷呈2个角状小突起	7—8月	产于西藏东部至东南部。生于海拔3 250～3 600米的山坡灌丛下
2	手参 *G. conopsea*	地生，高20～60厘米	狭长，线状披针形、狭长圆形、带形，宽1.0～2.0（～2.5）厘米	顶生总状花序，多花密生，花紫红色、粉色、白色	先端长渐尖，为尾状	花瓣与侧萼片等宽或较狭；中萼片宽椭圆形或宽椭圆状卵形	向前伸展，宽倒卵形，前部3裂，中裂片较侧裂片大，三角形，先端钝或急尖；距细而长，狭圆筒形，下垂，稍向前弯，长于子房	6—8月	产于甘肃东南部、四川西部至北部、云南西北部、西藏东南部、黑龙江、吉林、辽宁、内蒙古、河北、山西、陕西。生于海拔265～4 700米的山坡林下、草地或砾石滩草丛中
3	西南手参 *G. orchidis*	地生，高17～35厘米	叶片宽短，椭圆形或椭圆状长圆形，宽（2.5～）3.0～4.5厘米	顶生总状花序，多花密生，花黄色、粉色、紫色、白色	先端渐尖，不为尾状	花瓣与侧萼片等宽或较狭；中萼片卵形	向前伸展，宽倒卵形，前部3裂，中裂片较侧裂片稍大或等大，三角形，先端钝或稍尖；距细而长，狭圆筒形，下垂，稍向前弯，通常长于子房或等长	7—9月	产于陕西南部、甘肃东南部、青海南部、湖北西部、四川西部、云南西北部、西藏东部至南部。生于海拔2 800～4 100米的山坡林下、灌丛下和高山草地中

（续）

序号	种名	植株	叶片	花序	花苞片	萼片与花瓣	唇瓣	花期	分布与生境
4	短距手参 *G. crass-inervis*	地生，高23～55厘米	椭圆状长圆形	顶生总状花序，多花密生，花粉红色，罕带白色	直立伸展，先端渐尖，较子房长很多	花瓣较侧萼片宽；中萼片卵状披针形；花瓣宽卵形	宽倒卵形，前部明显3裂，中裂片三角形，较侧裂片长，先端钝；距短于子房，长仅为子房长的1/2	6—7月	产于四川西部、云南西北部、西藏东部至南部。生于海拔3 500～3 800米的山坡杜鹃林下或山坡岩石缝隙中
5	峨眉手参 *G. emeiensis*	地生，高30～50厘米	狭椭圆形或长圆状披针形	顶生总状花序，多花密生，花白色	直立伸展，先端长渐尖	花瓣较侧萼片宽；中萼片卵形；花瓣宽菱状卵形	菱状卵形，几乎不裂，先端渐尖，反折；距短于子房，长仅为子房长的1/2	5—6月	产于四川。生于海拔3 100米的山顶灌丛草地中

郑炜 / 四川水利职业技术学院

39. 长喙兰属 *Tsaiorchis* Tang et F. T. Wang

地生草本。根状茎指状，肉质，近平展。花小，倒置，唇瓣位于下方；萼片和花瓣离生，近等大；唇瓣直立，外伸，基部与蕊柱贴生，具距，中部稍缢缩，前部扩大，3裂；蕊喙扁而伸长，鸟喙状，稍高于花药，上半部具直的沟，位于两药室之间，离生，中部两侧各具1枚齿，下部与蕊柱贴生；退化雄蕊2个，伸长，高于花药，贴生于花药基部两侧。

本属现知1种，特产于我国的云南和广西。

长喙兰

长喙兰属植物野外识别特征一览表

种名	花序	花	唇瓣	蕊喙	退化雄蕊	花期	分布与生境
长喙兰 *T. neottianthoides*	总状，具少数、疏生、偏向一侧的花	小，倒置	位于下方，直立，外伸，基部与蕊柱贴生，具距，中部稍缢缩，前部扩大，3裂	扁而伸长，鸟喙状，中部两侧各具1枚齿，下部与蕊柱贴生	2个，伸长，高于花药，贴生于花药基部两侧	8—9月	特产于云南、广西。生于山坡或沟谷密林下

刘胜祥 / 华中师范大学

40. 白蝶兰属 *Pecteilis* Rafinesque

地生草本。块茎长圆形、椭圆形或近球形。茎直立，基部具鞘，其上具叶，叶向上渐变小为苞片状。叶 3 至数片，互生。总状花序顶生，具 1 至数朵花；花苞片叶状，较大；花通常颇大，倒置（唇瓣位于下方）；中萼片直立；侧萼片斜歪；花瓣线状披针形、倒披针形或长圆形；唇瓣 3 裂，侧裂片外侧具细的裂条或小齿或全缘，中裂片线形或宽的三角形；具长距。

约 7 种，分布于亚洲热带至亚热带地区，从日本、马来西亚、印度尼西亚、中国南部和西南部、中南半岛至喜马拉雅山。我国 4 种，分布于南部至西南部，北至河南西南部，西至云南、四川。

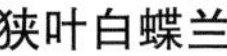

狭叶白蝶兰

龙头兰

龙头兰

白蝶兰属植物野外识别特征一览表

序号	种名	叶形	花序	花形与花瓣	萼片	唇瓣	花期	分布与生境
1	狭叶白蝶兰 *P. radiata*	线形，宽不及1厘米	总状花序具1～2朵花	花较小，直径约1.5～3.0厘米；花瓣白色，斜卵形，直立，长10～12毫米，外侧边缘具齿或浅的流苏	淡绿色，狭卵形，长8～10毫米，先端钝，具5～7条脉	3深裂，侧裂片较中裂片宽大，斜扇形，外侧边缘具长流苏状裂条	7—8月	产于河南（栾川县老君山）。生于海拔约1 500米的林下草地上
2	龙头兰 *P. susannae*	着生至花序基部，下部的叶片卵形至长圆形，上部的叶片变为披针形、苞片状	总状花序具2～5朵花，长6～15厘米	花大，白色，芳香；花瓣线状披针形，甚狭小，长约1厘米或更短，较萼片短很多	侧萼片宽卵形，长2.5～3.0厘米，张开，稍偏斜，中萼片阔卵形至圆形	3裂，中裂片线状长圆形，全缘，肉质，直立，上面近基部处无胼胝体	7—9月	产于四川西南部、云南西北部及中部至东南部、江西、福建、广东、我国香港、海南、广西、贵州。生于海拔540～2 500米的山坡林下、沟边或草坡上
3	滇南白蝶兰 *P. henryi*	直立伸展，舌状长圆形或披针形	总状花序具4～7朵稍密生的花，直立	花大，白色；花瓣倒披针形至线形，偏斜，与中萼片近等长或稍较短	长圆形，长2厘米	3裂，上面在近基部处具1枚凸出的胼胝体	7月	产于云南西南部。生于海拔1 000～1 800米的山坡林下或沟边草地上
4	景洪白蝶兰 *P. hawkesiana*	卵状椭圆形	/	白色，芳香；花瓣披针形，直立，无毛，先端锐尖	侧萼片卵状披针形	卵形长圆形，3浅裂，侧裂片半椭圆形，全缘	9月	产于云南（西双版纳景洪）。生于海拔780米竹林下

胡蝶 / 长江大学

41. 阔蕊兰属 *Peristylus* Blume

地生草本。块茎肉质，圆球形或长圆形，不裂，颈部生几条细长的根。茎直立，具 1 至多片叶，无毛或被毛。叶散生或集生于茎上或基部，基部具 2～3 枚圆筒状鞘。总状花序顶生，常具多数花，有时密生呈穗状；花苞片直立，伸展；子房扭转，无毛或被毛；花小，绿色或绿白色至白色，直立，子房与花序轴紧靠，倒置；萼片离生，中萼片直立，侧萼片伸展张开；花瓣不裂，稍肉质，直立，与中萼片相靠呈兜状，常较萼片稍宽；唇瓣 3 深裂或 3 齿裂，罕为不裂，基部具距；柱头 2 个，隆起而凸出。

约 60 种，分布于亚洲热带和亚热带地区至太平洋一些岛屿。我国 20 种，主要分布于长江流域及其以南各省区，尤以西南地区为多。

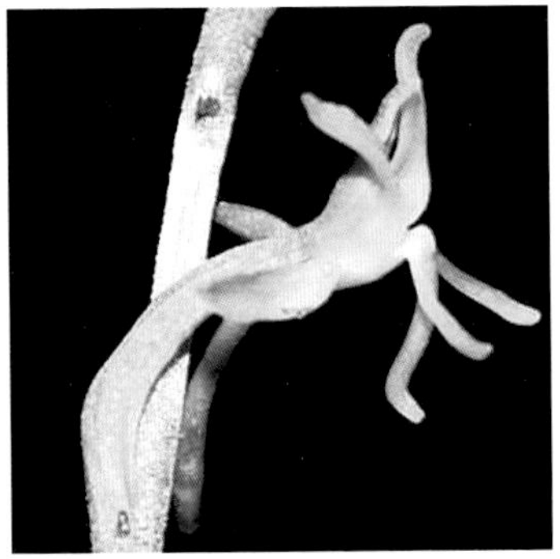

条叶阔蕊兰 　条叶阔蕊兰 　条叶阔蕊兰 　长须阔蕊兰

长须阔蕊兰 　小花阔蕊兰 　小花阔蕊兰 　长须阔蕊兰 　凸孔阔蕊兰

凸孔阔蕊兰

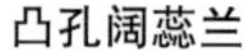

狭穗阔蕊兰

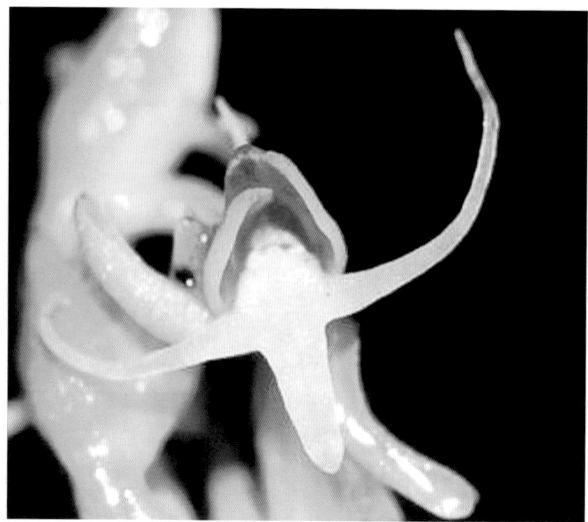
狭穗阔蕊兰

西藏阔蕊兰

西藏阔蕊兰

盘腺阔蕊兰

盘腺阔蕊兰

一掌参

一掌参

台湾阔蕊兰

条唇阔蕊兰

阔蕊兰

阔蕊兰

金川阔蕊兰

撕唇阔蕊兰

短裂阔蕊兰

触须阔蕊兰

触须阔蕊兰

阔蕊兰属植物野外识别特征一览表

序号	种名	茎	叶	花序	花	花萼	唇瓣	花期	分布与生境
1	小花阔蕊兰 *P. affinis*	细长，无毛	干时边缘具狭的黄白色镶边	总状花序具10余朵至20余朵花	小，白色	萼片近长圆形，先端钝，稍凹陷，具1条脉	向前伸展，近长圆形，3浅裂，裂片近长圆状三角形，唇瓣后半部凹陷，基部具圆球状距	6—8月	产于江西、湖北、湖南、广东、广西、四川、贵州、云南。生于海拔450～1 800米的山坡常绿阔叶林下、沟谷或路旁灌木丛下或山坡草地上
2	条叶阔蕊兰 *P. bulleyi*	较纤细，近直立，基部具2枚筒状鞘	狭窄，线形，直立伸展，先端急尖或渐尖，基部成抱茎的鞘	总状花序具多数花，稍旋卷	小，黄绿色，疏生	中萼片卵状长圆形，直立，凹陷，具1条脉	向前伸出，多少反曲，较萼片稍长，前部肉质增厚，深3裂，具3条脉，基部具距	7—8月	产于四川、云南。生于海拔2 500～3 300米的山坡林下和缓坡草地上
3	长须阔蕊兰 *P. calcaratus*	细长，无毛，近基部具3～4片集生的叶	椭圆状披针形，先端渐尖、急尖或钝，基部收狭成鞘抱茎	总状花序具多数密生或疏生的花，圆柱状	小，淡黄绿色	萼片长圆形，先端钝，具1条脉	基部与花瓣的基部合生，3深裂；侧裂片与中裂片约成90度的夹角，丝状，弯曲	7—9月	产于江苏、江西、浙江、我国台湾、湖南、广东、我国香港、广西、云南。生于海拔250～1 340米的山坡草地或林下
4	凸孔阔蕊兰 *P. coeloceras*	直立，无毛	直立伸展，先端钝或急尖，基部渐狭并抱茎	总状花序具多数花，圆柱状	小，密集，白色	中萼片阔卵形，直立，凹陷，先端钝，具1条脉	楔形，前伸，基部具距，前部3裂；唇盘上具明显隆起的胼胝体	6—8月	产于四川西部、云南西北部至东北部、西藏东部至东南部。生于海拔2 000～3 900米的山坡针阔叶混交林下、山坡灌丛下和高山草地上

（续）

序号	种名	茎	叶	花序	花	花萼	唇瓣	花期	分布与生境
5	大花阔蕊兰 *P. constrictus*	长，直立，无毛，基部至叶之下具5～6枚疏生的筒状鞘	椭圆形，干时边缘具狭的黄白色镶边	总状花序具多数密生的花，圆柱状	在本属中属最大，萼片淡褐色，花瓣和唇瓣纯白色	萼片狭长圆状披针形，先端钝，具1条脉	向前伸，稍下弯，长圆状倒卵形，深3裂，裂至中部，唇瓣后部凹陷，具距	6—7月	产于云南西南部。生于海拔1 500～2 000米的山坡灌丛下
6	狭穗阔蕊兰 *P. densus*	直立，有时细长，无毛，基部具2～3枚筒状鞘	先端急尖或渐尖，基部收狭成抱茎的鞘	总状花序具多数密生的花，圆柱状	小，直立，带绿黄色或白色	萼片等长，稍厚，先端钝	肉质，3裂，在侧裂片基部后方具1个隆起的横脊并将唇瓣分成上唇和下唇两部分；侧裂片线形或线状披针形，叉开与中裂片近成90度的夹角	7—9月	产于浙江、福建、江西、广东、我国香港、广西、贵州、云南。生于海拔300～2 100米的山坡林下或草丛中
7	西藏阔蕊兰 *P. elisabethae*	直立，较粗壮，无毛，基部具1～2枚筒状鞘	椭圆状披针形或线状披针形，基部收狭成抱茎的鞘	总状花序具多数花	小，黄绿色、绿色或绿带紫色	中萼片宽卵形，直立，凹陷，先端钝，具1条脉	肉质，中部以下凹陷呈舟状，基部具距，中部3裂	7—9月	产于西藏。生于海拔3 100～4 100米的山坡针阔叶混交林下、林间空地草丛中及河滩草地上
8	盘腺阔蕊兰 *P. fallax*	直立，无毛，基部具2～3枚筒状鞘	狭长圆形或长圆形，先端急尖，基部成抱茎的鞘	总状花序具多数花，圆柱状	小，密集，黄绿色	中萼片长圆形，直立，凹陷，先端钝，具1条脉	肉质增厚，上面具多数细乳突，近中部3裂	7—9月	产于四川、云南、西藏。生于海拔3 000～3 300米的山坡林下、林缘草丛中或山坡高山草地中

（续）

序号	种名	茎	叶	花序	花	花萼	唇瓣	花期	分布与生境
9	一掌参 *P. forceps*	直立，被短柔毛，基部具2～3枚筒状鞘	狭椭圆状披针形或披针形，先端急尖或渐尖，基部渐狭成抱茎的鞘	总状花序具多数花，圆柱状	小，绿色	中萼片卵形，近直立，先端钝，具3条脉	舌状披针形，不裂，肉质增厚，基部具距，两侧边缘内弯近直立，呈槽状，前部较浅，先端钝	6—8月	产于甘肃东南部、湖北西部、西藏东南部、四川、贵州、云南。生于海拔1 200～3 400米的山坡草地上、山脚沟边或山坡栎树林下
10	台湾阔蕊兰 *P. formosanus*	细长，无毛，基部具2～3枚筒状鞘	椭圆形或卵状披针形，先端钝，斜向上伸展	总状花序具多数花，圆柱状	小，白色	中萼片卵形，直立，凹陷呈舟状，先端圆钝	3裂，侧裂片丝状，与中裂片近成90度夹角伸展，具距，距囊状	8—12月	产于我国台湾。生于海拔300米以下的开旷向阳地上
11	条唇阔蕊兰 *P. forrestii*	直立，无毛，近基部具2～3枚筒状鞘	线形，基部成抱茎的鞘	总状花序具多数花，较疏散	小，绿色	中萼片直立，宽卵形，先端钝，具1条脉	舌状，不裂，先端钝，反折，距圆筒状，下垂	8—9月	产于四川西南部、云南西北部至东北部。生于海拔1 700～3 900米的山坡林下或山坡草地上
12	阔蕊兰 *P. goodyeroides*	细长，无毛，近基部具2～3枚筒状鞘，仅中部具叶	椭圆形或卵状披针形，干时边缘具狭的黄白色镶边	总状花序具20余朵至40余朵密生的花	较小，绿色、淡绿色至白色	中萼片直立，稍弧曲，凹陷，先端钝，具1条脉	倒卵状长圆形，3浅裂，裂片三角形，基部具球状距，距口前缘具1枚颜色较深、纵向隆起呈狭三角形的蜜腺	6—8月	产于浙江、江西、我国台湾、湖南、广东、广西、四川、贵州、云南。生于海拔500～2 300米的山坡阔叶林下、灌丛下、山坡草地上或山脚路旁

（续）

序号	种名	茎	叶	花序	花	花萼	唇瓣	花期	分布与生境
13	金川阔蕊兰 *P. jinchuanicus*	细长，直立，无毛，近基部具2枚筒状鞘，中部具4～5片叶	狭长圆状披针形，直立伸展，先端急尖或渐尖，基部抱茎	总状花序具多数花	黄绿色，密集	萼片绿色，具3条脉	黄绿色，靠近基部3裂，反折，侧裂片与中裂片近垂直伸出	7—9月	产于四川、云南。生于海拔1 750～3 840米的山坡云杉林内、灌丛中或草地上
14	撕唇阔蕊兰 *P. lacertiferus*	长，较粗壮，无毛，基部具2～3枚筒状鞘，近基部具叶	长圆状披针形或卵状披针形，较大的1片先端急尖，基部收狭成抱茎的鞘	总状花序具多数密生的花，圆柱状	小，常绿白色或白色	萼片卵形，凹陷呈舟状，先端急尖，具1条脉	向前伸展，中部以下常向后弯曲，基部有1枚大的、肉质的胼胝体和具距，从中部3裂，中裂片舌状，侧裂片线形或线状披针形	7—8月	产于福建、我国台湾、广东、我国香港、海南、广西、四川。生于海拔600～1 270米的山坡林下、灌丛下或山坡草地向阳处
15	短裂阔蕊兰 *P. lacertifer* var. *taipoensis* 花白色。唇瓣侧裂片总是短于中裂片。产于香港、我国台湾。生于海拔100～800米森林、草原中								
16	纤茎阔蕊兰 *P. mannii*	直立，纤细，无毛，基部具2枚筒状鞘，近基部具2～3片叶	线形，直立伸展，先端渐尖，基部成抱茎的鞘	总状花序具少数至多数疏生的花，稍旋卷	小，绿色或淡黄色	中萼片直立，卵形，凹陷，先端钝，具1条脉	肉质增厚，3裂，裂片线形，先端钝；基部具距	9—10月	产于四川、云南。生于海拔1 800～2 900米的山坡疏林中、灌丛下或山坡草地中
17	小巧阔蕊兰 *P. nematocaulon* 资料不详								
18	川西阔蕊兰 *P. neotineoides*	直立，无毛，粗壮，基部具2～3枚筒状鞘，下半部具3片叶	疏生，下面2片大，直立伸展	总状花序具多数花，圆柱状	小，密生，绿色，无毛	萼片椭圆形，先端钝，具1条脉	凹陷，轮廓为椭圆形，肉质，基部具囊状距，前部3裂	7月	产于四川西部。生于海拔3 150～4 000米的山坡草地中

（续）

序号	种名	茎	叶	花序	花	花萼	唇瓣	花期	分布与生境
19	滇桂阔蕊兰 *P. parishii*	细长，无毛	干时边缘具狭的黄白色镶边	总状花序具多数花，圆柱状	密生，褐绿色	萼片褐绿色，先端钝，具1条脉	后部凹陷，基部具距，距较萼片短，宽纺锤形	6—7月	产于广西、云南。生于海拔750～1 800米的山坡阔叶林下或灌丛下
20	触须阔蕊兰 *P. tentaculatus*	细长，无毛	卵状长椭圆形或披针形，先端短尖或急尖，基部收狭成抱茎的鞘	总状花序具多数密生或稍疏生的花，圆柱状	小，直立，绿色或带黄绿色	萼片长圆形，先端钝，具1条脉	基部与花瓣的基部合生，3深裂，侧裂片叉开，与中裂片约成90度的夹角，丝状，弯曲	2—4月	产于福建、广东、我国香港、海南、广西。生于海拔150～300米的山坡潮湿地、谷地或荒地上

刘胜祥 / 华中师范大学

42. 玉凤花属 *Habenaria* Willdenow

地生草本。茎直立，基部具筒状鞘。总状花序，顶生；子房扭转；萼片离生；中萼片常与花瓣靠合呈兜状，侧萼片伸展或反折；唇瓣一般3裂，基部通常有长或短的距，有时为囊状或无距；蕊柱短，两侧通常有耳（退化雄蕊）；柱头2个，为“柱头枝”。

约600种，分布于全球热带、亚热带地区。我国57种，主要分布于长江流域及其以南，以西南部、特别是横断山脉地区为多。

长距玉凤花

长距玉凤花

落地金钱

小花玉凤花

小花玉凤花

长距玉凤花

落地金钱

落地金钱

凸孔坡参

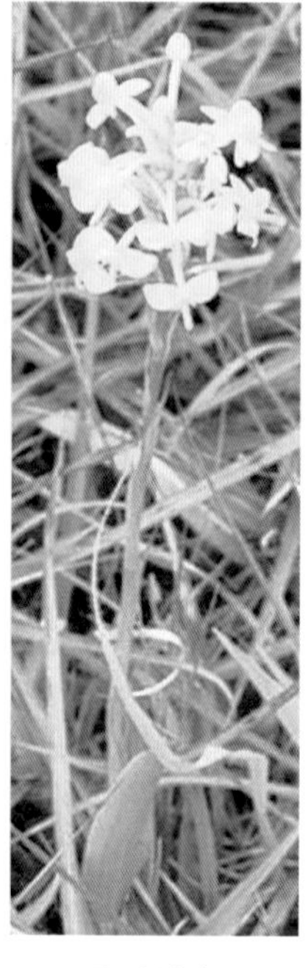

凸孔坡参

毛瓣玉凤花

滇蜀玉凤花

滇蜀玉凤花

滇蜀玉凤花

毛瓣玉凤花

毛瓣玉凤花

滇蜀玉凤花

毛莛玉凤花

毛莛玉凤花

毛莛玉凤花

斧萼玉凤花

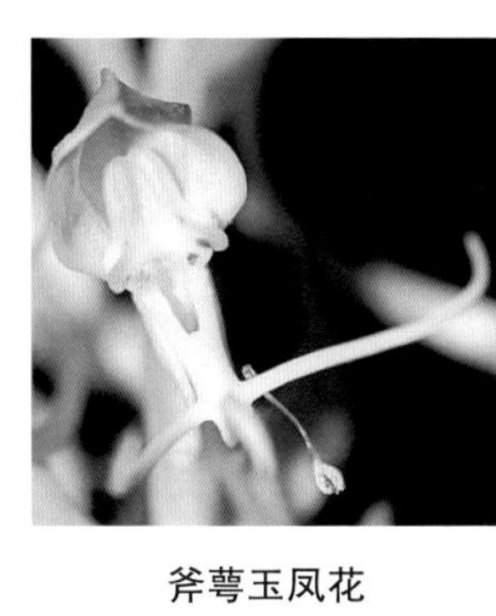

斧萼玉凤花

斧萼玉凤花

厚瓣玉凤花

厚瓣玉凤花

厚瓣玉凤花

鹅毛玉凤花

鹅毛玉凤花

鹅毛玉凤花

鹅毛玉凤花

齿片玉凤花

齿片玉凤花

齿片玉凤花

雅致玉凤花

雅致玉凤花

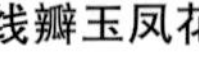
线瓣玉凤花

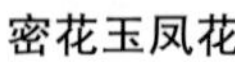
密花玉凤花

密花玉凤花

粉叶玉凤花

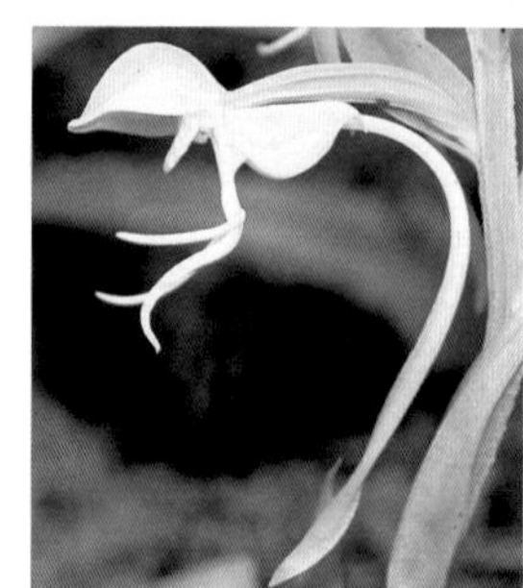
线瓣玉凤花

线瓣玉凤花

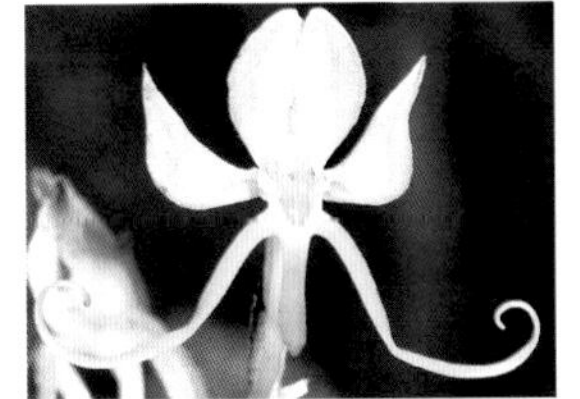

粉叶玉凤花

粉叶玉凤花

宽药隔玉凤花

宽药隔玉凤花

宽药隔玉凤花

坡参

坡参

棒距玉凤花

棒距玉凤花

棒距玉凤花

南方玉凤花

南方玉凤花

版纳玉凤花

丝瓣玉凤花

裂瓣玉凤花

丝瓣玉凤花

橙黄玉凤花

橙黄玉凤花

橙黄玉凤花

裂瓣玉凤花

齿片坡参

十字兰

十字兰

版纳玉凤花

十字兰

狭瓣玉凤花

四川玉凤花

西藏玉凤花

卧龙玉凤花

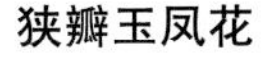

狭瓣玉凤花

狭瓣玉凤花

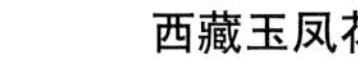

西藏玉凤花

卧龙玉凤花

玉凤花属植物野外识别特征一览表

序号	种名	叶	花							花期	分布与生境
			颜色	萼片		花瓣	唇瓣				
				中萼片	侧萼片		中裂片	侧裂片	距		
1	小花玉凤花 *H. acianthoides*	平展，卵圆形，绿色或紫红色	带绿色	直立，卵形，具1条脉	反折，斜卵形，具1条脉	直立，斜卵形，基部前侧边缘明显膨大鼓出，具1条脉	线形，直	丝状，与中裂片近垂直伸展，多少弯曲	长圆状筒形	7月	产于青海、甘肃、四川
2	凸孔坡参 *H. acuifera*	3～4片疏生叶，长圆形或长圆状披针形	黄色	直立，宽卵形，具3条脉	反折，斜卵状椭圆形，具3条脉	直立，斜长圆形，不裂，先端稍钝，具1条脉	线形，直	钻状，稍叉开	细圆筒状棒形，下垂，中部膝曲状弯曲，距口的前面具环状物	6—8月	产于四川西部至西南部、广西、云南
3	落地金钱 *H. aitchisonii*	基部具2片近对生的叶，平展，卵圆形或卵形	黄绿色或绿色	直立，卵形，凹陷呈舟状，具3条脉	反折，斜卵状长圆形，具3条脉	直立，2裂，上裂片斜镰状披针形	线形，反折，直	侧裂片近钻形，镰状向上弯曲，角状	圆筒状棒形，下垂，较子房短	7—9月	产于青海南部、四川西部、西藏东南部至南部、贵州、云南
4	奇花玉凤花 *H. anomaliflora*	基生，2片叶，心形，大小不等	绿色	卵形、渐尖	5.5～6.5毫米	背部表面具乳突，卵状披针形，基部锐尖或近锐尖，具3或5条脉	唇瓣（4.5～6.5）毫米×（2.0～3.5）毫米，不裂			/	产于海南省五指山市南圣镇，生于海拔600米林下

（续）

序号	种名	叶	花							花期	分布与生境
			颜色	萼片		花瓣	唇瓣				
				中萼片	侧萼片		中裂片	侧裂片	距		
5	毛瓣玉凤花 *H. arietina*	5～7片疏生的叶，卵状披针形或长圆状披针形	白色或绿白色	长圆形，凹陷呈舟状，边缘具缘毛，具5条脉	反折，斜镰状披针形，边缘具缘毛，具5条脉	斜半卵状镰形，不裂，内侧有柔毛，边缘具缘毛，与中萼片靠合呈兜状	线形	线形，外侧边缘为篦齿状深裂	圆筒状棒形，下垂	8月	产于西藏东南部至南部
6	薄叶玉凤花 *H. austrosinensis*	具3～5片叶，长椭圆形或椭圆状倒披针形，较薄	白色	宽卵形，凹陷呈兜状，具3条脉，背面被柔毛	反折，极强烈斜歪的三角形，具3条强烈弯曲成弧形的脉	斜线形，具1条脉，与中萼片靠合呈兜状	唇瓣基部之上3深裂，裂片相似，线形，弯曲		细圆筒状棒形	7—8月	产于云南
7	滇蜀玉凤花 *H. balfouriana*	具2片近对生的叶，卵形或宽椭圆形，正面绿色	黄绿色	卵形，直立，凹陷呈舟状，具3条脉，边缘具睫毛状细齿	反折，斜卵状长圆形，具3条脉	直立，2裂	线形，反折	近钻状，镰状向上弯曲，角状	圆筒状棒形，下垂，下部稍膨大且向前弯	/	产于四川西南部、云南西北部

（续）

序号	种名	叶	花							花期	分布与生境
			颜色	萼片		花瓣	唇瓣				
				中萼片	侧萼片		中裂片	侧裂片	距		
8	毛莛玉凤花 *H. ciliolaris*	近中部具5～6片叶，椭圆状披针形、倒卵状匙形或长椭圆形	白色或绿白色，罕带粉色	宽卵形，凹陷，兜状，顶部边缘具睫毛状齿，具5条脉	反折，强烈偏斜，卵形，具3～4条弯曲的脉	直立，斜披针形，不裂，具1条脉	较萼片长，基部3深裂，裂片极狭窄，丝状，并行，向上弯曲		圆筒状棒形，向末端逐渐或突然膨大，下垂	7—9月	产于甘肃、浙江、江西、福建、我国台湾、湖北、湖南、广东、我国香港、海南、广西、四川、贵州
9	斧萼玉凤花 *H. commelinifolia*	具4～6片疏生的叶，狭长圆状披针形至线状披针形	花大，白色	宽倒卵形，凹陷，盔状，具5条脉	反折，为强烈斜歪的斧形，前侧强烈膨大而鼓出，具3条强烈弯曲呈弧形的脉	斜长圆形，近镰状，具2条脉	基部全缘，线形，3深裂，裂片丝状线形；中裂片下垂，稍弯曲；侧裂片基部与中裂片近垂直，向先端渐狭呈丝状，弯曲		纤细，圆筒状棒形，下垂，距口的前缘具1枚刺状小突起	8月	产于云南西部
10	香港玉凤花 *H. coultousii*	中部具3～4片叶，披针形	白绿色，较大	背面绿色，内面白色，先端绿色，具3条脉 狭卵形，直立，极凹陷	反折向下，斜卵形，凹陷	白色，斜卵形，基部2深裂，裂片不等大，具3条脉	淡绿色，基部3深裂，裂片向先端逐渐变狭，先端急尖，侧裂片与中裂片约等长，但较中裂片狭，向前斜伸出		细长，下垂，淡黄绿色，基部狭，几乎为白色	10月	产于我国香港

（续）

序号	种名	叶	花							花期	分布与生境
			颜色	萼片		花瓣	唇瓣				
				中萼片	侧萼片		中裂片	侧裂片	距		
11	长距玉凤花 *H. davidii*	具5～7片叶；卵形、卵状长圆形至长圆状披针形	花大，绿白色或白色	长圆形，直立，凹陷呈舟状，具5条脉	反折，斜卵状披针形，具5～7条脉	白色，直立，斜披针形，近镰状，不裂，具3～5条脉	线形，与侧裂片近等长	线形，外侧边缘为篦齿状深裂	细圆筒状，下垂	6—8月	产于云南西北部、西藏东部至南部、湖北、湖南、四川、贵州
12	厚瓣玉凤花 *H. delavayi*	基部多具3片叶、极密集呈莲座状，圆形或卵形	白色	直立，宽椭圆形，凹陷呈舟状，具3条脉	反折，披针形，具3条脉	线形，基部扭卷，向后倾斜，伸展为狭镰形，具1条脉	线形，直，边缘全缘，半圆柱状，上面具槽	狭楔形，斜歪，背曲，先端具疏锯齿	下垂，纤细基部向末端逐渐增粗呈棒状，距口的前缘具1枚稍向内弯的钻状附属物	6—8月	产于四川西部、云南西北部至东南部、贵州
13	鹅毛玉凤花 *H. dentata*	具3～5片疏生的叶，长圆形至长椭圆形	白色，较大	宽卵形，直立，凹陷，具5条脉	张开或反折，斜卵形，具5条脉	直立，镰状披针形，不裂，具2条脉	线状披针形或舌状披针形；具3条脉	近菱形或近半圆形；前部边缘具锯齿	细圆筒状棒形，中部稍向前弯曲，向末端逐渐膨大	8—10月	产于安徽、浙江、江西、福建、我国台湾、湖北、湖南、广东、广西、四川、贵州、云南、西藏

（续）

序号	种名	叶	花							花期	分布与生境
			颜色	萼片		花瓣	唇瓣				
				中萼片	侧萼片		中裂片	侧裂片	距		
14	二叶玉凤花 *H. diphylla*	基部具2片近对生的叶，心形或近肾形	较小，绿白色	直立，凹陷呈舟状，卵形，具1条脉	反折，长圆形，具3条脉	直立，线状披针形，具1条脉	唇瓣较萼片长，基部3深裂，裂片丝状，侧裂片较中裂片长，常弯曲		下垂，长7毫米，向末端稍膨大呈近棒状，较子房短	6月	产于云南
15	小巧玉凤花 *H. diplonema*	基部具2片近对生的叶；近圆形，正面具黄白色斑纹	花小，绿色	直立，宽卵形，具1条脉，无毛	反折，斜卵状椭圆形，具1条脉，无毛	不裂，直立，斜镰状卵形	线状舌形	丝状	棒状，下垂	8月	产于四川、云南
16	雅致玉凤花 *H. fargesii*	基部具2片近对生的叶，卵圆形或近圆形，正面绿色，具黄白色斑纹	黄绿色，较小	直立，凹陷呈舟状，卵形，具3条脉，边缘具缘毛	强烈反折，斜卵形，具4条脉，边缘具缘毛	直立，2深裂，上裂片镰状，下裂片线形	线形，先端钝，较侧裂片短得多	丝状，叉开	上部细圆筒状，下垂，中部以下向末端膨大呈棒状，较子房长	8月	产于甘肃东南部、四川
17	齿片玉凤花 *H. finetiana*	下部具2～3片叶，心形或卵形	白色，中等大	卵形或椭圆形，直立，凹陷，具5条脉	反折，斜卵形，具5条脉	直立，线形，近镰状，不裂，具1条脉	舌状，先端稍钝	菱形，前部边缘具锯齿	圆筒状，下垂，末端略膨大，钝，较子房稍短或近等长，距口仅两侧稍隆起并凸出	8—10月	产于四川西部、云南西北部至中部

（续）

序号	种名	叶	花							花期	分布与生境
			颜色	萼片		花瓣	唇瓣				
				中萼片	侧萼片		中裂片	侧裂片	距		
18	线瓣玉凤花 *H. fordii*	基部具4～5片稍集生、近直立伸展的叶；长圆状披针形或长椭圆形	白色，较大	宽卵形，凹陷	斜半卵形，较中萼片稍长，张开或反折	直立，线状披针形	线形	丝状	细圆筒状棒形，下垂，稍向前弯	7—8月	产于广东、广西、云南
19	褐黄玉凤花 *H. fulva*	下部具3～5片叶，长圆状披针形	黄色或黄褐色，较小	狭卵形，直立，凹陷，具3条脉	斜长圆状披针形，具3条脉	镰状披针形，具2条脉	长1厘米，基部3深裂，裂片相似，线形		圆筒状，下垂	8—9月	产于广西、云南
20	密花玉凤花 *H. furcifera*	下部具6片叶，椭圆形至狭椭圆形	小，淡绿色，无毛	卵形，凹陷，兜状，具3条脉	反折，斜长圆状披针形，具3条脉	披针形，凹陷，具1条脉	基部3裂，裂片线形，中裂片直，侧裂片稍弯曲		细而长，下垂，弯曲，较子房长得多	9月	产于云南
21	粉叶玉凤花 *H. glaucifolia*	基部具2片近对生的叶，近圆形或卵圆形，正面粉绿色，背面带灰白色	较大，白色或白绿色	卵形或长圆形，直立，凹陷呈舟状，具5条脉	反折，斜卵形或长圆形，具5条脉	直立，2深裂	线形，直，先端钝，较侧裂片稍宽	线状披针形，向先端渐狭	下垂，细圆筒状	7—8月	产于陕西南部、甘肃南部、四川西部、云南西北部至东南部、西藏东南部、贵州
22	毛唇玉凤花 *H. hosokawae*	中部具5～6片叶，倒披针形或长圆形	下垂，绿白色	凹陷，披针形或倒披针形，具3条脉	与中萼片相似，但较宽	2深裂	3深裂，中裂片线形，侧裂片较中裂片长，先端边缘具密的短柔毛		末端膨大且2深裂	7—8月	产于我国台湾

（续）

序号	种名	叶	花							花期	分布与生境
			颜色	萼片		花瓣	唇瓣				
				中萼片	侧萼片		中裂片	侧裂片	距		
23	湿地玉凤花 *H. humidicola*	基部具2～3片呈莲座状的叶，披针状长圆形	小，绿色	直立，卵状长圆形，凹陷呈舟状，具3条脉	反折，斜卵状长圆形，具3条脉	直立，线状长圆形，具1条脉	线形，先端钝	线状披针形，渐狭呈丝状	细长，细圆筒状，下垂，与子房等长或较长	9月	产于浙江、贵州、云南
24	粤琼玉凤花 *H. hystrix*	下部具5～6片叶，长椭圆形或长圆形	白色或绿白色，中等大	宽卵形，凹陷，兜状，具3条脉	反折，强烈偏斜，卵形，具3条弯曲的脉	直立，斜三角状披针形，不裂，具1条脉	裂片极狭窄，丝状，并行，弯曲，中裂片基部具1枚钝圆锥形的胼胝体		圆筒状棒形，末端钝，与子房等长	8—9月	产于广东、海南
25	大花玉凤花 *H. intermedia*	具3～5片疏生的叶，卵状披针形	大，白色或带绿色	卵状长圆形，直立，凹陷呈舟状，具7条脉	反折，斜镰状披针形，具7条脉	直立，斜半卵状镰形，不裂，具5条脉	线形，较侧裂片稍短	线形，外侧边缘为篦齿状深裂	圆筒状，下垂，末端钝，较子房长出近1倍	7月	产于西藏南部
26	岩坡玉凤花 *H. iyoensis*	基部具5～7片集生叶，窄椭圆形或宽倒披针形	较小，淡绿色	宽卵形，直立，凹陷，先端钝，具3条脉	反折向下，斜卵形，具3条脉	直立，狭镰状披针形，先端钝，具1条脉	线形，近直，向下伸展，先端钝	丝状，叉开，向两侧伸展，弯曲	细圆筒状，下垂，与子房紧贴，较子房长	9—10月	产于我国台湾中南部
27	细裂玉凤花 *H. leptoloba*	基部具5～6片叶，披针形或线形	小，淡黄绿色	宽卵形，凹陷呈舟状，具1条脉	斜卵状披针形，张开或向后反曲，具1条脉	直立，斜卵形，凹陷，具1条脉	黄色，较长，基部3深裂，裂片线形，中裂片直，先端钝，侧裂片叉开		细圆筒状，长于子房	8—9月	产于西藏南部

（续）

序号	种名	叶	花							花期	分布与生境
			颜色	萼片		花瓣	唇瓣				
				中萼片	侧萼片		中裂片	侧裂片	距		
28	宽药隔玉凤花 *H. limprichtii*	具4～7片叶，卵形至长圆状披针形	较大，绿白色	卵状椭圆形，直立，凹陷呈舟状，具5条脉	反折，斜卵形，先端急尖，具5～6条脉	白色，直立，偏斜长圆形，镰状，不裂，具3条脉	线形，先端钝	线形，外侧边缘为深的篦齿状，细裂片丝状	圆筒状，下垂，长2.0～2.5厘米，与子房等长或较短	6—8月	产于湖北西部、云南中部至北部、四川
29	线叶十字兰 *H. linearifolia*	茎直立，圆柱形，具多片疏生的叶，向上渐小为苞片状，中下部的叶5～7片，其叶片线形	白色或绿白色	直立，凹陷呈舟状，卵形或宽卵形，具5条脉	张开，反折，斜卵形，具4～5条脉	直立，轮廓半正三角形，2裂	线形，直，全缘	线形，与中裂片近等长，向前弧曲，先端具流苏	下垂，向末端逐渐稍增粗呈细棒状，较子房长	7—9月	产于黑龙江、吉林、辽宁、内蒙古、河北、山东、江苏、安徽、浙江、江西、福建、河南、湖南
30	宽叶玉凤花 *H. lindleyana*	基生，叶3～6片，卵形到近圆形	白色	狭卵形	斜卵形，先端钝，平展	披针形，3裂	狭倒卵形，先端圆钝	狭披针形，极小，先端锐尖	距丝状，长3.0～3.5厘米	/	产于广西壮族自治区崇左市龙州县弄岗国家级自然保护区
31	坡参 *H. linguella*	具3～4片较疏生的叶，狭长圆形至狭长圆状披针形	小，细长，黄色或褐黄色	宽椭圆形，直立，凹陷，具3条脉	反折，斜宽倒卵形，具3～4条脉	直立，斜狭卵形或斜狭椭圆形，先端钝，具1条脉	线形，先端钝	钻状，叉开，先端渐尖	极细的圆筒形，下垂，长于子房	6—8月	产于广东、我国香港、海南、广西、贵州、云南

（续）

序号	种名	叶	花							花期	分布与生境
			颜色	萼片		花瓣	唇瓣				
				中萼片	侧萼片		中裂片	侧裂片	距		
32	细花玉凤花 *H. lucida*	基部具2～3枚筒状鞘，鞘之上具4～6片稍集生的叶	小，细长，黄绿色	绿色，具3条脉；中萼片卵形，凹陷；侧萼片向后反折，斜卵形或卵状长圆形		黄色，狭卵状长圆形，具2条脉	黄色，较厚，裂片狭长圆形，向上翘弯，先端钝	黄色，较厚，狭长圆形，向后反折，先端钝	细长，圆筒状，向后伸展，明显长于子房	8—9月	产于我国台湾、海南、广东、云南
33	棒距玉凤花 *H. mairei*	椭圆状舌形或长圆状披针形	较大，绿白色	黄绿色，边缘具缘毛，狭卵形，直立，凹陷呈舟状，具5条脉	张开，稍斜卵状披针形，先端急尖，具5条脉	白色，直立，斜长圆形，不裂，具3条脉，边缘具缘毛	线形	线形，外侧边缘为篦齿状深裂，裂片丝状	圆筒状棒形，下垂，向末端增粗，与子房等长或稍短	7—8月	产于四川西部、云南西北部、西藏东南部
34	南方玉凤花 *H. malintana*	具3～4片疏生的叶，长圆形或长圆状披针形	中等大，白色	长圆状披针形至卵状披针形，近相似，具3条脉，边缘具细缘毛，侧萼片稍偏斜，张开		狭长圆状披针形，不裂	舌状披针形，边缘具细缘毛，通常不裂，基部两侧罕具很小的侧裂片		无距，罕具短距	10—11月	产于广西南部、云南西部至东南部、浙江、海南、四川
35	麻栗坡玉凤花 *H. malipoensis*	椭圆形且集生于茎的中部	花小且呈橙黄色	/	/	狭披针形且具有明显的前叶	侧裂片短于中裂片		/	/	产于云南西南部

（续）

序号	种名	叶	花							花期	分布与生境
			颜色	萼片		花瓣	唇瓣				
				中萼片	侧萼片		中裂片	侧裂片	距		
36	滇南玉凤花 *H. marginata*	基部具1～2枚筒状鞘，下部具3～5片叶，狭长圆形或狭长圆状披针形	黄绿色	心形或宽卵形，直立，凹陷呈舟状，具3条脉	反折，斜卵形或狭卵状长圆形，先端急尖，具3条脉	直立，斜卵状三角形，具2条脉	舌状，直，先端钝	与中裂片呈锐角叉开，线形或线状披针形，先端渐尖	棒状，下垂，下部膨大，与弧曲的子房并行，和子房等长	10—11月	产于云南西南部
37	版纳玉凤花 *H. medioflexa*	具4～5片叶，长椭圆形、长圆形至披针形	较大，萼片和花瓣黄绿色	卵形，凹陷，兜状，先端钝，具3条脉	极张开，斜卵形，具3条脉	白色，线形，先端渐尖，具1条脉	白色，线形，不裂，弯曲	分裂成许多极狭的丝状裂条	黄绿色，细圆筒状，下垂，近中部向前弯曲呈近直角	9月	产于云南
38	细距玉凤花 *H. nematocerata*	基部具3枚圆筒状鞘，近基部具3～4片叶，狭长圆形、狭椭圆形或狭匙形	小，带粉白色	直立，长圆状卵形，凹陷，先端钝，具3条脉	反折，斜狭卵形，前侧边缘向基部逐渐扩大，先端钝，具2条脉	直立，斜长圆状卵形，先端极钝，具1条脉	狭的舌状，直	丝状叉开且下垂	下垂，纤细，较子房长得多	10月	产于云南
39	丝瓣玉凤花 *H. pantlingiana*	中部具6～7片叶，长圆状披针形或倒卵状披针形	绿色，较大	卵状披针形，直立，凹陷呈舟状，具3条脉	反折，稍斜卵状披针形，先端长渐尖，呈弯曲的尾状，具3条脉	基部2深裂，裂片长，丝状	基部3深裂，裂片相似，丝状，向先端渐狭，边缘全缘		细圆筒状，下垂，与子房等长或较子房长	8—10月	产于我国台湾、海南、广西

（续）

序号	种名	叶	花							花期	分布与生境
			颜色	萼片		花瓣	唇瓣				
				中萼片	侧萼片		中裂片	侧裂片	距		
40	剑叶玉凤花 *H. pectinata*	长圆形至线状披针形，剑状	较大，绿白色	直立，凹陷呈舟状，披针形	张开，斜长圆形，近镰状	直立，淡绿色或白色，斜镰形	线形	线形，外侧边缘为篦齿状深裂	圆筒状棒形，下垂，向末端稍膨大	8月	产于云南
41	裂瓣玉凤花 *H. petelotii*	中部集生5～6片叶，椭圆形或椭圆状披针形	淡绿色或白色	卵形，凹陷呈兜状，先端渐尖，具3条脉	极张开，长圆状卵形，先端渐尖，具3条脉	基部2深裂，裂片线形，叉开，上裂片直立	基部之上3深裂，裂片线形，近等长，边缘具缘毛		圆筒状棒形，下垂，中部以下向末端增粗，末端钝	7—9月	产于云南东南部、安徽、浙江、江西、福建、湖南、广东、广西、四川、贵州
42	莲座玉凤花 *H. plurifoliata*	基部具1～2枚筒状鞘，在鞘之上具（4～）6～10片集生呈莲座状伸展的叶	黄绿色或白色	直立，宽卵形，凹陷，具3条脉	反折，狭卵形，先端稍钝，具2条脉	直立，斜卵状舌形，镰状，先端急尖，具1条脉	基部3深裂，侧裂片和中裂片呈90度角叉开，丝状，直		下垂，细圆筒状棒形，向末端稍增粗，直或稍弯曲，末端急尖或钝，较子房长	10月	产于云南西南部、广西
43	丝裂玉凤花 *H. polytricha*	中部具7～8片叶，长椭圆形或长圆状披针形	长椭圆形或长圆状披针形	长椭圆形，凹陷，兜状，先端具芒尖，具3条脉	斜卵形，张开或反折，先端具芒尖，具3条脉	淡绿色或白色，2深裂	淡绿色或白色，基部之上3裂，每裂片再多裂，裂条均细丝状		白色，细圆筒状棒形，较子房短	8—10月	产于江苏、浙江、我国台湾、广西、四川

（续）

序号	种名	叶	花							花期	分布与生境
			颜色	萼片		花瓣	唇瓣				
				中萼片	侧萼片		中裂片	侧裂片	距		
44	肾叶玉凤花 *H. remiformis*	基部具1～2片叶，肉质，圆形、卵状心形或宽卵形	较小，绿色	直立，凹陷呈舟状，狭卵状长圆形，具3条脉	张开或反折，斜卵状披针形，先端渐尖，具3条脉	直立，斜狭披针形，镰状，先端稍钝，具1条脉	较萼片稍长或等长，线形，通常在中部至基部之间骤然收狭而形成2枚侧生小齿		常不存在	10月	产于海南南部、广东
45	橙黄玉凤花 *H. rhodocheila*	下部具4～6片叶，线状披针形至近长圆形	绿色，唇瓣橙黄色、橙红色或红色	直立，近圆形，凹陷，具3条脉	长圆形，反折，先端钝，具5条脉	直立，匙状线形，具1条脉	2裂，裂片近半卵形	长圆形	细圆筒状，污黄色	10—11月	产于江西、福建、湖南、广东、我国香港、海南、广西、贵州
46	齿片玻参 *H. rostellifera*	具4～5片叶，长椭圆形、长圆形至长圆状披针形	白色	宽椭圆形，直立，凹陷，先端钝，具3条脉	具褐色斑纹，斜椭圆形，具4条脉	直立，斜狭卵形或狭椭圆形，不裂，具3条脉	基部3深裂，裂片线形；侧裂片极叉开，先端渐狭而钝；中裂片两侧向后对折，先端钝		细圆筒状棒形，较子房稍长	7—8月	产于贵州、云南
47	喙房坡参 *H. rostrata*	具4～5片叶，长圆形或长圆状披针形	小，红橙色	宽椭圆形，直立，凹陷，具3条脉	反折，斜卵状椭圆形，先端钝，具3条脉	直立，斜宽长圆形，镰状，先端钝，具1条脉	3深裂，裂片线形；中裂片先端钝；侧裂片极叉开，先端渐尖		细圆筒状棒形，下垂，较子房稍短，距口的前方具环状物	7—8月	产于四川、云南

（续）

序号	种名	叶	花							花期	分布与生境
			颜色	萼片		花瓣	唇瓣				
				中萼片	侧萼片		中裂片	侧裂片	距		
48	十字兰 *H. schindleri*	中下部的叶4～7片，其叶片线形	白色	卵圆形，直立，凹陷呈舟状，具5条脉	强烈反折，斜长圆状卵形，具4条脉	轮廓半正三角形，2裂	基部线形，近基部的1/3处3深裂呈“十”字形，裂片线形，近等长		下垂，近末端突然膨大，粗棒状，与子房等长	7—9月	产于吉林、辽宁、河北、江苏、安徽、浙江、江西、福建、湖南、广东
49	中缅玉凤花 *H. shweliensis*	基部具2～3枚筒状鞘，鞘之上具4～5（～7）片近集生的叶	小，黄绿色	绿色，具3条脉；中萼片宽卵形；侧萼片极张开，但不向后反折，斜卵形，凹陷		黄色，斜卵形，具3条脉	黄绿色，基部3裂；侧裂片狭长圆形，先端钝，向下反折，下垂；中裂片狭卵状披针形		圆筒状棒形，短于子房	7—9月	产于云南、贵州
50	中泰玉凤花 *H. siamensis*	基部常具2片叶	白色	直立，卵形，凹陷呈舟状	反折，斜卵状披针形	直立，斜镰状披针形，具2条脉	线形，直	狭线形，向先端渐狭，丝状，多少弯曲	圆筒状棒形，明显短于子房	8月	产于贵州
51	狭瓣玉凤花 *H. stenopetala*	近中部具5～8片叶	中等大，绿色或绿白色	卵状椭圆形，直立，凹陷呈舟状，先端长渐尖，呈丝状或芒状弯曲的尖尾，具3条脉	反折，斜卵形，先端长渐尖，呈丝状或芒状弯曲的尖尾，具3条脉	2裂，上裂片线形，下裂片狭镰形	带褐色，长10～15毫米，基部3深裂，裂片线形，或中裂片为舌状，较侧裂片宽，侧裂片较中裂片短，或短很多，钻状		细圆筒状，与子房等长或较长	8—10月	产于西藏东南部、我国台湾、贵州

（续）

序号	种名	叶	花							花期	分布与生境
			颜色	萼片		花瓣	唇瓣				
				中萼片	侧萼片		中裂片	侧裂片	距		
52	四川玉凤花 *H. szechuanica*	基部具2片近对生的叶，宽卵形或近圆形	较大，黄绿色	直立，卵形，凹陷呈舟状，先端钝，具3条脉	反折，斜卵形，先端稍钝，具3条脉	2浅裂，上裂片斜长圆状披针形，先端钝，具2条脉	线形，直，先端钝	叉开或稍叉开呈锐角，线状披针形，前部渐狭呈丝状，近末端常卷曲	弧曲状，细圆筒状棒形，较子房长	7—8月	产于四川、云南
53	西藏玉凤花 *H. tibetica*	基部具2片近对生的叶，正面绿色，具5～7条白色脉	较大，黄绿色至近白色	卵形，凹陷呈舟状，具3（～5）条脉	反折，斜卵形，具3（～5）条脉	2浅裂	线形，直，先端钝	线状披针形，前部渐狭呈丝状	细圆筒状棒形，较子房长很多	7—8月	产于甘肃南部、青海东北部、四川西部
54	丛叶玉凤花 *H. tonkinensis*	基部集生10～13片叶，线形或线状披针形	白色，较小	椭圆形，直立，凹陷，具3条脉	反折，斜椭圆形，先端钝，具3条脉	线形，稍偏斜，具1条脉	基部3深裂，裂片线形，等宽；中裂片先端钝；侧裂片叉开伸展，先端渐狭		细圆筒状棒形，较子房长	9—10月	产于云南南部、广西
55	绿花玉凤花 *H. viridiflora*	基部具4～5片叶，线形	小，黄绿色	卵圆形，凹陷，具3条脉	反折，斜卵状长圆形，具3条脉	直立，斜卵形，具1条脉	肉质，近基部3深裂，裂片线形，侧裂片与中裂片近呈直角叉开		细长，细圆筒状，较子房长很多	6月	产于广西

（续）

序号	种名	叶	花							花期	分布与生境
			颜色	萼片		花瓣	唇瓣				
				中萼片	侧萼片		中裂片	侧裂片	距		
56	卧龙玉凤花 *H. wolongensis*	基部具2片近对生的叶，上面具黄白色美丽的斑纹，心形或卵形	黄绿色，较小	直立，宽卵形，凹陷呈舟状，具3条脉	反折，斜卵形，先端钝，具3条脉	2裂，上裂片狭镰状披针形，具2条脉，下裂片三角形	基部3深裂，裂片线形；中裂片近直；侧裂片背折且上翘，与中裂片近等长		棒状，下垂，近末端稍膨大，末端钝，与子房等长	8月	产于四川
57	川滇玉凤花 *H. yüana*	具5～6片疏生的叶	大，淡绿色	长圆状椭圆形，直立，凹陷呈舟状，具5条脉	张开，斜长圆形，先端急尖，具5条脉	直立，斜半卵状镰形，不裂，具5～6条脉	线形，具缘毛	线形，外侧边缘为篦齿状深裂，其裂片有时分枝	圆筒状棒形，下垂，下部稍膨大，短于子房	8月	产于四川、云南

童芳 / 武汉市伊美净科技发展有限公司

43. 紫斑兰属 *Hemipiliopsis* Y. B. Luo et S. C. Chen

陆生草本。块茎椭圆形。植株地上部分除花内面均有紫色斑点。总状花序顶生；中萼片与花瓣呈兜状；唇瓣基部有距，圆锥形，在先端附近突然收缩，然后肿胀形成球状。

1种，分布于中国西南部、印度东北部。我国1种。

紫斑兰

紫斑兰

紫斑兰

紫斑兰

紫斑兰属植物野外识别特征一览表

种名	植株颜色	叶形	花色	唇瓣	距	花期	分布与生境
紫斑兰 *H. purpureopunctata*	植株地上部分除花内面均具紫色斑点	椭圆形到卵状长圆形	淡紫色	倒卵状楔形，先端3裂，侧裂片大于中裂片	圆锥形，在先端附近突然收缩，然后肿胀形成球状	6—7月	产于西藏东南部。生于海拔2 100～3 400米的林下或草坡下、沿河沙质土壤中

晏启 / 武汉市伊美净科技发展有限公司

44. 高山兰属 *Bhutanthera* Renz

地生小型草本。块茎近球形到卵球形。叶对生或簇生于茎顶。总状花序顶生；子房扭曲；萼片分离，相似；花瓣通常小于萼片；唇瓣3裂，侧裂片有时退化和不明显，基部具距；距圆锥至圆筒状；蕊柱粗短；花粉团明显具柄；柱头2个。

共5种，分布于喜马拉雅地区的高山地带，我国2种。

高山兰

高山兰属植物野外识别特征一览表

种名	花序	花	花瓣、萼片	唇瓣	花期	分布与生境
高山兰 *B. alpina*	生1～5朵花	近直立，绿色	萼片和花瓣沿顶端边缘略带白色	中部以下3裂，侧裂片圆形卵形，非常小，先端钝	7—8月	产于西藏东南部。生于海拔4 200～4 300米潮湿的高山草甸中

备注：本属还有白边高山兰 *B. albomarginata*，具1～20朵花。产于西藏。生于海拔3 720～4 270米高山草甸中

晏启 / 武汉市伊美净科技发展有限公司

45. 冷兰属 *Frigidorchis* Z. J. Liu et S. C. Chen

陆生小草本。块茎大。叶基生，下部管状鞘中的叶柄形成假茎。花序伞房状；唇瓣3裂，侧裂片小，中裂片大；距椭圆形；花粉块2个；柱头2个。1种，产于我国。

冷兰

冷兰属植物野外识别特征一览表

种名	块茎	叶形	花序	花色	唇瓣	花期	分布与生境
冷兰 *F. humidicola*	葫芦形	卵状椭圆形到卵状披针形，由2个管状鞘包围的叶柄形成假茎	伞房花序，长度短于叶	黄绿色，萼片边缘白色，授粉后花瓣和唇瓣变成深紫色	3裂，侧裂片小，三角形，中裂片舌状线形	8月	产于青海东南部。生于海拔3 600～4 500米的沼泽草甸、莎草丛中

晏启 / 武汉市伊美净科技发展有限公司

46. 合柱兰属 *Diplomeris* D. Don

地生草本。块茎肉质，颈部具几条细长根。叶1～2片。花葶顶生1～2朵花；花大，倒置；花苞片绿色，宽卵形；唇瓣张开，极宽，具长距；蕊柱极短；柱头2个，极为伸长，长圆形，凸出，并行，在唇瓣的基部上面向下和向前凸出，其下半部合生，上部分离生，向下弯曲。

全属4种，分布于尼泊尔、不丹、印度、缅甸和中国。我国2种。

合柱兰

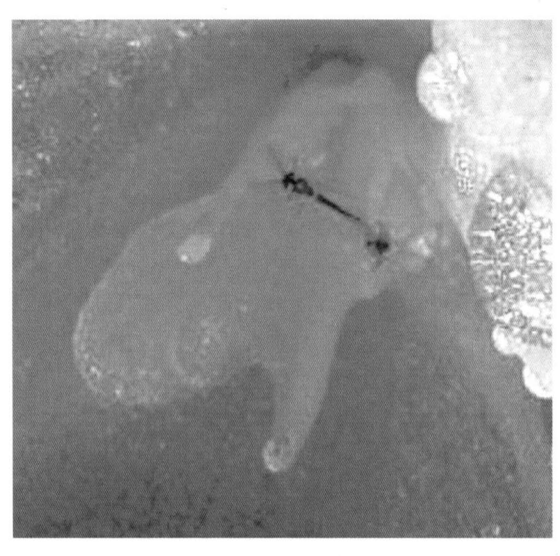

合柱兰

合柱兰

合柱兰属植物野外识别特征一览表

序号	种名	叶片数	叶形	植株毛被情况	花期	分布与生境
1	合柱兰 *D. pulchella*	2片	线形披针形	植株无毛	7—9月	产于四川、贵州、云南、西藏。生于海拔600～2 600米森林、草地区
2	毛叶合柱兰 *D. hirsuta*	1片	长圆形	叶、花序、花梗和子房被短柔毛	7月	产于我国南部。生于草地区

晏启 / 武汉市伊美净科技发展有限公司

47. 兜蕊兰属 *Androcorys* Schlechter

矮小草本。总状花序顶生，几朵至 10 余朵花；花苞片极小，通常为鳞片状；花黄绿色或绿色；萼片离生，边缘全缘或具细锯齿，中萼片直立；花瓣直立，凹陷呈舟状；唇瓣较小，舌状或线形，不裂，反折，基部多少扩大；花药直立，药室 2 个；柱头 2 个，隆起，或多或少具柄，柄贴生于蕊喙的基部；子房扭转，通常具短柄或无柄。蒴果直立。

全属 6 种，分布于克什米尔地区、喜马拉雅山、中国至日本。我国 5 种，1 种产于我国台湾，4 种分布于西南和西北。

剑唇兜蕊兰

剑唇兜蕊兰

小兜蕊兰

兜蕊兰属植物野外识别特征一览表

序号	种名	花序	苞片	花色	萼片	唇瓣	花期	分布与生境	备注
1	兜蕊兰 *A. ophioglossoides*	总状，6～20余朵	鳞片状，先端近截平	黄绿色或绿色	中萼片宽卵形，先端钝或稍尖；侧萼片斜长椭圆形	线状舌形，基部稍扩大	7—8月	产于陕西、甘肃、青海、贵州。生于海拔1 600～3 900米的高山林下或草地、河滩草地上	中萼片较花瓣小而狭；侧萼片向前反折、平行，内侧边缘彼此相靠；花瓣呈斧头状
2	剑唇兜蕊兰 *A. pugioniformis*	总状，3～10余朵	宽卵形，先端锐尖，较子房短很多	绿色	中萼片卵形或卵圆形，先端钝；侧萼片斜卵状椭圆形至镰状长圆形	线状长圆形，基部明显扩大	8—9月	产于青海东部至南部、西藏、云南、四川。生于海拔3 380～5 200米的冷杉林下或高山灌丛及草甸中	花苞片宽卵形；中萼片卵形，先端圆钝；花瓣先端钝而不呈兜状
3	蜀藏兜蕊兰 *A. spiralis*	总状，3～8余朵	线形，先端渐尖，较子房短	绿色	中萼片宽卵形，先端圆钝；侧萼片长圆形	线状舌形，基部扩大	9月	产于四川、云南、西藏。生于海拔2 800～3 500米的林下	花苞片线形；中萼片先端常具凸尖；花瓣先端兜状
4	小兜蕊兰 *A. pusillus*	总状，8～13朵	卵形，先端钝或稍尖，较子房短	绿色	中萼片卵形、圆形或宽舌形；侧萼片张开，狭长圆形	舌形，基部略扩大	/	产于我国台湾。生于海拔2 500～3 500米的林下或高山草地中	花苞片卵形；唇瓣舌状，基部略扩大
5	尖萼兜蕊兰 *A. oxysepalus*	总状，6～7朵	宽卵形，先端急尖，较子房短得多	绿色	中萼片凹陷；侧萼片狭长圆状披针形，先端渐尖且增厚	线状披针形，基部扩大	/	产于云南。生于海拔3 900米的冷杉林下	花苞片宽卵形；中萼片三角状心形；唇瓣线状披针形，基部明显扩大

张根 / 北京中卓睿资环保科技有限公司

48. 孔唇兰属 *Porolabium* T. Tang et F. T. Wang

地生草本。块茎球形或椭圆形。茎直立，具 1 片叶。总状花序顶生，似穗状；花小，密生，常为黄绿色；唇瓣不裂，基部扩大，具 2 个孔，无距；蕊喙与花药均甚大，柱头 1 个，垫状。

1 种，特产于我国青海和山西。

孔唇兰

孔唇兰属植物野外识别特征一览表

种名	块茎	叶片数	唇瓣	柱头	花期	分布与生境	备注
孔唇兰 *P. biporosum*	圆球形	1 片	不裂，基部扩大，具 2 个孔	1 个，垫状	7 月	产于青海和山西。生于海拔 3 000～3 300 米的湖边和高山草地上	根据《中国生物物种名录》（2021），孔唇兰属并入角盘兰属 *Herminium* Linnaeus

晏启 / 武汉市伊美净科技发展有限公司

49. 双袋兰属 *Disperis* Swartz

地生小草本。叶 2 片，卵形或近心形，抱茎。花生于茎端叶腋；花苞片叶状；中萼片常直立，较狭窄，与宽阔的花瓣合生或靠合而呈盔状；侧萼片基部合生，中部向外凹陷呈袋状或距状；蕊喙较大，两侧各具 1 条臂状物。

约 75 种，主要分布于热带非洲和南非，少数种类也见于热带亚洲、澳大利亚和太平洋岛屿。我国 1 种。

双袋兰

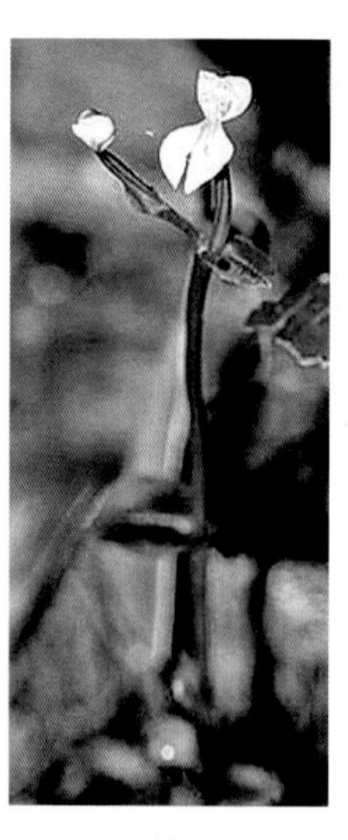

双袋兰

双袋兰属植物野外识别特征一览表

种名	叶	花数量	花色	侧萼片	花瓣	花期	分布与生境	备注
双袋兰 *D. neilgherrensis*	2 片，心形	2～3 朵	粉红色	斜卵形，下部约 1/2 合生，中部向外凹陷呈囊状，两枚侧萼片处于同一平面，几乎呈圆形	与中萼片靠合而呈盔状	5—8 月	产于我国台湾、我国香港。生于海拔 200～900 米草坡上	根据《中国植物志》，本属还有香港双袋兰 *D.nantauensis* S. Y. Hu。经学者研究，香港双袋兰应为本种

晏启 / 武汉市伊美净科技发展有限公司

50. 鸟足兰属 *Satyrium* Swartz

地生草本。块茎常近椭圆形，2 个。总状花序顶生；苞片常叶状；花不扭转；萼片与花瓣离生，花瓣常略小于萼片；唇瓣位于上方，贴生于蕊柱基部，兜状，基部常有 2 个距或囊状距。

约 100 种，主要分布于非洲，特别是南部非洲，仅 3 种见于亚洲。我国 2 种 1 变种。

缘毛鸟足兰　　缘毛鸟足兰　　缘毛鸟足兰

鸟足兰　　鸟足兰　　云南鸟足兰

鸟足兰属植物野外识别特征一览表

序号	种名	苞片长度	花序长度	花色	距	花期	分布与生境
1	鸟足兰 *S. nepalense*	卵状披针形，明显长于花	长8～9厘米，密生20余朵或更多的花	粉红色	纤细，下垂，长可达1厘米，通常与子房等长	9—12月	产于贵州西南部、云南南部和西藏南部。生于海拔1 000～3 200米的草坡上、林间空地或林下
2	缘毛鸟足兰 *S. nepalense* var. *ciliatum*	卵状披针形，明显长于花	长（3～）5～13厘米，密生20余朵或更多的花	粉红色	常长4～6毫米，较少缩短而呈囊状或完全消失	8—10月	产于湖南西北部、四川西部至西南部、贵州西南部、云南西部至西北部和西藏南部至东南部。生于海拔1 800～4 100米的草坡上、疏林下或高山松林下
3	云南鸟足兰 *S. yunnanense*	卵形，等长于或短于花	长2.0～4.5厘米，宽1.5～2.0厘米，具10余朵排列稍疏松的花	黄色	长约6毫米，短于子房	8—11月	产于四川西南部和云南中部至西北部。生于海拔2 000～3 700米的疏林下、草坡上或乱石岗上

晏启 / 武汉市伊美净科技发展有限公司

51. 香荚兰属 *Vanilla* Plumier ex P. Miller

攀缘植物，长可达数米。茎稍肥厚或肉质，每节生1片叶和1条气生根。叶大，肉质，具短柄，有时退化为鳞片状。总状花序生于叶腋，具数花至多花；花通常较大，扭转；唇瓣常呈喇叭状，有时3裂。果实为荚果状，肉质，不开裂或开裂。种子具厚的外种皮，常呈黑色，无翅。

全属约70种，分布于全球热带地区。我国5种，除云南南部和我国台湾已知的2种外，自福建南部、广东、海南、广西、贵州至云南均采到该属标本。

大香荚兰

大香荚兰

台湾香荚兰

台湾香荚兰

台湾香荚兰

大香荚兰

深圳香荚兰

南方香荚兰

南方香荚兰

南方香荚兰

香荚兰属植物野外识别特征一览表

序号	种名	花序	苞片	花色	萼片	唇瓣	花期	分布与生境	备注
1	大香荚兰 *V. siamensis*	长 7～14 厘米，具多花	肉质，凹陷，宽卵形	淡黄绿色	淡黄绿色，长圆形或狭卵形，先端圆形并稍内卷	乳白色而具黄色的喉部，菱状倒卵形；下部与蕊柱边缘合生，呈喇叭形，上部 3 裂；中裂片三角形，先端外弯，边缘波状，上表面除基部外较密地生有流苏状长毛	8 月	产于云南南部（景洪）。生于海拔约 1 3000 米林中	/
2	台湾香荚兰 *V. somai*	很短，通常具 2 朵花	近三角形	淡黄绿色或白绿色	椭圆状倒披针形或倒披针形	内为淡粉红色和黄色，唇盘中央深绿色并有黄白色附属物，两侧有肉红色脉纹；前部扩大，略 3 裂，边缘波状；侧裂片较大，内弯，使唇瓣呈喇叭状；中裂片近三角形或圆形，上面有 2 列小柱状乳突	4—8 月	产于我国台湾（台北、花莲、苗栗、高雄）。生于海拔 1 200 米以下林下或溪边林下	《深圳香荚兰，首次发现于华南深圳的兰科新种》（刘仲健等，2007）
3	深圳香荚兰 *V. shenzhenica*	具 4 朵花，花较大，不完全开放	大，皮质	黄绿色	近长圆状披针形，有凹陷	不裂，紫红色，基部与蕊柱合生长度达 3/4，布状附属物位于唇盘的上部	2—3 月	产于广东（深圳、龙岗、梅沙尖）。生于海拔 300～400 米山谷、溪流的树干或岩石上	
4	宝岛香荚兰 *V. taiwaniana*	顶生，15～30 厘米，多花	红色或褐色，卵形	红色或褐色	倒披针形，基部收缩，先端钝	狭椭圆形或椭圆形，正面在中心具长柔毛，3 浅裂，边缘锯齿不清楚	未知	产于我国台湾中部。生于海拔 800～1 600 米灌丛中	/
5	南方香荚兰 *V. annamica*	10～20 厘米	宽椭圆形或椭圆形，凹陷，加厚，在先端钝	白色，略带绿色	披针形	基部与蕊柱合生长度达 3/4；侧裂片宽，边缘锐裂；中部裂片具紧密的流苏状毛近顶；花盘具鳞片状附属物	4—5 月	产于贵州西南部、云南东南部、福建、我国香港。生于海拔 1 200～1 300 米悬崖、森林中	/

胡蝶 / 长江大学

52. 肉果兰属 *Cyrtosia* Blume

腐生草本。根状茎较粗厚。茎直立，常数个发自同一根状茎上，黄褐色至红褐色，无绿叶。总状花序或圆锥花序顶生或侧生；唇瓣直立，不裂，无距。果实肉质，不开裂。

全属 6 种，分布于东南亚和东亚，西至斯里兰卡和印度。我国 4 种。

血红肉果兰　血红肉果兰　肉果兰

血红肉果兰　血红肉果兰　肉果兰

肉果兰属植物野外识别特征一览表

序号	种名	植株高度	茎秆、果实颜色	块根	侧生总状花序	花序	花色	唇瓣	花期	分布与生境	备注
1	二色肉果兰 *C. integra*	40～60厘米	浅棕黄色	无	短或不存在	顶生和侧生	绿褐、绿棕色，唇瓣黄色	顶端边缘内卷	6—7月	产于云南。生于海拔1 400～1 450米河流附近富含腐殖质土的雨林中	本属与山珊瑚属较相似，主要区别为本属植物果实肉质，不开裂
2	肉果兰 *C. javanica*	6～8厘米	淡黄褐色	圆筒状或棒状	短或不存在	顶生	淡黄褐色，唇瓣顶端白色	顶端边缘内卷	5—6月	产于我国台湾中部。生于竹林下	
3	矮小肉果兰 *C. nana*	10～22厘米	黄白色	圆筒状	短或不存在	顶生和侧生	浅黄色，唇瓣上有橙红色纵条纹	边缘略波状，唇盘中央有一肥厚纵脊，上部近顶端有白色绒毛	4—6月	产于广西南部、贵州西南部。生于海拔550～1 340米林下或沟谷旁阴处	
4	血红肉果兰 *C. septentrionalis*	30～170厘米	血红色	无	长3～7（～10）厘米	顶生和侧生	黄色，多少带红褐色	边缘有不规则齿缺或呈啮蚀状，内面沿脉上有毛状乳突或偶见鸡冠状褶片	5—7月	产于安徽西南部、河南西部、浙江和湖南。生于海拔1 000～1 300米林下	

晏启 / 武汉市伊美净科技发展有限公司

53. 山珊瑚属 *Galeola* Loureiro

腐生草本或半灌木状。茎常较粗壮，直立或攀缘，稍肉质，黄褐色或红褐色，无绿叶，节上具鳞片。总状花序或圆锥花序顶生或侧生，具多数稍肉质的花；花苞片宿存，花中等大，通常黄色或带红褐色；萼片离生，背面常被毛；花瓣无毛，略小于萼片；唇瓣不裂，通常凹陷呈杯状或囊状，明显大于萼片，基部无距，内有纵脊或胼胝体；蕊柱一般较为粗短，上端扩大，向前弓曲。果实为荚果状蒴果，干燥，开裂，种子具厚的外种皮，周围有宽翅。

全属约 10 种，主要分布于亚洲热带地区，中国南部和日本至新几内亚岛，以及非洲马达加斯加岛均可见到。我国 5 种。

山珊瑚　山珊瑚　毛萼山珊瑚

山珊瑚　毛萼山珊瑚　反瓣山珊瑚　蔓生山珊瑚　毛萼山珊瑚

山珊瑚属植物野外识别特征一览表

序号	种名	植株	花苞片	唇瓣	花期	分布与生境
1	蔓生山珊瑚 *G. nudifolia*	攀缘/蔓生藤本，茎长1～3米	卵形，背面被毛	近圆形，凹陷，不裂	4—6月	产于海南。生于海拔400～500米林中或溪谷旁山坡上
2	山珊瑚 *G. faberi*	高大直立植物，高1～2米，半灌木状	披针形或卵状披针形，背面无毛	倒卵形，略凹陷，不裂，散生褶片状附属物	5—7月	产于四川、贵州、云南。生于海拔1 800～2 300米疏林下或竹林下多腐殖质和湿润处
3	毛萼山珊瑚 *G. lindleyana*	高大直立植物，高1～3米，半灌木状	卵形，背面密被锈色短绒毛	凹陷呈杯状，近半球形，不裂	5—8月	产于陕西、安徽、河南、湖南、广东、广西、四川、贵州、云南和西藏。生于海拔740～2 200米疏林下，稀疏灌丛中，沟谷边腐殖质丰富、湿润、多石处
4	直立山珊瑚 *G. falconeri*	直立植物，高1米以上，半灌木状	狭椭圆形，背面密被锈色短绒毛	凹陷，宽卵形或近圆形，不裂，近基部处变狭并缢缩而形成小囊	6—7月	产于安徽、我国台湾和湖南。生于海拔800～2 300米林中透光处、竹林下、阳光强烈的伐木迹地
5	反瓣山珊瑚 *G. cathcartii*	攀缘植物	花瓣明显较萼片窄，反卷	匙形或勺形，凹陷，先端近圆形，边缘不规则齿裂呈流苏状	5—7月	产于云南。生于海拔1 000～1 200米山地常绿阔叶林中、溪谷旁山坡上

郑炜／四川水利职业技术学院

54. 倒吊兰属 *Erythrorchis* Blume

腐生草本。茎攀缘，圆柱形，多分枝，无毛，红褐色或淡黄褐色，无绿叶，节上具鳞片。花质地较薄，不完全开放；萼片与花瓣常靠合；唇瓣近不裂，宽阔，中央有1条肥厚的纵脊，纵脊两侧有许多横向伸展的、由小乳突组成的条纹；蕊柱中等长，稍向前弓曲，基部具向下斜出的短蕊柱足，与唇瓣的纵脊相连接。

全属共3种，主要分布于东南亚，自越南、柬埔寨、泰国、缅甸、马来西亚、印度尼西亚至菲律宾，向北可达日本琉球群岛，向西可达印度东北部。我国1种。

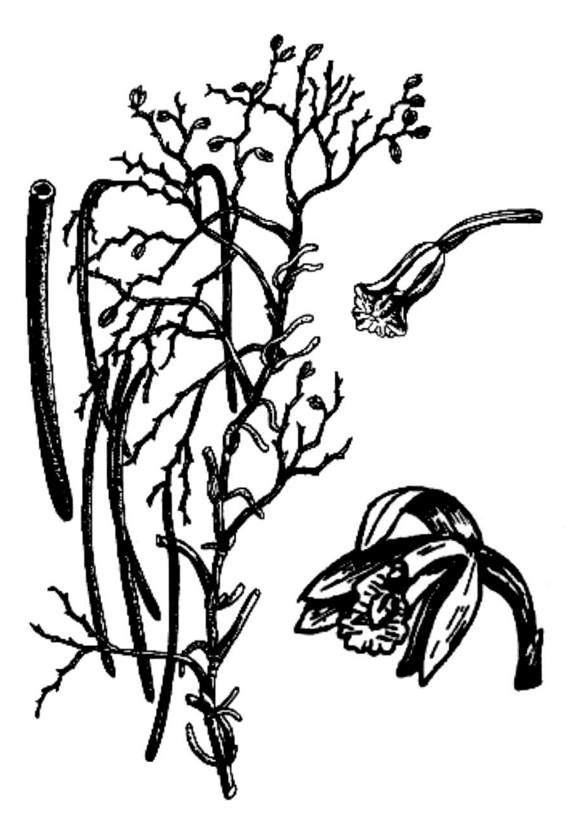

倒吊兰属植物野外识别特征一览表

种名	习性	花序	花	唇瓣	蕊柱	果期	分布与生境
倒吊兰 *E. altissima*	腐生草本，蔓生藤本	大型，多分枝，顶生或侧生，具多数花	白黄色或淡黄色，略具褐斑，不甚张开	顶端略3裂，中央具1条纵脊从基部延伸至中部，纵脊末端略呈叉状，纵脊上方有1个具毛的肉质胼胝体，沿纵脊两侧有许多具乳突的横条纹，与纵脊垂直	稍向前弓曲，与唇瓣的纵脊相连接	8月	产于海南南部和我国台湾。生于海拔500米以下竹林或阔叶林下，攀缘于树木或石上

刘胜祥 / 华中师范大学

55. 盂兰属 *Lecanorchis* Blume

腐生草本。茎纤细，近直立，分枝或不分枝，疏生鳞片状鞘，无绿叶。总状花序顶生，通常具数朵至 10 余朵花；花苞片小，膜质；花小或中等大，通常扭转；在子房顶端和花序基部之间具 1 个杯状物（副萼），杯状物上方靠近花被基部处有离层；萼片与花瓣离生，相似；唇瓣基部有爪，通常爪的边缘与蕊柱合生成管，罕有不合生，上部 3 裂或不裂；唇盘上常被毛或具乳头状突起，无距；蕊柱较细长；花粉团 2 个。

全属约 10 种，分布于东南亚至太平洋岛屿，向北到达中国南部和日本。我国 7 种，本手册收录 4 种。

全唇盂兰

全唇盂兰

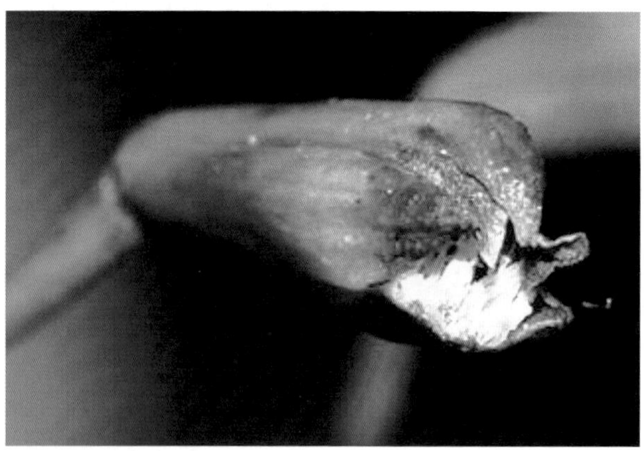

灰绿盂兰

灰绿盂兰

多花盂兰

多花盂兰

灰绿盂兰

盂兰属植物野外识别特征一览表

序号	种名	花序与花	萼片	唇瓣	花期	分布与生境
1	全唇盂兰 *L. nigricans*	总状花序具数朵花；花淡紫色	长 1.0～1.6 毫米	不与蕊柱合生，不分裂，上面多少具毛	不定，主见于夏秋	产于福建中部至南部和我国台湾北部。生于林下阴湿处，海拔不详
2	多花盂兰 *L. multiflora*	总状花序具 13～21 朵花	长 9～10 毫米	下半部与蕊柱合生成管，离生部分明显 3 裂，中裂片上具毛	7 月	产于云南南部。生于海拔 600～700 米石灰山林下
3	盂兰 *L. japonica*	总状花序具 3～7 朵花	长 11～14 毫米	下半部与蕊柱合生成管，离生部分 3 裂，中裂片疏被长柔毛	5—7 月	产于福建北部、湖南西南部。生于海拔 850～1 000 米林下
4	灰绿盂兰 *L. thalassica*	总状花序具 4～10 朵花；花灰绿色，具黄边，通常不张开	长 18～25 毫米	下半部与蕊柱合生成管，离生部分 3 裂，中裂片上面密生黄色长柔毛	5 月	产于我国台湾。生于海拔约 1 400 米灌木林下

郑炜 / 四川水利职业技术学院

53. 朱兰属 *Pogonia* Jussieu

地生草本。叶 1 片。花常单朵顶生；苞片叶状，宿存；唇瓣 3 裂或近于不裂，基部无距，前部或中裂片上常有流苏状或髯毛状附属物；蕊柱细长，上端稍扩大，无蕊柱足；柱头 1 个。

全属 4 种，分布于东亚与北美。我国 3 种。

朱兰

朱兰

朱兰

云南朱兰

朱兰属植物野外识别特征一览表

序号	种名	叶形	苞片	花色	唇瓣中裂片	花期	分布与生境
1	朱兰 *P. japonica*	近长圆形或长圆状披针形	叶状，狭长圆形、线状披针形或披针形	紫红色或淡紫红色	舌状或倒卵形，边缘具流苏状齿缺，唇盘有2～3条纵褶片	8—9月	产于黑龙江、吉林、内蒙古、山东、安徽、浙江、江西、湖南、湖北、四川、贵州、云南、福建、广西。生于海拔400～2 000米山顶草丛中、山谷旁林下、灌丛下湿地或其他湿润之地
2	小朱兰 *P. minor*	倒披针状狭长圆形	狭披针形	白色	长圆形，边缘有不规则齿缺或多少流苏状；唇盘有3条纵脊	5—6月	产于我国台湾。生于海拔2 300～3 000米高山草地上
3	云南朱兰 *P. yunnanensis*	近椭圆形	叶状，狭椭圆形、狭卵形或狭卵状披针形	紫色或粉红色	近线形，边缘具不规则齿缺，上面布满鸡冠状突起	6—7月	产于四川、云南、西藏。生于海拔2 300～3 300米高山草地上或冷杉林下

晏启 / 武汉市伊美净科技发展有限公司

57. 头蕊兰属 *Cephalanthera* Richard

地生或腐生草本。茎直立，不分枝，中部以上具数片叶，下部有鞘。叶互生，折扇状，基部近无柄并抱茎，腐生种类则退化为鞘。总状花序；花苞片通常较小，有时最下面 1 ～ 2 片近叶状，极罕全部叶状；花常不完全开放；萼片离生，相似；花瓣常略短于萼片；唇瓣常近直立，3 裂，基部凹陷呈囊状或有短距，侧裂片较小，常多少围抱蕊柱，中裂片较大，上面有 3 ～ 5 条褶片；蕊柱直立；不具花粉团柄，亦无黏盘。

全属约 18 种。我国 7 种，1 变种。

金兰

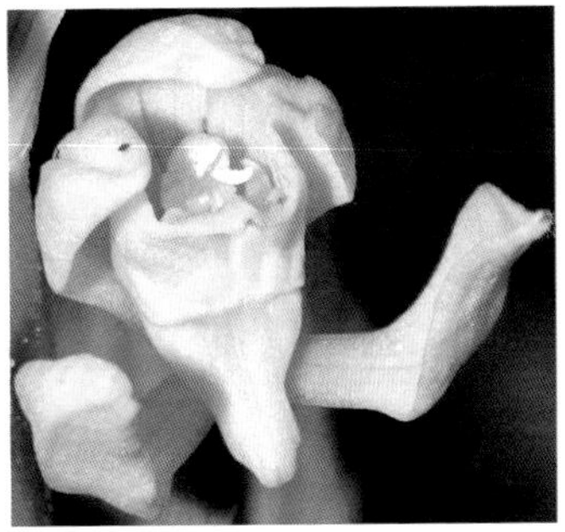

金兰

金兰

金兰

银兰

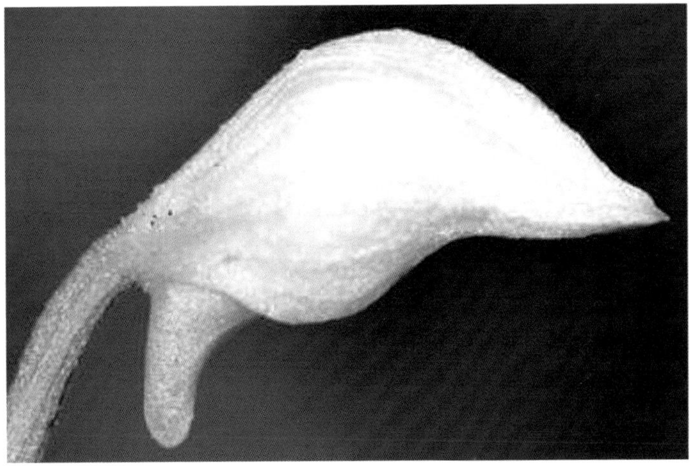

银兰

银兰

头蕊兰

长苞头蕊兰

头蕊兰

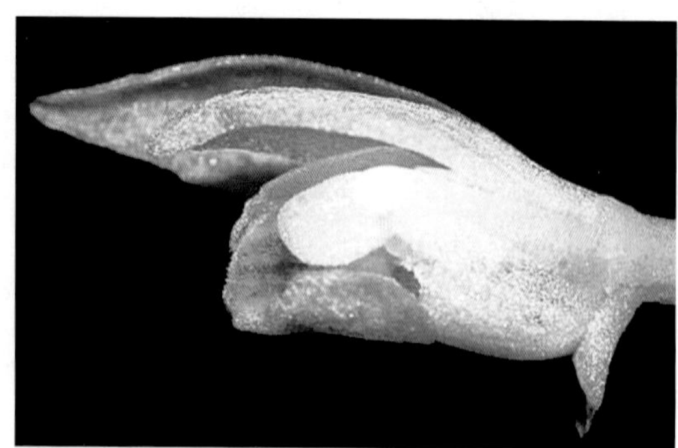

头蕊兰

大花头蕊兰

头蕊兰属植物野外识别特征一览表

序号	种名	叶	花				花期	分布与生境
			花苞片	花形与花色	距	唇瓣		
1	硕距头蕊兰 *C. calcarata*	无绿叶	通常叶状，自下向上渐小，干膜质	白色，近直立，稍微开放或不开放	圆锥形，长2～3毫米，全部伸出侧萼片基部之外	近直立，长8～9毫米，3裂，几乎包藏于侧萼片之内，仅基部的距伸出	5月	产于云南西北部，生境不详
2	大花头蕊兰 *C. damasonium*	4～5（～7）片，长3～5.5厘米	叶状，长30毫米以上，长于花梗和子房	白色，较大，稍张开	/	长8～9毫米，3裂，基部有短囊，与花瓣不相似	6月	产于云南西北部至北部（丽江、禄劝）。生于海拔2 100米的疏林中
3	银兰 *C. erecta*	2～4（5）片，长2～8厘米，背面平滑	小，狭三角形至披针形，但最下面1片常为叶状，短于花梗和子房	白色	圆锥形，末端锐尖，明显伸出侧萼片基部之外	长5～6毫米，3裂，基部有距，与花瓣不相似	4—6月	产于陕西南部、甘肃南部、广东北部、广西北部、安徽、浙江、江西、我国台湾、湖北、四川和贵州。生于海拔850～2 300米的林下、灌丛中或沟边土层厚且有一定阳光处
4	南岭头蕊兰 *C. nanlingensis*	3～5片	非叶状，短于花梗和子房	白色，近直立，不张开或微张开	基部无距或囊	不分裂，与花瓣相似	4—5月	产于广东南岭。生于海拔1 500米的林下
5	金兰 *C. falcata*	4～7片	很小，最下面的1片非叶状，短于花梗和子房	黄色	圆锥形，长约3毫米，明显伸出侧萼片基部之外，先端钝	长8～9毫米，3裂，基部有距	4—5月	产于广东北部、广西北部、江苏、安徽、浙江、江西、湖北、湖南、四川和贵州。生于海拔700～1 600米的林下、灌丛中、草地上或沟谷旁

（续）

序号	种名	叶	花				花期	分布与生境
			花苞片	花形与花色	距	唇瓣		
6	纤细头蕊兰 *C. gracilis*	无绿叶	非叶状，线形披针形，先端渐尖，短于花梗和子房	直立，萼片、花瓣披针形	/	近直立，基部有距，2裂，下裂片围抱蕊柱	5月	产于云南西北部
7	长苞头蕊兰 *C. longibracteata*	6～8片，背面脉上稍粗糙	非叶状，短于花梗和子房	白色，直立，不完全开放	短圆锥形，末端钝；明显伸出侧萼片基部之外	短于花瓣，3裂，基部有钝距，与花瓣不相似	5—6月	产于吉林南部和辽宁。生于林下或林缘
8	头蕊兰 *C. longifolia*	4～7片	线状披针形至狭三角形，长2～6毫米；下面1～2片叶状，长可达5～13厘米；短于花梗和子房	白色，稍开放或不开放	无明显的距	3裂，基部具囊	5—6月	产于山西南部、陕西南部、甘肃南部、河南西部、湖北西部、四川西部、云南西北部和西藏南部至东南部。生于海拔1 000～3 300米的林下、灌丛中、沟边或草丛中

李晓艳 / 武汉市伊美净科技发展有限公司

杨梅 / 武汉城市职业学院

58. 金佛山兰属 *Tangtsinia* S. C. Chen

地生草本，具较短的根状茎和成簇的根。茎直立，中上部散生数片叶。叶折扇状，近无柄。总状花序；花近辐射对称，直立；花被由 3 片相似的萼片和 3 片相似的花瓣组成，无特化的唇瓣；退化雄蕊 5 枚；柱头顶生。

我国特产单种属，产于四川和贵州。

金佛山兰

金佛山兰

金佛山兰

金佛山兰属植物野外识别特征一览表

种名	花色	花部对称情况	萼片	花瓣、唇瓣	退化雄蕊	花期	分布与生境	备注
金佛山兰 *T. nanchuanica*	黄色	近辐射对称	相似，狭椭圆形或近椭圆形	相似，均为倒卵状椭圆形	5 枚，较大的 3 枚近舌状，其余 2 枚较小而不甚明显	4—6 月	产于重庆市南川区和贵州北部桐梓县。生于海拔 700 ～ 2 100 米的林下透光处、灌丛边缘和草坡上	根据《中国生物物种名录》（2021），金佛山兰属并入头蕊兰属

晏启 / 武汉市伊美净科技发展有限公司

59. 无叶兰属 *Aphyllorchis* Blume

腐生草本，无绿叶，地下具缩短的根状茎和肉质的、伸展的根。茎浅褐色。总状花序顶生；唇瓣常可分为上下唇；退化雄蕊 2 枚，生于蕊柱顶端两侧，白色并具银白色斑点。

全属约 20 种，分布于亚洲热带地区至澳大利亚，向北可到喜马拉雅地区、中国亚热带南缘以及日本。我国 6 种，产于南部和西南部。

尾萼无叶兰

单唇无叶兰

尾萼无叶兰

尾萼无叶兰

无叶兰

无叶兰

大花无叶兰

无叶兰

无叶兰属植物野外识别特征一览表

序号	种名	花序	苞片	花色与着生方式	萼片	唇瓣	花期	分布与生境
1	单唇无叶兰 *A. simplex*	总状，疏生10～13朵花	反折，线状披针形	白色，近直立	先端近急尖	无特化的唇瓣	8月	产于广东东部
2	无叶兰 *A. montana*	总状，疏生数朵至10余朵花	反折，明显短于花梗和子房	黄色或黄褐色，近平展，后期常下垂	中萼片先端钝	在下部接近基部处缢缩而形成上下唇	7—9月	产于我国台湾北部、海南南部、广西东部至西部和云南南部。生于海拔700～1 500米的林下或疏林下
3	尾萼无叶兰 *A.caudata*	总状，顶生，疏生多数花	反折，短于花梗和子房	花直径约4厘米	中萼片先端长尾状	中部以下缢缩为上下唇	7—8月	产于云南南部。生于海拔1 200米的林下
4	高山无叶兰 *A. alpina*	总状，疏生10～20朵花	反折，明显超过花梗和子房	黄绿色，近平展	先端长渐尖或近尾状	接近中部上方缢缩而形成上下唇	7月	产于西藏东南部。生于海拔2 100～2 600米的河边林下
5	大花无叶兰 *A. gollanii*	总状，较粗壮，具10余朵花	近直立，明显长于花梗和子房	花淡紫褐色，近直立	先端渐尖	在下部或接近基部处稍缢缩而形成不甚明显的上下唇	6—7月	产于西藏东南部。生于海拔2 200～2 400米的常绿阔叶林下
6	小花无叶兰 *A. pallida* 由于资料缺乏，暂不进行描述							

刘胜祥 / 华中师范大学

60. 火烧兰属 *Epipactis* Zinn

地生植物，通常具根状茎。茎直立，近基部具 2～3 枚鳞片状鞘，其上具 3～7 片叶。叶互生；叶片从下向上由具抱茎叶鞘逐渐过渡为无叶鞘，上部叶片逐渐变小而成花苞片。总状花序顶生，花斜展或下垂，多少偏向一侧；花被片离生或稍靠合；花瓣与萼片相似，但较萼片短；唇瓣着生于蕊柱基部，通常分为 2 部分，下唇舟状或杯状，较少囊状，具或不具附属物，上唇平展，加厚或不加厚，形状各异，上下唇之间缢缩或由 1 个窄的关节相连；蕊柱短；蕊喙常较大，光滑，有时无蕊喙。

全属约 20 种，主要产于欧洲和亚洲的温带及高山地区，北美也有。我国 11 种。

新疆火烧兰

火烧兰

大叶火烧兰

大叶火烧兰

大叶火烧兰

火烧兰

北火烧兰

新疆火烧兰

火烧兰

北火烧兰

卵叶火烧兰

火烧兰属植物野外识别特征一览表

序号	种名	茎	叶	花序	花色与着生方式	萼片	唇瓣	花期	分布与生境
1	短苞火烧兰 *E. alata* 资料不详								
2	火烧兰 *E. helleborine*	根状茎粗短，茎上部被短柔毛，下部无毛	向上逐渐变窄成披针形或线状披针形	总状花序通常具3～40朵花	绿色或淡紫色，下垂，较小	中萼片卵状披针形，较少椭圆形，舟状，先端渐尖；侧萼片斜卵状披针形，先端渐尖	中部明显缢缩，下唇兜状，上唇近三角形或近扁圆形，先端锐尖，在近基部两侧各有一个长约1毫米的半圆形褶片，近先端脉有时稍呈龙骨状，上下唇近等长	7月	产于辽宁、河北、山西、陕西、甘肃、青海、新疆、安徽、湖北、四川、贵州、云南、西藏、黑龙江、吉林、内蒙古、河南、宁夏、湖南、广西。生于海拔250～3 600米的山坡林下、草丛或沟边
3	青海火烧兰 *E. helleborine* var. *tangutica* 资料不详								
4	短茎火烧兰 *E. humilior* 变种具较长的横走根状茎；叶片卵状披针形或披针形，较小，长4～9厘米，宽2～3厘米，先端渐尖。产于四川西部、西藏东部、云南。生于海拔2 200～2 700米的山坡林下或草甸沼泽旁草丛中								
5	大叶火烧兰 *E. mairei*	根状茎粗短	较大，卵圆形、卵形至椭圆形，5～8片，互生，中部叶较大	总状花序具10～20朵花，有时花更多	黄绿色带紫色、紫褐色或黄褐色，下垂	中萼片椭圆形或倒卵状椭圆形，舟状，先端渐尖；侧萼片斜卵状披针形或斜卵形	中部稍缢缩而成上下唇，下唇两侧裂片近斜三角形，近直立，顶端钝圆，中央具2～3个鸡冠状褶片	6—7月	产于四川西部、云南西北部、陕西、甘肃、湖北、湖南、西藏、贵州、河南。生于海拔1 200～3 200米的山坡灌丛中、草丛中、河滩阶地或冲积扇等地

（续）

序号	种名	茎	叶	花序	花色与着生方式	萼片	唇瓣	花期	分布与生境
6	新疆火烧兰 *E. palustris*	根状茎长，匍匐状，具多条细根，根稍呈“之”字弯曲，无毛，茎直立	第1片叶卵形或卵状椭圆形，其余叶片较窄长，卵状披针形至长披针形	总状花序具6至数十朵花	/	中萼片椭圆状披针形，稍呈舟状，先端急尖；侧萼片稍歪斜，卵状披针形	长约10毫米，明显分为上、中、下三部分，下唇中央具不规则瘤状突起	7月	产于新疆北部和阿尔泰山脉
7	细毛火烧兰 *E. papillosa*	根状茎短，茎明显具柔毛和棕色乳头状突起	上面及边缘具白色的毛状乳突	总状花序具多花，花平展或下垂	青绿色	窄卵圆形，先端急尖	淡绿色，与花瓣等长，近中部明显缢缩，下唇圆形，呈兜状，上唇窄心形或三角形，先端急尖	8月	产于辽宁南部（凤城凤凰山）。生于林下
8	卵叶火烧兰 *E. royleana*	根状茎伸长，茎基部无毛，上面具柔毛或后脱落	6～9片，卵状披针形至披针形，最低1片叶片偶尔椭圆形或卵形	总状花序被棕色短柔毛，5～8朵花	花瓣淡绿色	卵形到椭圆状卵形	紫色，下唇舟状，上唇狭卵状椭圆形，具1对近圆形的胼胝体	7—8月	产于西藏。生于海拔2 900～3 000米溪边潮湿的土壤、草原上
9	尖叶火烧兰 *E. thunbergii*	/	/	总状花序具3～10朵花	/	中萼片、侧萼片卵状椭圆形，先端急尖	上唇为匙形，上下两部分的连接关节短，不明显，上唇近顶端具2～3个硬疣状附属物，近基部具2个稍大的附属物	6—7月	产于浙江、江西

（续）

序号	种名	茎	叶	花序	花色与着生方式	萼片	唇瓣	花期	分布与生境
10	疏花火烧兰 *E. veratrifolia*	根状茎不明显，具长根，根被密或疏的黄棕色柔毛，茎直立，无毛	/	总状花序具（3～）4～6朵偏向一侧的花	/	背面均疏被灰白色绒毛，中脉明显，中萼片椭圆形，侧萼片斜卵状披针形	下唇非兜状、无褶片，两侧裂片稍内卷，下唇远较上唇宽大	5月	产于云南西北部（丽江、中甸、德钦）、四川西部（新龙、道孚）、西藏。生于海拔2 700～3 400米的林中或林缘
11	北火烧兰 *E. xanthophaea*	根状茎粗长，根聚生，细长，有时散生在老的根状茎上	/	总状花序具5～10朵花	花较大，黄色或黄褐色，较少淡红色	中萼片椭圆形，侧萼片斜卵状披针形，先端渐尖	上唇为卵圆形，上下唇之间以短而狭的关节相连接，上唇近顶端无硬瘤状附属物	7月	产于黑龙江、吉林、辽宁、河北、山东、新疆。生于海拔约300米的山坡草甸上或林下潮湿地上

焦致娴 / 海南省生态环境厅

61. 双蕊兰属 *Diplandrorchis* S. C. Chen

腐生小草本，具粗短根状茎和成簇的肉质纤维根。总状花序顶生；花梗较长，与子房有明显分界线；花直立，近辐射对称，几不扭转；花被由3片相似的萼片和3片相似的花瓣组成，无特化的唇瓣；蕊柱直立，圆柱形，腹背压扁；雄蕊2枚，位于近蕊柱顶端的前后两侧，分别与中萼片和中央花瓣（唇瓣）对生。

单种属，产于我国辽宁。

双蕊兰

双蕊兰

双蕊兰属植物野外识别特征一览表

种名	根	花序	花色	花被	雄蕊	花期	分布与生境
双蕊兰 *D. sinica*	具成簇的肉质纤维根	总状花序	淡绿色或绿白色	由3片相似的萼片和3片相似的花瓣组成，无特化的唇瓣	2枚，位于近蕊柱顶端的前后两侧	8月	产于辽宁东部。生于海拔700～800米的柞木林下腐殖质厚的土壤上或荫蔽山坡上

晏启 / 武汉市伊美净科技发展有限公司

62. 无喙兰属 *Holopogon* Komarov et Nevski

腐生小草本。植株被乳突状疏柔毛。总状花序顶生；花瓣相似或1片特化为先端2裂的唇瓣；蕊柱较长，背侧多少有龙骨状脊；脊向上延伸而成花丝；能育雄蕊1枚；柱头顶生；无蕊喙。

共6种，产于东亚至印度西北部。我国3种。

无喙兰

北京无喙兰

无喙兰属植物野外识别特征一览表

序号	种名	花部形态	花色	萼片形态	花瓣形态	花期	分布与生境
1	无喙兰 *H. gaudissartii*	近辐射对称，无特化唇瓣	紫红色	狭长圆形	狭长圆形	9月	产于山西中南部、河南西部、辽宁。生于海拔1 300～1 900米的林下
2	叉唇无喙兰 *H. smithianus*	两侧对称，唇瓣先端2裂	绿色	狭卵状椭圆形	线形	7—9月	产于陕西南部和四川西南部。生于海拔1 500～3 300米的灌丛中或林下
3	北京无喙兰 *H. pekinensis*	辐射对称，唇瓣不裂	绿色	窄条形	窄条形	8月	产于北京延庆区。生于海拔1 000米山区沟内杂木林下

晏启 / 武汉市伊美净科技发展有限公司

63. 鸟巢兰属 *Neottia* Guettard

地生或腐生小草本。无叶或具 2 片对生的叶。总状花序顶生；萼片、花瓣离生；唇瓣与花瓣相似或先端 2 深裂；蕊柱直立；能育雄蕊 1 枚；花粉团 2 个；蕊喙大，舌状或卵形。

约 70 种，主要分布于亚洲、欧洲及北美洲，少数物种延伸到亚洲热带地区，我国 35 种。

尖唇鸟巢兰

尖唇鸟巢兰

高山鸟巢兰

高山鸟巢兰

高山鸟巢兰

北方鸟巢兰

北方鸟巢兰

北方鸟巢兰

大花鸟巢兰

凹唇鸟巢兰

凹唇鸟巢兰

太白山鸟巢兰

太白山鸟巢兰

太白山鸟巢兰

高山对叶兰

高山对叶兰

二花对叶兰

二花对叶兰

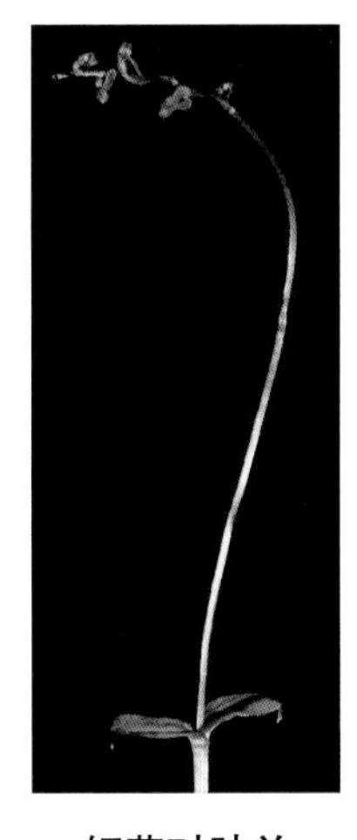
短茎对叶兰

短茎对叶兰

巨唇对叶兰

长唇对叶兰

长唇对叶兰

小叶对叶兰

小叶对叶兰

浅裂对叶兰

短柱对叶兰

短柱对叶兰

南川对叶兰

南川对叶兰

西藏对叶兰

对叶兰

对叶兰

西藏对叶兰

花叶对叶兰

花叶对叶兰

鸟巢兰属植物野外识别特征一览表

序号	种名	叶	苞片	花量	花色	唇瓣	裂片	花期	分布与生境
1	尖唇鸟巢兰 *N. acuminata*	无绿叶	长圆状卵形	20余朵	黄褐色	卵形、卵状披针形或披针形，先端渐尖或钝	/	6—8月	产于吉林南部、内蒙古、河北、山西、陕西、甘肃、青海、湖北、四川、云南和西藏。生于海拔1 500～4 100米的林下或荫蔽草坡上
2	短唇鸟巢兰 *N. brevilabris*	无绿叶	线状披针形	10余朵	黄褐色	长圆状倒卵形，基部凹陷呈浅杯状，先端2裂，两裂片之间的凹缺具短尖	向两侧展开，斜半圆形或斜宽卵形	6月	产于重庆。生于海拔1 800米区域
3	北方鸟巢兰 *N. camtschatea*	无绿叶	狭卵状长圆形	12～25朵	淡绿色至绿白色	楔形，基部极狭，先端2深裂	狭披针形或披针形，稍叉开	7—8月	产于内蒙古、河北、陕西、甘肃、青海、新疆。生于海拔2 000～2 400米的林下或林缘腐殖质丰富、湿润处
4	高山鸟巢兰 *N. listeroides*	无绿叶	长圆状披针形	10～20朵或更多	淡绿色	狭倒卵状长圆形，先端2深裂	近卵形或卵状披针形，彼此近平行	7—8月	产于山西、甘肃、四川、云南、西藏。生于海拔2 500～3 900米的林下或荫蔽草坡上
5	大花鸟巢兰 *N. megalochila*	无绿叶	长圆状倒卵形	30余朵	黄绿色或淡绿色	倒卵形，先端2深裂	宽长圆形至近方形，边缘有细缘毛	7—8月	产于四川、云南。生于海拔3 000～3 800米的松林下或荫蔽草坡上

（续）

序号	种名	叶	苞片	花量	花色	唇瓣	裂片	花期	分布与生境
6	凹唇鸟巢兰 *N. papilligera*	无绿叶	钻形	上部密生多朵花，下部疏生2～3朵	肉色	近倒卵形，基部明显凹陷，先端2深裂	近长圆形，向两侧伸展，彼此交成钝角或几乎成为180度的直线	7—8月	产于黑龙江、吉林。生于林下
7	太白山鸟巢兰 *N. taibaishanensis*	无绿叶	长圆形	20～40朵，常3或4朵簇生	灰黑色，唇瓣边缘灰白色	倒卵形到近圆形，先端短尖	/	/	产于陕西。生于海拔2 900米冷杉、白桦混交林下
8	耳唇鸟巢兰 *N. tenii*	无绿叶	披针形	20余朵	黄绿色	近狭长圆形，基部两侧各具1个向后侧方伸出的耳，先端2深裂	斜披针形，先端略向内弯	/	产于云南
9	高山对叶兰 *N. bambusetorum*	2片叶对生于中部以上	卵形或宽卵形	8～20朵	绿色	近楔形，基部渐狭，先端深2裂	两裂片狭窄线形，极叉开，中间具1枚钝三角形齿	7月	产于云南、西藏。生于海拔3 200～3 400米竹林下
10	二花对叶兰 *N. biflora*	上部2片叶近对生，异形，大的宽卵形，小的狭卵形	卵状披针形	1～2朵	绿色	楔形，先端弯缺，弯缺中央具细尖头，基部具槽状蜜腺	/	7月	产于四川。生于海拔3 000～3 900米的山坡林下
11	短茎对叶兰 *N. brevicaulis*	2片叶对生，近匍匐于地面，心形到近圆形	菱形	3～8朵	绿色	楔形，基部有1对三角形耳廓，先端深2裂	强烈下弯并在唇下相遇	8月	产于云南。生于海拔3 300米竹林、草地上

（续）

序号	种名	叶	苞片	花量	花色	唇瓣	裂片	花期	分布与生境
12	巨唇对叶兰 *N. chenii*	2片叶对生于中部及以上，宽卵形或卵状心形	卵状披针形	3～6朵	黄绿色	倒卵状长圆形，基部稍收狭，先端深2裂	近长圆形，顶端截形	7月	产于甘肃、四川。生于海拔2 200～2 800米林下
13	叉唇对叶兰 *N. divaricata*	2片叶对生于中部，宽卵状心形	线状披针形	8～14朵	淡黄色或淡绿色	倒卵状扇形，在基部附近有1对三角形耳廓，先端深2裂	月牙状展开，长圆形或长圆状披针形	7月	产于西藏。生于海拔3 000～3 500米的林下
14	扇唇对叶兰 *N. fangii*	2片叶对生于中部以下，卵状圆形	卵状长圆形	11朵	/	匙状倒卵形，中部以下收缩呈爪状，顶端扩张呈扇形，先端深2裂	近方形，两裂片夹角呈锐角	7月	产于四川。生于海拔800～1 000米的林下
15	长唇对叶兰 *N. formosana*	2片叶对生于中部或近中部，宽卵形或卵状近圆形	卵状披针形	3～6朵	/	长达2厘米，楔形，斜展，中部以上2裂	卵状长圆形，两裂片叉开	7—8月	产于我国台湾。生于海拔3 000～3 300米的林中
16	日本对叶兰 *N. japonica*	2片叶对生于近中部，卵状三角形	宽卵形	3～8朵	紫绿色	楔形，基部有1对长的耳状小裂片，环绕蕊柱并在蕊柱后侧相互交叉，先端深2裂	线形，两裂片夹角呈锐角	5—7月	产于我国台湾。生于海拔1 400～3 000米的林下

（续）

序号	种名	叶	苞片	花量	花色	唇瓣	裂片	花期	分布与生境
17	卡氏对叶兰 *N. karoana*	2片叶对生于中部以下，楔形或卵形	狭卵形	4～10朵	淡绿色	长方形，基部有1对近圆形耳，先端3裂	三角形，中裂片超过侧裂片	9月	产于云南。生于海拔2 800～3 100米的林下
18	关山对叶兰 *N. kuanshanensis*	2片叶对生于近中部，三角形或卵状近圆形	卵状披针形	3～7朵	绿色	披针形，先端深2裂	线形，散开	8月	产于我国台湾。生于海拔2 600～2 700米的林下
19	毛脉对叶兰 *N. longicaulis*	2片叶对生于中部或以上，宽卵状心形	卵状披针形	5～6朵	黄绿色	倒卵状长圆形，先端深2裂	近平行或略微发散，宽卵形，先端钝	7月	产于西藏。生于海拔2 800米的林下
20	梅峰对叶兰 *N. meifongensis*	2片叶对生于中上部，宽卵形到卵状三角形	卵状披针形	2～7朵	浅绿色，唇缘带淡黄绿色边缘	楔形至长方形或宽椭圆形，先端钝圆，浅2裂	卵状长圆形	6—7月	产于我国台湾。生于海拔2 200～3 300米的冷杉和铁杉林下
21	小叶对叶兰 *N. microphylla*	2片叶对生于上部3/4处，圆卵形	卵状披针形	2～5朵	/	狭长圆形，先端2深裂	线状披针形，向前伸直，近平行，中间具1枚细尖齿	7月	产于云南、四川。生于海拔3 900米的林下
22	浅裂对叶兰 *N. morrisonicola*	2片叶对生于近中部，卵形或卵状圆形	卵状披针形	/	绿色	宽楔形，先端稍2浅裂或微缺，基部凹陷或具槽	/	6—7月	产于我国台湾西南部。生于海拔3 000～3 300米的针叶林下或阴湿草丛中

（续）

序号	种名	叶	苞片	花量	花色	唇瓣	裂片	花期	分布与生境
23	短柱对叶兰 *N. mucronata*	2片叶对生于近中部，宽卵形到近心形	卵状披针形	12～17朵	绿色	近倒卵状楔形，先端深2裂	近长圆形，发散	7月	产于四川、云南。生于海拔2 400米林下
24	南川对叶兰 *N. nanchuanica*	2片叶对生于下部1/3～1/4处，宽卵形或宽卵状心形	卵状披针形	10～19朵	淡绿色	近倒卵形，基部缩小为爪，先端2深裂	平行或稍弯曲，向顶部重叠，近卵形长圆形	7月	产于重庆。生于海拔2 000～2 100米的林下或林缘
25	圆唇对叶兰 *N. oblata*	2片叶对生于近中部，近心形	卵状披针形	7朵	/	近圆形或扁圆形，基部骤然收狭成柄，先端深2裂	平行，两裂片边缘多少重叠，宽卵形	未知	产于重庆
26	西藏对叶兰 *N. pinetorum*	2片叶对生于中部或以上，宽卵形到卵状心形	卵状披针形或卵形	2～14朵	黄绿色	倒卵形楔形、长圆形楔形、亚线状楔形或倒披针形，先端深2裂	平行或偶尔发散，长圆状卵形	7月	产于云南、西藏、福建。生于海拔2 200～3 600米的茂密林中
27	耳唇对叶兰 *N. pseudonipponica*	2片叶对生于中部或以上，卵状近圆形或近肾形	卵状披针形	8朵	/	近倒卵形，基部有耳状小裂片，顶端扩张呈倒心形，先端2深裂	以锐角发散，长方形	/	产于我国台湾。生于林下
28	对叶兰 *N. puberula*	2片叶对生于近中部，心形、宽卵形或宽卵状三角形	披针形	4～7朵	绿色	狭倒卵形或长圆形楔形，先端2深裂	发散或近似平行，长圆形	10月	产于黑龙江、吉林、辽宁、内蒙古、河北、山西、甘肃、青海、四川、贵州。生于海拔1 400～2 600米林下阴湿处

（续）

序号	种名	叶	苞片	花量	花色	唇瓣	裂片	花期	分布与生境
29	川西对叶兰 *N. smithii*	2片叶对生于中部以上，卵形或卵状圆形	卵状披针形	2～5朵	绿色，唇瓣发白	倒卵形，先端深2裂	几乎平行，线状披针形	7月	产于四川。生于海拔3 900米林下
30	无毛对叶兰 *N. suzukii*	2片叶对生于中部至下部，卵形到三角形	卵状三角形	10～20朵	淡绿褐色	狭楔形或倒卵状楔形，先端深2裂	发散，狭窄线形	4月	产于我国台湾。生于海拔800～2 200米林下
31	小花对叶兰 *N. taizanensis*	2片叶对生于中部，三角状卵形或近圆形	卵状披针形	11朵		匙形，基部楔形，先端微缺	/	7月	产于我国台湾。生于海拔1 800米的林下
32	天山对叶兰 *N. tianschanica*	2片叶对生于中部，宽卵形至卵形	披针形	2～3朵	绿色，唇瓣边缘发白	唇形，基部有1对耳状小裂片，先端浅2裂	以锐角分叉，近圆形或宽卵形	6月	产于新疆。生于海拔2 100～2 200米林下潮湿处
33	大花对叶兰 *N. wardii*	2片叶对生于中上部，宽卵形或卵状心形	卵状披针形	2～7朵	绿色或黄绿色，唇缘白色，较薄	倒卵状楔形，基部狭窄，先端深2裂	发散或有时几乎平行，近卵形	7月	产于湖北、四川、云南、西藏。生于海拔2 300～3 500米灌丛或针叶林下阴湿处
34	云南对叶兰 *N. yunnanensis*	2片叶对生于下部1/3处，卵形	披针形	24～35朵	绿色	狭倒卵状楔形，在基部有1对耳状裂片，先端深2裂	以锐角发散，狭披针形	8月	产于云南。生于海拔2 300米的混交林中
35	台湾对叶兰 *N. nankomontana*	2片叶对生于近中部，宽卵形	披针形	5～8朵	绿色，唇瓣略带紫色	狭楔形，先端深2裂	平行，近卵形	7月	产于我国台湾。生于海拔2 600～3 200米的针叶林下

郑炜 / 四川水利职业技术学院

晏启 / 武汉市伊美净科技发展有限公司

64. 竹茎兰属 *Tropidia* Lindley

地生草本。茎单生或丛生，常较坚挺，状如细竹茎，直立，下部节上具鞘，上部具数片或多片叶。叶疏散地生于茎上或较密集地聚生于茎上端，基部收狭为抱茎的鞘，折扇状。花序顶生或从茎上部叶腋发出，通常较短，不分枝，具数朵或 10 余朵花；花通常 2 列互生；萼片离生或侧萼片多少合生并围抱唇瓣；花瓣离生，与萼片相似或略小；唇瓣通常不裂，略短于萼片，基部凹陷呈囊状或有距；蕊柱较短；花粉团 2 个。

全属约有 20 种，分布于亚洲热带地区至太平洋岛屿，也见于中美洲与北美东南部。我国 7 种。

阔叶竹茎兰

阔叶竹茎兰

短穗竹茎兰

峨眉竹茎兰

短穗竹茎兰

峨眉竹茎兰

短穗竹茎兰

竹茎兰

竹茎兰

竹茎兰属植物野外识别特征一览表

序号	种名	植株	叶片	花序与花色	萼片	唇瓣	花期	分布与生境
1	阔叶竹茎兰 *T. angulosa*	地生，高16～45厘米	2片，互生，近对生状	总状花序生于茎顶端，具10余朵或更多的花，花绿白色	侧萼片合生，仅先端2浅裂	近长圆形，中部至基部有2条略肥厚的纵脊，基部有圆筒状距，末端钝	9月	产于云南西南部至南部、贵州西南部、西藏东南部、我国台湾、广西。生于海拔100～1 800米的林下或林缘
2	短穗竹茎兰 *T. curculigoides*	地生，30～70厘米甚至更高	常10片以上，疏松互生于茎上	总状花序生于茎顶端和茎上部叶腋，具数朵至10余朵花，花绿白色，密集	侧萼片仅基部合生	卵状披针形或长圆状披针形，基部凹陷，舟状，先端渐尖	6—8月	产于云南南部至东南部、西藏东南部、我国台湾、福建、海南、我国香港、广西。生于海拔250～1 000米的林下或沟谷旁阴处
3	峨眉竹茎兰 *T. emeishanica*	地生，高约22厘米	2片，互生	总状花序顶生，具13朵花，花绿色	侧萼片近于完全合生，合萼片近倒卵状披针形，先端近截形	倒卵形，内具1条肥厚的纵脊	7月	产于四川。生于海拔1 150米的山坡林中
4	竹茎兰 *T. nipponica*	地生，可达60厘米	数片，互生	总状花序生于小枝顶端，具5～10朵密生的花，花近白色	侧萼片近于完全合生，仅先端2浅裂	卵状披针形，基部囊状，先端反折	不详	产于我国台湾。生于低、中海拔的森林中
5	狭叶竹茎兰 *T. angustifolia*	地生，高10～20厘米	多1片，偶2片	总状花序顶生，9～12朵花，花白色略带淡绿色，萼片及花瓣、唇瓣先端略带橙色	侧萼片近于完全合生，仅先端2浅裂	长椭圆形，基部囊状，先端下弯，唇盘中部至基部有2条纵脊	7—8月	产于我国台湾南部。生于海拔600～800米的常绿阔叶林下

（续）

序号	种名	植株	叶片	花序与花色	萼片	唇瓣	花期	分布与生境
6	南华竹茎兰 *T. nanhuae*	地生，高25～40厘米	3～5片，疏松互生于茎上	总状花序顶生，具25朵花，花绿白色	侧萼片有3/5长度合生，仅先端2浅裂	近长圆形，基部囊状，先端下弯，唇盘先端有1对圆形胼胝体，中部至基部有2条纵脊	10—11月	产于我国台湾。生于海拔100～200米的竹林下
7	台湾竹茎兰 *T. somai*	地生，常低于20厘米	1～2片	总状花序，10～20朵花，花白色	侧萼片近于完全合生，仅先端2浅裂	狭长圆形，基部囊状，唇盘近基部正面有2片褶皱	9月	产于我国台湾。生于低海拔的森林中

郑炜 / 四川水利职业技术学院

65. 管花兰属 *Corymborkis* Thouars

地生草本。茎较长，略木质化。叶2列互生于茎上，折扇状折叠式。圆锥花序每1～4个生于叶腋；花2列排列，通常绿白色至黄色；萼片与花瓣较狭长，基部靠合；唇瓣上部比下部宽，通常具2条纵脊；蕊柱细长，直立，顶端扩大并有2个耳状物。

全属共7种，分布于全球热带地区。我国1种，产于西南。

管花兰

管花兰

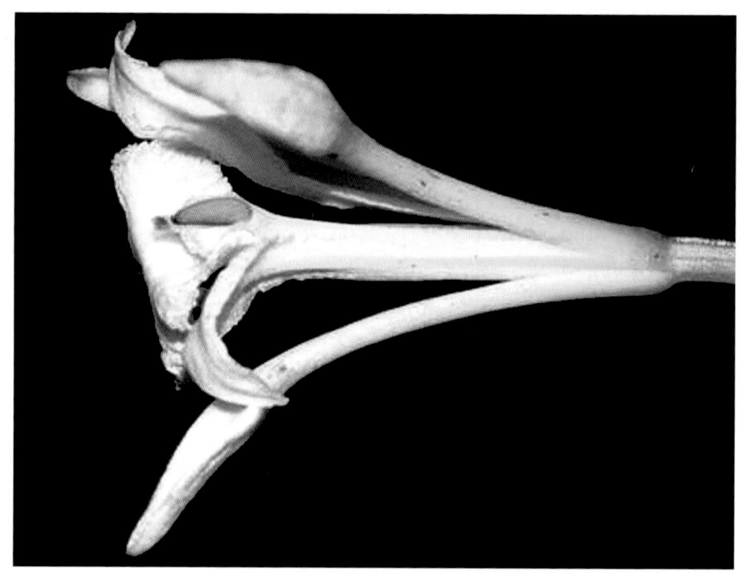

管花兰

管花兰属植物野外识别特征一览表

种名	叶形	花序	花色	唇瓣	花期	分布与生境
管花兰 *C. veratrifolia*	折扇状折叠式，狭椭圆形或狭椭圆状披针形	圆锥花序	白色	具有长而对折的爪，几乎完全围抱蕊柱，上部扩大为近圆形或宽卵状椭圆形，有2条纵脊	7月	产于云南、我国台湾、广西。生于海拔700～1 000米茂密的森林阴凉处

晏启 / 武汉市伊美净科技发展有限公司

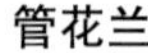

66. 芋兰属 *Nervilia* Commerson ex Gaudichaud

地生植物。块茎圆球形或卵圆形，肉质。叶 1 片，在花凋谢后长出，心形、圆形或肾形，基部心形，具柄。花先于叶，生于无叶、通常细长、具筒状鞘的花莛顶端；花苞片通常小或细长；花中等大，具细的花梗，常下垂；萼片和花瓣相似，狭长；唇瓣近直立，基部无距，不裂或 2～3 裂；蕊柱细长，花粉团 2 个。

全属约 65 种，分布于亚洲、大洋洲及非洲的热带与亚热带地区。我国 10 种，主要分布于西南部至南部。

毛唇芋兰

毛唇芋兰

毛唇芋兰

七角叶芋兰

七角叶芋兰

广布芋兰

广布芋兰

毛叶芋兰

毛叶芋兰

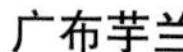

广布芋兰

毛叶芋兰

毛叶芋兰

滇南芋兰

芋兰属植物野外识别特征一览表

序号	种名	叶片	花序	萼片、花瓣	唇瓣位置	唇瓣	裂片	花期	分布与生境
1	七角叶芋兰 *N. mackinnonii*	1片，七角形，7条主脉	仅具1朵花	淡黄色带紫红色	花倒置，唇瓣位于下方	白色，凹陷，内面具3条粗脉，无毛，近中部3裂	侧裂片小，直立，紧靠蕊柱两侧，先端急尖；中裂片狭长圆形，先端钝	5月	产于云南东南部、西北部和贵州南部荔波县茂兰镇。生于海拔900～1 400米的林下

（续）

序号	种名	叶片	花序	萼片、花瓣	唇瓣位置	唇瓣	裂片	花期	分布与生境
2	兰屿芋兰 *N. lanyuensis*	1片，五角形或六角形，两面无毛	仅具1朵花，花莛散生紫红色条纹或斑点	密布紫红色斑点及短条纹	花倒置，唇瓣位于下方	白色，散生紫红色斑点，上面从先端至基部具1条隆起的纵脊，近中部3裂	侧裂片三角形，先端急尖；中裂片圆形或伸长的卵形，先端圆形且中间微凹	3—4月	产于我国台湾南部（兰屿）。生于常绿阔叶林下
3	台湾芋兰 *N. taiwaniana*	1片，五角形或六角形，两面无毛	仅具1朵花，花莛具紫色斑点	具紫红色或粉红色的斑点	花倒置，唇瓣位于下方	白色而具紫红色斑点，凹陷，内面中部具1条隆起的纵脊，近中部3裂	侧裂片伸长的披针形，先端钝或急尖；中裂片向前伸展，长椭圆形，先端钝或中间具1枚凸尖头	3月	产于我国台湾中部。生于海拔500～1 800米的山地林下或路旁或岩壁上覆土中
4	流苏芋兰 *N. cumberlegei*	1片，无毛，肾形或心形，边缘具不整齐的细锯齿	具2～3朵花	绿色	花不倒置，唇瓣位于上方	长圆形，基部淡黄绿色，先端白色，先端不明显3裂且具流苏状细裂片，上面具披针形的乳头状突起，乳头状突起在唇瓣先端变得较长且更密集	/	5月中旬	产于我国台湾中部。生于海拔约800米的山坡草地上
5	毛唇芋兰 *N. fordii*	1片，心状卵形，具约20条在叶两面隆起的粗脉，两面脉上和脉间均无毛	具3～5朵花	淡绿色，具紫色脉	花倒置，唇瓣位于下方	白色，具紫色脉，倒卵形，凹陷，内面密生长柔毛，顶部的毛尤密集成丛，前部3裂	侧裂片三角形，先端急尖；中裂片横椭圆形，先端钝	5月	产于广东、我国香港、广西和四川中部至西部。生于海拔220～1 000米的山坡或沟谷林下阴湿处

（续）

序号	种名	叶片	花序	萼片、花瓣	唇瓣位置	唇瓣	裂片	花期	分布与生境
6	广布芋兰 *N. aragoana*	1片，心状卵形，具约20条在两面隆起的粗脉，上面脉上无毛，但在脉间稍被长柔毛	具（3～）4～10朵花	黄绿色	花倒置，唇瓣位于下方	白绿色、白色或粉红色，具紫色脉，内面通常仅在脉上具长柔毛，中部之上明显3裂	侧裂片常为三角形，先端常急尖或截形；中裂片先端钝或急尖，顶部边缘多少波状	5—6月	产于云南西部至南部、西藏东南部至南部、我国台湾、湖北、四川。生于海拔400～2 300米的林下或沟谷阴湿处
7	毛叶芋兰 *N. plicata*	1片，偏圆的心形，具多条在叶两面隆起的粗脉，两面的脉上、脉间和边缘均有粗毛	具2（～3）朵花	棕黄色或紫色，具紫红色脉	花倒置，唇瓣位于下方	带白色或淡红色，具紫红色脉，凹陷，摊平后为近菱状长椭圆形，内面无毛，近中部不明显的3浅裂	侧裂片小，先端钝圆；中裂片近四方形或卵形，先端反折，有时略凹缺	5—6月	产于甘肃东南部、福建、广东、我国香港、广西、四川和云南。生于海拔200～1 000米的林下或沟谷阴湿处
8	白脉芋兰 *N. crociformis*	1片，心形或多角形，7条主脉，正面疏生刚毛，绿色具细白色网脉，背面浅绿	具1朵花	绿色	花不倒置，唇瓣位于上方	基部白色或淡绿色，中心有时具一个淡黄色菱形斑点，在中部以上强烈反折，先端不裂或3裂且边缘不规则撕裂或流苏状，花盘具小乳突，具3条从近基部几乎延伸到先端的纵脊	当唇瓣先端3裂时，侧裂片小且近圆形	5—6月	产于我国台湾南部。生于海拔200～300米草地上

（续）

序号	种名	叶片	花序	萼片、花瓣	唇瓣位置	唇瓣	裂片	花期	分布与生境
9	滇南芋兰 *N. muratana*	1片，六边形，无毛，具5条主脉，两面深绿色	单花，花莛具紫色斑点	白色，基部略带绿棕色，外表面有褐红色斑点	花倒置，唇瓣位于下方	白色，狭倒卵形，近中部3裂，中裂片上有不规则粉紫色斑点，花盘具加厚的中脉，在侧裂片之间具绵状毛，在中部裂片的脉上具粗糙短柔毛	侧裂片不显著，顶端圆形；中裂片卵状三角形，先端锐尖并稍反折	3月	产于云南南部。生于海拔200～500米常绿林下
10	台东芋兰 *N. taitoensis*	未知	具2朵花	/	花倒置，唇瓣位于下方	紫色，倒卵形，基部楔形，中部以上3裂，先端锐尖，唇盘具粗毛	侧裂片小，顶端截形；中裂片卵形，边缘稍波状	未知	产于我国台湾南部

郑炜 / 四川水利职业技术学院

67. 天麻属 *Gastrodia* R. Brown

腐生草本，地下具根状茎；根状茎块茎状、圆柱状或有时多少呈珊瑚状，通常平卧，稍肉质，具节，节常较密。茎直立，常为黄褐色，无绿叶，一般在花后延长，中部以下具数节，节上被筒状或鳞片状鞘。总状花序顶生，具数花至多花，较少减退为单花；花近壶形、钟状或宽圆筒状，不扭转或扭转；萼片与花瓣合生为筒，仅上端分离；花被筒基部有时膨大呈囊状，偶见在两枚侧萼片之间开裂；唇瓣贴生于蕊柱足末端，通常较小，藏于花被筒内，不裂或3裂；蕊柱长，具狭翅，基部有短的蕊柱足。

全属约20种，分布于东亚、东南亚至大洋洲。我国17种。

原天麻

夏天麻

原天麻

原天麻

原天麻

原天麻

天麻

天麻

勐海天麻

天麻

勐海天麻

天麻

南天麻

北插天天麻

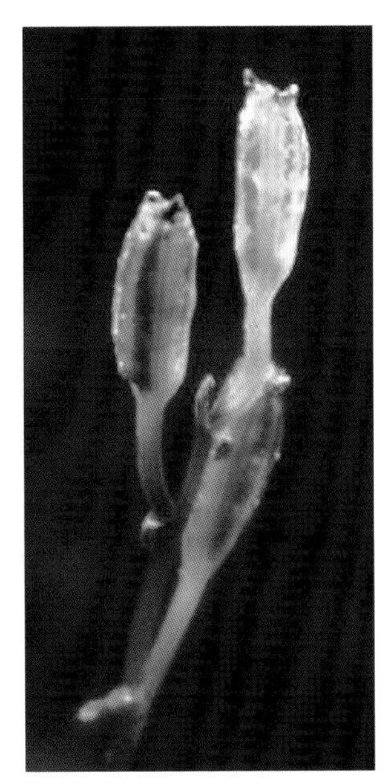

武夷山天麻

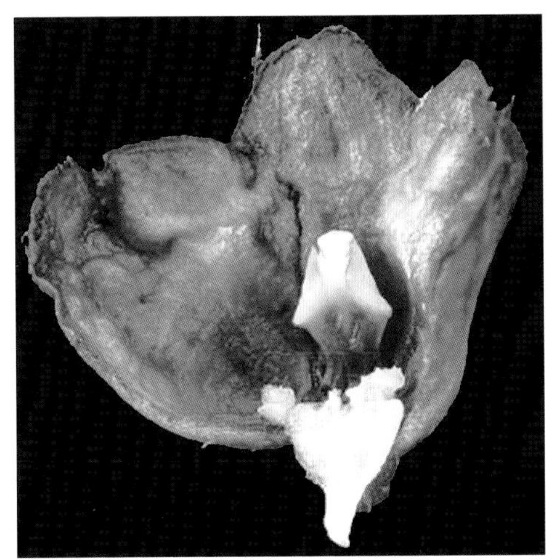

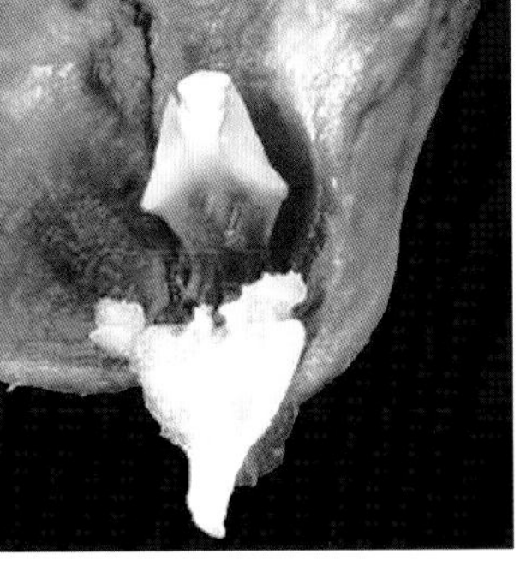

南天麻

疣天麻

天麻属植物野外识别特征一览表

序号	种名	根状茎	总状花序	花	花被	唇瓣	蕊柱	花期	分布与生境
1	白天麻 *G. albida* 资料不详								
2	原天麻 *G. angusta*	肥厚，块茎状，椭圆状，肉质，灰白色，具较密的节，节上具鳞片状鞘	长15～25厘米，通常具20～30朵花	近直立，乳白色	花被筒近宽圆筒状，顶端具5枚裂片，侧萼片合生处的裂口很深，筒的基部向前方凸出；外轮裂片中央的1枚为卵圆形，两侧的2枚为斜三角形；内轮裂片卵圆形	长圆状棱形，上半部边缘皱波状，内有2条紫黄色稍隆起的纵脊，基部收狭并在两侧具1对新月形胼胝体	/	花果期3—4月	产于云南东南部。生境与海拔不详
3	无喙天麻 *G. appendiculata*	多少块茎状，近纺锤形，黄褐色，节上具鳞片状鞘	较缩短，具2～10朵花，花密集，花苞片暗色，短于花梗	近直立或平展，浅绿褐色或变为暗褐色	花被筒近钟形，外面具小疣状突起，侧萼片合生处裂口较深，两侧的裂口较浅；内轮裂片近卵形，贴生于筒的裂口处	近卵形，基部有短爪，爪上有2个胼胝体	近棒状，上部有翅，腹面有1个先端2裂的附属物	9—10月	产于我国台湾中部。生于海拔约1 200米松、竹人工林中
4	八代天麻 *G. confusa*	多少块茎状或近纺锤形，长2.0～4.5厘米，褐色，有疏毛，约有5～8节，每节均有数枚鳞片状鞘	较短，具3～10朵花	近直立或俯垂，浅褐色或带黑色	花被筒钟形，外面具小疣状突起；外轮裂片与合生部分近等长；内轮裂片贴生于筒的中部，近椭圆形	卵形，黄色，基部有宽阔的爪，边缘有不规则细齿或近全缘，爪基部有2枚鸡冠状胼胝体	直立，棒状，上部具三角形或近四方形翅	9—10月	产于我国台湾中部。生于海拔约1200米竹林下

（续）

序号	种名	根状茎	总状花序	花	花被	唇瓣	蕊柱	花期	分布与生境
5	天麻 *G. elata*	肥厚，块茎状，椭圆形至近哑铃形，肉质，具较密的节	通常具30～50朵花	扭转，橙黄、淡黄、蓝绿或黄白色，近直立	花被筒近斜卵状圆筒形，顶端具5枚裂片，筒的基部向前方凸出；外轮裂片卵状三角形，先端钝；内轮裂片近长圆形，较小	有一对肉质胼胝体，上部离生，上面具乳突，边缘有不规则短流苏	有短的蕊柱足	5—7月	产于吉林、辽宁、内蒙古、河北、山西、陕西、甘肃、江苏、安徽、浙江、江西、我国台湾、河南、湖北、湖南、四川、贵州、云南和西藏。生于海拔400～3 200米疏林下、林中空地、林缘、灌丛边缘
6	夏天麻 *G. flavilabella*	肥厚，多少块茎状，一端具许多珊瑚状根	具7～8朵花	绿色，裂片先端有暗色斑纹	花被筒近圆筒状，顶端5枚裂片，2枚侧萼片合生处的裂口深达全长的一半，筒的基部向前方凸出；外轮裂片明显大于内轮裂片	狭倒卵形，近先端边缘有宽阔的横向肉质带，唇盘基部有2个球状、黄色胼胝体	淡绿色，有翅	7月	产于我国台湾中部。生于海拔700～1 500米林下空旷湿润处

（续）

序号	种名	根状茎	总状花序	花	花被	唇瓣	蕊柱	花期	分布与生境
7	春天麻 *G. fontinalis*	细长，圆柱状，多少弯曲，横走或有时近直生	具1～3朵花	钟形，肉质，暗褐色	花被筒上部较下部宽，外面被小疣状突起；外轮裂片较大，近宽卵状三角形；内轮裂片很小，卵形	卵形或椭圆形，肉质，基部有2枚椭圆形、有皱褶的胼胝体	白色，下部红褐色，有短的蕊柱足，顶端有2个短臂	2月	产于我国台湾。生于竹林下乱石夹缝中
8	细天麻 *G. gracilis*	略肥厚，多少块茎状，近圆柱形，肉质，棕褐色	通常具5～20朵花	多少下垂，浅棕色	花被筒近圆筒状钟形，上部略宽于下部，顶端具5枚裂片，2枚侧萼片合生处的裂口较深，筒的基部向前方凸出	基部有爪，上部卵状三角形，边缘波状，爪上有2枚近球形的胼胝体	两侧有翅，顶端有1对臂状物	5—6月	产于我国台湾北部。生于海拔600～1 500米林下
9	南天麻 *G. javanica*	略肥厚，多少块茎状，近圆柱形，具较密的节	具4～18朵花	外面浅灰褐色或黄绿色，中脉处有紫色条纹，内面浅褐黄色	花被筒近斜卵状圆筒形，顶端具5枚裂片，2枚侧萼片合生处的裂口几乎深达近基部，外轮裂片略大于内轮裂片	以基部的爪贴生于蕊柱足末端，爪上面有2枚胼胝体，唇瓣上部卵圆形	具翅，有蕊柱足	6—7月	产于我国台湾南部。生于林下
10	海南天麻 *G. longitu-bularis*	圆筒状	2～6朵花	不开展，灰褐色，唇瓣微红或橙红色	花被筒圆筒状；花瓣的分离部分为椭圆形、卵形或近圆形，比萼裂片小，先端锐尖	单裂，卵形或心形，无毛，基部有爪，爪有1对近球形的胼胝体	在先端有1对牙状突起，柱翅狭窄	4—7月	产于海南。生于海拔800～1 000米茂密的热带森林中

（续）

序号	种名	根状茎	总状花序	花	花被	唇瓣	蕊柱	花期	分布与生境
11	勐海天麻 *G. menghaiensis*	稍肥厚，多少块茎状，近椭圆形，具少数根	具3～10朵花	近直立，白色	花被筒顶端5枚裂片的边缘皱波状；外轮裂片三角形；内轮裂片近圆形，明显小于外轮裂片	基部有长爪，着生于蕊柱足末端并与花被筒内壁合生，基部有2枚胼胝体	具翅，基部有许多小疣状突起	9—11月	产于云南南部。生于海拔1 200米林下
12	北插天天麻 *G. peichatieniana*	多少块茎状，肉质	具4～5朵花	近直立，白色或多少带淡褐色	花被筒顶端具5枚裂片；外轮裂片相似，三角形，边缘多少皱波状；内轮裂片略小	小或不存在	有翅，中部至下部具腺点	10月	产于我国台湾北部。生于海拔900～1 500米林下
13	冬天麻 *G. pubilabiata*	近圆柱形，多少块茎状	具1～3朵花	半直立，钟形，黑褐色	花被筒长约1厘米；外轮裂片展开，明显大于内轮裂片	基部着生于蕊柱足上，上部近宽卵状菱形，近顶端处有2个小的龙骨状突起，爪上有2个圆球形的胼胝体	顶端有2个小臂，有明显的蕊柱足，蕊柱足上有2个圆球形胼胝体	12月	产于我国台湾。生于竹林下，多见于海拔200～300米竹根密集的土堆内
14	叉脊天麻 *G. shimizuana* 资料不详								
15	苏氏天麻 *G. sui* 资料不详								

（续）

序号	种名	根状茎	总状花序	花	花被	唇瓣	蕊柱	花期	分布与生境
16	疣天麻 *G. tuberculata*	肥厚，块茎状，卵形或倒圆锥形，肉质，疏生疣状突起，具较密的节	疏生 5～10 朵花	近直立，扭转，近白色而有青灰色条纹	花被筒近斜卵状圆筒形，顶端具 5 枚裂片，筒的基部向前方凸出；外轮裂片近卵形或宽卵状三角形；内轮裂片宽卵形	上面具 2 枚胼胝体，上部离生，三角状卵形，不明显的 3 裂	长 7～8 毫米，顶端有 2 个齿，有短的蕊柱足	3—4 月	产于云南中部。常生于海拔 2 000～2 300 米竹林下或林缘
17	武夷山天麻 *G. wuyishanensis*	褐色，圆筒状椭圆形	5～8 朵花	不开展，灰白色	花被筒圆筒状，外表面光滑；萼片分离部分三角形至近圆形，边缘纵裂，先端钝；花瓣近圆形	圆，不裂，菱状卵形，无毛	柱翅狭窄，向先端膨大，柱足短，柱 4～5 毫米	8—9 月	产于福建。生于海拔 1 200～1 400 米茂密的森林中

刘胜祥 / 华中师范大学

68. 双唇兰属 *Didymoplexis* Griffith

腐生小草本，地下具肉质根状茎；常在颈部生少数须根。茎纤细，直立，无绿叶，被少数鳞片状鞘。总状花序顶生，具 1 朵花或数朵较密集的花；花苞片较小；花梗在果期常伸长；花小，扭转；萼片和花瓣在基部合生，中萼片与花瓣合生部分可达中部并形成盔状覆盖于蕊柱上方，两侧萼片合生部分亦可达中部；唇瓣基部着生于蕊柱足上；蕊柱长，上端有时扩大而具 2 个短耳，但无向上的臂状物，基部有短的蕊柱足；花粉团 4 个，无花粉团柄。

全属约 18 种。我国 3 种。

广西双唇兰

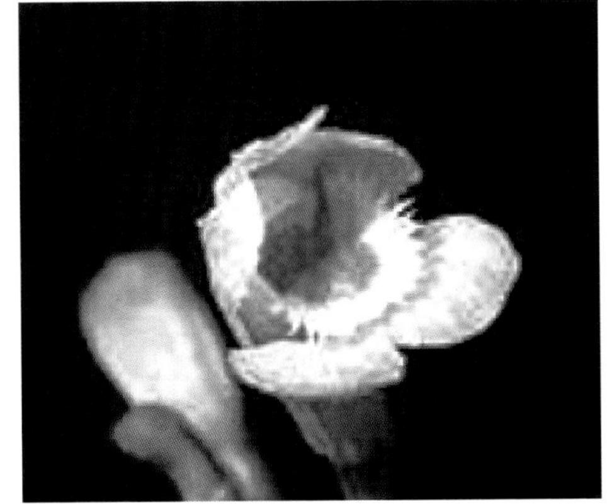

小双唇兰

广西双唇兰

双唇兰

双唇兰

双唇兰属植物野外识别特征一览表

序号	种名	花序	花				花期	分布与生境
			花苞片	花形与花色	蕊柱	唇瓣		
1	双唇兰 *D. pallens*	总状花序顶生，松散着生4～20朵花，花序轴在果期伸长	卵形	白色，唇瓣有黄色条纹	蕊柱足明显，2～3毫米，顶端扩大，两侧不具翼	宽6～7毫米，长度小于宽度，倒三角状楔形，不具附属物，先端近截形并多少呈啮蚀状	4—5月	产于我国台湾南部（台南、高雄）、福建南部。生于灌丛中，海拔接近海平面
2	小双唇兰 *D. micradenia*	总状花序顶生，8～15朵花	卵形	不完全开放；白色，带浅红色，唇瓣中部红色	蕊柱足不显眼，小于1毫米，顶端扩张，具翼	宽4～5毫米，长度大于或等于宽度，倒卵形，顶端边缘具有小齿	3—5月	产于我国台湾。生于雨林、竹林、季雨林中
3	广西双唇兰（中越双唇兰） *D. vietnamica*	总状花序具2～7朵花	三角形，杯状	白色，完全开放，透明状；唇瓣附属物具橘色疣状突起，唇盘上有橘黄色斑点	两侧具三角形翼，稍呈钩状	整状，基部具扁平的附属物，先端截形并多少呈啮蚀状	3—4月	产于广西、海南。生于海拔250～350米北热带季雨林下、石灰岩山坡腐殖土中

备注：双唇兰属 *Didymoplexis*，指2枚侧萼片合生似1枚顶端中部分裂的唇瓣，整朵花形似有2个唇瓣，故名双唇兰

李晓艳 / 武汉市伊美净科技发展有限公司

69. 锚柱兰属 *Didymoplexiella* Garay

腐生草本。根状茎纺锤形，肉质。茎直立，无绿叶，具少数鳞片状鞘。总状花序顶生；花梗在花后明显伸长；花小，扭转；萼片与花瓣基部至中部合生为花被筒；萼片和花瓣不同程度合生呈浅杯状或管状；中萼片和花瓣合生部分可达中部；2 枚侧萼片合生部分亦可达中部，但侧萼片与花瓣仅近基部处合生；柱头位于蕊柱近顶端处。蕊柱上有 2 个长的镰刀状的翅，貌似锚，无蕊柱足，花粉团 4 个，无花粉团柄。

本属约 8 种，我国 1 种。

锚柱兰

锚柱兰

锚柱兰

锚柱兰属植物野外识别特征一览表

种名	叶	花序	花	花期	分布与生境	备注
锚柱兰 *D. siamensis*	无绿叶，具 2～3 枚鳞片状鞘	总状花序具 10～20 朵花，花序轴顶端略膨大	白色或带淡红色，萼片和花瓣合生为花被筒，唇瓣匙形，蕊柱有下弯的长臂	4—7 月	产于广西、海南、我国台湾。生于林下阴处	蕊柱有下弯的长臂，极似锚

备注：锚柱兰属和双唇兰属关系紧密，拉丁名释义相同，不同的是双唇兰属蕊柱无翅，有短的蕊柱足；锚柱兰属有 2 个长的镰刀状的翅，无蕊柱足

李晓艳 / 武汉市伊美净科技发展有限公司

70. 拟锚柱兰属 *Didymoplexiopsis* Seidenfaden

腐生小草本。根状茎念珠状，肉质。茎直立，无叶，光滑，具少数鳞片状鞘。总状花序顶生，花苞片小；花伸展，向上翻转；花白色或淡黄棕色。萼片和花瓣相似；中萼片与花瓣在基部联合；2枚侧萼片合生部分达1/3；唇瓣宽楔形，肉质，与柱足贴合，在关节处交接；柱粗壮，具明显的蕊柱足，在顶端两侧有2个弯曲的翅膀。

本属1种，我国1种。

拟锚柱兰

拟锚柱兰

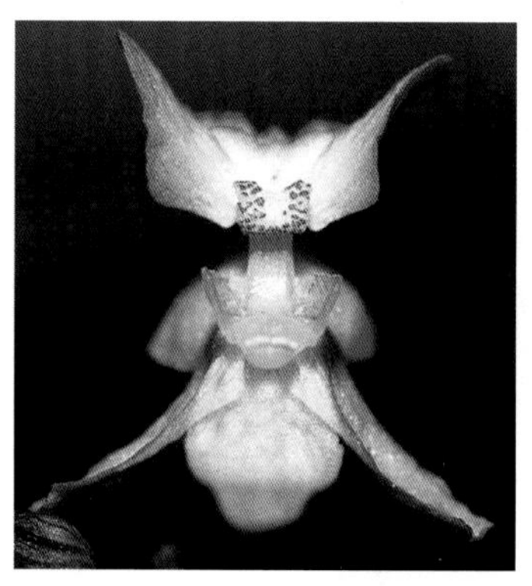

拟锚柱兰

拟锚柱兰属植物野外识别特征一览表

种名	叶	花序	花	花期	分布与生境	备注
拟锚柱兰 *D. khiriwongensis*	无绿叶，具2～3枚鳞片状鞘	总状花序具2～4朵花	淡黄白色；萼片和花瓣相似；中萼片与花瓣在基部联合；两枚侧萼片合生部分达1/3；柱粗壮，具明显的蕊柱足，在顶端两侧有2个弯曲的翅膀	3月	产于海南、云南、我国香港。生于海拔700～800米的湿润常绿森林中	该种最初定名为海南锚柱兰 *Didymoplexiella hainanensis*（金效华，2004）
备注：拟锚柱兰属和锚柱兰属、双唇兰属关系紧密，拉丁名释义相同，但是三者的侧萼片合生程度不同（锚柱兰属、双唇兰属侧萼片合生达1/2，拟锚柱兰属合生达1/3），蕊柱翅形态也不同（双唇兰属无蕊柱翅；锚柱兰属有2个长的镰刀状的翅，无蕊柱足；拟锚柱兰属柱粗壮，具有明显的蕊柱足，在顶端两侧有2个弯曲的翅，翅较锚柱兰属的翅短）						

李晓艳 / 武汉市伊美净科技发展有限公司

71. 肉药兰属 *Stereosandra* Blume

腐生草本，地下具纺锤状的、直生的块茎。茎直立，具节，多少肉质，无绿叶，中下部被数枚鳞片状或圆筒状鞘。总状花序顶生，具数朵至10余朵花；花苞片较小；花梗短；子房膨大，明显宽于花梗；花小，不甚张开，常多少下垂；萼片与花瓣离生，相似；唇瓣与花瓣相似，但较宽，不裂，凹陷，边缘波状且内弯，基部具2枚胼胝体，无距；蕊柱粗短，近圆柱形，无蕊柱足；花药生于蕊柱背面基部，近直立，有宽阔而长于蕊柱的花丝；花粉团2个，粒粉质，由可分的小团块组成，具1个共同的花粉团柄，无黏盘；柱头生于蕊柱顶端，无明显蕊喙。

单种属，主要分布于东南亚，向东南至新几内亚岛，北至泰国、中国南部和日本琉球群岛。

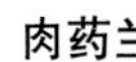

肉药兰

肉药兰

肉药兰属植物野外识别特征一览表

种名	茎	叶	花冠颜色	花数量	唇瓣	蕊柱	花期	分布与生境
肉药兰 *S. javanica*	地下茎梭状，地上茎直立，白而带红棕色	无绿叶，具多枚鳞片状鞘	花下垂，萼片和花瓣披针形	少数	卵状披针形，近基部两侧各有1枚胼胝体	花药着生于蕊柱后方基部，高举于蕊柱上方，与蕊柱完全分离	不详	产于我国台湾南部和云南南部

蔡朝晖 / 湖北科技学院

72. 虎舌兰属 *Epipogium* J. G. Gmelin ex Borkhausen

腐生草本，地下具珊瑚状根状茎或肉质块茎。茎有节。总状花序顶生；花常下垂；萼片与花瓣相似，离生；唇瓣较宽阔，凹陷，基部具宽大的距；唇盘上常有带疣状突起的纵脊或褶片。

全属 4 种，分布于欧洲、亚洲温带与热带地区、大洋洲与非洲热带地区。我国均产。

裂唇虎舌兰

裂唇虎舌兰

裂唇虎舌兰

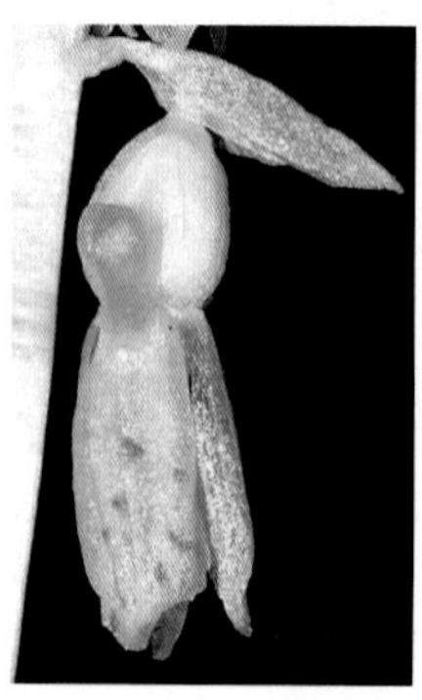

虎舌兰

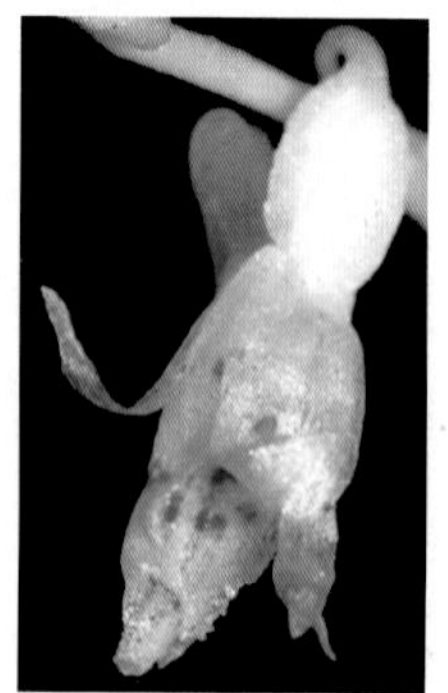

虎舌兰

虎舌兰属植物野外识别特征一览表

序号	种名	地下茎	花序梗颜色	花色	萼片、花瓣形态	唇瓣	花期	分布与生境
1	裂唇虎舌兰 *E. aphyllum*	珊瑚状根状茎	淡褐色	黄色而带粉红色或淡紫色晕	披针形或狭长圆状披针形	近基部3裂	8—9月	产于黑龙江、吉林、辽宁、内蒙古、山西、陕西、甘肃、新疆、四川、云南、西藏。生于海拔1200～3600米林下、岩隙或苔藓丛中
2	虎舌兰 *E. roseum*	狭椭圆形或近椭圆形块茎	白色	白色，唇瓣上有淡紫色斑点	线状披针形	不裂	4—6月	产于云南南部至东南部、西藏东南部、我国台湾、广东、海南。生于海拔500～1600米林下或沟谷边荫蔽处
3	日本虎舌兰 *E. japonicum*	狭卵球形块茎	淡黄棕色，有紫色斑点和条纹	棕色、粉红色，花瓣和唇瓣带栗色斑点和条纹	卵状披针形	不明显3裂	9月	产于我国台湾、广东。生于海拔2200～3000米湿润的阔叶林、云杉林下

备注：根据《Newly Discovered Native Orchids of Taiwan (V)》（Lin T P, 2012），本属还有垦丁虎舌兰 *E. kentingensis* T.P.Lin et S.H.Wu，该种分布于我国台湾。由于资料缺乏，暂不进行描述

晏启 / 武汉市伊美净科技发展有限公司

73. 白及属 *Bletilla* H. G. Reichenbach

地生植物，地下具肥厚的、肉质的根状茎或假鳞茎。茎很短，具数片近基生的叶。叶纸质，折扇状，基部具长鞘。花莛在叶丛中抽出；总状花序疏生数花至多花；花中等大，扭转；萼片与花瓣相似，离生；唇瓣通常 3 裂，无距；蕊柱细长，上部具翅，无蕊柱足；花药俯倾；花粉团 8 个，其中 4 个较小，分 2 群，粒粉质，无花粉团柄，直接黏附于黏质物上；蕊喙半圆形；柱头凹陷。

约 6 种，我国 4 种，分布区域北起河南，南至我国台湾，东起浙江，西至西藏。

小白及

白及

白及

小白及

白及

黄花白及

黄花白及

黄花白及

白及属植物野外识别特征一览表

序号	种名	花序	唇瓣	萼片与花色	叶形	花期	分布与生境
1	黄花白及 *B. ochracea*	总状，3～8朵花	侧裂片先端钝，几乎不伸至中裂片旁	萼片和花瓣黄白色，或其背面为黄绿色，内面为黄白色，罕为近白色，长18～23毫米	长圆状披针形，先端渐尖或急尖	6—7月	产于陕西南部、甘肃东南部、河南、湖北、湖南、广西、四川、贵州和云南。生于海拔300～2 350米的常绿阔叶林、针叶林或灌丛下、草丛中或沟边
2	白及 *B. striata*	总状，3～10朵花	中裂片边缘具波状齿，先端中央凹缺	花大，萼片和花瓣的长均为25～30毫米，花紫红色或粉红色	常较宽，长圆状披针形或狭长圆形	4—5月	产于陕西南部、甘肃东南部、江苏、安徽、浙江、江西、福建、湖北、湖南、广东、广西、四川和贵州。生于海拔100～3 200米的常绿阔叶林下、栎树林或针叶林下、路边草丛或岩石缝中

（续）

序号	种名	花序	唇瓣	萼片与花色	叶形	花期	分布与生境
3	小白及 *B. formosana*	总状，2～6朵花	中裂片边缘微波状，先端中央常不凹缺	花小，萼片和花瓣的长为15～21毫米，花淡紫色或粉红色，罕白色	宽窄变异较大，但多较狭窄，线状披针形	4—6月	产于陕西南部、甘肃东南部、云南中部至西北部、西藏东南部、江西、我国台湾、广西、四川、贵州。生于海拔600～3 100米的常绿阔叶林、栎林、针叶林下、路边、沟谷草地或草坡及岩石缝中
4	华白及 *B. sinensis*	总状，2～3朵花	不裂或不明显3裂	淡紫色，或萼片与花瓣白色，先端为紫色	披针形或椭圆状披针形，先端急尖或渐尖	6月	产于云南。生于山坡林下

胡明玉 / 赛石集团

74. 宽距兰属 *Yoania* Maximowicz

腐生草本，地下具肉质根状茎；根状茎分枝或有时呈珊瑚状。茎肉质，直立，稍粗壮，无绿叶，具多枚鳞片状鞘。总状花序顶生，疏生或稍密生数朵至10余朵花；花梗与子房较长；花中等大，肉质；萼片与花瓣离生，花瓣常较萼片宽而短；唇瓣凹陷呈舟状，基部有短爪，着生于蕊柱基部，在唇盘下方具1个宽阔的距；距向前方伸展，与唇瓣前部平行，顶端钝；蕊柱宽阔，直立，顶端两侧各有1个臂状物，有短的蕊柱足；花药2室，宿存，顶端有长喙；花粉团4个，成2对，粒粉质，由可分的小团块组成，无明显的花粉团柄，具1个黏盘；柱头凹陷，宽大；蕊喙不明显。

全属仅2种，分布于日本、中国至印度北部。我国1种。

宽距兰

宽距兰属植物野外识别特征一览表

种名	习性	茎	花序	唇瓣	蕊柱	花期	分布与生境
宽距兰 *Y. japonica*	腐生草本，无绿叶	根状茎肉质，分枝，茎直立，肉质，淡红白色，散生数枚鳞片状鞘	总状花序顶生，具3～5朵花，花淡红紫色	凹陷呈舟状，前部平展并呈卵形，具若干纵列的乳突，距宽阔，向前伸展	宽而扁，腹面多少凹陷	6—7月	产于福建北部、我国台湾中部、江西。生于海拔1 800～2 000米山坡草丛中或林下

刘胜祥 / 华中师范大学

75. 羊耳蒜属 *Liparis* Richard

地生、岩生或附生草本，具假鳞茎或肉质茎。叶扁平，1 片至数片。花莛顶生，常稍呈扁圆柱形并在两侧具狭翅；总状花序疏生或密生多花；花苞片小；花小或中等大，扭转；萼片离生或极少 2 枚侧萼片合生；花瓣线形至丝状；唇瓣位于下方，不裂或偶见 3 裂，无距；蕊柱较长，向前弓曲，无蕊柱足。

全属约 320 种，广泛分布于亚热带、新几内亚、澳大利亚、太平洋岛屿西南部、亚热带和热带美洲。欧洲产 1 种，北美产 2 种，我国 65 种。

圆唇羊耳蒜 　圆唇羊耳蒜 　圆唇羊耳蒜

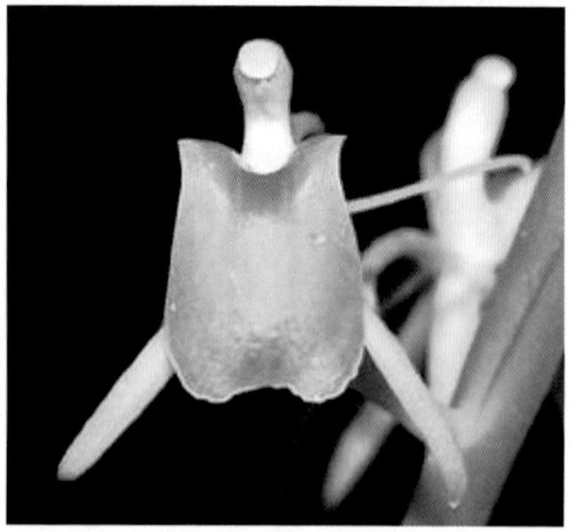

折唇羊耳蒜 　折唇羊耳蒜　折唇羊耳蒜　镰翅羊耳蒜

保亭羊耳蒜

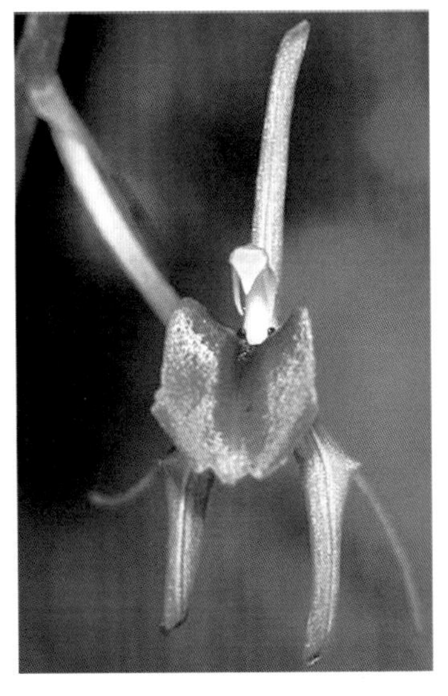

镰翅羊耳蒜

镰翅羊耳蒜

褐花羊耳蒜

褐花羊耳蒜

褐花羊耳蒜

羊耳蒜

羊耳蒜

羊耳蒜

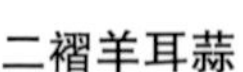
二褶羊耳蒜

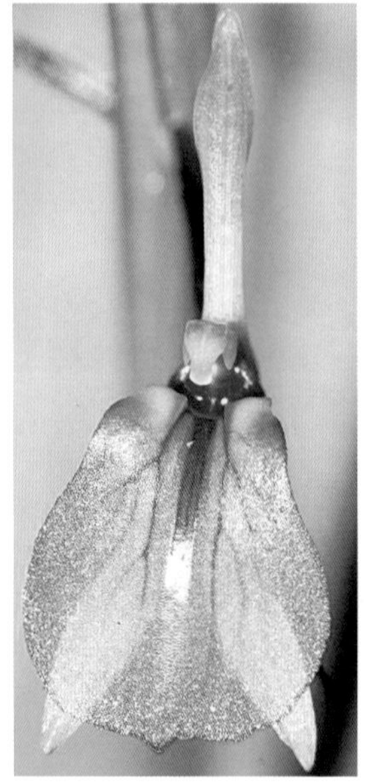
二褶羊耳蒜

二褶羊耳蒜

丛生羊耳蒜

丛生羊耳蒜

丛生羊耳蒜

细茎羊耳蒜

平卧羊耳蒜

细茎羊耳蒜

心叶羊耳蒜

心叶羊耳蒜

心叶羊耳蒜

小巧羊耳蒜

大花羊耳蒜

大花羊耳蒜

大花羊耳蒜

扁球羊耳蒜

扁球羊耳蒜

贵州羊耳蒜

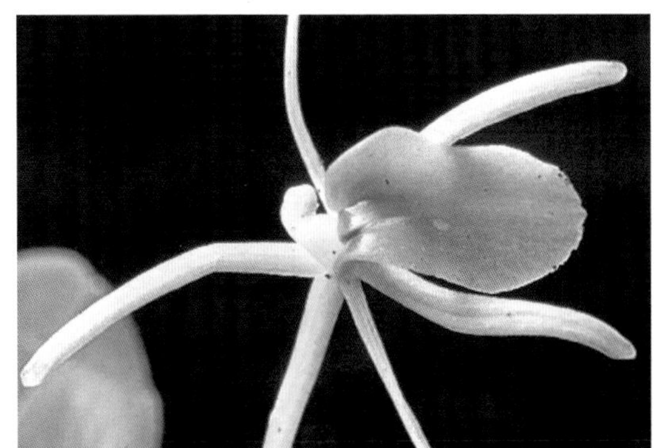

贵州羊耳蒜

贵州羊耳蒜

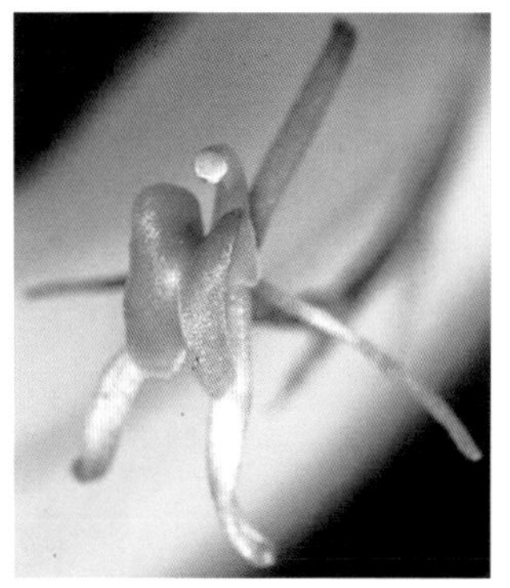

小羊耳蒜

小羊耳蒜

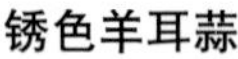
锈色羊耳蒜

方唇羊耳蒜

恒春羊耳蒜

恒春羊耳蒜

小羊耳蒜

长苞羊耳蒜

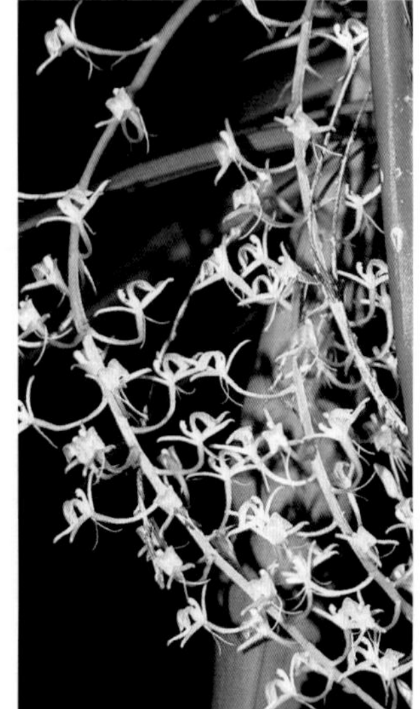
广西羊耳蒜

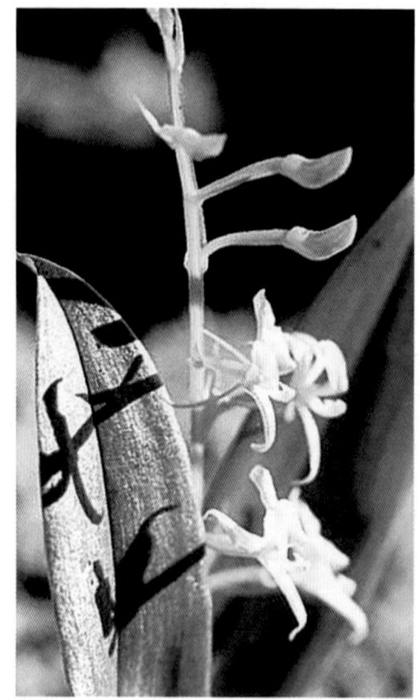
长苞羊耳蒜

尾唇羊耳蒜

长苞羊耳蒜

扇唇羊耳蒜

扇唇羊耳蒜

广西羊耳蒜

尾唇羊耳蒜

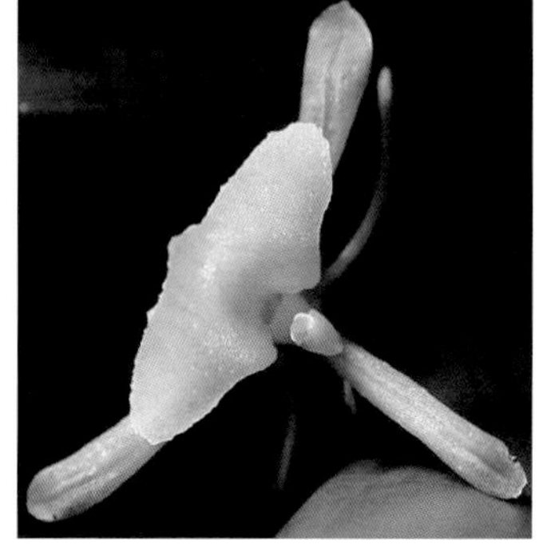

扇唇羊耳蒜

三裂羊耳蒜

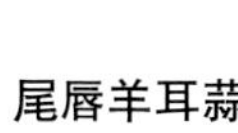

尾唇羊耳蒜

三裂羊耳蒜

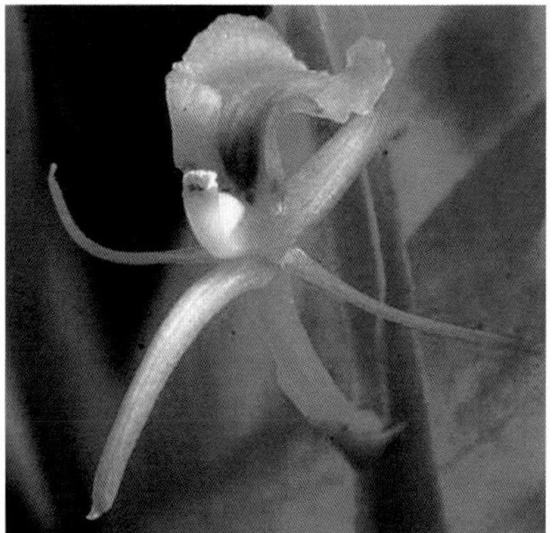

若氏羊耳蒜

若氏羊耳蒜

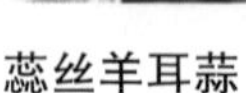

蕊丝羊耳蒜

见血青

蕊丝羊耳蒜

平卧羊耳蒜

镰翅羊耳蒜

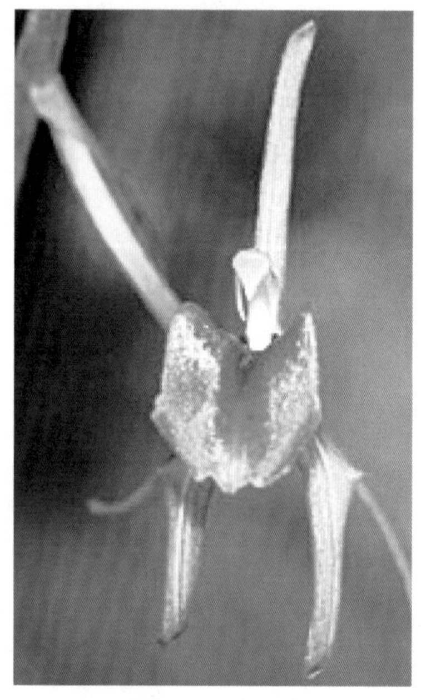

镰翅羊耳蒜

阔唇羊耳蒜

平卧羊耳蒜

阔唇羊耳蒜

宽叶羊耳蒜

宽叶羊耳蒜

见血青

见血青

黄花羊耳蒜

恒春羊耳蒜

恒春羊耳蒜

褐花羊耳蒜

褐花羊耳蒜

贵州羊耳蒜

贵州羊耳蒜

广西羊耳蒜

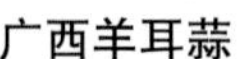

贵州羊耳蒜

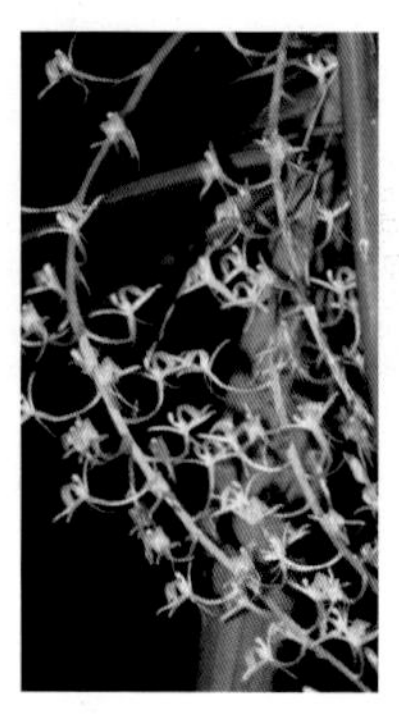
广西羊耳蒜

方唇羊耳蒜

二褶羊耳蒜

二褶羊耳蒜

二褶羊耳蒜

大花羊耳蒜

大花羊耳蒜

丛生羊耳蒜

插天山羊耳蒜

柄叶羊耳蒜

丛生羊耳蒜

丛生羊耳蒜

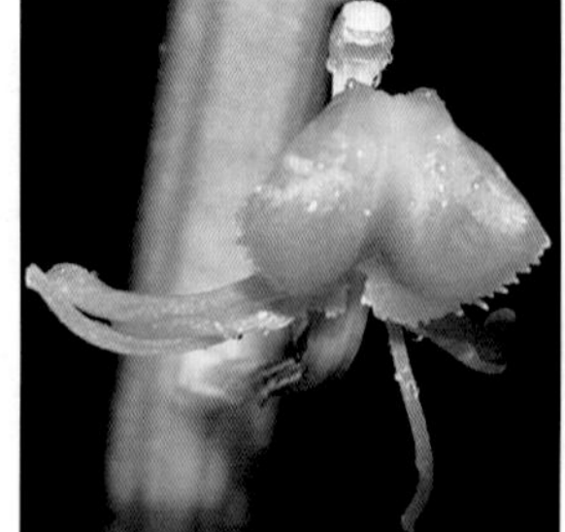
插天山羊耳蒜

大花羊耳蒜

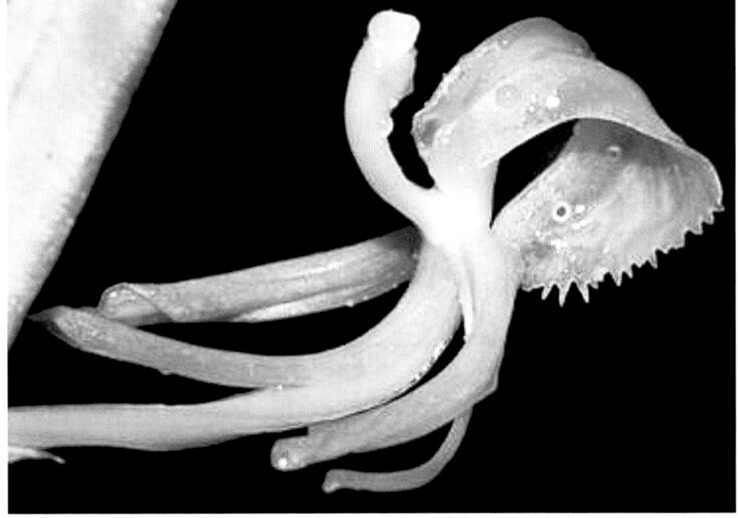
插天山羊耳蒜

扁球羊耳蒜

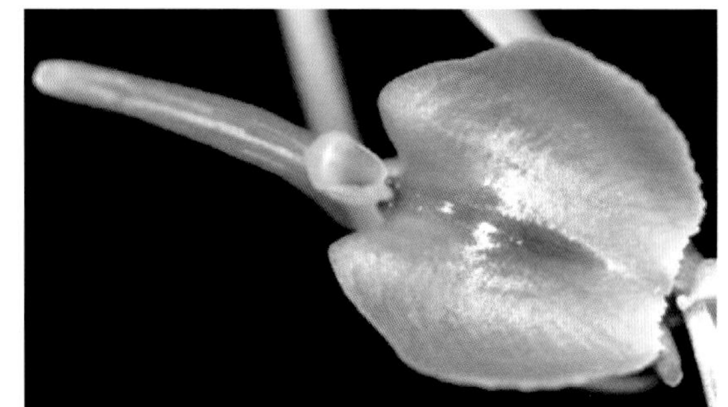
保亭羊耳蒜

柄叶羊耳蒜

扁球羊耳蒜

阿里山羊耳蒜

羊耳蒜属植物野外识别特征一览表

序号	种名	根与茎	叶形	花色	花苞片	花瓣	唇瓣	蕊柱	花期	分布与生境	备注
1	白花羊耳蒜 *L. amabilis*	假鳞茎聚生、密集	1片，基部下延成短柄，卵形或卵状椭圆形，无关节	白色	三角形	丝状或狭线形	圆形，有2条稍粗厚的纵褶片	向前弯曲，基部粗厚	4月	产于我国台湾。生于海拔900米林下	/
2	扁茎羊耳蒜 *L. assamica* King et Pantl.	假鳞茎密集，卵状梭形，略压扁	狭长圆状倒披针形，上部边缘略呈皱波状，有关节	橘黄色	披针形	狭线形	宽倒卵状长圆形，先端截形并微凹，在基部上方1毫米处两侧骤然收狭并有皱褶而增厚，基部两侧为半圆形的裂片，中央有胼胝体	直立，前面有1对宽翅，下部两侧还有1对弧形的翅	11月	产于云南南部和西部。生于海拔800～2 100米的林中树枝上	/
3	玉簪羊耳蒜 *L. auriculate* .	假鳞茎卵球形	2片，卵形、宽卵形或心形，基部圆形至心形并下延成鞘状柄，无关节	淡绿色、淡紫色或深紫红色	披针形，1.5～2.5毫米	近丝状	近圆形或卵圆形，先端浑圆或有时具细尖，近基部有2个近三角形的小胼胝体	向前弯曲，有狭翅，基部扩大，无突起	5—7月	产于我国台湾（台北、宜兰、南投）。生于海拔1 000～2 500米的密林下或山坡阴湿地上，常大片丛生	/
4	狭翅羊耳蒜 *L. averyano-viana*，《中国生物物种名录》上为 *L. uchiyamae* Schltr.，《中国植物志》上为镰翅羊耳蒜变种，区别在于蕊柱上部的翅极狭，不为钩状，产于广西、贵州。生于海拔400～800米的岩壁阴处										

（续）

序号	种名	根与茎	叶形	花色	花苞片	花瓣	唇瓣	蕊柱	花期	分布与生境	备注
5	圆唇羊耳蒜 *L. balansae*	假鳞茎密集，近狭卵形或卵形	倒披针形或狭椭圆状倒披针形，有关节	绿色	狭披针形	近丝状或狭线形	扇状扁圆形或宽倒卵状圆形，先端浑圆或近截形，具短尖，基部收狭，有2枚胼胝体	稍向前弯曲，上端在柱头两侧具翅，翅下弯钩	9—11月	产于海南、广西、四川、云南、西藏。生于海拔500～2 200米的林中或溪谷旁的树上或岩石上	/
6	须唇羊耳蒜 *L. barbata*	茎（或假鳞茎）近圆柱形	通常2片，近椭圆形，无关节	绿白色	宽卵状三角形	狭线形	长圆形，先端有短流苏，近基部有2枚胼胝体	稍向前弯曲	7月	产于我国台湾、海南。生于林下岩石覆土上	/
7	保亭羊耳蒜 *L. bautingensis*	根状茎延长，假鳞茎疏生于根状茎上	椭圆形、狭椭圆形或长圆形，有关节	绿色或绿白色	披针形或狭披针形	近丝状	近扇状扁圆形或宽倒卵状圆形，先端近截形并有不规则细齿和位于中央的细尖，基部有2枚很小的、基部合生的胼胝体	稍向前弯曲，上半部两侧具翅	11月—次年2月	产于云南、海南。生于海拔1 600米以下林中岩石上	/
8	折唇羊耳蒜 *L. bistriata*	假鳞茎密集，圆柱形，长于叶	近椭圆形或椭圆状披针形，近革质，有关节	淡绿色	披针形	线形	近长圆形，先端近截形并呈啮蚀状，中央微缺，由于中部或中部以下皱缩而使上部外折，基部有1枚多少2裂的胼胝体	稍向前弯曲，上部有狭翅，基部扩大且肥厚	6—7月	产于云南西部至南部和西藏东南部。生于海拔800～1 800米林中或山坡路旁树上或岩石上	/

（续）

序号	种名	根与茎	叶形	花色	花苞片	花瓣	唇瓣	蕊柱	花期	分布与生境	备注
9	镰翅羊耳蒜 *L. bootanensis*	假鳞茎密集，卵形、卵状长圆形或狭卵状圆柱形	狭长圆状倒披针形、倒披针形至近狭椭圆状长圆形，有关节	黄绿色，有时稍带褐色，较少近白色	狭披针形	狭线形	近宽长圆状倒卵形，先端近截形并有凹缺或短尖，通常整个前缘有不规则细齿，基部有2枚胼胝体或合生为1枚	稍向前弯曲，上部两侧各有1个翅，在前部下弯呈钩状或镰状	8—10月	产于江西南部、四川、贵州、云南、西藏、福建、我国台湾、广东、广西、海南。生于海拔800～2 300米的林缘、林中或山谷阴处的树上或岩壁上，在云南贡山海拔可达3 100米	/
10	褐花羊耳蒜 *L. brunnea*	假鳞茎簇生，椭圆形	1或2片，卵状椭圆形至圆形，无明显叶柄	棕色	卵状披针形	反折，线形丝状	近方形，先端微缺，基部收狭	基部扩大、肥厚，先端有狭翅	3月	产于广东、广西。生于沼泽丛林中	/
11	羊耳蒜 *L. campylostalix*	假鳞茎卵形	2片，卵形、卵状长圆形或近椭圆形，无关节	淡绿色，有时可变为粉红色或带紫红色	狭卵形	丝状	近倒卵形，先端具短尖，边缘稍有不明显的细齿或近全缘，基部逐渐变狭	上端略有翅，基部扩大，无突起	6—8月	产于黑龙江、吉林、辽宁、内蒙古、河北、山西、山东、河南、甘肃、湖北、四川、贵州、云南、西藏、我国台湾。生于海拔1 100～2 750米林下、灌丛中或草地荫蔽处	/

（续）

序号	种名	根与茎	叶形	花色	花苞片	花瓣	唇瓣	蕊柱	花期	分布与生境	备注
12	二褶羊耳蒜 *L. cathcartii*	假鳞茎较小，卵形	2片，椭圆形、卵形或卵状长圆形，边缘稍皱波状或近全缘，无关节	粉红色，偶见绿色与紫色	很小	近丝状	倒卵形至椭圆状倒卵形，先端近截形并有短尖，边缘具不规则齿缺，基部有2条短的纵褶片	向前弯曲，顶端有翅，基部扩大而肥厚，无突起	6—7月	产于四川、云南。生于海拔1 900～2 100米的山谷旁湿润处或草地上	/
13	丛生羊耳蒜 *L. cespitosa*	假鳞茎密集，卵形、狭卵形至近圆柱形	倒披针形或线状倒披针形，有关节	小，绿色或绿白色	钻形	狭线形	先端近截形而有短尖，边缘有时稍呈波状，基部有1对向后延伸的耳，无明显的胼胝体	稍向前弯曲，顶端扩大，有宽阔的药床	6—10月	产于我国台湾、海南、云南、西藏。生于海拔500～2 400米的林中或荫蔽处的树上、岩壁上或岩石上	/
14	平卧羊耳蒜 *L. chapaensis*	假鳞茎密集，多少平卧，近卵状长圆形，顶端具1片叶	狭椭圆形至长圆形，纸质或薄革质，有关节	淡黄绿色或变为橘黄色	狭披针形	狭线形，先端不分裂成叉状	近倒卵状长圆形，先端近截形并在中央具短尖，中部不皱缩，近基部具1枚2裂的胼胝体	稍向前弯曲，上部具狭翅	10月	产于广西、贵州和云南。生于海拔800～2 000米的石灰岩山坡常绿阔叶树林中的树上或岩石上	/
15	陈氏羊耳蒜 *L. cheniana*	资料不详。产于四川、云南、西藏。生于海拔约3 700米的地方									
16	细茎羊耳蒜 *L. condylobulbon*	根状茎较长，疏生假鳞茎，基部较粗，向上渐细	披针形或倒披针状线形，先端钝或急尖，有关节	淡绿色或近黄白色	披针形	线形	倒卵形，先端不甚明显的2裂	长约2毫米	9—11月	产于我国台湾。生于海拔200～300米干燥而透光的岩石上或树上，也可上升至500～1 800米	/

（续）

序号	种名	根与茎	叶形	花色	花苞片	花瓣	唇瓣	蕊柱	花期	分布与生境	备注
17	心叶羊耳蒜 *L. cordifolia*	假鳞茎聚生、密集	1片，基部卵形至心形，无关节	绿色或淡绿色	三角状披针形	丝状或狭线形	倒卵状三角形，近基部处有1个凹穴，凹穴上方有1对不甚明显的胼胝体	向前弯曲，上部有宽翅，基部膨大、肥厚	10—12月	产于我国台湾、广西、云南、西藏。生于海拔1000～2000米的林中腐殖土丰富的地方、岩缝或树杈积土处	/
18	小巧羊耳蒜 *L. delicatula*	假鳞茎密集	匙状长圆形至长圆状披针形，有关节	/	卵状披针形	狭线披针形	先端近截形或浑圆并有短尾，基部两侧有圆形的耳状皱褶，貌似胼胝体，近基部中央有1枚胼胝体	直立，前面上部有2个翅，两侧下部又有2个翅	10月	产于云南、西藏、海南。生于海拔500～2 900米的山坡或河谷林中树上	/
19	大花羊耳蒜 *L. distans*	假鳞茎密集	倒披针形或线状倒披针形，纸质，先端渐尖，有关节	黄绿色	近钻形	近丝状	宽长圆形、宽椭圆形至圆形，先端浑圆或钝，边缘略有不规则细齿，基部有1枚具槽的胼胝体	稍向前弯曲，上部具狭翅，基部稍扩大	10月—次年2月	产于海南、广西、四川、贵州、云南、西藏。生于海拔1 000～2 400米的林中或沟谷旁树上或岩石上，喜阴	/
20	福建羊耳蒜 *L. dunnii*	基部膨大	2片，卵状长圆形，无关节	/	卵形	丝状线形	圆倒卵形，先端具短尖，边缘稍微波状，基部与蕊柱基部交界处具1枚胼胝体	棒状，向前弯曲	10月	产于福建。生于海拔约900米的阴湿岩石上	/

（续）

序号	种名	根与茎	叶形	花色	花苞片	花瓣	唇瓣	蕊柱	花期	分布与生境	备注
21	扁球羊耳蒜 *L. elliptica*	假鳞茎密集，长圆形或椭圆形，压扁	狭椭圆形或狭卵状长圆形，纸质，有关节	淡黄绿色	披针形	狭线形或近丝状	近圆形或近宽卵圆形，先端长渐尖或为稍外弯的短尾状，边缘皱波状，中部或上部两侧常有耳状皱褶而貌似3裂，无胼胝体	无翅	11月—次年2月	产于我国台湾、四川、云南、西藏。生于海拔200～1 600米的林中树上	/
22	宝岛羊耳蒜 *L. elongata*	假鳞茎簇生，卵球形	2片，卵形到长圆形，无关节	淡绿色，唇瓣中心常带紫色	三角形	线形	倒卵形，先端短尖，基部收狭，无胼胝体	弯曲，顶端有翅，基部扩大为2个圆形突起	7月	产于我国台湾。生于海拔1 800～2 000米的森林中	/
23	贵州羊耳蒜 *L. esquirolii*	假鳞茎密集，圆柱形	长圆形至舌状，有关节	橘黄色	狭披针形	狭线形	倒卵形，基部楔形，从基部至中部有1条纵脊	稍向前弯曲，上部两侧具狭翅	5—7月	产于贵州、广西。生于海拔约900米的荫蔽的岩石上	/
24	小羊耳蒜 *L. fargesii*	假鳞茎近圆柱形，平卧	椭圆形或长圆形，先端浑圆或钝，基部骤然收狭成柄，有关节	淡绿色	很小，狭披针形	狭线形	近长圆形，中部略缢缩而呈提琴形，先端近截形并微凹，凹缺中央有时有细尖，基部无胼胝体但略增厚	稍向前弯曲，上端有狭翅	9—10月	产于陕西、甘肃、湖北、湖南、四川、贵州和云南。生于海拔300～1 400米的林中或荫蔽处的石壁或岩石上	/
25	锈色羊耳蒜 *L. ferruginea*	假鳞茎很小，狭卵形	3～6片，线形至披针形，长度为宽度的8～10倍，无关节	黄色	披针形	近线形或狭倒披针状线形	倒卵状长圆形，浅黄棕色而略带淡紫色，先端宽阔而呈截形，常有具细尖的凹缺，基部有耳，有2枚胼胝体生于近基部处	上部两侧具狭翅	5—6月	产于福建、海南、我国香港、我国台湾。生于溪旁、水田或沼泽的浅水中	/

（续）

序号	种名	根与茎	叶形	花色	花苞片	花瓣	唇瓣	蕊柱	花期	分布与生境	备注
26	裂瓣羊耳蒜 *L. fissipetala*	假鳞茎密集，纺锤形或狭卵形	狭倒卵形或倒披针状长圆形，基部收狭成短柄，有关节	黄色	绿色，卵状披针形	狭线形，先端2深裂	由前唇与爪组成，前唇长圆形，爪与前唇连接处有1枚横向的和1枚斜向的褶片状胼胝体	直立，上部两侧有近钝三角形的宽翅	9月	产于重庆、云南。生于海拔1 200米的林中树上	FOC上无，《中国植物志》、《中国生物物种名录》(2021）上有
27	巨花羊耳蒜 *L. gigantea*	假鳞茎圆柱状，有数节	3～6片，椭圆形	深紫红色	卵形	/	/	/	2—5月	产于贵州、云南、西藏、我国台湾、广东、广西、海南、福建	《中国植物志》、FOC均无，《中国生物物种名录》有；《福建兰科羊耳蒜属一新记录种——紫花羊耳蒜》（王小夏，2014）中紫花羊耳蒜拉丁名与巨花羊耳蒜一致

（续）

序号	种名	根与茎	叶形	花色	花苞片	花瓣	唇瓣	蕊柱	花期	分布与生境	备注
28	方唇羊耳蒜 *L. glossula*	假鳞茎聚生、密集	1片，长圆形或椭圆状长圆形，无关节	紫红色	披针形	丝状或狭线形	近方形或宽长圆形，上无褶片或胼胝体	稍向前弯曲，上端略具翅，基部有2个胼胝体状的肥厚突起	7月	产于云南、西藏。生于海拔2 200～3 150米的林下、林缘或山坡灌丛中	/
29	恒春羊耳蒜 *L. grossa*	假鳞茎密集，卵形，略扁	椭圆状长圆形，革质，稍带肉质，先端钝或浑圆，有关节	橘色或淡橘红色	近线状披针形	狭线形或近丝状	近长圆形，向基部略收狭，近下部1/3处骤然向外折，近基部有2枚不明显的胼胝体，先端2深裂	稍向前弯曲，绿色	10—11月	产于我国台湾、海南。生于常绿阔叶树林中的树干上或巨枝上	/
30	广西羊耳蒜 *L. guang-xiensis*	/	/	/	/	/	/	/	/	产于云南、广西。生于海拔500～1 100米的森林石灰岩岩石上	/
31	具棱羊耳蒜 *L. henryi*	假鳞茎圆柱状，肉质茎	3～5片，卵状椭圆形到卵状披针形	紫红色	三角形	线形	倒卵形，基部有2枚胼胝体	先端有狭翅	/	产于我国台湾。生于低海拔林下	《中国植物志》、《中国生物物种名录》（2021）均无

（续）

序号	种名	根与茎	叶形	花色	花苞片	花瓣	唇瓣	蕊柱	花期	分布与生境	备注
32	长苞羊耳蒜 *L. inaperta*	假鳞茎稍密集	倒披针状长圆形至近长圆形，纸质，有关节	淡绿色	狭披针形	狭线形，多少呈镰刀状	近长圆形，近中央有细尖，无胼胝体或褶片	稍向前弯曲，上部有翅	9—10月	产于福建、广西、贵州、江西、四川、浙江。生于海拔500～1 100米的林下或山谷水旁的岩石上	/
33	尾唇羊耳蒜 *L. krameria*	假鳞茎较小，外被白色的薄膜质鞘	2片，宽卵形或卵形，无关节	绿色或紫红色	卵形，较短	丝状	近卵状长圆形，先端短尾状，无缘毛，下部1/3处多少外折，基部有1枚褶片状的硕大胼胝体	略向前弯，近无翅	6—7月	产于湖北、湖南。生于海拔约1 400米林下	/
34	广东羊耳蒜 *L. kwang-tungensis*	假鳞茎近卵形或卵圆形	近椭圆形或长圆形，有关节	绿黄色	狭披针形	狭线形	倒卵状长圆形，中央有短尖，基部具1枚胼胝体	稍向前弯曲，上部具翅	10月	产于贵州、福建、广东。生于林下或溪谷旁岩石上，海拔不详	/
35	宽叶羊耳蒜 *L. latifolia*	假鳞茎稍密集，近圆柱形，向上渐狭，外被红棕色鞘，顶端具1片叶	近椭圆形或椭圆状长圆形，先端近渐尖，基部收狭成柄，有关节	淡黄色，具橘褐色唇瓣	短小	狭线形，先端不分裂成叉状	近倒卵状长圆形，先端2深裂，基部有1枚2裂的胼胝体	上端有狭翅	/	产于海南	/

（续）

序号	种名	根与茎	叶形	花色	花苞片	花瓣	唇瓣	蕊柱	花期	分布与生境	备注
36	阔唇羊耳蒜 *L. latilabris*	假鳞茎密集，狭卵形或狭卵状圆柱形	倒披针形或线状倒披针形，纸质，先端渐尖，有关节	黄绿色或黄色而带褐色	狭披针形	狭线形或近丝状	扁圆形或近肾形，先端浑圆，边缘具不规则齿缺，近基部有2枚小胼胝体，中部有1条肥厚的具腺毛的纵褶片	较小，近直立或稍向前弯曲，近无翅	11月—次年2月	产于云南、我国台湾、海南。生于海拔1 200～1 800米的林中树上或山谷阴处岩石上	/
37	月桂羊耳蒜 *L. laurisi-lvatica*	假鳞茎近球形	直立，倒披针形至线形，稍革质	淡黄色	线形	反折，狭窄线形到丝状	长圆形，中部弯曲，基部肉质	基部肉质，上部有三角形翅	10月	产于我国台湾。生于海拔900～1 500米的林下	《中国生物物种名录》(2021)中为狭翅羊耳蒜的异名
38	黄花羊耳蒜 *L. luteola*	假鳞茎稍密集，常多少斜卧，近卵形	线形或线状倒披针形，纸质，有关节	乳白绿色或黄绿色	披针形	丝状	长圆状倒卵形，先端微缺并在中央具细尖，近基部有1条肥厚的纵脊，前端有1枚2裂的胼胝体	纤细，稍向前弯曲，上部具翅	12月—次年2月	产于海南。生于林中树上或岩石上	/
39	三裂羊耳蒜 *L. mannii*	假鳞茎狭卵形、卵形至近长圆形，顶端具1片叶	狭长圆形至狭长圆状倒披针形，纸质，有关节	很小	狭披针形	狭线形，先端不分裂为叉状	近卵形，3裂；侧裂片先端钝；中裂先端近急尖，前方边缘有不规则细齿缺；无胼胝体	稍向前弯曲，基部扩大、肥厚	10—11月	产于云南、我国台湾、广西。生于海拔750～1 200米的林中树上	/

（续）

序号	种名	根与茎	叶形	花色	花苞片	花瓣	唇瓣	蕊柱	花期	分布与生境	备注
40	凹唇羊耳蒜 *L. nakaharai*	假鳞茎小	2片，近长圆状倒披针形，纸质，先端急尖，基部渐狭，具短柄	/	狭披针形	狭线形	倒卵状长圆形，长约5毫米，宽约3.5毫米，先端近截形而微凹，边缘略有不规则齿缺，近基部有2枚胼胝体	/	3月	产于我国台湾。生境、海拔均不详	/
41	见血青 *L. nervosa*	茎（或假鳞茎）圆柱状、肉质，有数节	（2～）3～5片，卵形至卵状椭圆形，无关节	小，紫色	很小，三角形	丝状	长圆状倒卵形，先端截形并微凹，基部收狭并具2枚近长圆形的胼胝体	较粗壮，上部两侧有狭翅	2—7月	产于浙江、江西、湖南、湖北、四川、贵州、云南、西藏、福建、我国台湾、广东、广西、浙江、江西、湖南。生于海拔1 000～2 100米的林下、溪谷旁、草丛阴处或岩石覆土上	/
42	紫花羊耳蒜 *L. nigra*	茎（或假鳞茎）圆柱状、肉质，有数节	3～6片，椭圆形、卵状椭圆形或卵状长圆形，无关节	深紫红色，较大	很小，卵形	线形或狭线形	倒卵状椭圆形或宽倒卵状长圆形，先端截形或有时有短尖，边缘有明显的细齿，基部收狭并有耳，近基部有2枚胼胝体	两侧有狭翅	2—5月	产于贵州、云南、西藏、广东、广西、海南、我国香港、我国台湾。生于海拔500～1 700米的常绿阔叶林下或阴湿的岩石覆土上或地上	/

（续）

序号	种名	根与茎	叶形	花色	花苞片	花瓣	唇瓣	蕊柱	花期	分布与生境	备注
43	香花羊耳蒜 *L. odorata*	假鳞茎近卵形	2～3片，长度为宽度的3～5倍，直立，无关节	绿黄色或淡绿褐色	披针形，常平展，具1条脉	近狭线形，向先端渐宽	倒卵状长圆形，先端近截形并微凹，上部边缘有细齿，近基部有2枚三角形的胼胝体，无乳头状突起	稍向前弯曲，两侧有狭翅，翅向上渐宽	4—7月	产于浙江、江西、湖南、湖北、四川、贵州、云南、福建、我国台湾、广东、广西、海南。生于海拔600～3 100米的林下、疏林下或山坡草丛中	/
44	对叶羊耳蒜 *L. oppositifolia*	假鳞茎簇生，卵球形到圆锥形	2片，宽卵状椭圆形，基部近心形，横卧地上，无关节	绿色	披针形	线状倒披针形	近倒卵形至方形，先端微缺，基部有肉质的胼胝体	向外弯曲，具狭翅	8月	产于云南。生于海拔1 100米密林下	《中国生物物种名录》(2021)为滇南羊耳蒜异名
45	长唇羊耳蒜 *L. pauliana*	假鳞茎卵形或卵状长圆形	通常2片，极少为1片，卵形至椭圆形，边缘皱波状具不规则细齿，无关节	淡紫色	卵形或卵状披针形	近丝状	倒卵状椭圆形，先端钝或有时具短尖，近基部常有2条短的纵褶片，有时纵褶片似皱褶而不甚明显	向前弯曲，顶端具翅，基部扩大、肥厚，无突起	5月	产于浙江、江西、湖北、湖南、广东、广西、云南、贵州、陕西。生于海拔600～1 200米的林下阴湿处或岩石缝中	/
46	柄叶羊耳蒜 *L. petiolate*	细长的根状茎，每相隔2～4厘米具假鳞茎	2片，宽卵形，有鞘状柄，无关节	绿白色	披针形，5～6毫米	狭线形	椭圆形至近圆形，先端具短尖，近基部有2枚胼胝体	向前弯曲，顶端稍扩大并有狭翅，基部肥厚	5—6月	产于江西、湖南、云南、西藏、广西。生于海拔1 100～2 900米的林下、溪谷旁或阴湿处	/

（续）

序号	种名	根与茎	叶形	花色	花苞片	花瓣	唇瓣	蕊柱	花期	分布与生境	备注
47	小花羊耳蒜 *L. platyrachis*	假鳞茎密集，近圆柱形，向顶端渐狭，稍压扁	线状披针形，基部收狭成短柄，有关节	白色	钻形	线形	近方形，先端浑圆而有凹缺或具细尖，在下部明显皱缩并扭曲，貌似有2个耳状物，近基部有4枚胼胝体	直立，上部有1对三角形小翅，下部侧面也有1对翅	9月	产于云南。生境与海拔不详	/
48	翼蕊羊耳蒜 *L. regnieri*	不具细长根状茎	3～4片，椭圆形至卵形，无关节	黄绿色	很小，披针形	近线形	长圆形，先端无流苏，基部有2枚胼胝体	稍向前弯曲	不详	产于云南、四川	/
49	蕊丝羊耳蒜 *L. resupinate*	假鳞茎密集	狭长圆形或近线状披针形，有关节	淡绿色或绿黄色	披针形	狭线形	先端钝，在基部上方两侧有裂口，形成上下唇，上唇基部有耳而呈箭形，下唇两侧的裂片半圆形，中央有1枚2裂的肥厚胼胝体	直立，两侧有半圆形的宽翅，每侧翅的前方有1个下垂的丝状体	10—12月	产于云南、西藏。生于海拔1 300～2 500米的山坡密林中或河谷阔叶林中的树上	/
50	齿突羊耳蒜 *L. rostrate*	假鳞茎很小，卵形	2片，卵形，无关节	绿色或黄绿色	卵形	丝状或狭线形	近倒卵形，先端具短尖，边缘有不规则齿，基部收狭，无胼胝体	稍向前弯曲，顶端有翅，基部扩大，在前方有2个肥厚的齿状突起	7月	产于西藏、云南。生于海拔2 650米的沟边铁杉林下、石上覆土中	/
51	阿里山羊耳蒜 *L. sasakii*	假鳞茎卵球形	2片，倒卵形，无关节	暗紫色	小，卵状三角形	线形	圆倒卵形，先端浑圆并具短尾，边缘具缘毛，近基部有1枚胼胝体	蕊柱向前弯曲，两侧有翅	5月	产于我国台湾。生于海拔1 500～2 000米的林下	/

（续）

序号	种名	根与茎	叶形	花色	花苞片	花瓣	唇瓣	蕊柱	花期	分布与生境	备注
52	管花羊耳蒜 *L. seidenfadeniana*	假鳞茎圆柱形，顶端具1片叶	倒卵形，先端钝，近无柄	小、管状	卵状三角形	线形	近长圆形，肉质，基部有耳，先端微缺	向前弯曲，无翅	/	产于贵州、四川	/
53	滇南羊耳蒜 *L. siamensis*	假鳞茎卵形	2片，卵状椭圆形或椭圆形，无关节	绿色	披针形，多少反折	狭线形，向顶端渐宽	倒卵状横长圆形，先端微缺，边缘具不规则细齿，基部收狭成短爪并有1枚胼胝体	向前弯曲，两侧有狭翅	8月	产于云南。生于海拔700米的林下	/
54	台湾羊耳蒜 *L. somai*	假鳞茎卵球形	倒披针形，先端急尖，有关节	绿色	披针形	线形	卵形，先端急尖，前部边缘略有皱波状细齿	长约1.5毫米	11月	产于我国台湾。生于海拔500～1 000米的水旁常绿阔叶林中的树干上	/
55	插天山羊耳蒜 *L. sootenzanensis*	茎（或假鳞茎）圆柱状，有数节	数片，无关节	黄绿色	卵形	丝状	倒卵形，在靠近中部处反折，基部收狭，上部边缘具细齿	向前弯曲	4—5月	产于我国台湾、贵州。生于海拔1 000～1 500米的疏林下	参考：《中国植物志》《插天山羊耳蒜——中国大陆兰科植物新记录》（魏鲁明 等，2010年）。《中国生物物种名录》(2021)为见血青的异名

（续）

序号	种名	根与茎	叶形	花色	花苞片	花瓣	唇瓣	蕊柱	花期	分布与生境	备注
56	疏花羊耳蒜 *L. sparsiflora*	假鳞茎卵球形至球形	1～2片，披针形至舌状	白色，绿色或淡绿色	宽卵形	线形	长圆形，中部有1条纵脊，基部有2枚胼胝体	稍向前弯曲，上部两侧具狭翅	5—7月	产于贵州、海南。生于海拔约900米的荫蔽岩石上	/
57	扇唇羊耳蒜 *L. strickl-andiana*	假鳞茎密集，近长圆形	倒披针形或线状倒披针形，纸质，先端渐尖，基部收狭成柄，有关节	绿黄色	钻形	近丝状	扇形，先端近截形并具短尖，前部边缘具细齿，近基部有1枚扁圆形的胼胝体，胼胝体中央贴生于唇瓣并向前延伸成宽阔、粗短的肥厚中脉	纤细，近直立或稍向前弯曲，顶端具狭翅，基部稍扩大	10月—次年1月	产于广东、海南、广西、贵州、云南、西藏。生于海拔1 000～2 400米的林中树上或山谷阴处石壁上	/
58	云南羊耳蒜 *L. superposita*	假鳞茎长于保亭羊耳蒜	狭椭圆形，具叶柄，较长	绿色	披针形	线形	近圆形，基部有2枚胼胝体	直立，上部有宽翅	11月	产于云南。生于海拔1 400～1 800米的混交林下	《中国生物物种名录》(2021)为保亭羊耳蒜的异名
59	折苞羊耳蒜 *L. tschangii*	假鳞茎卵形	2片，平展，卵状椭圆形至卵形，无关节	绿色	披针形，反折	狭线形或近丝状	倒卵形至近宽椭圆形，中央有1条肥厚的暗色纵带从基部延伸至中部以上，带基部有2枚小的胼胝体	稍向前弯曲，上部有翅	7—8月	产于四川、云南。生于海拔1 100～1 700米的林下	/

（续）

序号	种名	根与茎	叶形	花色	花苞片	花瓣	唇瓣	蕊柱	花期	分布与生境	备注
60	长茎羊耳蒜 *L. viridiflora*	假鳞茎稍密集，通常为圆柱形，短于叶	线状倒披针形或线状匙形，纸质，先端渐尖并有细尖，有关节	绿白色或淡绿黄色	狭披针形	狭线形	近卵状长圆形，先端近急尖或具短尖头，边缘略呈波状，从中部向外弯，无胼胝体	稍向前弯曲，顶端有翅，基部略扩大	9—12月	产于福建、广东、广西、海南、四川、我国台湾、西藏、云南。生于海拔200～2 300米林中或山谷阴处的树上或岩石上	/

备注：此属还有秉滔羊耳蒜 *L. pingtaoi*，平祥羊耳蒜 *L. Pingxiangensis*，华西羊耳蒜 *L. Pygmaea*，若氏羊耳蒜 *L. rockii*，吉氏羊耳蒜 *L. Tsii*，资料不详

桂柳柳 / 武汉市洪山区蓝雪生态环境评价研究所

76. 丫瓣兰属 *Ypsilorchis* Z. J. Liu, S. C. Chen et L. J. Chen

附生或岩生草本。假鳞茎密集，纺锤形或卵球形；叶小，狭倒卵形或倒披针状长圆形，边缘皱波状，先端有芒尖；花黄色；花瓣2深裂，呈Y形；唇瓣由前唇与爪组成，前唇基部两侧有耳；爪与前唇连接处有胼胝体；蕊柱直立，两侧有2个角状附属物；花粉团2个，蜡质，均有1个多少有弹性的花粉团柄。

全属1种，仅分布于我国。

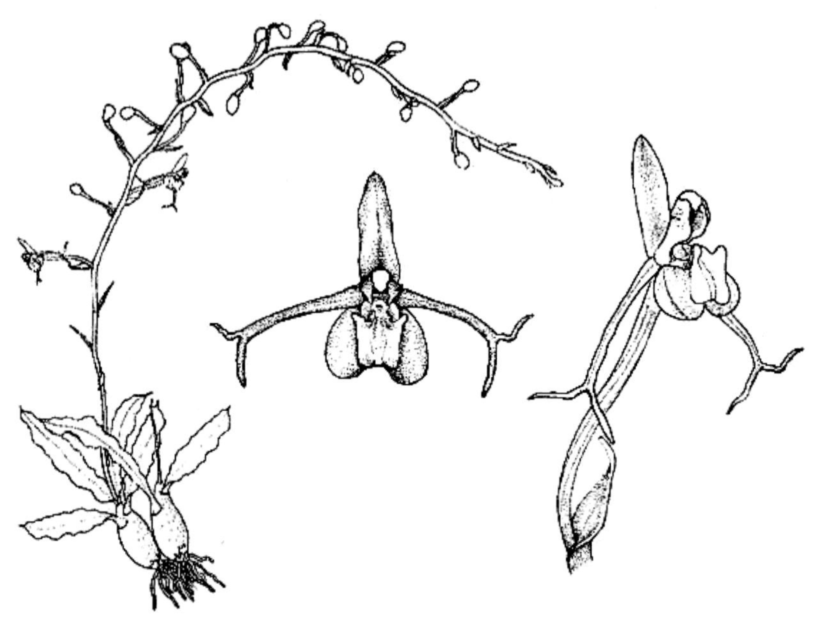

丫瓣兰

丫瓣兰属植物野外识别特征一览表

种名	假鳞茎	叶	花瓣	唇瓣	蕊柱	花粉团	花期	分布与生境	备注
丫瓣兰 *Y. fissipetala*	椭圆形、狭长圆形或近圆筒状	狭倒卵形或倒披针状长圆形，边缘皱波状，先端有芒尖	2深裂，呈Y形	由前唇与爪组成，前唇长圆形，爪与前唇连接处有1个横向的和1个斜向的褶片状胼胝体	直立，上部两侧有钝三角形翅	2个，蜡质，均有1个多少有弹性的花粉团柄	9—11月	产于重庆、云南。分布于海拔1 200～1 600米的常绿阔叶林中、森林中的树木上或略有阳光的石灰岩上	《中国生物物种名录》（2021）为裂瓣羊耳蒜异名。《*Ypsilorchis* and Ypsilorchidinae, a new genus and a new subtribe of Orchidaceae》（Liu Z J, 2008）

桂柳柳 / 武汉市洪山区蓝雪生态环境评价研究所

77. 原沼兰属 *Malaxis* Solander ex Swartz

草本，陆生或很少附生，偶尔腐生。根有毛。茎圆筒状到假球状，肉质，通常匍匐和在基部生根。总状花序直立；花苞片宿存，披针形；花不倒置或倒置，绿色、棕色、黄色、粉红色或紫色；中萼片展开，离生；侧萼片离生或合生，展开；花瓣通常窄于萼片，离生，展开；唇瓣直立，扁平，有时在基部凹陷，全缘至浅裂，基部有耳状物或无，顶端边缘全缘或具齿，无距；无蕊柱足；花粉团 4 个，蜡质；柱头半圆形或卵形。

大约 300 种，世界性分布，主要分布在热带和亚热带地区，少数分布于温带地区；我国 2 种。

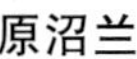

原沼兰

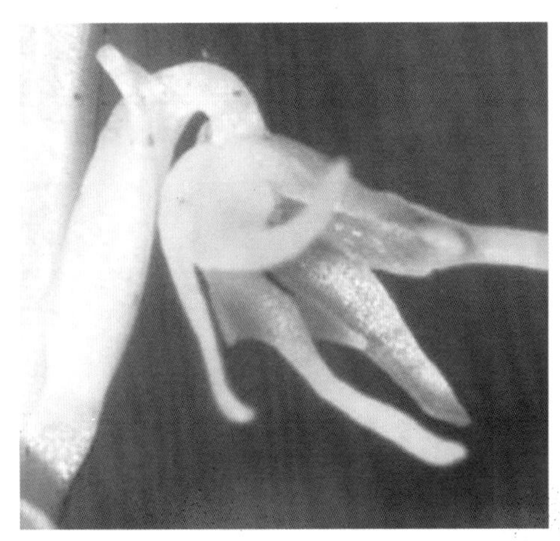

原沼兰

原沼兰

原沼兰属植物野外识别特征一览表

序号	种名	茎	叶	花色	花萼与花瓣	唇瓣	花期	分布与生境
1	原沼兰 *M. monophyllos*	假鳞茎卵形，外被白色的薄膜质鞘	常 1（2）片，斜立，卵形，基部收狭成鞘状柄	花小、密集，淡黄绿色至淡绿色	萼片披针形，花瓣近丝状或极狭的披针形	唇盘近圆形至扁圆形，中央略凹陷，两侧边缘肥厚具疣状突起	7—8 月	产于云南西北部、黑龙江、吉林、辽宁、内蒙古、河北、山西、陕西、甘肃、我国台湾、河南、四川、西藏。生于林下、灌丛中或草坡上，海拔变化较大
2	三伯花柱兰 *M. sampoae* 分布于我国台湾，生于海拔 300 ～ 400 米处							

蔡朝晖 / 湖北科技学院

78. 沼兰属 *Crepidium* Blume

地生，较少为半附生或附生草本，通常具多节的肉质茎或假鳞茎，外面常被有膜质鞘。叶通常 2 ～ 8 片，较少 1 片，草质或膜质，有时稍肉质，近基生或茎生，多条脉，基部收狭成明显的柄。花莛顶生，通常直立，无翅或罕具狭翅；总状花序具数朵或数十朵花；花一般较小；萼片离生，相似或侧萼片较短而宽，通常展开；花瓣一般丝状或线形，明显比萼片狭窄；唇瓣通常位于上方（子房扭转 360 度），极罕位于下方（子房扭转 180 度），不裂或 2 ～ 3 裂，有时先端具齿或流苏状齿，基部常有 1 对向蕊柱两侧延伸的耳，较少无耳或耳向两侧横展；蕊柱一般很短，直立，顶端常有 2 枚齿。

全属约有 300 种，广泛分布于全球热带与亚热带地区，少数种类也见于北温带。我国 17 种。

浅裂沼兰

细茎沼兰

细茎沼兰

云南沼兰

深裂沼兰

深裂沼兰

浅裂沼兰

二耳沼兰

兰屿沼兰

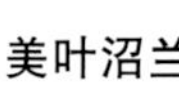
美叶沼兰

美叶沼兰

二脊沼兰

兰屿沼兰

齿唇沼兰

齿唇沼兰

沼兰属植物野外识别特征一览表

序号	种名	茎	叶	花冠	花数量	唇瓣	花期	分布与生境
1	浅裂沼兰 *C. acuminatum*	肉质，圆柱形，具数节	3～5片，斜卵形至长圆形，叶柄鞘状抱茎	紫红色；萼片长圆形，边缘外卷；花瓣狭线形，边缘外卷	10余朵或更多	卵状长圆形，有1对向后延伸的尾，前部中央有凹槽	5—7月	产于广东、贵州、我国台湾、西藏、云南。生于海拔300～2 100米森林、山谷旁的阴凉岩石上
2	云南沼兰 *C. bahanense*	球形	2片，卵形至长圆形，基部收狭成柄	黄色或褐红色；萼片卵形；花瓣线状舌形	5～10朵	箭状卵形，有1对向后延伸的耳，前部中央有1枚半圆形胼胝体	7月	产于云南西北部。生于海拔2 600米岩石上
3	兰屿沼兰 *C. bancanoides*	肉质，圆柱形，绿色，具多节	5～8片，椭圆形，边缘波状，具柄	橘黄色；萼片披针形或椭圆形；花瓣狭线形	密生多数小花	近圆形或略带方形，有1对向后延伸的耳，先端略3裂，中裂片两侧有1～2枚齿	9—11月	产于我国台湾南部

（续）

序号	种名	茎	叶	花冠	花数量	唇瓣	花期	分布与生境
4	二耳沼兰 *C. biauritum*	肉质，圆柱形，具多节	3片，斜立，卵形至椭圆形，叶柄鞘状抱茎	紫红色至绿色；萼片长圆形；花瓣狭线形	20～30朵	菱状椭圆形，向后延伸1对耳，前部中央有2条肥厚短褶片	6月	产于云南南部。生于海拔1 300～2 500米森林中
5	美叶沼兰 *C. calophyllum*	肉质，圆柱形，具多节	2～4片，斜卵形至狭卵形，上面淡褐色，两侧具白色斑带，叶柄抱茎	淡黄色；中萼片长圆形，侧萼片长圆形，边缘外卷；花瓣近丝状	10～20朵或更多	基部紫红色，椭圆形或长圆形，后部延伸1对耳，前部中央有1个肥厚褶片围成的凹槽，蕊柱顶端有三角形翅	7月	产于云南南部和海南
6	凹唇沼兰 *C. concavum*	假鳞茎小，包于叶鞘之内	2片，长圆形或椭圆形，叶柄鞘状	花小，萼片长圆形；花瓣狭线形	10朵	卵形或宽长圆形，先端凹缺，有2条肥厚短褶片	6月	产于云南南部。生于海拔1 200米林下潮湿处
7	二脊沼兰 *C. finetii*	肉质，圆柱形	4片，斜立靠近，卵形至卵状披针形，叶柄鞘状	黄绿色；萼片长圆形；花瓣狭线形或近丝状	20朵或更多	近卵状三角形，不裂，先端钝，唇盘有5条厚短纵脊	7—9月	产于海南
8	海南沼兰 *C. hainanense*	肉质，圆柱形，向上渐狭	4～5片，斜立，长圆形，叶柄鞘状	浅黄色；萼片长圆形；花瓣狭线形	6～7朵	近卵形，后部延伸1对耳，先端2深裂	7—8月	产于海南
9	琼岛沼兰 *C. insulare*	肉质，圆柱形，具数节，上部直立	（2～）4～5片，斜卵形，叶柄鞘状	花小，萼片近圆形至长圆形，具3条脉	5～10朵	卵状三角形或半圆形，先端骤变尖，2浅裂	6月	产于海南西部

（续）

序号	种名	茎	叶	花冠	花数量	唇瓣	花期	分布与生境
10	细茎沼兰 *C. khasianum*	肉质，圆柱形，具数节	4～5片，斜卵形至卵状披针形，叶柄基部抱茎	黄绿色；萼片椭圆形；花瓣狭线形	20朵或更多	宽长圆形，后部延伸1对耳，前部中央有1个肥厚褶片围成的凹槽，先端2浅裂	7月	产于云南西南部至南部。生于海拔1 000～1 100米森林中的岩石裂缝
11	铺叶沼兰 *C. mackinnonii*	/	2片，对生状平铺地面，卵形或椭圆形，基部近心形抱茎	萼片长圆形至卵形；花瓣线形	数朵	卵形，后部延伸1对耳，前部卵形，先端2浅裂	不详	产于云南中部
12	鞍唇沼兰 *C. matsudae*	肉质，圆柱形，紫绿色，具数节	4～5片，卵状椭圆形或圆形，背面紫色，具叶柄	未开时绿色，开后紫绿色；萼片卵形或椭圆形；花瓣线形	10余朵	近卵形，后部延伸1对耳，前部近中部收狭为肩状，先端2浅裂	6—7月	产于我国台湾中部至南部。生于海拔1 000～1 500米森林中
13	齿唇沼兰 *C. orbiculare*	卵形，被白色膜质鞘	3片，卵形至披针形，先端渐尖，叶柄鞘状抱茎	暗紫色或黑紫色；中萼片长圆形或线形，边缘外卷，侧萼片歪斜；花瓣线形	10余朵	位于上方，圆形或椭圆形，后部延伸1对耳，前部近半圆形，先端有流苏状齿	6月	产于云南西南部至南部。生于海拔800～2 100米森林中
14	卵萼沼兰 *C. ovalisepalum*	圆柱形	2～4片，斜卵形或椭圆形，叶柄鞘状	淡绿色至黄色；中萼片长圆形，边缘外卷，侧萼片卵圆形；花瓣线形	7～8朵	位于上方，倒卵形至长圆形，后部延伸1对耳，前部中央有凹槽，先端3裂	6月	产于云南南部

（续）

序号	种名	茎	叶	花冠	花数量	唇瓣	花期	分布与生境
15	深裂沼兰 *C. purpureum*	肉质，圆柱形，具数节	3～4片，斜卵形至长圆形，基部收狭成鞘状柄抱茎	红色或浅黄色；萼片长圆形；花瓣线形	10～30朵或更多	位于上方，近卵状矩圆形，后部延伸1对耳，前部中央有1个凹槽，有稀疏腺毛，先端2深裂	6—7月	产于广西西南部、四川西部和云南西南部至南部
16	心唇沼兰 *C. ramosii*	不明显	2片，近对生，斜椭圆状卵形，边缘波状	橘色；中萼片卵形，侧萼片斜卵圆形；花瓣倒卵形	10余朵	心形，不裂，先端钝，基部具2个圆钝短耳	8—11月	产于我国台湾南部。生于海拔300～400米森林中
17	四川沼兰 *C. sichuanicum*	茎直立，近球形	3片，直立至平展，近似长圆形至长圆状披针形，先端钝至渐尖	花淡黄色；中萼片3条脉，先端钝，侧萼片宽椭圆形长圆形，先端钝至圆形；花瓣卵圆形	12朵	唇状卵形，中部以上稍凹入和具腺柔毛，先端狭窄，2裂	7月	产于四川。生于海拔1 000～1 200米路边

蔡朝晖 / 湖北科技学院

陶全霞 / 武汉市伊美净科技发展有限公司

79. 无耳沼兰属 *Dienia* Lindley

草本，陆生或很少附生。根有毛。茎圆筒状，肉质，通常匍匐和在基部生根，增厚为卵球形或圆锥状的假鳞茎，有时被囊鞘包围。叶2至数片，薄纹，细，叶柄鞘在基部。花序顶生，直立，总状花序，不分枝。花绿色、棕色、黄色、粉红色或紫色。中萼片展开，离生；侧萼片离生或融合，展开。花瓣离生，展开；唇瓣平行于蕊柱，有时在基部凹入，全缘或浅裂，在基部缺乏耳廓，顶缘全缘或具齿，无距。

约19种，分布于亚洲热带和亚热带地区以及澳大利亚；我国2种。

无耳沼兰

无耳沼兰

无耳沼兰属植物野外识别特征一览表

序号	名称	根与茎	叶	花	萼片	唇瓣	花期	分布与生境
1	筒穗无耳沼兰 *D. cylindrostachya*	茎源于假鳞茎基部，具鞘	1片，具长叶柄，叶柄管状，具鞘，叶片椭圆或圆形至近具刺	花序总状，圆筒状，密生多花，花黄绿色	卵形，先端渐尖；花瓣线状披针形，先端锐尖	肉质，宽卵形，边缘加厚，具一隆起的中央棱脊，基部弱囊状，边缘具齿	/	产于西藏
2	无耳沼兰 *D. ophrydis*	肉质茎圆柱形	通常4～5片	花紫红色至绿黄色	中萼片狭于侧萼片	凹陷，先端收狭成狭卵形的尾（中裂片），侧裂片不甚明显，唇瓣基部无耳	5—8月	产于福建、我国台湾、广东、海南、广西和云南。生于海拔2 000米以下的林下、灌丛中或溪谷旁荫蔽处的岩石上

陶全霞 / 武汉市伊美净科技发展有限公司

80. 小沼兰属 *Oberonioides* Szlachetko

附生草本，成簇生长。叶单生，肉质。总状花序直立，圆柱状花序梗，长于轴，无毛；花瓣线形，1 条脉；唇无梗，不具耳，3 浅裂。约 2 种，分布于中国和泰国。我国 1 种。

小沼兰　　小沼兰

小沼兰属植物野外识别特征一览表

种名	叶	唇瓣	花序	花色	花期	分布与生境
小沼兰 *O. microtatantha*	单生，近贴伏于基部，卵形至宽卵形	近对角三角形或舌状，3 浅裂	直立，花序梗通常紫色，稍压扁，纤细，两侧翅膀很窄	黄色，非常小	4—5 月	产于福建、江西、我国台湾。生于海拔 200～1 800 米潮湿和荫蔽的森林中及岩石上

冯杰 / 武汉市伊美净科技发展有限公司

81. 鸢尾兰属 *Oberonia* Lindley

附生草本，常丛生。茎常包藏于叶基之内。叶 2 列，近基生或紧密地着生于茎上，通常两侧压扁。总状花序。花苞片小，边缘常多少呈啮蚀状或有不规则缺刻；花很小，常多少呈轮生状；萼片离生，相似；唇瓣通常 3 裂，少有不裂或 4 裂，边缘有时呈啮蚀状或有流苏；蕊柱短，直立，无蕊柱足，近顶端常有翅状物；花药顶生，俯倾，顶端加厚而为帽状；花粉团 4 个，蜡质，无花粉团柄，基部有一小团的黏性物质；柱头凹陷，位于前上方；蕊喙小。

全属约 300 种，分布于亚洲热带地区。我国 33 种，产于南部。

小花鸢尾兰 　鸢尾兰 　鸢尾兰 　小叶鸢尾兰 　显脉鸢尾兰 　狭叶鸢尾兰

小叶鸢尾兰 　小叶鸢尾兰 　条裂鸢尾兰 　套叶鸢尾兰

显脉鸢尾兰

狭叶鸢尾兰

裂唇鸢尾兰

剑叶鸢尾兰

全唇鸢尾兰

绿春鸢尾兰

裂唇鸢尾兰

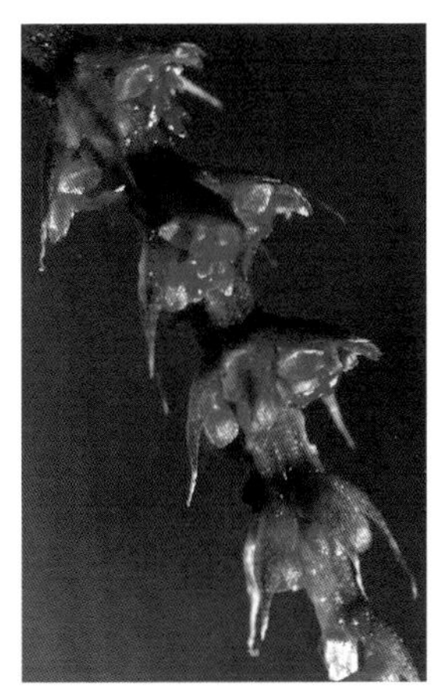
橘红鸢尾兰

红唇鸢尾兰

短耳鸢尾兰

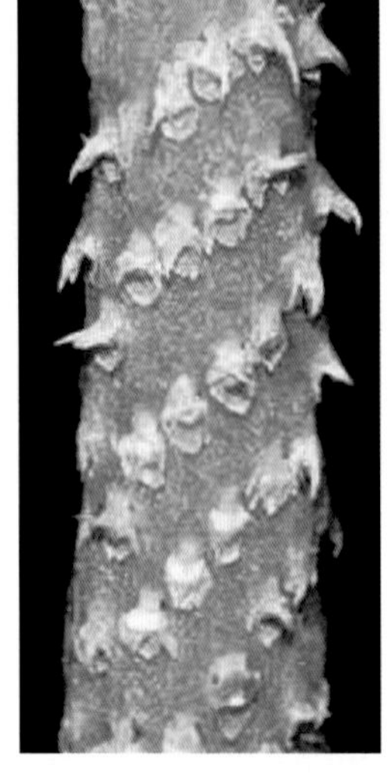
扁莛鸢尾兰

棒叶鸢尾兰

阿里山鸢尾兰

棒叶鸢尾兰

扁莛鸢尾兰

广西鸢尾兰

鸢尾兰属植物野外识别特征一览表

序号	种名	叶	花序	花苞片	花	萼片	唇瓣	花期	分布与生境
1	显脉鸢尾兰 *O. acaulis*	近基生，3～4片，2列套叠，两侧压扁，略肥厚，剑形，稍镰曲	总状，有数百朵小花	披针形，边缘具不规则锐齿	绿白色	中萼片卵状椭圆形；侧萼片宽卵形，与中萼片等长但较宽	3裂，先端小裂片近长圆形	花果期11月—次年1月	产于云南南部至东南部。生于海拔1 000米左右的林中树上
2	绿春鸢尾兰 *O. acaulis* subsp.*luchunensis* 唇瓣近全缘，先端渐尖。花期10月。产于云南。生于海拔2 400米林缘树上								
3	长裂鸢尾兰 *O. anthro-pophora*	5～9片，2列互生于茎上，两侧压扁，肥厚，线形，常稍镰曲	总状花序具百余朵花	披针形，先端长渐尖或具芒，边缘常多少有啮蚀状齿缺	淡红色	萼片与花瓣近等长；侧萼片宽卵形，与中萼片近等长	3裂而中裂片再度深裂，侧裂片位于唇瓣基部两侧	5月	产于海南。生于海拔约400米山谷旁乔木上
4	阿里山鸢尾兰 *O. arisanensis*	多片，2列套叠，两侧压扁，剑形或线形	总状花序具多数近轮生的花	卵状披针形，边缘呈不明显的啮蚀状	橘红色或红褐色，轮生	侧萼片卵形或卵状三角形，反卷，与中萼片近等长，但略宽	基部的侧裂片边缘多少啮蚀状或有啮蚀状流苏	2—6月	产于我国台湾南部至北部。生于海拔400～2 000米林中树上
5	滇南鸢尾兰 *O. austroyunnanensis* 叶基部具关节，先端无长芒。基部的侧裂片边缘具流苏								
6	中华鸢尾兰 *O. cathayana*	近基生，3～4片，2列套叠，两侧压扁，肥厚，近剑形	总状花序密集多花	花苞片状椭圆形，顶端边缘呈不规则啮蚀状	散生于花序轴的凹穴中	中萼片宽椭圆形卵形，先端圆形；侧萼片卵形，先端近急突	宽长圆状卵形，3裂，侧裂片正方形，中裂片近圆形正方形	未知	产于广西

（续）

序号	种名	叶	花序	花苞片	花	萼片	唇瓣	花期	分布与生境
7	狭叶鸢尾兰 *O. caulescens*	5～6片，2列互生于茎上，两侧压扁，肥厚，线形，常多少镰曲	总状花序具数十朵或更多的花	披针形，先端渐尖或钝，边缘有不规则的缺刻或近全缘	淡黄色或淡绿色，较小	中萼片卵状椭圆形，先端钝；侧萼片近卵形，稍凹陷	轮廓为倒卵状长圆形或倒卵形，基部两侧各有1个钝耳或有时耳不甚明显	7—10月	产于我国台湾南部至北部、广东、四川、云南和西藏。生于海拔700～1 800米林中树上或岩石上，但在西藏可上升至3 700米
8	棒叶鸢尾兰 *O. cavaleriei*	近基部，4或5片，近圆筒状或压缩圆筒状，叶脉不明显，基部一侧具白色透明卷缘，具齿	总状花序下垂，圆筒状，密被许多花	披针形，边缘为不规则齿状	白色或绿白色，唇和柱通常稍带淡黄棕色	近椭圆形或长圆状卵形，背面常具齿状突起	不明显3裂，边缘有几个不规则的裂片	8—10月	产于广西、贵州、四川、云南和云南。附生于海拔1 200～1 500米森林或灌丛中的树枝上
9	无齿鸢尾兰 *O. delicata*	5～6片，2列套叠，稍肉质，两侧压扁，剑形	总状花序密生多朵花	披针形，先端渐尖，全缘，脉不明显	淡红色	中萼片卵状椭圆形，先端钝，全缘	3裂；侧裂片近狭卵状披针形，全缘；中裂片倒卵形或宽倒卵形	8月	产于云南南部。附生于海拔1 700米林中树上
10	剑叶鸢尾兰 *O. ensiformis*	近基生，5～6片，2列套叠，两侧压扁，肥厚，剑形，稍镰曲	总状花序较密集地着生百余朵或更多的花	近长圆形，近直立，先端长渐尖，在先端两侧边缘具不规则锐齿	绿色	中萼片宽长圆状卵形，先端钝；侧萼片宽卵形，与中萼片大小相似	轮廓为卵状宽长圆形，3裂；侧裂片位于唇瓣基部两侧，边缘啮蚀状	9—11月	产于广西北部和云南西部至南部。附生于海拔900～1 600米树上

（续）

序号	种名	叶	花序	花苞片	花	萼片	唇瓣	花期	分布与生境
11	短耳鸢尾兰 *O. falconeri*	近基生，3～6片，2列套叠，两侧压扁，肥厚，剑形，通常稍镰曲	总状花序具百余朵或更多小花	披针形至长圆状披针形，薄膜质，先端有芒，呈啮蚀状	白色、绿色至绿黄色，常较密集，多少轮生	中萼片卵形或长圆状卵形，先端钝或急尖；侧萼片相似但略狭	轮廓为长圆形，基部两侧各具1个短耳，先端2裂	8—10月	产于云南南部（景洪、勐腊）。生于海拔860～1 150米林下或灌丛中的树皮上
12	齿瓣鸢尾兰 *O. gammiei*	近基生，3～7片，2列套叠，两侧压扁，肥厚，有时稍镰曲，剑形	总状花序具数十朵或百余朵花	近长圆状卵形，边缘有不规则齿缺或呈啮蚀状	白绿色	中萼片宽卵形，先端钝；侧萼片卵形，边缘具啮蚀状齿	轮廓近卵形，不明显3裂；侧裂片边缘具啮蚀状齿或不规则裂缺；中裂片先端2裂	10—12月	产于海南和云南。生于海拔500～900米林中树上或岩石上
13	橙黄鸢尾兰 *O. gigantea*	近基生，5～8片，两侧压扁，肉质，剑形，基部有关节	总状花序密生多数花	三角状线形，先端渐尖，边缘近全缘	橙黄色	中萼片椭圆形，先端钝；侧萼片宽卵形	3裂；侧裂片位于唇瓣基部两侧，边缘啮蚀状；中裂片近椭圆形或方形，先端2裂	11—12月	产于我国台湾北部和东部。生于海拔800米树木枝条上或树干上
14	全唇鸢尾兰 *O. integerrima*	近基生，5～8片，2列套叠，两侧压扁，肥厚，剑形，有时稍镰曲	总状花序极密集地生有数百朵小花	近宽长圆形或圆形，先端近截形，边缘具啮蚀状细缺刻	/	萼片宽卵形，先端钝；侧萼片略斜歪	近扁圆形，不裂，边缘略呈不规则的浅波状	9月	产于云南西南部至南部。生于海拔1 000～1 600米石灰山林中树上

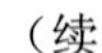
（续）

序号	种名	叶	花序	花苞片	花	萼片	唇瓣	花期	分布与生境
15	小叶鸢尾兰 *O. japonica*	数片，基部2列套叠，两侧压扁，线状披针形，稍镰刀状，略肥厚	总状花序具多数小花	卵状披针形，先端渐尖	黄绿色至橘红色，很小	萼片宽卵形至卵状椭圆形，侧萼片常略大于中萼片	轮廓为宽长圆状卵形，3裂；侧裂片卵状三角形，斜展，全缘；中裂片椭圆形、宽长圆形或近圆形	4—7月	产于福建北部（武夷山）和我国台湾中部至北部。生于海拔650～1 000米林中树上或岩石上
16	条裂鸢尾兰 *O. jenkinsiana*	4～6片，2列互生，两侧压扁，肥厚，线状披针形，略镰曲	总状花序密生百余朵小花	狭披针形至披针形	黄色	中萼片卵状椭圆形，先端钝；侧萼片宽卵形，多少舟状	3裂，侧裂片位于唇瓣基部两侧，近方形或半圆形，边缘具不规则的流苏或条裂	9—10月	产于云南南部至东南部。生于海拔1 200～1 500米林中树上
17	广西鸢尾兰 *O. kwangsiensis*	近基生，3～6片，2列套叠，肥厚，线形或线状披针形	总状花序较坚挺，具数十朵或更多的花	线形	/	中萼片卵形，先端钝；侧萼片卵状椭圆形	轮廓为近宽倒卵形，基部两侧各有1个耳状的侧裂片	11月	产于广西。生于海拔650～850米石灰岩山顶疏林中石上
18	阔瓣鸢尾兰 *O. latipetala*	近基生，5～7片，2列套叠，两侧压扁，肥厚，宽线形，稍镰曲	总状花序具数十朵或百余朵花	卵状披针形，先端具芒	紫色，较密集	中萼片卵状长圆形，先端急尖或钝，背面具刺毛状小突起，边缘有不明显的啮蚀状齿缺	轮廓近宽倒卵形，先端具短尖，边缘有啮蚀状细齿，基部收狭为短爪	9—10月	产于云南西北部至西南部。生于海拔1 900～2 100米林中树上

（续）

序号	种名	叶	花序	花苞片	花	萼片	唇瓣	花期	分布与生境
19	长苞鸢尾兰 *O. longibracteata*	近基生，5～6片成簇，两侧压扁，略肥厚，线形或线状披针形	总状花序疏生数十朵花	线状披针形	/	卵形，先端钝	轮廓为宽卵形，3裂；侧裂片位于唇瓣基部两侧，卵形至宽长圆形，明显小于中裂片	10月	产于海南（保亭）。生于密林中干燥处、树上
20	小花鸢尾兰 *O. mannii*	5～9片，2列互生于茎上，两侧压扁，肥厚，线形，多少镰曲	总状花序具数十朵花	卵状披针形，先端长渐尖，边缘略有钝齿	绿黄色或浅黄色	中萼片卵形，先端钝；侧萼片与中萼片相似，但略宽	轮廓近长圆形，3裂；中裂片再度深裂；侧裂片位于唇瓣基部两侧，卵形	3—6月	产于云南西南部至东南部、福建北部。生于海拔1 500～2 700米林中树上
21	勐腊鸢尾兰 *O. menglaensis*	通常3～4片，2列套叠，两侧压扁，肥厚，近剑形，常稍镰曲	总状花序具数十朵或更多的花	线状披针形，先端长渐尖，近全缘	小，绿色	卵状椭圆形，先端钝	轮廓为宽卵状椭圆形，基部无爪，3裂；侧裂片位于唇瓣基部两侧，长圆形或卵状长圆形	7月	产于云南南部（勐海）。生于海拔1 800米混交林中树上
22	鸢尾兰 *O. mucronata*	近基生，5～6片，2列套叠，两侧压扁，肥厚	总状花序下垂，密生数百朵小花	近椭圆形或长圆形，边缘有啮蚀状齿	红褐色	中萼片卵形或宽卵形，先端钝；侧萼片略狭而先端渐尖	轮廓为宽卵形或近半圆形，不明显的3裂，基部向后方延伸，先端2裂	8—12月	产于云南西南部至南部。生于海拔1 300～1 400米林中树上

（续）

序号	种名	叶	花序	花苞片	花	萼片	唇瓣	花期	分布与生境
23	橘红鸢尾兰 *O. obcordata*	近基生或生于短茎上，2～3片，2列套叠，肥厚，两侧压扁，近线形，稍镰曲	总状花序具多数近轮生的花	披针形，先端长渐尖或近尾状，边缘略呈啮蚀状	橘红色或红色	中萼片卵形，先端急尖；侧萼片宽卵形，与中萼片等长，先端钝	轮廓为卵形，3裂；侧裂片位于唇瓣基部两侧，狭卵圆形；中裂片近倒心形或扁圆形	10月	产于西藏东南部（墨脱）。生于海拔1800米林下、石上
24	扁莛鸢尾兰 *O. pachyrachis*	近基生，数片，不明显的2列套叠，两侧压扁，肥厚，剑形，有时略镰曲	总状花序具粗厚、肉质的花序轴，着生多数花，貌似穗状花序	卵圆形，边缘有不规则缺刻	极小，淡褐色	卵形或椭圆形，先端钝	卵形，略长于萼片，不裂，基部两侧各有1个钝耳，先端钝或急尖	11月—次年3月	产于云南西南部（澜沧）。生于海拔2100米密林下、树上
25	宝岛鸢尾兰 *O. pumila*	5片，两侧压扁，肉质，2列套叠，椭圆形或椭圆状披针形，基部不是关节	总状花序，密生的数小花	/	小，卵状披针形	浅绿色至浅褐色，不扭转	轮廓为狭卵状长圆形，先端叉状2深裂边缘是不规则锯齿	4—5月或12月	产于我国台湾中部（太鲁阁山、东卯山）。生于海拔800～1500米林下
26	裂唇鸢尾兰 *O. pyrulifera*	3～4（～5）片，近基生或茎生，两侧压扁，肥厚，通常稍镰曲	总状花序具数十朵或百余朵花	披针形，先端渐尖，边缘多少具不规则齿缺	黄色	中萼片卵状长圆形，先端钝；侧萼片宽卵形，与中萼片近等长但略宽	轮廓为倒卵形或倒卵状长圆形，基部两侧各有1个钝耳或耳不明显，先端2深裂	9—11月	产于云南西北部至东南部。生于海拔1700～2500米林中树上

（续）

序号	种名	叶	花序	花苞片	花	萼片	唇瓣	花期	分布与生境
27	华南鸢尾兰 *O. recurva*	3或4片，披针形，基部重叠，渐细至一急尖	花序直立至脱毛，密生多花	披针形，锐尖	红棕色	卵状心形，锐尖，展开	卵圆形，3裂，基部具大凹陷；侧裂片圆形，边缘具齿	/	产于广西。附生
28	玫瑰鸢尾兰 *O. rosea*	数片，2列套叠，两侧压扁，剑形，大小变化甚大	总状花序具多数排成轮生状的小花	长圆形，上部边缘啮蚀状	浅绿色或带橙红色	中萼片卵形，先端钝；侧萼片斜卵形	3裂，侧裂片略比中裂片小，边缘啮蚀状	花果期不详	产于我国台湾南部。生于溪流旁硬木常绿林中树上
29	红唇鸢尾兰 *O. rufilabris*	近基生，2列套叠，3～4片，两侧压扁，线形或线状披针形	总状花序具数十朵至百余朵花	狭披针形	赤红色，常每3～4朵轮生于花序轴上，排成数十轮	卵形，多少舟状，先端急尖或钝	3裂而中裂片再度深裂；侧裂片位于唇瓣基部两侧，横向伸展，狭披针形	花果期11月—次年1月	产于海南。生于海拔约1 000米林中树上
30	齿唇鸢尾兰 *O. segawae*	近基生，2列套叠，两侧压扁，剑形，基部具关节	花序具许多小苞片，有许多花	卵状披针形	轮生，白色，有时微黄	展开，近圆形、卵状三角形，边缘全缘	近卵形，不明显3裂；侧裂片位于唇瓣基部两侧，边缘具啮蚀状齿；中裂片先端2裂，小裂片长圆形，边缘与先端有不规则齿缺	8月	产于我国台湾。生于海拔1 000～2 000米阔叶树的枝干上或潮湿的森林中的藤蔓上

（续）

序号	种名	叶	花序	花苞片	花	萼片	唇瓣	花期	分布与生境
31	密花鸢尾兰 *O. seidenfadenii* 资料不详								
32	套叶鸢尾兰 *O. sinica*	两侧压扁，肉质，2列套叠，剑形或狭长圆状披针形	总状花序具数十朵花	卵形，边缘稍呈啮蚀状	2～3朵簇生或单生，浅黄褐色	卵状椭圆形或椭圆形	轮廓为卵状长圆形，边缘有不整齐的锯齿，先端叉状2深裂，2枚小裂片略平行向前伸，狭披针形	6月	产于甘肃南部。生于海拔1 600米林间悬岩上
33	密苞鸢尾兰 *O. variabilis*	近基生，3～5片，2列套叠，两侧压扁，线形，伸直或稍镰曲	总状花序具数十朵或更多的花	狭披针形，先端长渐尖	多少排列成轮生状，绿色	卵形，先端钝	轮廓为宽长圆状卵形，3裂；侧裂片位于唇瓣基部两侧，近卵状长圆形	花果期1—4月	产于海南。生于树上

刘小芳 / 武汉市伊美净科技发展有限公司

82. 紫茎兰属 *Risleya* King et Pantling

腐生草本。茎无叶，暗紫色。总状花序具多数密生的小花；花肉质，很小；萼片相似，离生，展开；花瓣常较萼片短而狭；唇瓣不裂，较宽阔；蕊柱短，圆柱形；花粉团4个，成2对，蜡质，无花粉团柄，附着于肥厚的、矩圆形的黏盘上；蕊喙粗大，伸出，高于花药。

本属仅1种，产于印度至中国西南部。

紫茎兰

紫茎兰

紫茎兰

紫茎兰属植物野外识别特征一览表

种名	茎	花序	花	花瓣、萼片	唇瓣	花期	分布与生境
紫茎兰 *R. atropurpurea*	暗紫色	总状花序常密生20余朵花	肉质，黑紫色	萼片近长圆形，花瓣近长圆状披针形	宽卵形，靠近基部的边缘具细齿，其余部分全缘，先端具1个朝上翻的小尖头	7—8月	产于四川西南部、云南西北部和西藏东南部。生于海拔2 900～3 700米林下或灌丛中

晏启 / 武汉市伊美净科技发展有限公司

83. 山兰属 *Oreorchis* Lindley

地生草本，根状茎纤细；根状茎上生有球茎状的假鳞茎；假鳞茎具节，基部疏生纤维根。叶 1 ～ 2 片，生于假鳞茎顶端。花莛直立，不分枝；花小至中等大；萼片与花瓣离生；2 枚侧萼片基部有时多少延伸呈浅囊状；唇瓣 3 裂、不裂或仅中部两侧有凹缺（钝 3 裂）；花粉团 4 个，具 1 个共同的黏盘柄和小的黏盘。

全属约 16 种，分布于喜马拉雅地区至日本和西伯利亚。我国 11 种。

硬叶山兰

短梗山兰

硬叶山兰

囊唇山兰

短梗山兰

矮山兰

狭叶山兰

西南山兰　山兰　长叶山兰　狭叶山兰　矮山兰

西南山兰

山兰　少花山兰　长叶山兰

山兰属植物野外识别特征一览表

序号	种名	叶大小	中萼片大小	花序及花数	唇瓣	花期	分布与生境
1	硬叶山兰 *O. nana*	1片，长2～4厘米，宽0.8～1.5厘米	长6～7毫米	5～14朵	白色而有紫色斑	6—7月	产于湖北、四川、云南。生于海拔2 500～4 000米高山草地上、林下、灌丛中或岩石积土上
2	大花山兰 *O. nepalensis*	1片，长可达30厘米，宽约1.7厘米，具明显的脉	长达15毫米以上	约20朵	长达11.6毫米，3裂，基部有长爪，唇盘上有2条半月形的纵褶片，位于2枚侧裂片之间和中裂片基部上方	5—6月	产于西藏。生境不详
3	囊唇山兰 *O. foliosa*	1片，长12～13厘米，宽约2.4厘米，基部具短柄	长8～9毫米	4～9朵	白色而有紫红色斑，唇盘上无褶片	6月	产于四川、云南、西藏和我国台湾。生于海拔2 500～3 400米林下或高山草甸上
4	短梗山兰 *O. erythrochrysea*	1片，长6～10(～13)厘米，宽1.2～2.3厘米	长6～8毫米	10～20朵	唇盘上在2枚侧裂片之间有2条很短的纵褶片	5—6月	产于四川、云南和西藏。生于海拔2 900～3 600米林下、灌丛中和高山草坡上
5	矮山兰 *O. parvula*	1片，长8～11厘米，宽1.3～2.0厘米，叶柄较短，长1～2厘米	长6～7毫米	7～12朵	唇盘基部有2条纵褶片，纵褶片多少合生	5—7月	产于四川、云南。生于海拔3 000～3 800米林下或开旷草坡上
6	西南山兰 *O. angustata*	1片，宽约2厘米，长达19厘米，叶柄长达6厘米	长约5.5毫米	疏生多花，可达30朵	唇盘上有2条纵褶片，延伸至中裂片基部以上	6月	产于四川、云南。生于海拔约3 000米山坡草地上或开旷多石之地

（续）

序号	种名	叶大小	中萼片大小	花序及花数	唇瓣	花期	分布与生境
7	大霸山兰 *O. bilamellata*	1片，长可达40厘米，叶长度为宽度的15～20倍	长8.0～8.5毫米	15～20朵花	近中部3裂	5—6月	产于我国台湾。生于海拔2 500～3 000米林下阴湿地面
8	山兰 *O. patens*	1片，长13～30厘米，宽（0.4～）1.0～2.0厘米	长7～9毫米	疏生数朵至10余朵花	基部至下部3裂，纵褶片从基部延伸至中部	6—7月	产于黑龙江、吉林、辽宁、河南、甘肃、江西、湖南、四川、贵州、云南、我国台湾。生于海拔1 000～3 000米林下、林缘、灌丛中、草地上或沟谷旁
9	长叶山兰 *O. fargesii*	2片，宽0.8～1.8厘米，长20～28厘米	长9～11毫米	多少缩短，具较密集10余朵花	基部至下部3裂，唇盘在2枚侧裂片之间具1枚短褶片状胼胝体	5—6月	产于陕西、甘肃、浙江、湖南、湖北、四川、云南、福建、我国台湾。生于海拔700～2 600米林下、灌丛中或沟谷旁
10	狭叶山兰 *O. micrantha*	2片，宽5～7毫米，长17厘米	长5.5～6.0毫米	不缩短，具疏生的花	基部至下部3裂，唇盘在2枚侧裂片之间有1枚胼胝体，延伸到中裂片下部	6月	产于西藏、我国台湾。生于海拔2 500～3 000米林下
11	少花山兰 *O. oligantha*	1片，宽0.8～1.0厘米，长1.8～4.0厘米	（12～15）毫米×(2.0～2.8）毫米	1～4朵	倒卵形长圆形，短爪在基部，中部以下3裂	6—7月	产于甘肃南部、四川西部、西藏东部、云南西北部。生于海拔3 000～4 000米高山草原、森林、灌丛、覆土岩石上

黄永启 / 南宁市第二中学

84. 杜鹃兰属 *Cremastra* Lindley

地生草本。假鳞茎球茎状或近块茎状。叶 1～2 片，常狭椭圆形。花莛从假鳞茎上部一侧节上发出；总状花序具多朵花；花中等大；唇瓣基部有爪并具浅囊；中裂片基部有 1 枚肉质突起；蕊柱较长，上端略扩大，无蕊柱足。

全属共 6 种，分布于印度、尼泊尔、不丹、泰国、越南、日本和中国秦岭以南地区。我国 4 种。

杜鹃兰

杜鹃兰

麻栗坡杜鹃兰

杜鹃兰

麻栗坡杜鹃兰

杜鹃兰

麻栗坡杜鹃兰

杜鹃兰属植物野外识别特征一览表

序号	种名	假鳞茎形态	叶片数	花数量	花朝向	花色	唇瓣中裂片	花期	分布与生境
1	杜鹃兰 *C. appendiculata*	密接，卵球形或近球形	1片	5～22朵	偏花序一侧，下垂	淡紫褐色	卵形至狭长圆形，不反折	5—6月	产于山西、河南、陕西、甘肃、安徽、江苏、浙江、江西、湖南、湖北、四川、重庆、贵州、西藏、我国台湾、广东、广西。生于海拔500～2 900米林下湿地或沟边湿地上
2	贵州杜鹃兰 *C. guizhouensis*	宽圆筒状，具4～5节	1片	10～28花	下垂	黄色	菱形至倒卵形	5—6月	产于贵州。生于海拔1 300～1 400米森林边缘
3	麻栗坡杜鹃兰 *C. malipoensis*	密接，卵球形或近球形	1片	4～7朵	水平，稍下垂	白色或白色带紫色斑点	菱形至宽卵圆形，稍反折	3月	产于云南
4	斑叶杜鹃兰 *C. unguiculata*	疏离，卵球形或近球形	2片，有紫色斑点	7～9朵	直立	外面紫褐色，内面绿色而有紫褐色斑点，唇瓣白色	倒卵形，反折	5—6月	产于江西庐山。生于海拔900～1 000米混交林下

晏启 / 武汉市伊美净科技发展有限公司

85. 筒距兰属 *Tipularia* Nuttall

地生草本。叶1片，常卵形至卵状椭圆形，有时有紫斑。总状花序疏生多朵花；萼片与花瓣离生，展开；唇瓣基部有长距，距圆筒状，较纤细，常向后平展或向上斜展。

全属7种，分布于北美、日本、印度和中国。我国4种。

筒距兰

筒距兰

筒距兰属植物野外识别特征一览表

序号	种名	假鳞茎	叶柄	花色	距	花期	分布与生境
1	软叶筒距兰 *T. cunninghamii*	卵球形或近圆筒状	长，长 2.0～3.5 厘米	黄绿色或中部带紫色	囊状	6—7 月	产于我国台湾。生于海拔 2 700～2 900 米的山区的针叶林中
2	短柄筒距兰 *T. josephii*	长圆形	较短，长 0.8～3.0 厘米	萼片灰白色，泛紫褐色，花瓣和唇瓣淡绿色	纤细，长 6～7 毫米	8 月	产于西藏。生于海拔 2 800 米林下
3	台湾筒距兰 *T. odorata*	卵球形或近圆筒状	长于叶片的 1/2，长 1.5～6.0 厘米	萼片、花瓣绿色，中脉紫褐色，唇瓣黄绿色，距白黄色	纤细，长 8～11 毫米	5—6 月	产于我国台湾。生于海拔 1 500～2 600 米林下苔藓丰富的区域
4	筒距兰 *T. szechuanica*	圆筒状	长于叶片的 1/2，长 1.3～2.0 厘米	淡紫灰色	细长，长 1.2～1.5 厘米	6—7 月	产于云南西北部、甘肃南部、四川西北部和陕西。生于海拔 3 300～3 700 米云杉或冷杉林下

晏启 / 武汉市伊美净科技发展有限公司

86. 布袋兰属 *Calypso* Salisbury

地生草本。假鳞茎球茎状，基部发出少数肉质根。叶 1 片，常卵形，具长柄。花莛长于叶；花单朵；唇瓣长于萼片，深凹陷而呈囊状，多少 3 裂；中裂片扩大，呈铲状；囊的先端伸凸而呈双角状；蕊柱宽阔，呈花瓣状，倾覆于囊口之上。花粉团 4 个，成 2 对。

全属 1～2 种，分布于北半球温带及亚热带高山。我国 1 种。

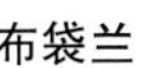

布袋兰

布袋兰

布袋兰

布袋兰属植物野外识别特征一览表

种名	假鳞茎	叶形	花数	花葶	萼片、花瓣形态	唇瓣	中裂片	蕊柱	花期	分布与生境	备注
布袋兰 *C. bulbosa*	椭圆形、狭长圆形或近圆筒状，有节，常有细长的根状茎	卵形或卵状椭圆形	单朵	明显长于叶	相似，线状披针形	扁囊状，囊向前延伸，具紫色粗斑纹	呈铲状，基部有髯毛	两侧有宽翅，倾覆于囊口	4—8月	产于吉林（长白山）、内蒙古东北部（大兴安岭）、甘肃南部（白龙江流域）、四川西北部（松潘、金川）、云南西北部、西藏。生于海拔2 900～3 200米针叶林下	此属与独花兰属较相似，主要区别在于本属花小、唇瓣凹陷呈囊状而无距

晏启 / 武汉市伊美净科技发展有限公司

87. 独花兰属 *Changnienia* S. S. Chien

地生草本，地下具假鳞茎。假鳞茎球茎状，密接，有节。叶1片，椭圆形至宽卵形，基部骤然收狭，有长柄。花单朵；唇瓣较大，3裂，基部有距；距较粗大，向末端渐狭，近角形；蕊柱近直立，两侧有翅；花粉团4个，成2对，蜡质。

全属2种，产于我国东部、中部、西南部。

独花兰

独花兰

独花兰

独花兰属植物野外识别特征一览表

种名	假鳞茎	叶形	花数	花色	唇瓣	蕊柱	花期	分布与生境
独花兰 *C. amoena*	有2节，椭圆形或宽卵球形	宽卵状椭圆形至宽椭圆形	单朵	白色而带肉红色或淡紫色晕，唇瓣有紫红色斑点	平展，宽倒卵状方形，先端和上部边缘具不规则波状缺刻	近直立，两侧有翅	4—8月	产于陕西南部、江苏、安徽、浙江、江西、湖北、湖南和四川。生于海拔400～1 100米疏林下腐殖质丰富的土壤上或沿山谷荫蔽处

备注：根据《*Changnienia malipoensis*, a new species from China（Orchidaceae; Epidendroideae; Calypsoeae）》（Z J Liu, 2013），本属还有麻栗坡独花兰 *C. malipoensis*, 该种分布于云南省麻栗坡市。由于资料缺乏，暂不进行描述

晏启 / 武汉市伊美净科技发展有限公司

88. 珊瑚兰属 *Corallorhiza* Gagnebin

腐生草本；肉质根状茎通常呈珊瑚状分枝。茎常黄褐色或淡紫色，无绿叶，被 3 ～ 5 枚筒状鞘。总状花序顶生；侧萼片稍斜歪，基部合生而形成短的萼囊；花瓣常略短于萼片，有时较宽；唇盘中部至基部常具有 2 条肉质纵褶片，无距；蕊柱略腹背压扁，无蕊柱足。

全属约 11 种，主要分布于北美洲和中美洲。我国 1 种。

珊瑚兰

珊瑚兰

珊瑚兰

珊瑚兰

珊瑚兰属植物野外识别特征一览表

种名	根状茎	茎	花色	唇瓣	果实	花期	分布与生境
珊瑚兰 *C. trifida*	肉质，多分枝，珊瑚状	直立，圆柱形，红褐色，无绿叶	淡黄色或白色	近长圆形或宽长圆形，3 裂	蒴果下垂，椭圆形	6—8 月	产于吉林、内蒙古、河北、甘肃、青海、新疆、四川、贵州。生于海拔 2 000 ～ 2 700 米林下或灌丛中

晏启 / 武汉市伊美净科技发展有限公司

89. 美冠兰属 *Eulophia* R. Brown

地生草本或极罕腐生。茎膨大成球茎状、块状或其他形状假鳞茎。叶数片，基生，有长柄，腐生种类无绿叶。花莛从假鳞茎侧面节上发出，直立；总状花序有时有分枝而形成圆锥花序，极少减退为单花；萼片离生，侧萼片常稍斜歪；花瓣与中萼片相似或略宽；唇瓣通常 3 裂并以侧裂片围抱蕊柱，少有不裂，多少直立，唇盘上常有褶片、鸡冠状脊、流苏状毛等附属物，基部大多有距或囊；花药顶生，药帽上常有 2 个暗色突起。

全属约 200 种，主要分布于非洲，其次是亚洲的热带与亚热带地区，美洲和澳大利亚也有分布。我国 13 种。

美冠兰

无叶美冠兰

美冠兰

美冠兰

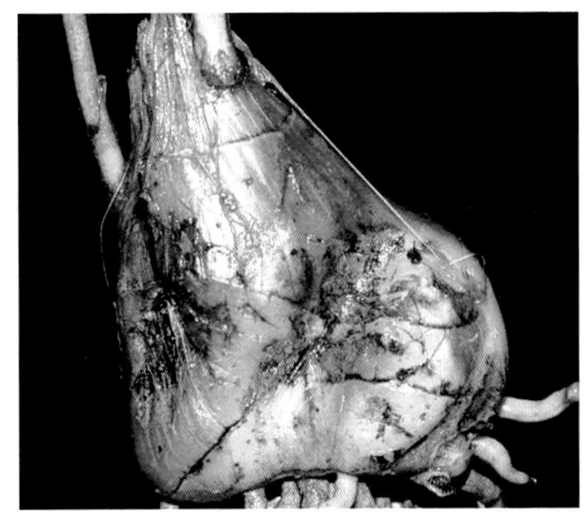

美冠兰

台湾美冠兰

无叶美冠兰

紫花美冠兰

长苞美冠兰

紫花美冠兰

长距美冠兰

长距美冠兰

长距美冠兰

无叶美冠兰

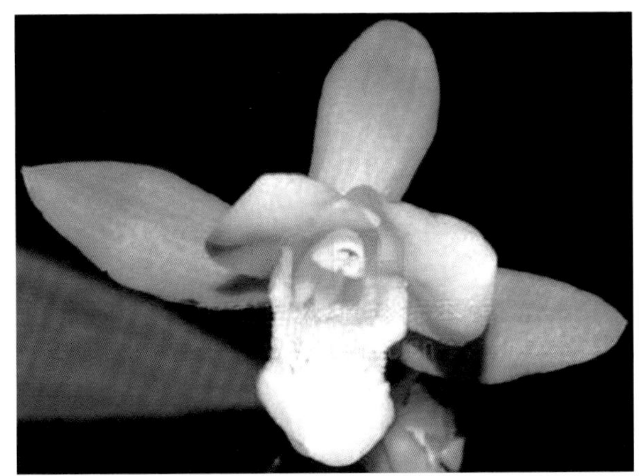
毛唇美冠兰

毛唇美冠兰

毛唇美冠兰

长苞美冠兰

美冠兰属植物野外识别特征一览表

序号	种名	假鳞茎	叶	花序	花色和花形	唇瓣	距	花期	分布与生境
1	美冠兰 *E. graminea*	卵球形、圆锥形、长圆形或近球形，带绿色，多少露出地面	3～5片，在花全部凋萎后出现，线形或线状披针形	总状花序直立，常有1～2个侧分枝，疏生多数花	花橄榄绿色，花瓣近狭卵形	白色而具淡紫红色褶片，唇盘上有（3～）5条纵褶片，从基部延伸至中裂片上，从接近中裂片开始一直到中裂片上褶片均分裂成流苏状	圆筒状或后期略呈棒状，常略向前弯曲	4—5月	产于安徽、我国台湾、广东、我国香港、海南、广西、贵州和云南。生于海拔900～1 200米疏林中草地上、山坡阳处、海边沙滩林中
2	台湾美冠兰 *E. bicallosa*	形状变化较大，通常近球形，带白色	线形，长可达50厘米，宽约1.2厘米；花叶同步	花莛侧生，高达75厘米；总状花序直立，长约10厘米，密生多花	花瓣淡绿色，近顶端有淡紫红色晕，花苞片短于花梗和子房，花直径约2.5厘米	淡紫红色并有深色脉，唇盘上具2条明显的紫红色纵脊，其间还有1条不甚明显的脊	囊状，长约4毫米	6月	产于我国台湾南部（恒春半岛）和海南。生境不详
3	无叶美冠兰 *E. zollingeri*	块状，近长圆形，淡黄色	腐生植物，无绿叶	花莛粗壮，褐红色，高（15～）40～80厘米；总状花序直立，长达13厘米，疏生数朵至10余朵花	花褐黄色，花瓣倒卵形	生于蕊柱足上，近倒卵形或长圆状倒卵形，有5～7条粗脉向下延伸至唇盘上部，脉上密生乳突状腺毛，唇盘上其他部分亦疏生乳突状腺毛，中央有2条近半圆形的褶片	无	4—6月	产于江西南部（龙南）、云南中部（漾濞）、福建（顺昌）、我国台湾、广东、广西。生于海拔400～500米疏林下、竹林或草坡上

（续）

序号	种名	假鳞茎	叶	花序	花色和花形	唇瓣	距	花期	分布与生境
4	线叶美冠兰 *E. siamensis*	近块状，圆柱形	3片，线形，常对折	总状花序直立，具3朵花	花淡红紫色，斜出，开展，花瓣倒披针状长圆形，质地较薄	倒卵状长圆形，近于不裂，唇盘中央密生流苏状毛，基部延伸成距	圆筒状，长7～8毫米，略弯曲	6月	产于贵州（惠水）。生于海拔910米湿地林下
5	宝岛美冠兰 *E. taiwanensis*	卵球形，彼此以走茎相连接，白色，位于地下	2～3片，线形，在开花时凋萎	总状花序直立，具10余朵花，无分枝	花淡棕红色或淡紫色	绿色而具粉红色脉，多少下垂，稍张开，近长圆状椭圆形，3裂；中裂片近圆形，上面有乳突状突起，边缘皱波状；唇盘上有3条纵脊，纵脊白色而具紫晕，略呈鸡冠状	长约5毫米	4月	产于我国台湾东南部滨海地区和南部恒春半岛。生于林下
6	长距美冠兰 *E. faberi*	鸡头状或近不规则三角形，多个连接，横卧地下	2～3片，花后长出，线形	花葶从横卧的假鳞茎中部发出；总状花序直立，疏生6～10朵花	花红色，略张开，开展，后期下垂，花瓣近狭倒卵状长圆形，略短于萼片	宽长圆状倒卵形，3裂，唇盘上有3条纵褶片，从基部延伸至中裂片上，从唇盘上部至中裂片上褶片均分裂成流苏状	圆筒状，长5～7毫米，宽1.5～2.0毫米	4—5月	产于江苏（东台）、湖北（宜昌）和四川（成都、三台）。生于草坡或荒地，海拔不详
7	单花美冠兰 *E. monantha*	粗大，长圆形，位于地下	线形，坚挺	花单朵，顶生，芳香	橄榄绿色，有棕色条纹，花瓣长圆形	3裂，侧裂片狭小，中裂片不明显3浅裂，边缘波状，上有7条纵带，带上具糠秕状物	长约5毫米	8月	产于云南西北部（大理）。生于海拔2800米松林中开旷、干燥的岩石缝中

（续）

序号	种名	假鳞茎	叶	花序	花色和花形	唇瓣	距	花期	分布与生境
8	紫花美冠兰 *E. spectabilis*	块状，多少近球形，位于地下	2～3片，长圆状披针形，花叶同步	总状花序直立，通常疏生数朵花	紫红色，花瓣近长圆形，长1.5～1.7厘米，宽5～9毫米，先端钝	稍带黄色，卵状长圆形，近于不裂，边缘（特别是上部边缘）多少皱波状，唇盘上的脉稍粗厚或略呈纵脊状	着生于蕊柱足下方，完全附着于蕊柱足，圆锥形，宽阔	4—6月	产于江西南部（龙南）和云南南部至西南部（勐海、澜沧、金平、屏边）。生于海拔1 400～1 500米混交林中或草坡上
9	美花美冠兰 *E. pulchra*	密集，圆柱形，直立，多少露出地面	2～3片，狭椭圆形或近长圆形，具3条明显主脉，花叶同步	总状花序直立，具10余朵花	花淡绿色，有紫红色斑，花瓣直立而与中萼片靠合	白色，有紫红色斑，3裂，中裂片近扁圆形，先端深凹缺，宽达1.5厘米，唇盘上在距的入口处具2枚胼胝体	绿色，近球形，长约3.5毫米	10—11月	产于我国台湾南部（恒春半岛）。生于林下
10	黄花美冠兰 *E. flava*	近圆柱状，直立，稍绿色，多少露出地面	通常2片，生于假鳞茎顶端，长圆状披针形，纸质，花叶同步	总状花序直立，疏生10余朵花	花大，黄色，无香气，直径达4厘米以上；花瓣倒卵状椭圆形或近倒卵形，先端圆形	近宽卵形，3裂，有3条具疣状突起的纵脊，从中部延伸至唇盘上，左右两条纵脊较长，在唇盘中部扩大而成半圆形的褶片，中央1条较短	先端圆形，长约3毫米	4—6月	产于我国香港、海南和广西西北部。生于溪边岩石缝中或开旷草坡，海拔不详

（续）

序号	种名	假鳞茎	叶	花序	花色和花形	唇瓣	距	花期	分布与生境
11	长苞美冠兰 *E. bracteosa*	块状，近横椭圆形	1～3片，披针形或狭长圆状披针形，纸质	总状花序直立，具8～16朵花，极罕基部有一个侧生短枝	花序中部的花苞片长于花梗和子房，花黄色，花瓣倒卵状椭圆形	倒卵状长圆形，近于不裂或上部略3裂，上半部边缘波状，唇盘中央脉较粗，上部有5条褶片，多少分裂成流苏状	圆筒状，长约5毫米	4—7月	产于广东西北部（连南）、广西（金秀、兴安）和云南东南部（河口、屏边）。生于海拔400～540米山谷旁或灌木草丛中有阳光处
12	毛唇美冠兰 *E. herbacea*	不详	2片，披针形	总状花序直立，疏生数朵花；中萼片长2.2～2.6厘米	花序中部的花苞片短于花梗和子房，花色不详，花瓣倒卵状长圆形	近卵状长圆形，3裂，中裂片近宽长圆形，上面密生流苏状毛，流苏状毛可扩展至唇盘上部，甚至整个唇盘	长圆筒状，长1.5～2.0毫米	6月	产于广西西北部（田林）、云南南部（思茅）。生境不详
13	剑叶美冠兰 *E. sooi*	块状，近横椭圆形	1～2片，线状披针形或近剑形，长达40厘米，宽约2厘米	总状花序直立，疏生8～10朵花；中萼片长1.0～1.3厘米	花黄色，花瓣近椭圆形	近宽卵形，3裂；中裂片卵状长圆形，有5条粗厚的脉，多少呈纵脊状；唇盘上有4条褶片，褶片长2～3毫米，高约1毫米，多少呈半圆形	圆锥形，长2～3毫米	6—7月	产于广西西北部（田林）和贵州西南部（安龙）

胡蝶 / 长江大学

90. 地宝兰属 *Geodorum* Jackson

地生草本。叶数片，基生，有长柄；叶柄常互相套叠成假茎，具关节。花莛生于假鳞茎侧面的节上，顶端为缩短的总状花序；总状花序俯垂，头状或球形，通常具较密集的花；花中等大或较小；萼片与花瓣相似或花瓣较短而宽，离生，常多少靠合；唇瓣通常不分裂或不明显的3裂，基部着生于短的蕊柱足上，与蕊柱足共同形成各种形状的囊，无明显的长距；花粉团2个。

全属约10种，分布于亚洲热带地区至澳大利亚和太平洋岛屿。我国6种。

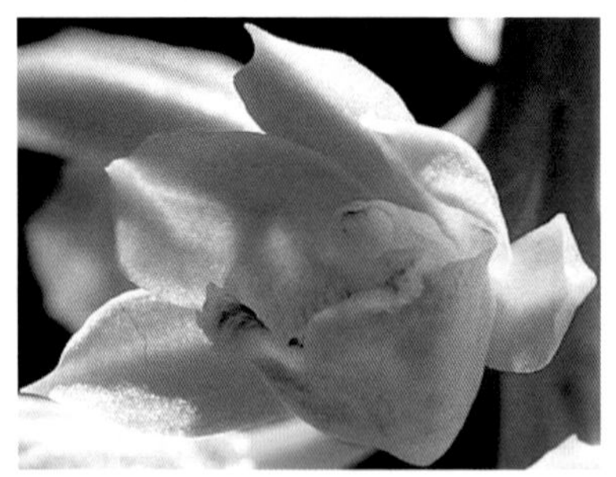

地宝兰

地宝兰

地宝兰

大花地宝兰

贵州地宝兰

多花地宝兰

贵州地宝兰

贵州地宝兰

地宝兰属植物野外识别特征一览表

序号	种名	叶	花葶与叶长	花序与花	唇瓣	花期	分布与生境
1	地宝兰 *G. densiflorum*	基生，2～3片，在花期已长成	花葶与叶等长或长于叶	总状花序俯垂，具2～5朵花，花白色	宽卵状长圆形，先端近截形并略有裂缺	6—8月	产于广东南部、四川西南部(米易)、我国台湾、海南、广西、贵州和云南。生于海拔1 500米以下林下、溪旁、草坡
2	贵州地宝兰 *G. eulophioides*	基生，2～3片，在花期已长成	花葶短于或略等长于叶	总状花序俯垂，密生多花，花朵顶端玫瑰红色，中下部白色	卵形，先端近截形，边缘波状，唇盘上有黄色区域，上半部中央呈不很明显的疣状增厚，基部凹陷而成圆锥形短囊	12月	产于贵州、广西、云南。生于海拔600～1 000米喀斯特山地、峡谷、河边、路边的次生阔叶林下、稀疏灌丛、草坡或岩石缝中

（续）

序号	种名	叶	花莛与叶长	花序与花	唇瓣	花期	分布与生境
3	大花地宝兰 *G. attenuatum*	基生，3～4片，在花期已长成	花莛明显短于叶	总状花序俯垂，短，具2～4朵花，花白色，唇瓣中上部柠檬黄色	近宽卵形，凹陷，多少舟状，基部具圆锥形的短囊，唇瓣基部囊口有1枚褐色的2裂胼胝体	5—6月	产于海南和云南南部（景洪）。生于海拔800米以下林缘
4	多花地宝兰 *G. recurvum*	基生，2～3片，在花期已完全长成	花莛明显短于叶	总状花序俯垂，具较多的花，常达10朵以上，花白色，仅唇瓣中央黄色和两侧有紫条纹	宽长圆状卵形，先端钝或略有裂缺，上部边缘多少皱波状，唇盘上有2～3条从中部延伸至上部的肉质近鸡冠状纵脊，唇瓣基部凹陷，近无囊或有很短的囊	4—6月	产于广东南部、云南南部至东南部（勐腊、石屏）、海南。生于海拔500～900米林下、灌丛中或林缘
5	美丽地宝兰 *G. pulchellum*	基生，通常2片，在花期尚未完全长成，大部分包藏于叶鞘之中	/	总状花序俯垂，常具3～6朵花，花白色	近卵形，近中部处缩陷，上部有3～5条粗厚、略呈不规则鸡冠状的纵脊，边缘多少皱波状，近基部处凹陷并延伸为圆锥形的囊	4—5月	产于云南西北部至东南部（丽江、思茅、屏边）。生于海拔400～1400米草地上
6	西南地宝兰 *G. esquirolei*	/	花莛短于或近等长于叶	花玫瑰红色	3裂	/	/

郑炜 / 四川水利职业技术学院

91. 兰属 *Cymbidium* Swartz

附生或地生草本，常具假鳞茎，常包藏于叶基部鞘内。叶数片，2 列，带状或罕有倒披针形至狭椭圆形。花莛侧生或发自假鳞茎基部；总状花序常具多花；花苞片在花期不落；萼片与花瓣离生，多少相似；唇瓣 3 裂，侧裂片直立，中裂片一般外弯；唇盘上有 2 条纵褶片；蕊柱较长，常多少向前弯曲，两侧有翅，腹面凹陷或有时具短毛。

全属约 50 种，分布于亚洲热带与亚热带地区，向南到达新几内亚岛和澳大利亚。我国 50 种，广泛分布于秦岭山脉以南地区。

冬凤兰　冬凤兰　果香兰　莎草兰　珍珠矮

大根兰　碧玉兰　莎草兰

纹瓣兰

大根兰

珍珠矮

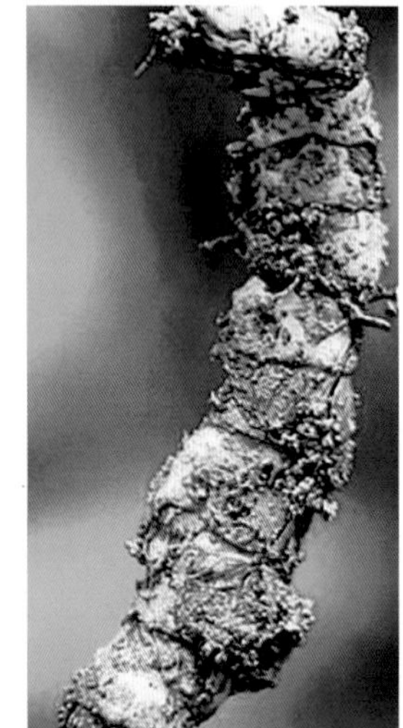
大根兰

大根兰

建兰

象牙白

象牙白

果香兰

纹瓣兰

纹瓣兰

垂花兰

垂花兰

硬叶兰

莎叶兰

莎叶兰

硬叶兰

硬叶兰

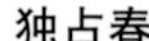
独占春

独占春

建兰

长叶兰

长叶兰

蕙兰

长叶兰

春兰

虎头兰

多花兰

春兰

多花兰

蕙兰

美花兰

虎头兰

黄蝉兰

寒兰

大雪兰

寒兰

兔耳兰

碧玉兰

大雪兰

美花兰

邱北冬蕙兰

兔耳兰

昌宁兰

文山红柱兰

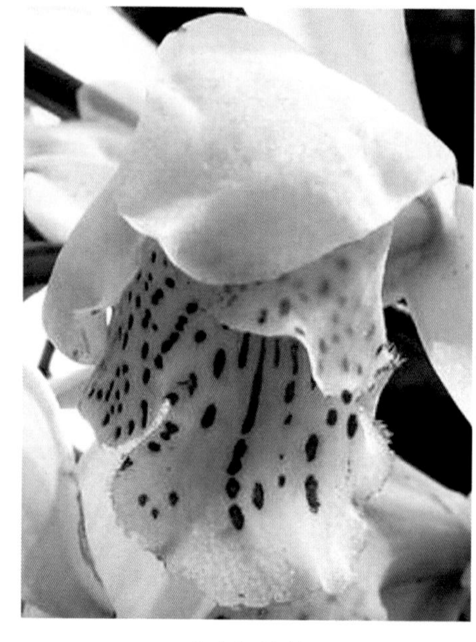

文山红柱兰

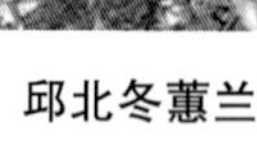

墨兰

墨兰

墨兰

长茎兔耳兰

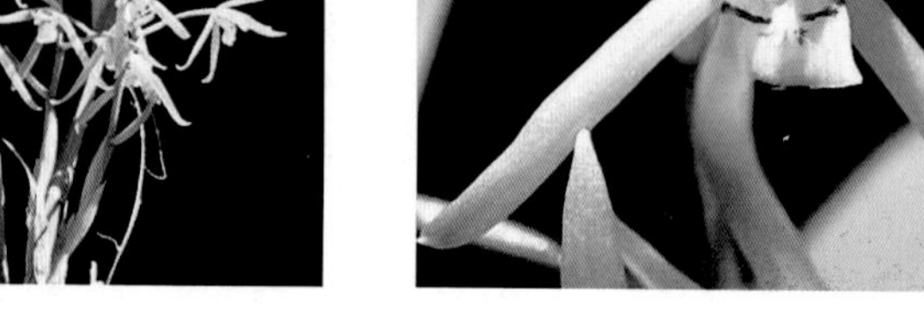

长茎兔耳兰

西藏虎头兰

西藏虎头兰

昌宁兰

邱北冬蕙兰

川西兰

川西兰

莲瓣兰

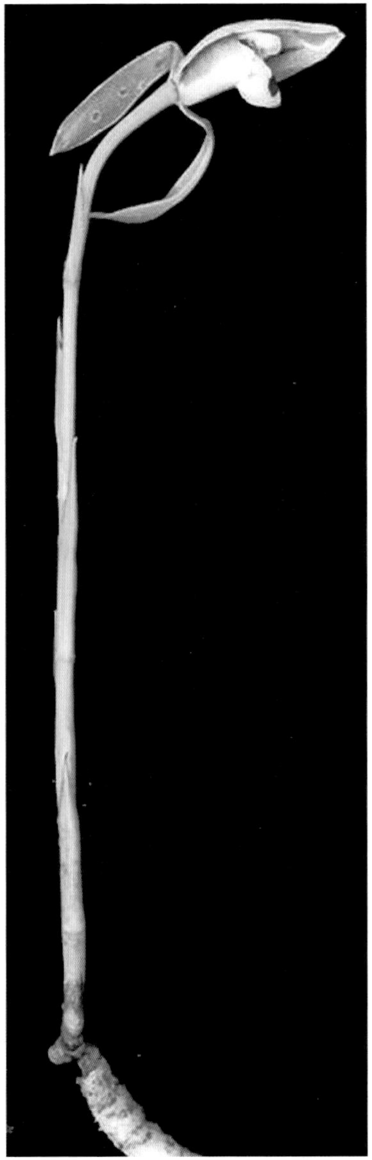

二叶兰

豆瓣兰

豆瓣兰

莲瓣兰

兰属野外识别特征一览表

序号	种名	叶	花冠颜色	花序	花数量	唇瓣		花期	香味	分布与生境
						中裂片	侧裂片			
1	纹瓣兰 *C. aloifolium*	4～5片，带形，坚挺，先端不等2圆裂	淡黄至奶油黄色，具栗褐色宽带和若干条纹	下垂	（15～）20～35朵	明显外弯，有小乳突，唇盘上的纵褶片中部变窄或间断	超出蕊柱与药帽	4—5月，偶10月	微香	产于广东、广西、贵州和云南东南部至南部。生于海拔100～1 100米疏林中或灌木丛中树上或溪谷旁岩壁上
2	硬叶兰 *C. mannii*	5～7片，带形，先端不等2圆裂或尖裂	淡黄至奶油黄色，中间具3～4毫米宽栗褐色纵带	下垂	10～20朵	外弯，有褐色斑，唇盘上的纵褶片不间断	短于蕊柱	3—4月	无香	产于广东、海南、广西、贵州和云南西南部至南部。生于林中或灌木林中的树上，海拔可达1 600米
3	垂花兰 *C. cochleare*	6～13片，带形，先端常2裂	绿色	下垂	7～20朵	具多数红色小斑点，纵褶片仅达中部		12月—次年1月	微香	产于我国台湾。生于海拔300～1 000米阴湿密林中树上
4	莎叶兰 *C. cyperifolium*	4～12片，带形，排成扇形，先端急尖	黄绿色，偶见淡黄色	直立	3～7朵	强烈外弯，有紫斑	有紫纹	10月—次年2月	柠檬香	产于广西南部、贵州西南部、云南东南部、广东、海南。生于海拔900～1 600米林下排水良好的多石地或岩缝中
5	冬凤兰 *C. dayanum*	4～9片，带形，坚纸质，先端渐尖不裂，背面叶脉凸起	白色至奶油黄，中间至上3/4处有栗色纵带，偶见充满枣红色	下弯或下垂	5～9朵	基部和中间白色，其余栗色；外弯	密生栗色脉	8—12月	无香	产于福建南部、我国台湾、广东、海南、广西和云南西南部、南部至东南部。生于海拔300～1 600米疏林树上或溪谷岩壁上

（续）

序号	种名	叶	花冠颜色	花序	花数量	唇瓣		花期	香味	分布与生境
						中裂片	侧裂片			
6	落叶兰 *C. defoliatum*	2～4片，带形，冬季凋落	花小，色泽变化大，常白色、淡绿、浅红色	直立	2～4朵	外卷，2条纵褶片位于近基部	狭小	6—8月	香	产于四川、贵州和云南。生境不详
7	独占春 *C. eburneum*	6～11片，先端细微不等2裂	花大，不完全开放，白色，略有粉色晕	直立或近直立	1～2（～3）朵	中间有一黄色斑	略抱蕊柱	2—5月	微香	产于广西南部、云南西南部、海南。生于溪谷旁岩石上，海拔不详
8	莎草兰 *C. elegans*	6～13片，带形，先端略2裂	几乎不开放，黄色至黄绿色	下垂	20余朵	中央有1个密生短毛斑块	稍抱蕊柱	10—12月	微香	产于四川西南部、云南西北部至东南部和西藏东南部。生于海拔1 700～2 800米林中树上或岩壁上
9	建兰 *C. ensifolium*	2～4(～6）片，带形，或见细锯齿	色泽变化大，常浅黄绿色而有紫斑	直立	3～9（～13）朵	卵形，外弯，边缘波状	稍抱蕊柱	6—10月	香	产于安徽、浙江、江西、福建、我国台湾、湖南、广东、广西、云南、贵州和四川西南部。生于海拔600～1 800米疏林、灌丛以及山谷草丛中
10	长叶兰 *C. erythraeum*	5～11片，带形，基部紫色	绿色，有红褐色斑点	直立而外弯	3～7朵或更多	有红褐色斑点，中央有细线	有红褐色脉	10月—次年1月	香	产于四川西南部、云南西北部至东南部和西藏。生于海拔1 400～2 800米林中、林缘树上及岩石上

（续）

序号	种名	叶	花冠颜色	花序	花数量	唇瓣		花期	香味	分布与生境
						中裂片	侧裂片			
11	蕙兰 *C. faberi*	5～8片，带形，直立性强，基部V形对折，叶脉透亮，有粗锯齿	常浅黄绿色，唇瓣有紫红色斑	直立	5～11朵或更多	长而强烈外弯，乳突明显，边缘波状	有小乳突或细毛	3—5月	香	产于陕西南部、甘肃南部、河南南部、西藏东部、安徽、浙江、江西、福建、我国台湾、湖北、湖南、广东、广西、四川、贵州、云南。生于海拔3 000米以下排水良好的透光处、荫蔽处
12	多花兰 *C. floribundum*	5～6片，带形，背面叶脉凸起	花密集，常红褐色或黄绿色，极少灰褐色	近直立而外弯	10～40朵	稍外弯，2条纵褶片末端靠合		4—8月	无香	产于四川东部、云南西北部至东南部、浙江、江西、福建、我国台湾、湖北、湖南、广东、广西、贵州。生于海拔100～3 300米林中、林缘树上或溪谷岩壁上
13	春兰 *C. goeringii*	4～7片，带形，常较短小，无齿或有细齿	色泽变化大，常绿色至淡黄色，有紫褐色脉纹	直立	1朵，罕见2朵	较大，强烈外弯，边缘略波状，2条纵褶片上部向内斜，略形成短管状		1—3月	香	产于陕西南部、甘肃南部、河南南部、江苏、安徽、浙江、江西、福建、我国台湾、湖北、湖南、广东、广西、四川、贵州、云南。生于海拔300～2 200米多石山坡、林缘、林中透光处，在我国台湾海拔可到3 000米

（续）

序号	种名	叶	花冠颜色	花序	花数量	唇瓣		花期	香味	分布与生境
						中裂片	侧裂片			
14	虎头兰 *C. hookerianum*	4～8片，带形，急尖	黄绿色，基部有深红斑点	近直立	7～14朵	外弯，白色至奶油黄色，有栗色斑点和条纹，沿2条纵褶片生有短毛		1—4月	香	产于广西西南部、四川西南部、贵州西南部、西藏东南部、云南。生于海拔1 100～2 700米林中树上或溪谷旁岩石上
15	美花兰 *C. insigne*	6～9片，带形，渐尖	白色或略带粉红色，有时基部有红点	近直立	4～9朵或更多	稍外弯，白色，侧裂片常有紫红斑点和条纹，纵褶片3条		11—12月	无香	产于海南。生于海拔1 700～1 850米疏林中多石草丛中、岩石上及潮湿、多苔藓岩壁上
16	黄蝉兰 *C. iridioides*	4～8片，带形，急尖	黄绿色，有7～9条淡褐色或红褐色粗脉	近直立或平展	3～17朵	淡黄色，有红色斑点、斑块，强烈外弯，有2～3行长毛	具短缘毛	8—12月	香	产于四川西南部、云南西北部至东南部、西藏东南部。生于海拔900～2 800米林中、灌丛树上、岩石上以及岩壁上
17	寒兰 *C. kanran*	3～5(～7)片，带形，前部有细齿	淡黄绿色及其他颜色	直立	5～12朵	较大，外弯，具乳突状短毛	多少围抱蕊柱	8—12月	浓香	产于安徽、浙江、江西、福建、我国台湾、湖南、广东、海南、广西、四川、贵州和云南。生于海拔400～2 400米林下、溪谷旁或稍荫蔽、湿润、多石的土壤上

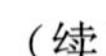
（续）

序号	种名	叶	花冠颜色	花序	花数量	唇瓣		花期	香味	分布与生境
						中裂片	侧裂片			
18	兔耳兰 *C. lancifolium*	2～4片，顶端聚生，倒披针状长圆形至狭椭圆形	白色至淡绿色，花瓣有紫色中脉	直立	2～6朵	外弯，有紫色斑，2条纵褶片上端向内倾斜并靠合，多少形成短管		5—8月	微香	产于浙江南部、四川南部、湖南南部、西藏东南部、福建、我国台湾、广东、海南、广西、贵州、云南。生于海拔300～2 200米疏林下、林缘或溪谷旁的岩石上、树上或地上
19	碧玉兰 *C. lowianum*	5～7片，带形	绿色或黄绿色，有红褐色纵脉	近直立	10～20朵或更多	淡黄色，有深红色锚形斑（V形），密生短毛，边缘啮蚀状	被毛	4—5月	无香	产于云南西南部至东南部。生于海拔1 300～1 900米林中树上或溪谷旁岩壁上
20	大根兰 *C. macrorhizon*	无绿叶	白色至淡黄色，常有1条紫色纵带	直立，紫红色	2～5朵	有紫红色斑，稍下弯，2条纵褶片上端向内倾斜并靠合，多少形成短管		6—8月	/	产于四川西南部至南部、贵州西南部和云南东北部。生于海拔700～1 500米河边林下、马尾松林缘或开旷山坡上
21	大雪兰 *C. mastersii*	带形，随茎的延长不断长出	不完全开放，白色，外面稍带淡紫红色	腋生，直立	2～5朵或更多	中央有1个黄色斑块，边缘波状	稍围抱蕊柱，偶有微毛	10—12月	香	产于云南西北部、南部至东南部。生于海拔1 600～1 800米林中树上或岩石上

（续）

序号	种名	叶	花冠颜色	花序	花数量	唇瓣		花期	香味	分布与生境
						中裂片	侧裂片			
22	珍珠矮 *C. nanulum*	2～3片，短小，带形，中脉两面凹陷，侧脉两面浮凸，叶鞘常紫色	黄绿色或淡紫色，有5条深色脉纹	直立	3～4朵	长圆状卵形，不明显三裂，有紫斑		6月	香	产于贵州西南部、云南东南部至西南部、海南。生于林中多石地上，海拔不详
23	邱北冬蕙兰 *C. qiubeiense*	2～3片，带形，深绿并带污紫色，基部收狭成丝状长柄	绿色，花瓣基部有暗紫色斑	/	/	外弯，不明显三裂		10—12月	香	产于贵州西南部和云南东南部。生于海拔700～1 800米林下
24	墨兰 *C. sinense*	3～5片，带形，暗绿色，有光泽	变化较大，常暗紫色或紫褐色	直立粗壮	10～20朵或更多	较大，外弯，具乳突状短柔毛	多少围抱蕊柱	10月—次年3月	浓香	产于安徽南部、江西南部、贵州西南部、福建、我国台湾、广东、海南、广西、四川和云南。生于海拔300～2 000米林下、灌木林中或溪谷旁湿润、排水良好的荫蔽处
25	果香兰 *C. suavissimum*	柔软，基部有紫晕和膜质缘	红褐色	直立	50朵以上	同12多花兰		7—8月	水果香	产于贵州西南部和云南西部。生处于海拔700～1 100米

（续）

序号	种名	叶	花冠颜色	花序	花数量	唇瓣		花期	香味	分布与生境
						中裂片	侧裂片			
26	斑舌兰 *C. tigrinum*	2～4片，生于茎顶端，狭椭圆形	黄绿色，略有红褐色晕，基部具紫褐色斑点	斜展	2～5朵	白色，授粉后变为粉红色，外弯，边缘波状	具小乳突	3—7月	微香	产于云南西部。生境不详
27	西藏虎头兰 *C. tracyanum*	5～8片或更多，带形，急尖	黄绿色至橄榄绿色，具多条不规则暗红色纵脉	外弯或直立	10余朵	明显外弯，具短条纹和斑点	有红褐色毛，有唇瓣主色调的脉	9—12月	香	产于贵州西南部、云南西南部至东南部和西藏东南部。生于海拔1 200～1 900米林中大树上及溪谷旁岩石上
28	文山红柱兰 *C. wenshanense*	6～9片，带形，渐尖	花大，不完全开放，白色，背面略带紫红色	稍外弯	3～7朵	白色，有紫色条纹和斑点，后期全部变为淡红褐色，先端微缺，2条纵褶片末端明显膨大		3月	香	产于云南东南部。生于林中树上，海拔不详
29	滇南虎头兰 *C. wilsonii*	7片，带形，急尖	黄绿色，有不明显的红褐色纵脉，下部有红褐色小斑点	直立或平展或下弯	5～15朵	奶油黄色，边缘有宽阔的斑纹带，授粉后全变紫红色	有暗红褐色脉纹，具短毛和缘毛	2—4月	香	产于云南南部。生于海拔约2 000米林中树上
30	夏凤兰 *C. aestivum*	4～8片，带形，纸质，渐尖，中脉背面浮凸	近白色至浅棕色	外弯	10～13朵	唇盘黄绿色，其余暗紫色，中裂片基部有1个三角形黄绿色斑		6—8月	无	产于云南勐腊县。生于海拔1 500～1 600米林中有苔藓的岩石上

（续）

序号	种名	叶	花冠颜色	花序	花数量	唇瓣		花期	香味	分布与生境
						中裂片	侧裂片			
31	椰香兰 *C. atropurpureum*	7～9片，带形，革质，先端不等2裂	紫色至黄绿色，侧萼片下垂，镰刀形	外弯或下垂	7～33朵	具细乳突或柔毛，侧裂片明显短于蕊柱，唇盘上有2条S形褶片		3—5月	具椰子香味	产于马来西亚、泰国、菲律宾、越南。生于海拔2 200米及以下林中树上或岩石上
32	保山兰 *C. baoshanense*	3～7片，倒披针形，具明显叶柄	浅绿色至褐黄色，背面或带红色晕	近直立或外弯	6～9朵	白色，中央有1条紫色线，先端有1个V形紫色斑	浅黄色，具多数紫红色斑点	3月	香	产于云南西南部（龙陵）。生于海拔1 600～1 700米林中
33	昌宁兰 *C. changningense*	10～13片，带形，先端不等2裂	浅绿色至奶黄色，有不明显紫红色脉纹	外弯，下部被长鞘	3～7朵	黄白色，有1个紫红色V形斑块和1条紫红色细中线	有1个紫红色斑块	2—3月	香	产于云南西部（昌宁）。生于海拔1 700米林缘树上或隐蔽处岩石上
34	丽花兰 *C. concinnum*	13～18片，带状，革质，渐尖	乳黄色，具浅紫红色细斑点构成的纵纹	外弯，下部有鞘	18～22朵	有1个V形紫红色斑块和1条同色短中线	具紫红色条纹	10—11月	香	产于云南西部（泸水）。生于海拔2 300米阔叶林树上
35	福兰 *C. devonianum*	2～4片，近直立，矩圆状倒披针形，革质，具叶柄	浅黄色，有浅紫色脉和细斑点	下垂或外弯，基部具数枚鞘	20～40朵	近菱形，稍下弯，有浅紫色晕和细斑点，中部两侧有2个深紫色斑块		3—4月	不详	产于云南（屏边、绿春、马关）。生于海拔1 500米疏林下石上

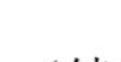
（续）

序号	种名	叶	花冠颜色	花序	花数量	唇瓣		花期	香味	分布与生境
						中裂片	侧裂片			
36	金蝉兰 *C. gaoligongensis*	6～11片，带形，革质	绿黄色，有时有浅红棕色脉纹	纤细，近直立或外弯，具8～10枚长鞘	8～10朵	近椭圆形，黄色无斑纹，或乳白色有黄色短条纹与斑点		9—12月	香	产于云南西部（保山，高黎贡山）。生于海拔1 500米林中树上
37	秋墨兰 *C. haematodes*	3～5片，带形，宽阔	同24墨兰	常比叶长	10～20朵	同24墨兰		9—10月	香	产于云南南部。生于海拔500～1 900米林下
38	长茎兰 *C. lii*	4～9片，带形，先端钝或渐尖	不详	近直立	1～5朵	不明显3裂，具细乳突，唇盘上的2条褶片延伸至中裂片基部		9—10月	香	产于河南省万宁。生于海拔800～1 000米大叶蒲葵的树冠基部
39	象牙白 *C. maguanense*	8～19片，带形，先端尖，不等2裂	白色或粉红色，背面有时有紫色晕	近直立	2～4（～5）朵	宽卵形，稍下弯，边缘波状，黄色斑块上密生短毛	直立，略抱柱	10—12月	香	产于云南东南部（马关、麻栗坡）。生于海拔1 000～1 800米林中树上
40	细花兰 *C. micranthum*	1～4片，带形	花小，花瓣浅黄色有紫红色脉，萼片紫褐色有深色脉	近直立，纤细	2～3朵	黄白色，有紫红斑，急尖，内弯	歪斜	12月	不详	产于云南东南部（马关）。生于海拔1 500米有灌木和多石的山坡上

（续）

序号	种名	叶	花冠颜色	花序	花数量	唇瓣		花期	香味	分布与生境
						中裂片	侧裂片			
41	多根兰 *C. multiradicatum*	无绿叶，具根状茎和多条根	紫红色或浅黄色，萼片背面有紫色斑	近直立	3～10 朵	卵形，稍下弯，先端边缘皱波状	近直立	6—7 月	不详	产于云南东南部（麻栗坡）。生于海拔 1 500 米密林中腐殖质土
42	峨眉春蕙 *C. omeiense*	4～5 片，带形	浅黄绿色，花瓣具紫红色斑点，萼片有紫红色中脉	直立	3～4 朵	卵形，下弯，有细乳突	直立，半圆形	3—4 月，9—10 月	香	产于四川西南部、云南西部与东南部、广西、湖北。生于林中多石之地，海拔不详
43	少叶硬叶兰 *C. paucifolium*	2～4 片，带形，极坚挺，先端常不等 2 裂	暗紫红色或黑紫色，有黄色边缘	下弯或下垂	6～11（～17）朵	有黄色边缘	有白色斑点	10—11 月	微香	产于云南西双版纳。生于树上，海拔不详
44	长茎兔耳兰 *C. recurvatum*	2～4 片，矩圆形，生于茎近顶端，椭圆状矩圆形	花瓣白色，萼片黄绿色	侧生，直立	单花	近卵形，外弯	半卵形，近直立	8—9 月	微香	产于云南保山。生于海拔 1 700 米灌木林下坡地上
45	二叶兰 *C. rhizomatosum*	2片，基生，长椭圆形，叶柄对折，花后生叶	浅绿色或白色，花瓣基部有紫红色中线	直立，纤细	（1～）2～3 朵	卵形，唇盘有2个皱褶，顶端多少会合	小，直立	4—9 月	不详	产于云南东南部（麻栗坡、广南）。生于海拔 1 500 米疏林腐殖质丰富处

（续）

序号	种名	叶	花冠颜色	花序	花数量	唇瓣		花期	香味	分布与生境
						中裂片	侧裂片			
46	薛氏兰 *C. schroederi*	6～8片，带状，先端急尖	浅绿色或浅黄绿色，稍有不规则棕色脉纹和斑点	直立或外弯	14～25朵	浅黄色至近白色，有红棕色V形斑块和中线	具红棕色条纹	3—6月	无	产于云南东南部。生于林中树上，海拔不详
47	豆瓣兰 *C. serratum*	3～5片，带形，常对折，具锯齿	绿色，具紫红色中脉、条纹	直立	1（罕2）朵	外弯，矩圆状卵形	直立	2—3月	无	产于贵州、湖北、四川、我国台湾、云南。生于海拔1 000～3 000米多石之地、疏林及草坡
48	川西兰 *C. sichuanicum*	5～8片，带形，革质	黄绿色，有浅紫红色晕和9～11条紫红色纵条纹	直立	10～15朵	宽卵形，下弯，被白色短毛，边缘波状	具疏毛，边缘具缘毛	2—3月	香	产于四川西部（茂县、汶川）。生于海拔1 200～1 600米林中树上或林缘岩石上
49	奇瓣红春素 *C. teretipetiolatum*	3～5片，带形，有柄，无关节	白绿色，有棕色或粉色晕和绿色脉	直立	2～4朵	卵形，浅绿色，基部边缘有红色斑		1—2月	无	产于云南西南部、南部、东南部。生于海拔1 000米疏林中
50	莲瓣兰 *C. tortisepalum*	5～7（～10）片，带形，外弯，具细锯齿	黄绿色或白色，莲瓣状矩圆形	直立	（1～）2～7朵	卵形至椭圆形，常有紫红色斑，唇盘具2个皱褶		12月—次年3月	香	产于四川西部、云南西部、我国台湾。生于海拔1 500～2 500米草坡、疏林或林缘

蔡朝晖 / 湖北科技学院

92. 合萼兰属 *Acriopsis* Blume

附生草本。聚生的假鳞茎卵形或近卵球形，具 2～3 个节，顶生 2～3 片叶。叶狭长，禾叶状。总状花序或圆锥花序侧生于假鳞茎基部；2 枚侧萼片完全合生而成 1 枚合萼片，位于唇瓣正后方；唇瓣基部具爪，爪与蕊柱下半部合生而成狭窄的管；蕊柱上部有 2 个臂状附属物。

约 12 种，分布于热带亚洲至大洋洲。我国 1 种，产于云南南部。

合萼兰

合萼兰

合萼兰

合萼兰属植物野外识别特征一览表

种名	假鳞茎	叶	花序	花色	侧萼片	花期	分布与生境
合萼兰 *A. indica*	长圆状卵形	狭长圆形	圆锥花序	花黄绿色并稍带紫色斑点，唇瓣白色	完全合生而成 1 枚合萼片，长圆形，与中萼片相似	8 月	产于云南南部。生于海拔 1 300 米山毛榉科植物的树干上

晏启 / 武汉市伊美净科技发展有限公司

93. 云叶兰属 *Nephelaphyllum* Blume

地生草本。假鳞茎纤细，肉质，叶柄状，具 1 个节间，顶生 1 片叶。叶卵状心形或卵状披针形，有不规则的棕色斑块。花莛侧生于假鳞茎基部；总状花序；花不倒置；唇瓣贴生于蕊柱基部，基部具囊状短距；蕊柱粗短，直立，具狭翅，基部无蕊柱足；蕊喙肉质，不裂，先端截形；药帽顶端两侧各具 1 个圆锥形的附属物。

全属约 18 种，分布从热带喜马拉雅地区经中国到东南亚。我国 2 种。

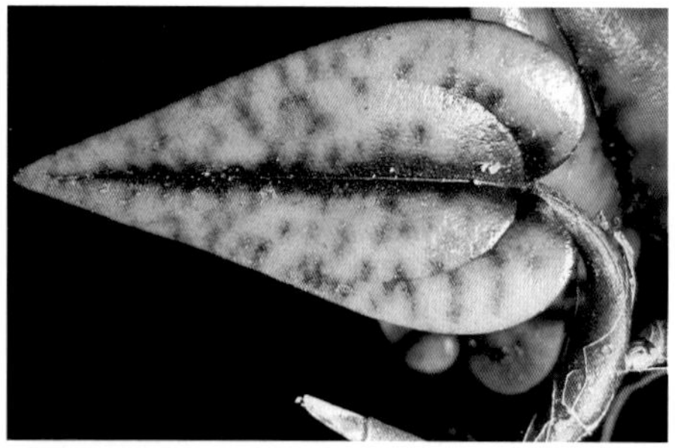

云叶兰

美丽云叶兰

云叶兰

云叶兰

美丽云叶兰

云叶兰属植物野外识别特征一览表

序号	种名	毛被情况	花色	花朝向	唇瓣中裂片	花期	分布与生境
1	美丽云叶兰 *N. pulchra*	花序梗、苞片、子房、萼片密被白毛	萼片黄褐色到绿褐色，先端白色，花瓣、唇瓣白色	直立	圆形，先端锐尖	5—6 月	产于海南白沙。生于海拔 1 000 ～ 1 500 米山地林下
2	云叶兰 *N. tenuiflora*	植物无毛	绿色，带紫色条纹	平展	半圆形并具皱波状的边缘，先端微凹	6 月	产于海南和我国香港。生于海拔 900 米的山坡林下

备注：根据《中国生物物种名录》，本属并入带唇兰属，同时，鸡冠云叶兰 *N. cristatum* Rolfe 并入云叶兰

晏启 / 武汉市伊美净科技发展有限公司

94. 带唇兰属 *Tainia* Blume

地生草本。根状茎横生，具肉质根。假鳞茎肉质，顶生 1 片叶。叶大，纸质，折扇状，具长柄。花莛侧生于假鳞茎基部；总状花序具少数至多数花；花苞片膜质，比花梗和子房短；花梗和子房直立，无毛；萼片和花瓣相似；唇瓣贴生于蕊柱足末端；侧裂片多少围抱蕊柱；中裂片上面具脊突或褶片；蕊柱向前弯曲，两侧具翅，基部具蕊柱足。

全属约 32 种，分布于斯里兰卡和印度，北至中国和日本，南至缅甸、新几内亚和太平洋岛屿。我国 13 种，分布于长江以南各省区。

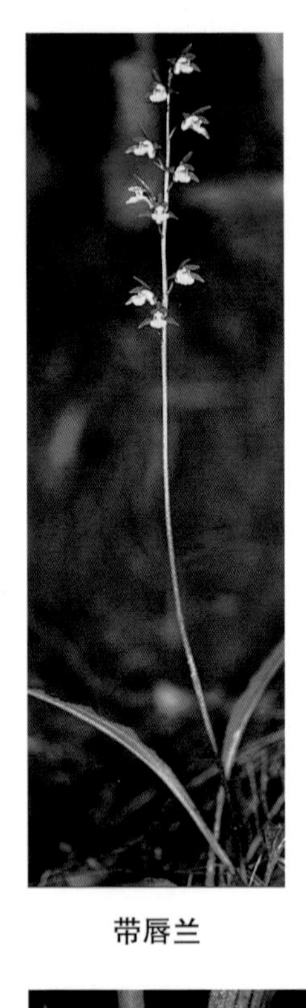

带唇兰

带唇兰

大花带唇兰

带唇兰

香港带唇兰

狭叶带唇兰

香港带唇兰

香港带唇兰

高褶带唇兰

滇南带唇兰　滇南带唇兰　高褶带唇兰

带唇兰　心叶带唇兰　心叶带唇兰

南方带唇兰　心叶带唇兰　绿花带唇兰

阔叶带唇兰

带唇兰属植物野外识别特征一览表

序号	种名	假鳞茎	叶	花	花期	唇瓣	分布与生境	备注
1	香港带唇兰 *T. hongkongensis*	卵球形	长椭圆形，具折扇状脉	黄绿色带紫褐色斑点和条纹	4—5月	倒卵形，不裂	产于福建、广东。通常生于海拔150～500米的山坡林下或山间路旁	《中国生物物种名录》(2021)中命名为香港安兰，别名香港带唇兰
2	狭叶带唇兰 *T. angustifolia*	卵球形	长圆形或长椭圆形	黄绿色	9—10月	长圆形或长圆状披针形，3裂；侧裂片三角形，狭而短小，先端牙齿状急尖	产于云南、贵州。生于海拔1 050～1 200米的山坡林下	《中国生物物种名录》(2021)中命名为狭叶安兰，别名狭叶带唇兰
3	绿花带唇兰 *T. hookeriana*	卵球形	长椭圆形	黄绿色带橘红色条纹和斑点	2—3月	倒卵形；中裂片近心形或宽卵状三角形；侧裂片卵状长圆形，先端钝	产于我国台湾和海南。生于海拔700～1 000米的常绿阔叶林下或溪边	《中国生物物种名录》(2021)中命名为绿花安兰，别名绿花带唇兰
4	南方带唇兰 *T. ruybarrettoi*	卵球形	披针形	暗红黄色	3月	倒卵形，3裂；侧裂片卵状长圆形，先端钝；中裂片倒卵形或近圆形，先端稍具短尖	产于我国香港、广西和海南。常生于竹林下，海拔不详	《中国生物物种名录》(2021)中命名为南方安兰，别名南方带唇兰
5	高褶带唇兰 *T. viridifusca*	宽卵球形	长圆形或长椭圆形，具折扇状脉	褐绿色或紫褐色	4—5月	倒卵形，3裂；侧裂片卵状长圆形，先端钝；中裂片倒卵形或近圆形，先端稍具短尖	产于云南。常生于海拔1 500～2 000米的常绿阔叶林下	《中国生物物种名录》(2021)中命名为高褶安兰，别名高褶带唇兰、滇粤安兰、五脊安兰

（续）

序号	种名	假鳞茎	叶	花	花期	唇瓣	分布与生境	备注
6	卵叶带唇兰 *T. longiscapa*	长卵形	宽卵形，不具折扇状脉，质地厚，近肉质，无柄	黄绿色	3月	倒卵形，近中部3裂	产于云南、海南。生于海拔1 150米的常绿阔叶林下的岩石边	/
7	峨眉带唇兰 *T. emeiensis*	细圆柱形	椭圆形，纸质，不具折扇状脉，明显具柄	/	7月	卵状披针形，不裂	产于四川。生于海拔800米的山坡林下	/
8	大花带唇兰 *T. macrantha*	细圆柱形	椭圆形，不具折扇状脉，纸质，明显具柄	大，顶端鲜红，基部绿白色，有鲜红色斑点	7—8月	近戟形，上部稍3裂	产于广东西南部和南部、广西。生于海拔700～1 200米的山坡林下或沟谷岩石边	/
9	带唇兰 *T. dunnii*	圆柱形	狭长圆形或椭圆状披针形，具折扇状脉	萼片和花瓣淡紫棕色，具深紫色斑点	3—4月	前部3裂；侧裂片淡黄色带紫黑色斑点，三角形；中裂片黄色，横长圆形；唇盘具3条褶片	产于浙江、江西、湖南、四川、贵州、福建、我国台湾、广东、广西、海南。生于海拔580～1 900米的常绿阔叶林下或山间溪边	/
10	阔叶带唇兰 *T. latifolia*	圆柱状长卵形	椭圆形或椭圆状披针形，具折扇状脉	萼片、花瓣深棕色，唇瓣黄色	3月	唇盘自基部至中裂片近先端处纵贯3条褶片	产于海南、我国台湾和云南。生于山坡林下	/
11	滇南带唇兰 *T. minor*	圆柱状长卵形	长圆形，具折扇状脉	萼片和花瓣淡紫棕色，具深紫色斑点	5月	中裂片倒卵形或近圆形，上具4～5条褶片	产于云南、西藏。生于海拔1 920米的山坡林下阴湿处	/

（续）

序号	种名	假鳞茎	叶	花	花期	唇瓣	分布与生境	备注
12	心叶带唇兰 *T. cordifolia*	叶柄状	卵状、心形，带深绿色斑，肉质，非褶状	大，萼片和花瓣呈褐色，略带紫褐色条纹	5—7月	稍3裂；侧裂片白色，具斑点，略带紫红色；中裂片黄色，沿边缘有紫色斑点；唇盘具3条黄色褶片	产于云南东南部、福建、广东、广西、我国台湾。生于海拔500～1 000米山谷中潮湿的地方	/
13	疏花带唇兰 *T. laxiflora*	圆筒状	椭圆形，稍渐尖	萼片和花瓣淡褐色到淡褐黄色	/	3浅裂；侧裂片斜三角形，钝；中裂片横椭圆形，稍渐尖；有3条褶片	产于我国台湾	/

黄永启 / 南宁市第二中学

95. 毛梗兰属 *Eriodes* Rolfe

附生草本。假鳞茎在根状茎上近聚生，较大，近球形，具棱角。叶大，折扇状。花梗和子房远比花长，密布短柔毛；侧萼片贴生于蕊柱足上而形成明显的萼囊。唇瓣舌形或卵状披针形，基部以1个活动关节与蕊柱足末端连接，不裂。蕊柱粗短，上端扩大，具翅，无毛，基部具近直角弯曲的蕊柱足。

1种，分布于不丹、中国西南部、印度东北部、缅甸、泰国、越南。

毛梗兰

毛梗兰

毛梗兰

毛梗兰属植物野外识别特征一览表

种名	生态类型	假鳞茎	花梗	萼片	唇瓣	蕊柱	花期	分布与生境
毛梗兰 *E. barbata*	附生草本	近球形，粗达3厘米	密被褐色柔毛和宽扁的毛	淡黄色带紫红色脉纹，中萼片形成萼囊	淡黄色带紫红色条纹，不裂，向下弯，基部两侧近直立，先端稍扩大并在其两侧具小裂片	两侧具宽翅，基部具长约5毫米的蕊柱足	10—11月	产于云南南部至西南部。生于海拔1 400～1 700米的山地林缘或疏林中树干上

刘胜祥 / 华中师范大学

96. 滇兰属 *Hancockia* Rolfe

地生草本，矮小，具匍匐根状茎和假鳞茎。根状茎纤细，匍匐生根，被膜质鞘。假鳞茎肉质，多少貌似叶柄，疏生于根状茎上，圆柱形，弧曲上举，被膜质鞘，具1个节，顶生1片叶。叶卵状披针形或卵形，先端急尖，基部近圆形，具短柄，有1个关节，具多数平行的弧形细脉，两面无毛。花莛顶生单朵花；花苞片大，纸质；萼片和花瓣相似，离生，但花瓣略宽；唇瓣基部贴生于蕊柱中部以下两侧的蕊柱翅上而形成长距，3裂，唇盘具龙骨状脊突；距圆筒状，稍弧曲；蕊柱纤细，近直立，顶端扩大，基部无蕊柱足，具翅；蕊喙大，半圆形，不裂。

1种，分布于中国（云南）、越南、日本。

滇兰

滇兰

滇兰

滇兰属植物野外识别特征一览表

种名	假鳞茎	叶片	花	唇瓣	蕊柱	花期	分布与生境
滇兰 *H. uniflora*	肉质，多少貌似叶柄，圆柱形，弧曲上举，顶生1片叶	叶具短柄，有1个关节，具多数平行的弧形细脉，两面无毛	花莛顶生单朵花，花粉红色	基部贴生于蕊柱中部以下两侧的蕊柱翅上而形成长距，3裂，唇盘具龙骨状脊突，距圆筒状，稍弧曲	纤细，近直立，顶端扩大，基部无蕊柱足，具翅	7月	产于云南东南部。生于海拔1 300～1 560米的山坡或沟谷林下阴湿处

刘胜祥 / 华中师范大学

97. 粉口兰属 *Pachystoma* Blume

地生草本，具肉质根状茎。叶 1 ～ 2 片，常在花后发出，狭长。花莛细长，直立；总状花序具数朵小花；花苞片大，宿存，被毛；萼片相似；侧萼片与蕊柱足合生而形成萼囊；花瓣等长于萼片而较狭；唇瓣无爪，基部稍凹陷，贴生于蕊柱基部或蕊柱足末端，前部 3 裂；侧裂片直立，中裂片伸展；唇盘肉质，具数条纵贯的龙骨状脊突；蕊柱细长，圆柱形，上端稍扩大；蕊喙不裂，先端钝；花粉团 8 个，蜡质，等大，每 4 个为一群。

粉口兰

粉口兰属植物野外识别特征一览表

种名	茎、叶	花冠颜色	花序	唇瓣	蕊柱	花期	分布与生境
粉口兰 *P. pubescens*	根状茎横生，叶在花后长出，1～2片，禾叶状	花黄绿色带粉红色；萼片椭圆形至披针形，具5条脉，背面密被毛；花瓣狭匙形或倒披针形，具3～5条脉	细长直立，着生数朵至10余朵花	贴生蕊柱足上，具3～5条疣状脊突；中裂片倒卵形，侧裂片近圆形	密被长硬毛	3—9月	产于广西南部、贵州西南部、我国台湾、广东、我国香港、海南、云南。生于海拔800米的山坡草丛中

蔡朝晖 / 湖北科技学院

98. 苞舌兰属 *Spathoglottis* Blume

地生草本，无根状茎，具卵球形或球状的假鳞茎，顶生1～5片叶。叶狭长，基部收狭为柄；叶柄之下具鞘。花葶生于假鳞茎基部，直立，不分枝，基部被数枚鞘；总状花序疏生少数花，逐渐开放；萼片背面被毛；唇瓣无距，贴生于蕊柱基部，3裂；侧裂片近直立，两裂片之间常凹陷呈囊状，内面常有毛；中裂片具爪，爪与侧裂片连接处具附属物或龙骨状突起。

全属约46种，分布于热带亚洲至澳大利亚和太平洋岛屿。我国3种，分布于南方各省区。

紫花苞舌兰

紫花苞舌兰

少花苞舌兰

少花苞舌兰

苞舌兰

苞舌兰属植物野外识别特征一览表

序号	种名	苞片	花色	唇瓣	花期	分布与生境
1	紫花苞舌兰 *S. plicata*	紫色，卵形，向下反卷	紫色或粉红色	贴生于蕊柱基部；侧裂片直立，狭长，先端扩大并呈截形；中裂片具长爪，长约1厘米，向先端扩大而呈扇形；先端近截形并凹入或浅2裂，基部与侧裂片相连接处具1对黄色肉突，其基部彼此连生并向背面伸出2个三角形的齿突	常在夏季	产于我国台湾（兰屿和绿岛）。常见于山坡草丛中
2	苞舌兰 *S. pubescens*	披针形或卵状披针形，被柔毛	黄色	3裂；侧裂片直立，镰刀状长圆形，长约为宽的2倍，先端圆形或截形；中裂片基部具爪，爪短而宽，基部两侧有时各具1枚稍凸起的钝齿；唇盘上具3条纵向的龙骨脊，其中央1条隆起而成肉质的褶片	7—10月	产于浙江、江西、福建、湖南、广东、我国香港、广西、四川、贵州和云南。生于海拔380～1 700米的山坡草丛中或疏林下
3	少花苞舌兰 *S. ixioides*	卵状披针形，先端锐尖，疏被柔毛	花大，黄色，张开	直立，3裂；侧裂片直立，卵状三角形，长略大于宽，先端钝；中裂片基部两侧各具1枚齿突，齿突狭长，长约2毫米，先端急尖	8—9月	产于西藏南部（聂拉木、错那、吉隆）。生于海拔2 300～2 800米的山坡岩石上

胡蝶 / 长江大学

99. 黄兰属 *Cephalantheropsis* Guillaumin

地生草本。茎丛生。叶多数，互生，具折扇状脉。花莛侧生于茎中部以下的节上，具多数花；花上举；萼片和花瓣多少相似，离生；唇瓣贴生于蕊柱基部，与蕊柱完全分离，基部浅囊状或凹陷，无距，上部3裂；侧裂片直立，多少围抱蕊柱；中裂片具短爪，向先端扩大，边缘皱波状；蕊柱粗短，两侧具翅，基部稍扩大，顶端截形；蕊喙短小，卵形，先端尖；柱头顶生，近圆形。

全属约6种，主要分布于日本、中国到东南亚。我国3种，产于南部。

铃花黄兰

黄兰

黄兰

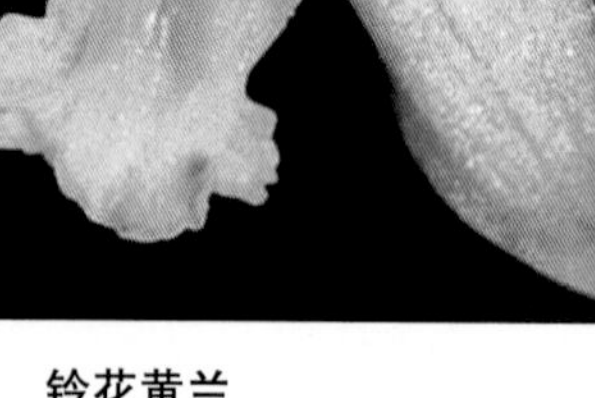

铃花黄兰

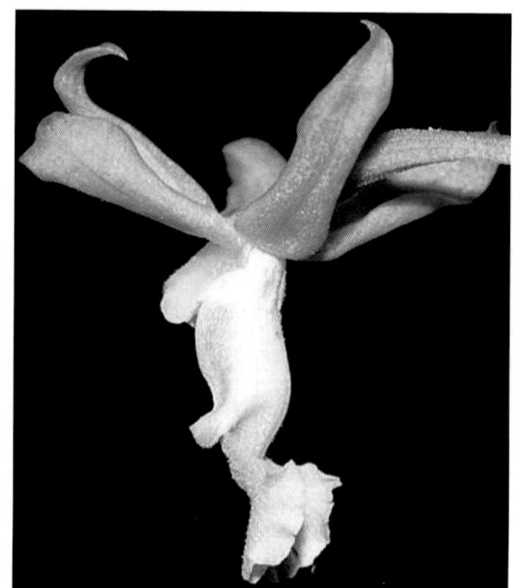

黄兰

序号	种名	根状茎	总状花序	花	萼片与花瓣	唇瓣	蕊柱	花期	分布与生境
1	铃花黄兰 *C. halconensi*	茎直立，圆柱形，具数个疏离的节间，被筒状鞘	花序通常疏生10余朵花	白色，后来转变为橘黄色，俯垂，多少呈钟状，不甚张开	萼片卵状披针形，背面被毛；花瓣卵状长圆形，无毛	淡黄色，贴生于蕊柱足基部，无距，3裂；中裂片从基部向先端扩大而成横长圆形，上面具2条褶片	蕊柱稍向前弯曲	10—11月	产于我国台湾、广西、云南和西藏。生于海拔1 250米的密林下阴湿处
2	白花黄兰 *C. longipes*	茎直立，圆筒状，有几个管状的鞘朝向基部	花1或2朵，直立	萼片和花瓣白色，唇瓣白色具1条黄色带	萼片圆锥形或展开；花瓣卵形，无毛	卵状长圆形；中裂片在基部有短爪，边缘具强烈的波状圆齿	/	10月	产于我国台湾、广西、西藏和云南。生于海拔1 200米林下
3	黄兰 *C. obcordata*	茎直立，圆柱形，被筒状膜质鞘	疏生多数花	青绿色或黄绿色，伸展	萼片和花瓣反折；中萼片和侧萼片相似，椭圆状披针形或卵状披针形；花瓣卵状椭圆形，两面或仅背面被毛	轮廓近长圆形，几乎平伸，中部以上3裂；侧裂片上面具2条黄色的褶片，褶片之间具许多橘红色的小泡状颗粒	蕊柱基部常扩大，无蕊柱足，中部以下两侧具翅，被毛	9—12月	产于福建、我国台湾、广东、我国香港和海南。常生于海拔约450米的密林下

张红霞 / 中南安全环境技术研究院股份有限公司

100. 鹤顶兰属 *Phaius* Loureiro

地生草本，根圆柱形。假鳞茎丛生，常被鞘。叶大，互生于假鳞茎上部，具折扇状脉。花莛1～2个；花序柄疏被少数鞘；总状花序疏生少数或密生多数花；花苞片大，早落或宿存；花通常大，美丽；萼片和花瓣近等大；唇瓣基部贴生于蕊柱基部；蕊柱长而粗壮，上端扩大，两侧具翅；柱头侧生；花药2室；花粉团8个。

全属约40种，广布于非洲热带地区、亚洲热带和亚热带地区至大洋洲。我国9种，产于南方各省份，尤其盛产于云南南部。

黄花鹤顶兰

黄花鹤顶兰

仙笔鹤顶兰

仙笔鹤顶兰

黄花鹤顶兰

长茎鹤顶兰

大花鹤顶兰

紫花鹤顶兰

长茎鹤顶兰

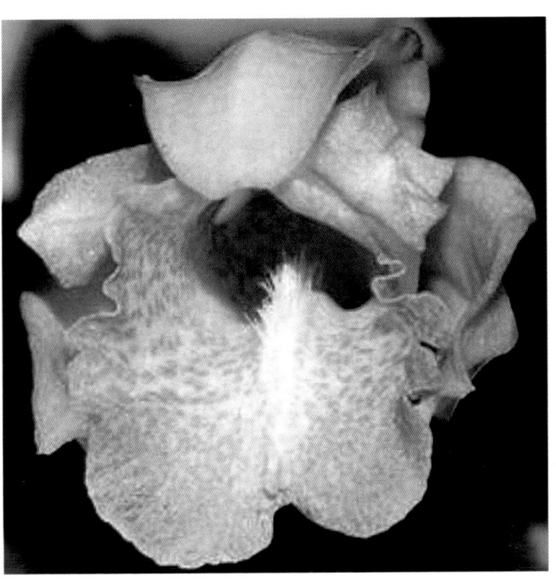

紫花鹤顶兰

大花鹤顶兰

鹤顶兰

紫花鹤顶兰

文山鹤顶兰

文山鹤顶兰

鹤顶兰

鹤顶兰

鹤顶兰属植物野外识别特征一览表

序号	种名	假鳞茎形状	花莛	花色	唇瓣	花期	分布与生境
1	仙笔鹤顶兰 *P. columnaris*	圆柱形	长不及 25 厘米	/	/	6 月	产于贵州、云南、广东。生于海拔 230 ～ 1 700 米的石灰山林下岩石之间的空隙地上
2	黄花鹤顶兰 *P. flavus*	卵状圆锥形	花莛不高出叶层	柠檬黄色	/	4—10 月	产于湖南、四川、贵州、云南、西藏、福建、我国台湾、广东、广西、海南。生于海拔 300 ～ 2 500 米的山坡林下阴湿处
3	海南鹤顶兰 *P. hainanensis*	卵状圆锥形	花莛被毛，高出叶层	象牙白色	/	5 月	产于海南。生于海拔 110 米的山谷石缝中
4	长茎鹤顶兰 *P. takeoi*	圆柱形	长 35 厘米以上	萼片与花瓣淡黄绿色，唇瓣白色	/	8—10 月	产于云南、我国台湾。生于海拔 1 000 ～ 1 400 米的沟谷密林下
5	大花鹤顶兰 *P. wallichii*	纺锤形或近圆柱形	花莛无毛，高出叶层	中萼片和侧萼片背面浅黄绿色，内面浅褐红色	/	5—6 月	产于云南、西藏、我国香港。生于海拔 750 ～ 1 000 米的林下或沟谷阴湿处
6	紫花鹤顶兰 *P. mishmensis*	圆柱形	长 35 厘米以上	紫红色或粉红色	中裂片密布白色长毛	10 月—次年 1 月	产于云南、西藏、我国台湾、广东、广西。生于海拔高达 1 400 米的常绿阔叶林下阴湿处
7	鹤顶兰 *P. tancarvilleae*	圆锥形	花莛无毛，高出叶层	萼片和花瓣背面象牙白色，内面暗赭色或棕色	/	3—6 月	产于云南、西藏、福建、我国台湾、广东、广西、海南。生于海拔 700 ～ 1 800 米的林缘、沟谷或溪边阴湿处
8	文山鹤顶兰 *P. wenshanensis*	圆柱形	长 35 厘米以上	背面黄色，内面紫红色	中裂片上无毛	9 月	产于云南。生于海拔 1 300 米的林下
9	少花鹤顶兰 *P. delavayi*	近球形	25 ～ 30 厘米，无毛，高出叶层	紫红色或黄色	白色，带有紫色斑点	6—9 月	产于甘肃南部、四川西部和东南部、西藏东南部、云南西南部。生于海拔 2 700 ～ 3 500 米混交林下

黄永启 / 南宁市第二中学

101. 虾脊兰属 *Calanthe* R. Brown

地生草本。假鳞茎通常粗短，圆锥状。叶少数，常较大。花莛从叶腋或茎基部侧面抽出，直立，不分枝，总状花序具少数至多数花；花通常张开，小至中等大；花瓣比萼片小。唇瓣常比萼片大而短；唇盘具附属物（胼胝体、褶片或脊突）或无附属物。植物形状像小虾的尾巴，虾脊兰由此得名。

全属约 150 种，分布于亚洲热带和亚热带地区、新几内亚岛、澳大利亚、热带非洲以及中美洲。我国 58 种及 4 变种，主要产于长江流域及其以南各省区。

剑叶虾脊兰

剑叶虾脊兰

肾唇虾脊兰

肾唇虾脊兰

三棱虾脊兰

葫芦茎虾脊兰

葫芦茎虾脊兰

葫芦茎虾脊兰

密花虾脊兰

密花虾脊兰

二列叶虾脊兰

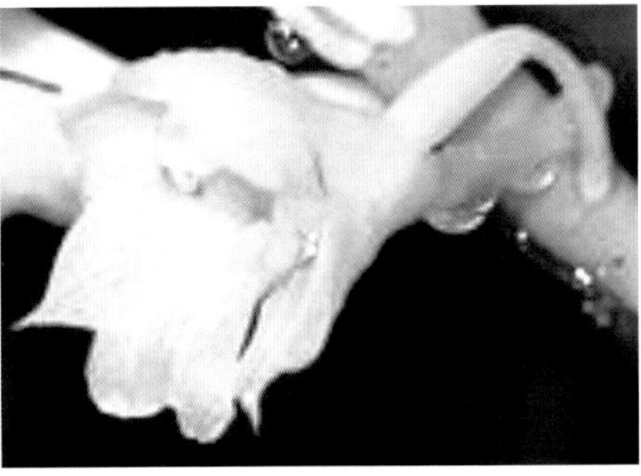

密花虾脊兰

密花虾脊兰

棒距虾脊兰

棒距虾脊兰

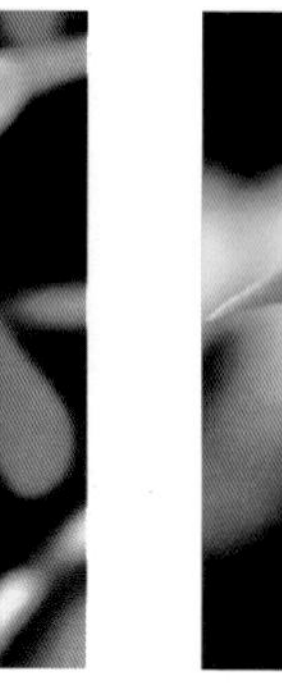

二列叶虾脊兰

三棱虾脊兰

无距虾脊兰

二列叶虾脊兰

棒距虾脊兰

流苏虾脊兰

流苏虾脊兰

少花虾脊兰

贵州虾脊兰

四川虾脊兰

圆唇虾脊兰

镰萼虾脊兰

反瓣虾脊兰

四川虾脊兰

无距虾脊兰　细花虾脊兰　少花虾脊兰　叉唇虾脊兰　叉唇虾脊兰

细花虾脊兰

细花虾脊兰

峨眉虾脊兰

弧距虾脊兰

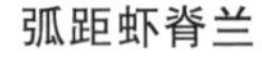
弧距虾脊兰

西南虾脊兰

通麦虾脊兰

中华虾脊兰

西南虾脊兰

西南虾脊兰

肾唇虾脊兰

泽泻虾脊兰

三褶虾脊兰

三褶虾脊兰

西南虾脊兰

峨边虾脊兰

银带虾脊兰

银带虾脊兰

戟形虾脊兰

车前虾脊兰

墨脱虾脊兰

乐昌虾脊兰

乐昌虾脊兰

通麦虾脊兰

峨边虾脊兰

福贡虾脊兰

虾脊兰

台湾虾脊兰

钩距虾脊兰

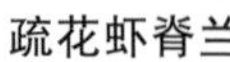

疏花虾脊兰

裂距虾脊兰

裂距虾脊兰

钩距虾脊兰

大黄花虾脊兰

大黄花虾脊兰

虾脊兰

翘距虾脊兰

疏花虾脊兰

车前虾脊兰

虾脊兰属植物野外识别特征一览表

序号	种名	叶形	花色与花形	唇瓣	距	花期	分布与生境	备注
1	葫芦茎虾脊兰 *C. labrosa*	椭圆形，旱季脱落	花张开；花瓣白色至粉色，多少反卷，卵状长圆形；花序密被长柔毛	贴生于蕊柱足末端，与蕊柱翅离生，宽卵形，多少3裂，唇盘白色，基部具3条纵向脊突，其中央1条到达中裂片近先端处	浅黄色，纤细，长约2.5厘米，外面密生长柔毛	11—12月	产于云南南部（勐腊、思茅）。生于海拔800～1 200米的常绿阔叶林下	假鳞茎聚生，卵球形或卵状圆锥形，中部常缢缩而呈葫芦状
2	辐射虾脊兰 *C. actinomorpha*	基生，在花期全部展开，倒披针形，3～4片	花柠檬黄色，稍张开；花苞片早落，浅白色；花瓣椭圆形	与花瓣同形，不裂，基部稍收狭并贴生在蕊柱基部，与蕊柱翅分离，边缘微波状，具3条脉	无距	12月	产于我国台湾（苗栗、台北）。生于海拔约800米的山坡林下阴湿处	/
3	狭叶虾脊兰 *C. angustifolia*	叶近基生，4～10片，狭披针形或狭椭圆形，长30厘米以上，通常宽2.0～3.5厘米，叶柄长4～16厘米	花白色；花瓣卵状椭圆形，长8～11毫米	基部与整个蕊柱翅合生，3深裂，基部具2枚三角形的褶片；中裂片倒心形	棒状，长6～9毫米，中部较细，稍弯曲	9月	产于我国台湾、广东和海南。生于海拔1 000～2 000米的常绿阔叶林下	/
4	南方虾脊兰 *C. lyroglossa*	叶折扇状，长30～60厘米，偶尔可达1米，宽3.0～8.5厘米	花黄色，干后变黑色；花瓣椭圆形，比萼片稍短	长约5毫米，基部与整个蕊柱翅合生，不明显3裂；侧裂片短小，半圆形或钝齿状；中裂片较大，宽肾形或近横长圆形	棒状，长约5毫米，末端稍2裂	12月—次年2月	产于我国台湾和海南。生于海拔1 500米以下的山谷溪边和林下	/

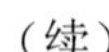
（续）

序号	种名	叶形	花色与花形	唇瓣	距	花期	分布与生境	备注
5	密花虾脊兰 *C. densiflora*	披针形或狭椭圆形，叶柄细，长5～10厘米	花淡黄色，干后变黑色；花瓣近匙形；总状花序球形，由许多放射状排列的花所组成	基部合生于蕊柱基部上方的蕊柱翅上，中上部3裂；侧裂片卵状三角形，先端钝，两侧裂片先端之间的宽度为1厘米；唇盘上具2条褶片	圆筒形，劲直，长16毫米，末端钝	8—9月	产于我国台湾、广东、海南、广西、四川、云南和西藏。生于海拔1 000～2 600米的混交林下和山谷溪边	蕊柱细长，长1.2厘米
6	棒距虾脊兰 *C. clavata*	狭椭圆形，长达65厘米，宽4～10厘米	花黄色，花瓣倒卵状椭圆形至椭圆形，长10毫米	基部近截形，与整个蕊柱翅合生，3裂；中裂片近圆形，先端截形并微凹（凹处具1个细尖），基部稍收窄并具2枚三角形的褶片	棒状，劲直，长9毫米	11—12月	产于福建、广东、海南、广西、云南和西藏。生于海拔870～1 300米的山地密林下或山谷岩边	/
7	二列叶虾脊兰 *C. speciosa*	2列，长圆状椭圆形，长达95厘米，中部宽4～9厘米；叶柄粗壮，对折，长约20厘米	花鲜黄色，花瓣卵状椭圆形	基部与整个蕊柱翅合生，基部上方3裂；中裂片扇形或有时近倒卵状楔形，基部收窄成爪；唇盘在两侧裂片之间具2枚近半月形的褶片或胼胝体或有时消失	棒状，长约9毫米，末端圆钝	（4—）7—10月	产于我国台湾、我国香港和海南。生于海拔500～1 500米的山谷林下阴湿处	/
8	无距虾脊兰 *C. tsoongiana*	叶在花期尚未完全展开，倒卵状披针形或长圆形	花淡紫色，花瓣近匙形，萼片长不及8毫米	基部合生于整个蕊柱翅上，长约3毫米，基部上方3深裂；侧裂片向前伸，近长圆形，长2毫米；中裂片长圆形；唇盘上无褶片和其他附属物	无距	4—5月	产于浙江、江西、福建、贵州。生于海拔450～1 450米的山坡林下、路边和阴湿岩石上	/

（续）

序号	种名	叶形	花色与花形	唇瓣	距	花期	分布与生境	备注
9	贵州虾脊兰（变种）*C. tsoongiana* var. *guizhouensis*	同上	同上	比 8a 原变种大；侧裂片近斧头形，长宽均为 2.5 毫米，先端截形，向外伸展；中裂片卵形，基部具爪	无距	4 月	产于贵州东北部（江口县）。生于海拔约 800 米的山地密林下	/
10	囊爪虾脊兰（原变种）*C. sacculata*	基生，3 片，斜展，椭圆形	花中等大，花瓣斜披针状舌形	基部与整个蕊柱翅合生，3 裂，基部具爪，爪的基部凹陷为浅囊；唇盘中央具 1 条褶片	无距	不详	产于贵州。生于海拔约 1 800 米处	/
11	城口虾脊兰（变种）*C. sacculata* var. *tchenkeoutinensis*	同上	同上	本变种与原变种 9a 之区别在于唇瓣具 3 枚褶片	无距	同上 9a	产于四川东北部	/
12	天全虾脊兰 *C. ecarinata*	叶在花期尚未全部展开，倒卵状长圆形，边缘稍波状	花淡黄色，花瓣长圆形，比萼片短	基部无爪，与整个蕊柱翅合生，3 深裂；唇盘无褶片和其他附属物	无距	6 月	产于四川。生于海拔 2 450 米的山坡林下	/
13	三棱虾脊兰 *C. tricarinata*	叶在花期尚未展开，薄纸质，椭圆形或倒卵状披针形，通常长 20 ～ 30 厘米，宽 5 ～ 11 厘米，边缘波状，背面密被短毛	花张开，质地薄，萼片和花瓣浅黄色，花瓣倒卵状披针形	红褐色，基部合生于整个蕊柱翅上，3 裂；侧裂片小，耳状或近半圆形；中裂片肾形，边缘强烈波状；唇盘上具 3 ～ 5 条鸡冠状褶片	无距	5—6 月	产于陕西、甘肃、我国台湾、湖北、四川、贵州、云南和西藏。生于海拔 1 600 ～ 3 500 米的山坡草地上或混交林下	/

（续）

序号	种名	叶形	花色与花形	唇瓣	距	花期	分布与生境	备注
14	镰萼虾脊兰 *C. puberula*	叶在花期全部展开，椭圆形或椭圆状长圆形，通常长12～22厘米，宽达7厘米，具5条主脉	萼片和花瓣粉红色，张开，花瓣线形，花开放后萼片和花瓣不反折	粉红色，基部与蕊柱中部以下的蕊柱翅合生，3裂；侧裂片长圆状镰刀形；中裂片菱状椭圆形至倒卵状楔形，先端锐尖，前端边缘具不整齐的齿或流苏，基部收狭为爪	无距	7—8月	产于云南和西藏。生于海拔1 250～2 450米的常绿阔叶林下	/
15	反瓣虾脊兰 *C. reflexa*	叶椭圆形，在花期全体展开，通常长15～20厘米，宽3.0～6.5厘米，两面无毛	花粉红色，开放后萼片和花瓣反折并与子房平行，花瓣线形	基部与蕊柱中部以下的翅合生，3裂；侧裂片长圆状镰刀形；中裂片近椭圆形或倒卵状楔形，先端锐尖，前端边缘具不整齐的齿	无距	5—6月	产于安徽、浙江、江西、我国台湾、湖北、湖南、广东、广西、四川、贵州和云南。生于海拔600～2 500米的常绿阔叶林下、山谷溪边或生有苔藓的湿石上	/
16	流苏虾脊兰 *C. alpina*	3片，在花期全部展开，椭圆形或倒卵状椭圆形，宽3～6(～9)厘米，两面无毛	萼片和花瓣白色，带绿色先端或浅紫堇色，花瓣狭长圆形至卵状披针形	浅白色，后部黄色，前部具紫红色条纹，与蕊柱中部以下的蕊柱翅合生，半圆状扇形，不裂，长约8毫米，基部宽截形，宽约1.5厘米，前端边缘具流苏	浅黄色或浅紫堇色，圆筒形，劲直	6—9月	产于甘肃南部、陕西、我国台湾、四川、云南和西藏。生于海拔1 500～3 500米的山地林下和草坡上	/

（续）

序号	种名	叶形	花色与花形	唇瓣	距	花期	分布与生境	备注
17	四川虾脊兰 *C. whiteana*	叶在花期尚未展开，直立，剑形或狭长圆状倒披针形，长达32厘米，宽2.5～4.5厘米，先端急尖，基部渐狭为柄，两面无毛	花苞片宿存，反折，狭披针形；花肉质；萼片和花瓣淡黄色，开放后反折，干后变黑色；花瓣狭椭圆形或卵状披针形	黄白色，肾形，不裂，与蕊柱翅合生，边缘全缘或多少具钝齿；唇盘具3条鸡冠状褶片，中央1条常延伸到唇瓣先端，上面无毛，背面被短毛	圆筒形，长8～10毫米，末端钝，内外均被毛	5—6月	产于四川（峨眉山）。生于海拔1 000～1 800米的山间林下或路旁	/
18	匙瓣虾脊兰 *C. simplex*	3片，在花期全部展开，长圆形，长约30厘米，宽4～7厘米，两面无毛	花黄绿色，干后深褐色，质地稍厚，花瓣倒卵状披针形或匙形，长约1厘米	多少肉质，肾形，不裂，基部与整个蕊柱翅合生，基部具3条稍肉质的龙骨状脊，中央1条延伸到唇瓣近先端处，上面无毛，背面疏生毛	圆筒形，长11～14毫米，近末端稍增粗并多少外弯	10—12月	产于云南西南部（景东）。生于海拔2 450～2 570米的混交林下	/
19	圆唇虾脊兰 *C. petelotiana*	倒披针形，长达30厘米，宽5.5～8.0厘米，先端近急尖，基部渐狭为细长的柄，背面被短毛；叶柄长14～22厘米	花白色带淡紫色，膜质，花瓣长圆形	扁圆形，与整个蕊柱翅合生，不裂；唇盘上具3或5条肉质褶片（若5条，则其两边外侧的1条不连续），褶片末端变粗，有时具小鸡冠状隆起	圆筒状，劲直，长2.8厘米，距口密被长毛	3月	产于贵州、云南。生于海拔1 700米的山地林下潮湿处	/
20	天府虾脊兰 *C. fargesii*	狭长圆形，长30～40厘米，先端急尖，基部渐狭为鞘状叶柄，叶柄长15厘米	花黄绿色带褐色，张开，花瓣线形	基部与整个蕊柱翅合生，基部上方两侧缢缩而分为前后唇；前唇紫红色，菱形，先端锐尖，边缘波状并多少啮蚀状；后唇近半圆形	圆筒形，稍弯曲，长约6毫米，外被短毛	7—8月	产于甘肃南部、四川和贵州。生于海拔1 300～1 650米的山坡密林下阴湿处	/

（续）

序号	种名	叶形	花色与花形	唇瓣	距	花期	分布与生境	备注
21	少花虾脊兰 *C. delavayi*	叶在花期几乎全部展开，椭圆形或倒卵状披针形，长12～22厘米，宽约4厘米，基部收狭为长2～6厘米的柄	总状花序长3～5厘米，俯垂，疏生2～7朵花，花紫红色或浅黄色，萼片和花瓣边缘带紫色斑点，花瓣狭长圆形至倒卵状披针形	基部稍与蕊柱基部的蕊柱翅合生，近菱形，先端近截形而微凹，并在凹口处具细尖，前端边缘啮蚀状；唇盘上具3条龙骨脊，脊上被短毛	圆筒形，劲直，长6～10毫米，末端钝，无毛或疏被毛	6—9月	产于甘肃南部、四川和云南。生于海拔2 700～3 450米的山谷溪边和混交林下	/
22	二裂虾脊兰 *C. biloba*	叶在花期全部展开，纸质，宽椭圆形，长12～17厘米，基部收狭为8厘米的鞘状柄	花大，萼片和花瓣淡紫色，花瓣长圆形，长15毫米	淡黄色，近肾形，基部具狭长的爪，宽约2厘米，深2裂，裂口深约为唇瓣全长的2/5，裂片近斧头状，边缘啮蚀状；唇盘无褶片和其他附属物	长圆锥形，长约2毫米	10月	产于云南（景东、澜沧江上游）。生于海拔1 800米的溪边灌丛下	/
23	细花虾脊兰 *C. mannii*	叶在花期尚未展开，折扇状，倒披针形或有时长圆形，背面被短毛	花小，萼片和花瓣暗褐色，萼片长不及1厘米，花瓣倒卵状披针形或有时长圆形	金黄色，比花瓣短，基部合生在整个蕊柱翅上，3裂；中裂片横长圆形或近肾形，先端微凹并具短尖，边缘稍波状，无毛；唇盘上具3条褶片或龙骨状脊，其末端在中裂片上呈三角形高高隆起	短钝，伸直，长1～3毫米，外面被毛	5月	产于江西、湖北、广东、广西、四川、贵州、云南和西藏。通常生于海拔2 000～2 400米的山坡林下	/

（续）

序号	种名	叶形	花色与花形	唇瓣	距	花期	分布与生境	备注
24	峨眉虾脊兰 *C. emeishanica*	叶在花期全部展开，椭圆形或长圆形，长 8～11 厘米，中部宽 2.5～3.5 厘米	萼片和花瓣淡黄色，具紫红色的脉纹，花瓣线形，长 1.3 厘米	白色，基部上方 3 裂；中裂片近肾形或横长圆形，先端近截形并微凹，边缘波状；唇盘上具 7 条鸡冠状褶片，其中 3 条褶片较长并延伸到中裂片先端	短而劲直，长 2～3 毫米，外面被短柔毛	7 月	产于四川西南部（峨眉山）。生于海拔 2 000 米的山坡阔叶林下	/
25	弧距虾脊兰 *C. arcuata*	叶在花期全部展开，狭椭圆状披针形或狭披针形，长达 28 厘米，边缘常波状	萼片和花瓣的背面黄绿色，内面红褐色，花瓣线形	白色带紫色先端，后来转为黄色，基部与整个蕊柱翅合生，长 11～18 毫米，3 裂；侧裂片斜卵状三角形或近长圆形，先端急尖或锐尖，前端边缘有时具齿；中裂片椭圆状棱形，先端急尖并呈芒状，边缘波状并具不整齐的齿；唇盘上具 3～5 条龙骨状脊	圆筒形，长约 5 毫米，无毛或被疏毛	5—9 月	产于陕西南部、甘肃南部、湖北西部、我国台湾、湖南、四川、贵州和云南。生于海拔 1 400～2 500 米的山地林下或山谷覆有薄土层的岩石上	/
26	通麦虾脊兰 *C. griffithii*	叶在花期全部展开，长圆形或长圆状披针形，长 29～34 厘米，宽 4.5～7.0 厘米	花张开，萼片和花瓣浅绿色，花瓣近倒披针形	比萼片短，3 裂；侧裂片长圆形；中裂片褐色，先端凹缺并具细尖，基部具爪，边缘波状；唇盘中央具 1 枚近三角形的褶片	圆筒形，劲直，长约 6 毫米，外面疏被短柔毛	5 月	产于西藏东南部（波密、通麦）。生于海拔约 2 000 米的常绿阔叶林下	/

（续）

序号	种名	叶形	花色与花形	唇瓣	距	花期	分布与生境	备注
27	叉唇虾脊兰 *C. hancockii*	叶在花期尚未展开，椭圆形或椭圆状披针形，长20～40厘米，背面被短毛，叶柄长20厘米以上	花大，稍垂头，具难闻气味，萼片和花瓣黄褐色，花瓣近椭圆形，长约2.3厘米	柠檬黄色，基部具短爪，与整个蕊柱翅合生，3裂；中裂片狭倒卵状长圆形，与侧裂片约等宽，先端急尖或具短尖；唇盘上具3条平行的波状褶片	距口具白色绒毛	4—5月	产于广西、四川和云南。生于海拔1 000～2 600米的山地常绿阔叶林下和山谷溪边	/
28	肾唇虾脊兰 *C. brevicornu*	叶在花期全部未展开，椭圆形或倒卵状披针形，长约30厘米，宽5.0～11.5厘米，边缘多少波状	萼片和花瓣黄绿色，花瓣长圆状披针形	与蕊柱中部以下的蕊柱翅合生，3裂；中裂片近肾形或圆形，基部具短爪，先端通常具宽凹缺并在凹处具1个短尖；唇盘粉红色，具3条黄色的高褶片	很短，长约2毫米，外面被毛	5—6月	产于湖北、广西、四川、云南和西藏。生于海拔1 600～2 700米的山地密林下	/
29	剑叶虾脊兰 *C. davidii*	叶在花期全部展开，剑形或带状，长达65厘米，宽1～2(～5)厘米	花黄绿色、白色或有时带紫色，花苞片狭披针形、反折，萼片和花瓣反折，花小，萼片长不及1厘米，花瓣狭长圆状倒披针形	轮廓为宽三角形，基部无爪，与整个蕊柱翅合生，3裂；侧裂片长圆形、镰状长圆形至卵状三角形；中裂片先端2裂；唇盘在两侧裂片之间具3条等长或中间1条较长的鸡冠状褶片	圆筒形，镰刀状弯曲，长5～12毫米，外面疏生毛，内面密生毛	6—7月	产于陕西、甘肃、我国台湾、湖北、湖南、四川、贵州、云南和西藏。生于海拔500～3 300米的山谷、溪边或林下	/

（续）

序号	种名	叶形	花色与花形	唇瓣	距	花期	分布与生境	备注
30	中华虾脊兰 *C. sinica*	叶在花期全部展开，椭圆形，长12～22厘米，中部宽4.0～7.5厘米，两面密被短柔毛	花紫红色，花瓣椭圆形	基部与整个蕊柱翅合生，3裂；侧裂片近圆形或方形；中裂片扇形，先端稍具凹缺；唇盘上具4个呈“品”字形的栗色斑点，基部有3列黄色瘤状附属物	长棒状，长2.5厘米，外面疏被短柔毛	夏季	产于云南东南部（文山）。生于海拔约1 100米的常绿阔叶林下	/
31	长距虾脊兰 *C. sylvatica*	叶在花期全部展开，椭圆形至倒卵形，长20～40厘米，宽达10.5厘米，背面密被短柔毛，叶柄长11～23厘米	花淡紫色，唇瓣常变成橘黄色，花瓣倒卵形或宽长圆形	基部与整个蕊柱翅合生，3裂；侧裂片镰状披针形；中裂片扇形或肾形，先端凹缺或浅2裂；唇盘基部具3列不等长的黄色鸡冠状的小瘤	圆筒状，长2.5～5.0厘米，末端钝，外面疏被短毛	4—9月	产于我国台湾、湖南、广东、我国香港、广西、云南和西藏。生于海拔800～2 000米的山坡林下或山谷河边等阴湿处	/
32	香花虾脊兰 *C. odora*	叶在花期尚未展开，椭圆形或椭圆状披针形，长（9～）12～14（～22）厘米，宽（2.5～）3.0～4.0（～5.0）厘米	花莛出自去年生无叶的茎上，当年生的叶在花期全部未展开，花白色，花瓣近匙形	基部与整个蕊柱翅合生，3深裂，基部具多数肉瘤状附属物；侧裂片近长圆形或斜卵形；中裂片深2裂	圆筒形，伸直，长7～8毫米，外面疏被毛	5—7月	产于广西、贵州和云南。生于海拔750～1 300米的山地阔叶林下或山坡阴湿草丛中	植株矮小
33	白花长距虾脊兰 *C. albolong-icalcarata*	叶在花期全部展开，椭圆形，长15～20厘米，基部渐狭为长3～9厘米的柄，边缘波状	花白色，无毛，花瓣倒卵形或倒卵状披针形	基部与整个蕊柱翅合生，3裂；侧裂片长椭圆形，两侧裂片基部之间具瘤状的黄色附属物；中裂片阔圆形，先端2裂	长2～3毫米	不详	产于我国台湾北部。生于海拔600～1 000米的山地林下	FOC无。《中国生物物种名录》（2021）为*Calanthex dominyi*

（续）

序号	种名	叶形	花色与花形	唇瓣	距	花期	分布与生境	备注
34	泽泻虾脊兰 *C. alismatifolia*	叶在花期全部展开，椭圆形，长15～20厘米，宽6～8厘米，先端锐尖或渐尖，基部渐狭为长3～9厘米的柄，边缘波状	花白色或有时带浅紫堇色，花瓣近菱形，萼片背面被黑褐色糙伏毛	基部与整个蕊柱翅合生，3深裂；侧裂片线形或狭长圆形，两侧裂片之间具数个瘤状的附属物和密被灰色长毛；中裂片扇形，比侧裂片大得多，深2裂，基部收狭为爪	圆筒形，纤细，劲直，长约1厘米	6—7月	产于我国台湾、湖北、四川、云南和西藏。生于海拔800～1 700米的常绿阔叶林下	/
35	西南虾脊兰 *C. herbacea*	叶在花期全部展开，椭圆形或椭圆状披针形，长15～30厘米，宽达9厘米，背面被短毛，叶柄长10～20厘米	萼片和花瓣黄绿色、反折，花瓣近匙形，长12毫米，中部宽2.0～2.5毫米，先端钝，基部无爪	与整个蕊柱翅合生，3深裂，基部具成簇的黄色瘤状附属物；侧裂片卵形或长圆形；中裂片深2裂，小裂片与侧裂片近等大，叉开，裂口中央具1个短尖头	黄绿色，纤细，稍向前弯曲，长2～3厘米，外面被短毛	6—8月	产于我国台湾、云南和西藏。生于海拔1 500～2 100米的山地沟谷边或密林下阴湿处	/
36	银带虾脊兰 *C. argent-eostriata*	叶上面深绿色，带5～6条银灰色的条带，椭圆形或卵状披针形	花张开，花瓣多少反折，黄绿色，花瓣近匙形或倒卵形	白色，3裂，与整个蕊柱翅合生，比萼片长，基部具3列金黄色的小瘤状物	黄绿色，细圆筒形，长1.5～1.9厘米，外面疏被短毛	4—5月	产于广西、贵州和云南。生于海拔500～1 200米山坡林下的岩石空隙或覆土的石灰岩上	/
37	三褶虾脊兰 *C. triplicata*	叶在花期全部展开，椭圆形或椭圆状披针形，长约30厘米，宽达10厘米，边缘常波状，叶柄长14厘米	花白色或淡紫红色，后转为橘黄色，萼片和花瓣常反折，质地较厚，干后变黑色；花瓣倒卵状披针形	基部与整个蕊柱翅合生，比萼片长，向外伸展，基部具3～4列金黄色或橘红色小瘤状附属物，3深裂；侧裂片卵状椭圆形至倒卵状楔形；中裂片深2裂	白色，圆筒形，长（6～）12～15毫米，外面疏被短毛	4—5月	产于福建、我国台湾、广东、我国香港、海南、广西和云南。生于海拔1 000～1 200米的常绿阔叶林下	/

（续）

序号	种名	叶形	花色与花形	唇瓣	距	花期	分布与生境	备注
38	戟形虾脊兰 *C. nipponica*	叶在花期全部展开，狭披针形或狭椭圆形，狭窄，宽1.5～2.0厘米	花淡黄色，俯垂，花瓣线形，宽约2毫米	基部紫褐色，与整个蕊柱翅合生，近卵状三角形，稍3裂；侧裂片近半圆形；中裂片近长圆形，先端骤尖；唇盘上具3条褶片	圆筒形，长4～5毫米，外面被毛	6月	产于西藏东南部（林芝）。生于海拔2 600米的山坡林下	/
39	墨脱虾脊兰 *C. metoensis*	叶在花期全部展开，长椭圆形，长达30厘米，宽3.5～9.5厘米，先端急尖	花粉红色，花瓣线形，长14毫米，宽约2毫米	基部与整个蕊柱翅合生，3裂；侧裂片卵状三角形，前端边缘有时疏生齿；中裂片倒卵状楔形，边缘具流苏；唇盘上具3条纵脊	圆筒形，长约1.5厘米，外面疏被毛	4—8月	产于云南和西藏。生于海拔2 200～2 250米的山坡林下	/
40	乐昌虾脊兰 *C. lechangensis*	叶在花期尚未展开，宽椭圆形，长20～30厘米，宽8～11厘米，先端锐尖，叶柄长14～32厘米	花浅红色，花瓣长圆状披针形，长15～16毫米，中部宽4.5～5毫米，具3条脉，背面被短柔毛	倒卵状圆形，基部具爪，与整个蕊柱翅合生，3裂；侧裂片很小，牙齿状，两侧裂片之间具3条隆起的褶片；中裂片宽卵状楔形，比两侧裂片先端之间的距离宽大得多	圆筒形，伸直，长约9毫米，内外均被毛	3—4月	产于广东。生境、海拔不详	/
41	峨边虾脊兰 *C. yuana*	叶在花期全部尚未展开，椭圆形，长18～21厘米，宽4.0～6.5厘米，背面被短毛	花黄白色，花瓣斜舌形，长15毫米，宽5.5毫米	圆菱形，基部与整个蕊柱翅合生，3裂；侧裂片镰刀状长圆形，基部完全贴生于蕊柱翅的外侧边缘；中裂片倒卵形，先端圆钝并微凹；唇盘无褶片和增厚的脊突	圆筒形，伸直或稍弧曲，长8厘米，无毛	5月	产于湖北和四川。生于海拔1 800米的常绿阔叶林下	/

（续）

序号	种名	叶形	花色与花形	唇瓣	距	花期	分布与生境	备注
42	开唇虾脊兰 *C. limprichtii*	叶在花期全部展开，椭圆形，长约30～35厘米，中部宽达11厘米，叶柄长约15厘米	花张开，萼片和花瓣白色，花瓣狭椭圆形	绿色，长12毫米，基部与整个蕊柱翅合生，3裂；侧裂片长圆形，基部约一半贴生在蕊柱翅的外侧边缘；中裂片长圆状舌形；唇盘上无褶片和其他脊突	纤细，弧曲，长约1厘米，被短毛	不详	产于四川都江堰市。生于海拔1 500米的山坡林下	/
43	南昆虾脊兰 *C. nankunensis*	叶在花期尚未展开，椭圆形，长21～25厘米，宽达10厘米，背面密被短毛，叶柄长约20厘米	花白色，花瓣狭长圆形	基部与整个蕊柱翅合生，3裂；侧裂片近镰状长圆形，两个侧裂片先端之间的宽度比中裂片的宽度小，基部完全贴生在蕊柱翅的外侧边缘；中裂片倒卵形，边缘波状；唇盘具3条脊突	长8～9毫米，钩状，外面疏被短毛	4月	产于广东南部。生于山谷溪边	/
44	疏花虾脊兰 *C. henryi*	叶在花期尚未全部展开，椭圆形或倒卵状披针形，宽达8.5厘米，背面密被短毛	花浅黄绿色，花瓣近椭圆形	3裂；侧裂片长圆形，基部大部分或全部贴生在蕊柱翅的外侧边缘；中裂片近长圆形，与侧裂片等长；唇盘上具3条龙骨状突起	圆筒形，长11～15毫米，外面疏被短毛	5月	产于湖北和四川。生于海拔1 600～2 100米的山地常绿阔叶林下	/

（续）

序号	种名	叶形	花色与花形	唇瓣	距	花期	分布与生境	备注
45	虾脊兰 *C. discolor*	叶在花期全部未展开，倒卵状长圆形至椭圆状长圆形，长达25厘米，宽4～9厘米，背面密被短毛	萼片和花瓣两面紫褐色，花瓣近长圆形或倒披针形	白色，扇形，与整个蕊柱翅合生，3深裂；侧裂片镰状倒卵形或楔状倒卵形，基部约一半合生在蕊柱翅的外侧边缘；中裂片倒卵状楔形，先端深凹缺，前端边缘有时具不整齐的齿；唇盘上具3条膜片状褶片	圆筒形，长5～10毫米，外面疏被短毛	4—5月	产于浙江、江苏、福建、湖北、广东和贵州。生于海拔780～1 500米的常绿阔叶林下	/
46	裂距虾脊兰 *C. trifida*	叶在花期尚未完全展开，纸质，椭圆形，长22厘米，宽达10厘米，基部收狭为长30～37厘米的柄	花粉红色，花瓣狭椭圆形，背面被短毛	扇形，基部与整个蕊柱翅合生，3裂；侧裂片宽长圆形，基部约一半贴生在蕊柱翅的外侧边缘；中裂片近长圆形，先端锐尖；唇盘上具3条龙骨状突起，中央1条较粗厚并延伸到中裂片先端	圆筒形，长6.5毫米，末端钝并稍2裂，外面被短毛	2—3月	产于云南西部。生于海拔1 700米的常绿阔叶林下	/
47	大黄花虾脊兰 *C. sieboldii*	叶宽椭圆形，长45～60厘米，宽9～15厘米，先端具短尖，基部收狭为较长的柄	花大，鲜黄色，稍肉质，花瓣狭椭圆形	基部与整个蕊柱翅合生，平伸，3深裂，近基部处具红色斑块并具2排白色短毛；侧裂片斜倒卵形或镰状倒卵形；中裂片近椭圆形，先端具1个短尖；唇盘上具5条波状龙骨状脊	长8毫米，内面被毛	2—3月	产于我国台湾北部和湖南西南部。生于海拔1 200～1 500米的山地林下	/

（续）

序号	种名	叶形	花色与花形	唇瓣	距	花期	分布与生境	备注
48	钩距虾脊兰 *C. graciliflora*	叶在花期尚未完全展开，椭圆形或椭圆状披针形，长达33厘米，宽5.5～10.0厘米，基部收狭为长达10厘米的柄	花张开，萼片和花瓣背面褐色，内面淡黄色，花瓣倒卵状披针形	浅白色，3裂；侧裂片稍斜的卵状楔形，基部约1/3与蕊柱翅的外侧边缘合生；中裂片近方形或倒卵形，近截形并微凹，在凹处具短尖；唇盘上具4个褐色斑点和3条平行的龙骨状脊	圆筒形，长10～13毫米，常钩曲，外面疏被短毛，内面密被短毛	3—5月	产于安徽、浙江、江西、湖北、湖南、广东、我国香港、广西、四川、贵州和云南。生于海拔600～1 500米的山谷溪边、林下等阴湿处	/
49	雪峰虾脊兰 *C. graciliflora* var. *xuefengensis*	同上	同上	中裂片先端扩大成横长圆形，其余同上48	约等长于花梗和子房，长18毫米，不弯曲	同上	产于湖南中西部（雪峰山）。海拔、生境不详	/
50	车前虾脊兰 *C. plantaginea*	叶在花期尚未全部展开，椭圆形，长25厘米以上，宽达10厘米，先端锐尖，基部收狭为长约20厘米的柄	花淡紫色或白色，下垂、具香气，花瓣长圆形	轮廓近扇形，基部与整个蕊柱翅合生，3裂；侧裂片斜倒卵状楔形，基部约1/3贴生在蕊柱翅的外侧边缘；中裂片近长圆形，先端扩大部分呈圆形或扁圆形，微凹并具短尖；唇盘具3条脊突或脊突不明显	圆筒形，纤细，稍弧曲，长（17～）20～22毫米，外面被短毛	不详	产于云南西南部和西藏南部。生于海拔1 800～2 200米的山地常绿阔叶林下	/
51	泸水车前虾脊兰 *C. plantaginea* var. *lushuiensis*	同上	花黄色，萼片和花瓣较短而宽，花瓣椭圆形，比侧萼片宽	同上	较短，长约5毫米	同上	产于云南西部（泸水）。生于海拔2 500米的常绿阔叶林下	/

（续）

序号	种名	叶形	花色与花形	唇瓣	距	花期	分布与生境	备注
52	翘距虾脊兰 *C. aristulifera*	叶在花期尚未展开，纸质，倒卵状椭圆形或椭圆形，背面密被短毛，叶柄长（6～）27～30厘米	花白色或粉红色，有时白色带淡紫色，半开放，花瓣狭倒卵形或椭圆形	轮廓为扇形，与整个蕊柱翅合生，中部以上3裂；侧裂片近圆形耳状或半圆形，基部约一半与蕊柱翅的外侧边缘合生；中裂片扁圆形，先端微凹并具细尖，边缘稍波状；唇盘上具3～5(～7)条脊突	圆筒形，常翘起，长14～20毫米，内面被长柔毛，外面被短毛	2—5月	产于福建、我国台湾、广东和广西。生于海拔达2 500米的山地沟谷阴湿处和密林下	/
53	台湾虾脊兰 *C. arisanensis*	叶在花期全部展开，纸质，椭圆状倒披针形，长30～50厘米，宽4～7厘米，边缘多少波状	花白色或有时白色带紫晕，花瓣狭披针形	轮廓为宽卵形或近圆形，基部与整个蕊柱翅合生，3裂；侧裂片近镰状卵形，全缘或稍波状；中裂片近圆形，先端具芒，边缘波状；唇盘常具3条龙骨状突起	圆筒形，长1.0～1.3厘米，稍弯曲，内面密被白毛	12月—次年3月	产于我国台湾（台北、嘉义、台东、南投、屏东等地）。生于海拔1 500米以下的山地林下	/
54	文山虾脊兰 *C. wenshanensis*	叶4～6片，长方形到椭圆形，基部收缩为叶柄，先端渐尖	花黄绿色，不完全张开	基部与整个蕊柱翅合生，3深裂；花盘基部具1簇黄色疣状物	弯曲，黄绿色，1.3～1.5厘米，外被短柔毛	8月	产于云南（麻栗坡）。生于海拔1 000米的林下	《Two new species of *Calanthe* (Orchidaceae; Epidendroideae) from China》（Zhai J W, 2013）

（续）

序号	种名	叶形	花色与花形	唇瓣	距	花期	分布与生境	备注
55	秉滔虾脊兰 *C. bingtaoi*	叶在花期完全展开，椭圆形，基部收狭为叶柄，长34～43厘米，背面被微柔毛	萼片和花瓣黄棕色，花瓣狭长椭圆形	白色，3裂；侧裂片倒卵形至长圆形，基部贴生于蕊柱翅；花盘具3条脊，中部延伸至顶端	圆筒状，长7～9毫米，外被微柔毛	3月	产于云南（高黎贡山）。生于海拔约2 000米的林下	《Two new species of *Calanthe* (Orchidaceae; Epidendroideae) from China》(Zhai J W, 2013)
56	弄岗虾脊兰 *C. longgangensis*	叶2～3片，在花期平展，椭圆形或长圆形，长10～25厘米，背面密被短柔毛	花瓣白色，近圆形，重叠，萼片向上反折	贴生于蕊柱翅，深3裂；侧裂片倒披针形；中裂片白色，基部紫色，先端2浅裂；花盘具多列白色疣状附属物	劲直，圆柱状，长约8毫米	7—10月	产于广西西南部。生于海拔约300米喀斯特森林的山谷溪流附近	《中国广西虾脊兰属一新种——弄岗虾脊兰》(黄俞淞，2015)
57	独龙虾脊兰 *C. dulongensis*	叶3片，椭圆形至倒卵状椭圆形	萼片和花瓣黄绿色，花瓣倒卵状披针形	基部黄色，贴生于蕊柱上，前部白色，3深裂；侧裂片狭长圆形；中裂片肾形，先端内凹并具突尖，上有3个具短柄的金黄色球状附属物	黄色，圆筒形，长5.5毫米，外面疏被短柔毛	4月	仅在贡山县独龙江流域的山坡针阔叶混交林下发现	《独龙虾脊兰（兰科）的合格发表》(李恒，2003)
58	福贡虾脊兰 *C. fugongensis*	叶3或4片，花期不发育	花黄色，被细微柔毛，花瓣倒披针形	贴生于蕊柱翅，基部具短爪，3浅裂；侧裂片狭长圆状；中裂片基部具爪，顶端边缘波状；花盘中部裂片上具3个直立肉质附属物	圆筒状，长4.5～6.0毫米，被微柔毛	5—6月	产于云南西部。生于海拔2 400～3 000米山地常绿森林中	FOC，《A new species of *Calanthe* (Orchidaceae) from Yunnan, China》(Jin X H, 2010)

（续）

序号	种名	叶形	花色与花形	唇瓣	距	花期	分布与生境	备注
59	巫溪虾脊兰 *C. wuxiensis*	叶3～4片，花期不发育，纸质，椭圆形	花淡黄色，花瓣倒卵形至椭圆形	白色，与蕊柱翅基部合生，形成管状，近中心3浅裂；侧裂片长方形；中裂片从中部向后反折；花盘在反折部分有3个深黄色短顶	无距	5月	产于重庆巫溪阴条岭国家级自然保护区。生于海拔约2 145米的竹林、灌木边缘	《*Calanthe wuxiensis* (Orchidaceae: Epidendroideae), a new species from Chongqing, China》（Yu F Q, 2017）
60	长柄虾脊兰 *C. alleizettei*	叶2～4片，在花期完全发育，倒披针形到披针形	花艳丽，浅紫罗兰色到白色，花瓣卵状长圆形	紫色，贴生于蕊柱翅，3浅裂；侧裂片肾形，边缘稍不均匀；中裂片小得多，边缘非常不均匀；花盘具3片由柱延伸的薄片	圆柱状，弯曲，稍长于2厘米，被短柔毛	不详	产于云南东南部（麻栗坡）。生于海拔1 600～1 700米石灰岩地区的山地森林	FOC
61	太白山虾脊兰 *C. taibaishanensis*	叶5～6片，狭椭圆状披针形或狭披针形	花黄色至白色，不完全张开	稍3浅裂；侧裂片小；中裂片卵形到菱形，先端渐尖；花盘具明显的3～5条脊	棍棒状，白色，0.8～1.2厘米，无毛	7月	产于陕西太白山。生于海拔约1 775米混交林下的沟壑中	《*Calanthe taibaishanensis*, a new Orchid species from China: Evidence from Morpholo-gical and Molecular Analyses》（Guo M, 2017）
62	药山虾脊兰 *C. yaoshanensis*	叶4～6片，椭圆状披针形或长椭圆状披针形	花黄绿色，花瓣披针形	黄绿色，3裂，与蕊柱中部以下蕊柱翅合生；侧裂片近匙形，先端微凹；中裂片椭圆形，开花时向后反卷，中央具3枚三角形褶片	很短，里面被毛	4—6月	产于陕西省化龙山国家级自然保护区。生于海拔1 570～2 700米山谷溪边和山坡地上	《陕西兰科一新纪录种—药山虾脊兰》（刘平，2019）

胡蝶 / 长江大学

102. 坛花兰属 *Acanthephippium* Blume

地生草本。假鳞茎肉质，卵形或卵状圆柱形。叶大，具折扇状脉，两面无毛。花葶侧生于近假鳞茎顶端，直立，不分枝；总状花序；花苞片大，凹陷；花梗和子房粗厚，肉质；花大，稍肉质，不甚张开；萼片除上部外彼此联合成偏胀的坛状筒；侧萼片基部歪斜，较宽阔，与蕊柱足合生而形成宽大的萼囊；花瓣藏于萼筒内，较萼片狭；唇瓣具狭长的爪，以 1 个活动关节与蕊柱足末端连接，3 裂；侧裂片直立；中裂片短，反折；唇盘上具褶片或龙骨状突起；蕊柱长，上部扩大，具翅，基部具长而弯曲的蕊柱足；蕊喙不裂；花粉团 8 个。

全属约 11 种，分布于热带亚洲至新几内亚岛和太平洋岛屿。我国 3 种，产于南方各省区。

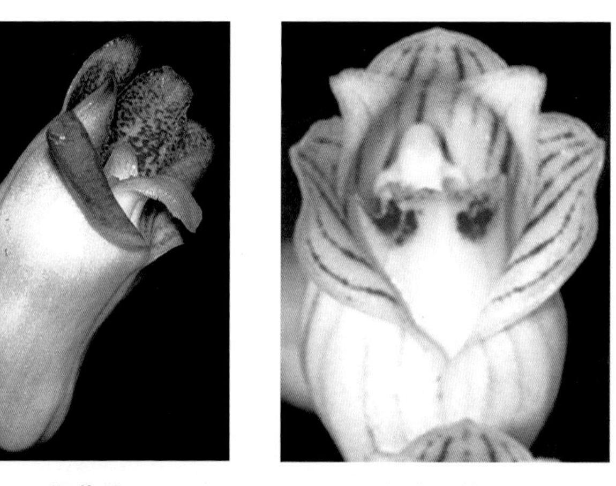

坛花兰

锥囊坛花兰

坛花兰

坛花兰

锥囊坛花兰

锥囊坛花兰

坛花兰属植物野外识别特征一览表

序号	种名	植株	叶	花序	唇瓣	花期	分布与生境
1	坛花兰 *A. sylhetense*	地生，长达15厘米	2～4片，顶生	总状花序具3～4朵花，花白色或稻草黄色，内面在中部以上具紫褐色斑点	3裂；侧裂片白色，近直立，镰刀状，围抱蕊柱；中裂片柠檬黄色，肉质，舌形，向外下弯，比侧裂片长，先端钝、全缘；唇盘肉质增厚，中央具3～4条在上缘具齿的褶片状脊；萼囊宽而短钝	4—7月	产于云南南部和我国台湾。生于海拔540～800米的密林下或沟谷林下阴湿处
2	中华坛花兰 *A. gougahense*	地生，长5～7厘米	2～4片，顶生	总状花序具2～3朵花，花稻草黄色，带红色脉纹	前端3裂；侧裂片直立，斧头状，上端圆头状，稍向前弯；中裂片近菱状三角形，先端急尖，上面多少具疣状突起；唇盘肉质增厚，中央具3条稍增粗的龙骨状脊；萼囊宽而短钝	4月	产于广东东部和我国香港
3	锥囊坛花兰 *A. striatum*	地生，长6～10厘米	1～2片，顶生	总状花序稍弯垂，具4～6朵花，花白色，带红色脉纹	前端骤然扩大，3裂；侧裂片近直立，镰刀状三角形，上端宽钝并稍向后弯；中裂片短小，卵状三角形，向下弯，先端急尖，基部两侧各具1个红色斑块，边缘稍波状；唇盘不增厚，中央具1条纵向的脊突；萼囊向末端变狭而成狭圆锥形	4—6月	产于福建南部、广西西南部、云南东南部至南部、我国台湾。生于海拔400～1 350米的沟谷、溪边或密林下阴湿处

郑炜 / 四川水利职业技术学院

103. 筒瓣兰属 *Anthogonium* Wallich ex Lindley

地生草本。假鳞茎扁球形。叶狭长，具折扇状脉。花侧生；总状花序疏生数朵花；花不倒置；萼片下半部联合而形成窄筒状，上部分离生，稍反卷；花瓣中部以下藏于萼筒内，上部稍反卷；唇瓣上半部扩大且3裂。

1种，分布从热带喜马拉雅地区经中国到缅甸、越南、老挝和泰国。

筒瓣兰

筒瓣兰

筒瓣兰

筒瓣兰属植物野外识别特征一览表

种名	假鳞茎	叶形	花色	萼片	花期	分布与生境
筒瓣兰 *A. gracile*	扁球形	狭椭圆形或狭披针形	纯紫红色或白色而带紫红色的唇瓣	下半部合生成狭筒状	5—6月	产于广西西部、贵州西南部、西藏东南部和云南。生于海拔1 180～2 300米的山坡草丛中或灌丛下

晏启 / 武汉市伊美净科技发展有限公司

104. 吻兰属 *Collabium* Blume

地生草本，具匍匐根状茎和假鳞茎。假鳞茎具1个节，顶生1片叶。总状花序；侧萼片基部彼此连接，并与蕊柱足合生而形成狭长的萼囊或距；唇瓣具爪；蕊柱细长，两侧具翅；翅常在蕊柱上部扩大呈耳状或角状，向蕊柱基部的萼囊内延伸。

全属约10种，分布于热带亚洲和新几内亚岛。我国4种，产于南方各省区。

南方吻兰　台湾吻兰　吻兰

吻兰　吻兰

吻兰属植物野外识别特征一览表

序号	种名	花苞片	花色	唇瓣	侧裂片	花期	分布与生境
1	吻兰 *C. chinense*	卵状披针形	萼片和花瓣绿色，唇瓣白色	倒卵形	卵形，先端钝	4—6 月	产于福建南部、广西南部、云南东南部、西藏东南部、我国台湾、广东、海南。生于海拔 600 ～ 1 000 米的山谷密林下阴湿处或沟谷阴湿岩石上
2	台湾吻兰 *C. formosanum*	狭披针形	萼片和花瓣绿色，先端内面具红色斑点；唇瓣白色，带红色斑点和条纹	近圆形	斜卵形，先端锐尖，上缘具不整齐的齿	4 月	产于湖南南部、广东北部和西南部、广西东北部至西北部、贵州东北部、云南东南部、我国台湾、湖北。生于海拔 450 ～ 2 000 米的山坡密林下或沟谷林下岩石边
3	南方吻兰 *C. delavayi*	卵状长圆形	白色，先端紫色，带淡黄色、紫色、红色线条	宽倒卵形	稍镰刀形，先端钝尖，上缘具不规则齿	6（11）月	产于广东、广西、贵州、湖北、湖南、云南等地。生于海拔 400 ～ 2 400 米林下、溪流、沟壑、岩石边

备注：我国还有云南吻兰 *C. yunnanense*，该种主要分布于云南。由于资料缺乏，暂不进行描述

晏启 / 武汉市伊美净科技发展有限公司

105. 金唇兰属 *Chrysoglossum* Blume

地生草本。具匍匐根状茎和圆柱状假鳞茎。叶 1 片，具长柄和折扇状脉。总状花序；侧萼片基部彼此不连接，仅贴生于蕊柱足而形成短的萼囊；唇瓣以 1 个活动关节连接于蕊柱足末端，基部两侧具耳；中裂片凹陷；唇盘具褶片；蕊柱细长，稍向前弯，两侧具翅；翅在蕊柱中部或上部具 2 个向前伸展的臂。

全属约 4 种，分布于热带亚洲和太平洋岛屿。我国 2 种，产于南方。

金唇兰

金唇兰

金唇兰

金唇兰属植物野外识别特征一览表

序号	种名	花色	萼囊	唇瓣裂片情况	蕊柱	花期	分布与生境
1	金唇兰 *C. ornatum*	绿色带红棕色斑点	圆锥形	侧裂片卵状三角形，中裂片近圆形	基部扩大，蕊柱足不明显	4—6 月	产于广西、海南、我国台湾和云南等地。生于海拔 700～1 700 米的山坡林下阴湿处
2	锚钩金唇兰 *C. assamicum*	白色	距状	侧裂片卵形，中裂片倒卵形	细长，具明显的蕊柱足	4 月	产于广西、西藏。生于海拔 1 600 米山谷或林下潮湿处

备注：根据《中国植物志》，锚钩金唇兰为锚钩吻兰

晏启 / 武汉市伊美净科技发展有限公司

106. 密花兰属 *Diglyphosa* Blume

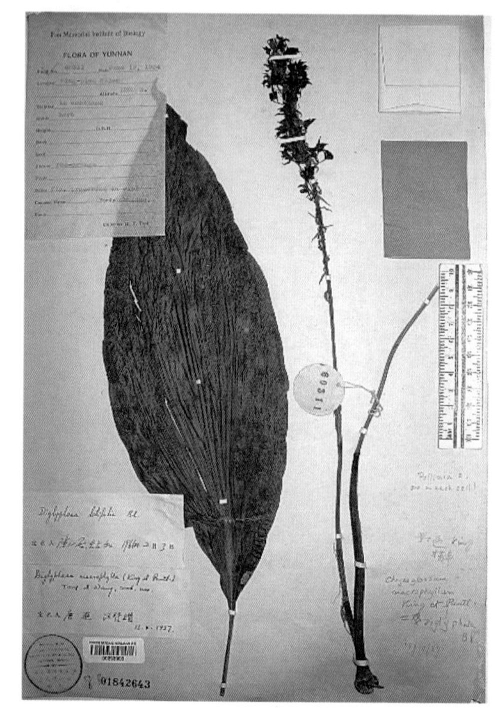
密花兰

地生草本。假鳞茎狭长，顶生 1 片叶。叶纸质，具长柄和折扇状的脉。花莛生于假鳞茎基部，直立，无毛；总状花序长，密生许多花；花苞片狭长，反折；花中等大，不甚张开；中萼片比侧萼片长；侧萼片下弯，基部贴生于蕊柱足而形成明显或很不明显的萼囊；花瓣相似于侧萼片而较宽；唇瓣稍肉质，以 1 个活动关节与蕊柱足末端连接，不裂，中部以上反折，中部以下两侧边缘上举，具 2 条褶片或龙骨状突起；蕊柱纤细，向前弯，两侧具翅，基部具弯曲的蕊柱足；蕊喙短而宽，不裂；药帽顶端呈圆锥状突起，前缘先端 2 尖裂。

全属 2 种，分布于热带喜马拉雅地区至东南亚和新几内亚岛。我国 1 种。

密花兰属植物野外识别特征一览表

种名	叶	花序	花	唇瓣	蕊柱	花期	分布与生境
密花兰 *D. latifolia*	顶生1片叶，叶大，纸质，具长柄和折扇状的脉	总状花序长，密生许多花，花苞片狭长，反折	质地厚，橘红色带紫色斑点	肉质，以 1 个活动关节与蕊柱足末端连接，不裂，中部以上反折，中部以下两侧边缘上举，具 2 条褶片或龙骨状突起	纤细，向前弯，两侧具翅，基部具弯曲的蕊柱足	6 月	产于云南东南部。生于海拔 1 200 米的沟谷林下阴湿处

刘胜祥 / 华中师范大学

107. 竹叶兰属 *Arundina* Blume

地生草本，具粗壮的根状茎。茎直立，常数个簇生，不分枝，具多片互生叶。叶 2 列，禾叶状，基部具关节和抱茎的鞘。花序顶生；萼片相似；唇瓣 3 裂；唇盘上有纵褶片。

全属 1 种，分布于热带亚洲，自东南亚至南亚和喜马拉雅地区，向北到达中国南部和日本琉球群岛，向东南到达塔希提岛。

竹叶兰

竹叶兰

竹叶兰属植物野外识别特征一览表

种名	根状茎	茎	叶	花色	唇盘	花期	分布与生境
竹叶兰 *A. graminifolia*	呈卵球形膨大，似假鳞茎	呈细竹竿状	线状披针形	粉红色或略带紫色或白色	有 3（～5）条褶片	9—11 月	产于湖南南部、四川南部、西藏东南部、浙江、江西、福建、我国台湾、广东、海南、广西、贵州、云南。生于海拔 400 ～ 2 800 米草坡、溪谷旁、灌丛下或林中

晏启 / 武汉市伊美净科技发展有限公司

108. 笋兰属 *Thunia* H. G. Reichenbach

地生或附生草本。茎常数个簇生，圆柱形，有节，不分枝，具多数叶。叶在花后凋落，基部具关节和抱茎的鞘。总状花序顶生；唇瓣两侧上卷并围抱蕊柱，基部具囊状短距；唇盘上常有 5 ～ 7 条纵褶片；蕊柱细长，顶端两侧具狭翅，无蕊柱足。

约 6 种，分布于印度、尼泊尔、缅甸、越南、泰国、马来西亚、印度尼西亚和中国西南部。我国 1 种。

笋兰

笋兰

笋兰

笋兰属植物野外识别特征一览表

种名	茎	叶基	花色	唇瓣	花期	分布与生境
笋兰 *T. alba*	圆柱形，秋季叶脱落后仅留筒状鞘，似多节竹笋	具筒状鞘并抱茎	白色，唇瓣黄色而有橙色或栗色斑和条纹	宽卵状长圆形或宽长圆形，几乎不裂，上部边缘皱波状，有不规则流苏或呈啮蚀状	6 月	产于四川西南部、云南西南部至南部和西藏东部。生于海拔 1 200 ～ 2 300 米林下岩石上或树杈凹处，也见于多石地上

晏启 / 武汉市伊美净科技发展有限公司

109. 贝母兰属 *Coelogyne* Lindley

附生草本。根状茎匍匐或多少悬垂；花期有叶，假鳞茎与叶均长期存活。叶长圆形至椭圆状披针形，基部具柄；萼片基部不凹陷呈囊状。总状花序常具数朵花或减退为单花，极罕具 20 余朵花；花较大，直径在 3 厘米以上，常白色或绿黄色；唇瓣多有斑纹，基部平坦或稍凹陷，不呈 S 形弯曲，3 裂或罕有不裂；蕊柱上端两侧常具翅。

全属约 200 种，分布于亚洲热带和亚热带南缘至大洋洲。我国 34 种，主要产于西南，少数也见于华南。

流苏贝母兰

流苏贝母兰

贝母兰

报春贝母兰

流苏贝母兰

栗鳞贝母兰

密茎贝母兰

卵叶贝母兰

长柄贝母兰

卵叶贝母兰

眼斑贝母兰

眼斑贝母兰

贡山贝母兰

卵叶贝母兰

狭瓣贝母兰

密茎贝母兰

栗鳞贝母兰

禾叶贝母兰

黄绿贝母兰

黄绿贝母兰

禾叶贝母兰

红花贝母兰

长柄贝母兰

长柄贝母兰

滇西贝母兰

格力贝母兰

白花贝母兰

撕裂贝母兰

髯毛贝母兰

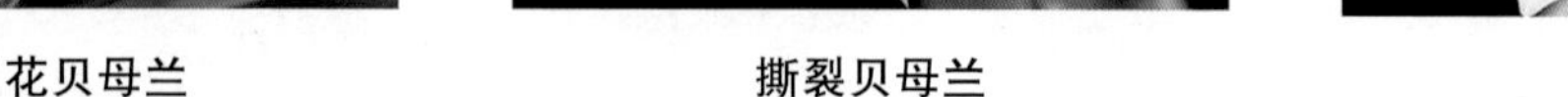

白花贝母兰

疣鞘贝母兰

格力贝母兰

贝母兰属植物野外识别特征一览表

序号	种名	根与茎	花莛	叶	花序	花	花瓣、萼片	唇瓣	花期	分布与生境
1	单唇贝母兰 *C. leungiana*	假鳞茎长圆状椭圆形，稍压扁并略带三棱形	从已长成的假鳞茎顶端发出	先端急尖	花序上的花不在同一时间开放，一般只开放1朵或罕有2朵	奶油黄色	花瓣卵状披针形，与萼片近等宽	不裂	12月	产于我国香港。生于山地干旱而阳光充足的岩石上
2	报春贝母兰 *C. primulina*	假鳞茎椭圆形	从已长成的假鳞茎顶端发出	先端急尖并具细尖	花序上的花不在同一时间开放，一般只开放1朵或罕有2朵	淡黄色	花瓣丝状至线形，宽为萼片的1/3	3裂，不具紫红色或红色的斑纹	9—10月	产于我国香港。生于海拔400米岩壁裂隙之中或周围
3	流苏贝母兰 *C. fimbriata*	根状茎节间长3～7毫米，被覆的鞘长5～9毫米，假鳞茎相距2.0～4.5（～8.0）厘米着生于根状茎上	从已长成的假鳞茎顶端发出	先端急尖	花序上的花不在同一时间开放，一般只开放1朵或罕有2朵	淡黄色或近白色	花瓣丝状至线形，比萼片窄	3裂，具紫红色、褐色或红色的斑纹	8—10月	产于江西南部、西藏东南部、广东、海南、广西、云南、福建。生于海拔500～1 200米溪旁岩石上或林中、林缘树干上
4	贝母兰 *C. cristata*	假鳞茎在根状茎上相距1.5～3.0厘米，长圆形或卵形	在总状花序基部下方不具2列套叠的革质颖片	干后皱缩而有深槽	花序上数朵或更多的花在同一时间开放	白色	花瓣与萼片相似，披针形或长圆状披针形	褶片撕裂成流苏状毛	5月	产于西藏南部。生于海拔1 700～1 800米林缘大岩石上
5	贡山贝母兰 *C. gongshanensis*	假鳞茎较密集，近簇生状，倒卵状短圆形至近椭圆形	在总状花序基部下方不具2列套叠的革质颖片	先端渐尖	花序上数朵或更多的花在同一时间开放	黄色	花瓣与萼片近等宽	具眼状彩色斑块，褶片或脊不撕裂成流苏状毛	5月	产于云南西北部。生于海拔2 800～3 200米冷杉林或灌丛中的灌木枝上

（续）

序号	种名	根与茎	花莛	叶	花序	花	花瓣、萼片	唇瓣	花期	分布与生境
6	狭瓣贝母兰 *C. punctulata*	假鳞茎较密集，彼此相距不超过1厘米，长圆形或狭卵状长圆形	在总状花序基部下方不具2列套叠的革质颖片，从假鳞茎顶端发出	先端渐尖	花序上数朵或更多的花在同一时间开放	白色	花瓣略比萼片狭	具眼状彩色斑块，褶片或脊不撕裂成流苏状毛	4月	产于云南西部至西北部、西藏南部和东南部。生于海拔1 600～2 600米林中树上或岩石上
7	卵叶贝母兰 *C. occultata*	假鳞茎较疏离，相距2～5厘米，最粗部分在其上部近顶端处	在总状花序基部下方不具2列套叠的革质颖片，从靠近老假鳞茎基部的根状茎上发出	先端急尖或钝	花序上数朵或更多的花在同一时间开放	白色	花瓣略比萼片狭	具眼状彩色斑块，褶片或脊不撕裂成流苏状毛	6—7月	产于云南西北部和西藏东南部至南部。生于海拔1 900～2 400米林中树干上或沟谷旁岩石上
8	眼斑贝母兰 *C. corymbosa*	假鳞茎较密集，相距不到1厘米，最粗部分在其下部	在总状花序基部下方不具2列套叠的革质颖片，从靠近老假鳞茎基部的根状茎上发出	先端渐尖	花序上数朵或更多的花在同一时间开放	白色，较大	花瓣略比萼片狭，萼片长1.8～2.2厘米，宽7～8毫米	具眼状彩色斑块，褶片或脊不撕裂成流苏状毛	5—7月	产于云南西北部至东南部、西藏南部及东南部。生于海拔1 300～3 100米林缘树干上或湿润岩壁上
9	密茎贝母兰 *C. nitida*	假鳞茎较密集，相距不到1厘米，最粗部分在其下部	在总状花序基部下方不具2列套叠的革质颖片，从靠近老假鳞茎基部的根状茎上发出	先端渐尖	花序上数朵或更多的花在同一时间开放	白色，较小	花瓣略比萼片狭，萼片长约1.5厘米，宽4～5毫米	具眼状彩色斑块，褶片或脊不撕裂成流苏状毛	3月	产于云南南部、西北部和西部。生于石灰岩山地林中树上

（续）

序号	种名	根与茎	花莛	叶	花序	花	花瓣、萼片	唇瓣	花期	分布与生境
10	栗鳞贝母兰 *C. flaccida*	根状茎上鳞片与假鳞茎基部的鞘有明显紫色斑块	在总状花序基部下方不具2列套叠的革质颖片	狭椭圆状披针形	花序上数朵或更多的花在同一时间开放，总状花序具数朵花	浅黄色至白色	花瓣线状披针形，略短于萼片	不具眼状彩色斑块，褶片或脊不撕裂成流苏状毛	3月	产于贵州南部、广西西北部和云南西南部至南部。生于海拔约1 600米林中树上
11	禾叶贝母兰 *C. viscosa*	根状茎上鳞片与假鳞茎基部的鞘有明显紫色斑块	在总状花序基部下方不具2列套叠的革质颖片	线形，禾叶状	花序上数朵或更多的花在同一时间开放，总状花序具数朵花	白色	花瓣与侧萼片相似	不具眼状彩色斑块，褶片或脊不撕裂成流苏状毛	9—11月	产于云南西南部。生于海拔1 500～2 000米林下岩石上
12	褐唇贝母兰 *C. fuscescens*	根状茎上鳞片与假鳞茎基部的鞘不具紫色斑块	在总状花序基部下方不具2列套叠的革质颖片	先端钝或急尖	花序上数朵或更多的花在同一时间开放，总状花序具数朵花	/	花瓣线形，宽为萼片的1/3	不具眼状彩色斑块，明显3裂	6月	产于云南南部。生于海拔1 300米岩石上
13	疏茎贝母兰 *C. suaveolens*	根状茎上鳞片与假鳞茎基部的鞘不具紫色斑块，假鳞茎顶端具2片叶	在总状花序基部下方不具2列套迭的革质颖片	先端渐尖	花序上数朵或更多的花在同一时间开放，总状花序具数朵花	白色	花瓣非线形，宽约为萼片的2/3～3/4	不具眼状彩色斑块，不裂或稍3裂	5月	产于云南南部。生于海拔600米常绿阔叶林下岩石上
14	麻栗坡贝母兰 *C. malipoensis*	根状茎上鳞片与假鳞茎基部的鞘不具紫色斑块，假鳞茎顶端具1片叶	在总状花序基部下方不具2列套叠的革质颖片	先端短渐尖	花序上数朵或更多的花在同一时间开放，总状花序具数朵花	/	花瓣非线型，宽约为萼片的2/3～3/4	不具眼状彩色斑块，不裂或稍3裂	11—12月	产于云南东南部。生于海拔1 400米石灰山岩石上

（续）

序号	种名	根与茎	花葶	叶	花序	花	花瓣、萼片	唇瓣	花期	分布与生境
15	长柄贝母兰 *C. longipes*	假鳞茎圆柱形或极狭的卵形	在总状花序基部下方具多枚2列套叠的、宿存的革质颖片	先端渐尖	花序上数朵或更多的花在同一时间开放，花序轴顶端具多枚2列套叠的、宿存的革质颖片	白色至浅黄色	花瓣狭线形或丝状	近宽卵形	6月	产于云南西南部至南部和西藏东南部。生于海拔1 600～2 000米林中树上
16	疣鞘贝母兰 *C. schultesii*	假鳞茎卵球形至狭卵形	在总状花序基部下方具多枚2列套叠的、宿存的革质颖片	先端渐尖	花序上数朵或更多的花在同一时间开放，花序轴顶端具多枚2列套叠的、宿存的革质颖片	较大，暗绿黄色	花瓣线形或线状披针形	中裂片上有2条纵褶片	7月	产于云南西北部至南部。生于海拔约1 700米林中树上
17	黄绿贝母兰 *C. prolifera*	假鳞茎卵球形至狭卵形	在总状花序基部下方具多枚2列套叠的、宿存的革质颖片	先端渐尖	花序上数朵或更多的花在同一时间开放，花序轴顶端具多枚2列套叠的、宿存的革质颖片	较小，绿色或黄绿色	花瓣线形	无褶片，无肥厚的纵脊	6月	产于云南西部至南部。生于海拔1 200～2 000米林中树上或岩石上
18	滇西贝母兰 *C. calcicola*	假鳞茎彼此相距1.5～3.0厘米，通常狭卵形至狭卵状长圆形	在总状花序基部下方具多枚2列套叠的、宿存的革质颖片	长圆形至长圆状披针形	花序上数朵或更多的花在同一时间开放，花序轴顶端不具2列套叠的革质颖片	白色	花瓣线形，与萼片近等长	中裂片边缘具流苏，褶片2条，中裂片上的一段不分裂成流苏状毛	3—4月	产于云南西南部。生于海拔900～1 450米树上

（续）

序号	种名	根与茎	花莛	叶	花序	花	花瓣、萼片	唇瓣	花期	分布与生境
19	髯毛贝母兰 *C. barbata*	假鳞茎疏离，通常狭卵状长圆形	在总状花序基部下方具多枚2列套叠的、宿存的革质颖片	叶柄较长	花序上数朵或更多的花在同一时间开放，花序轴顶端不具2列套叠的革质颖片	白色	花瓣线状披针形，与萼片近等长	中裂片较小，边缘具流苏；褶片3条，全部分裂成流苏状毛；侧裂片先端延伸至中裂片中部	9—10月	产于四川西南部、云南西部至西北部、西藏东南部。生于海拔1 200～2 800米林中树上或岩壁上
20	撕裂贝母兰 *C. sanderae*	假鳞茎彼此相距1.5～3.0厘米，通常狭卵形至狭卵状长圆形	在总状花序基部下方具多枚2列套叠的、宿存的革质颖片	叶柄较短	花序上数朵或更多的花在同一时间开放，花序轴顶端不具2列套叠的革质颖片	白色	花瓣线形，与萼片近等长	中裂片较大，边缘具流苏；侧裂片先端仅延伸至中裂片基部至下部	3—4月	产于云南西南部至东南部。生于海拔1 000～2 300米常绿阔叶林缘树上或岩石上
21	镇康贝母兰 *C. zhenkangensis*	假鳞茎长圆柱状，长度为粗的6倍以上	在总状花序基部下方具多枚2列套叠的、宿存的革质颖片	先端渐尖	花序上数朵或更多的花在同一时间开放，花序轴顶端不具2列套叠的革质颖片	/	花瓣近丝状或狭线形，与萼片近等长	近锚形，中裂片边缘有不规则的齿裂或呈皱波状，但无流苏	/	产于云南西南部。生于海拔2 500米树干上
22	双褶贝母兰 *C. stricta*	假鳞茎非长圆柱状，长度为粗的2～4倍	在总状花序基部下方具多枚2列套叠的、宿存的革质颖片	椭圆状长圆形	花序上数朵或更多的花在同一时间开放，花序轴顶端不具2列套叠的革质颖片	白色	花瓣线形	非锚形，中裂片边缘有不规则的齿裂或呈皱波状，但无流苏；唇盘上具2条褶片	3—5月	产于云南、西藏。生于低纬度高山地带

（续）

序号	种名	根与茎	花莛	叶	花序	花	花瓣、萼片	唇瓣	花期	分布与生境
23	白花贝母兰 *C. leucantha*	假鳞茎非长圆柱状，长度为粗的2～4倍，假鳞茎在根状茎上相距1～2厘米	在总状花序基部下方具多枚2列套叠的、宿存的革质颖片	叶柄长4～7厘米	花序上数朵或更多的花在同一时间开放，花序轴顶端不具2列套叠的革质颖片	白色	花瓣丝状，与萼片近等长	非锚形，中裂片边缘有不规则的齿裂或呈皱波状，但无流苏；唇盘上具3条皱波状褶片	5—7月	产于四川西南部和云南西部至东南部。生于海拔1 500～2 600米林中树干上或河谷旁岩石上
24	挺茎贝母兰 *C. rigida*	假鳞茎非长圆柱状，长度为粗的2～4倍，假鳞茎在根状茎上相距2～3厘米	在总状花序基部下方具多枚2列套叠的、宿存的革质颖片	叶柄长2～3厘米	花序上数朵或更多的花在同一时间开放，花序轴顶端不具2列套叠的革质颖片	/	花瓣线形，与中萼片等长	非锚形，中裂片边缘有不规则的齿裂或呈皱波状，但无流苏；唇盘上具3条强烈皱曲褶片	6月	产于云南南部。生于海拔700～800米石灰山林中树上
25	红花贝母兰 *C. ecarinata*	假鳞茎圆锥形	从靠近老假鳞茎基部的根状茎上发出，在总状花序基部下方具多枚2列套叠的、宿存的革质颖片	叶长圆形	总状花序具7～10朵花，先花后叶	红色	花瓣线形	3裂，中裂片黑色	3月	产于云南。生于海拔约2 600米的亚热带常绿森林树干上

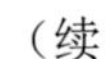

（续）

序号	种名	根与茎	花莛	叶	花序	花	花瓣、萼片	唇瓣	花期	分布与生境
26	云南贝母兰 *C. assamica*	假鳞茎较密集，纺锤形	从靠近老假鳞茎基部的根状茎上发出	先端急尖	花序上常8朵花，在同一时间开放	淡黄色	花瓣线状披针形	3裂，具眼状彩色斑块，唇盘上有3条褶片，中间1条较短	1月	产于云南。生于海拔700米林中树上
27	格力贝母兰 *C. griffithii*	假鳞茎长圆柱状，假鳞茎顶端具2片叶	在总状花序基部下方具多枚2列套叠的、宿存的革质颖片	先端渐尖，叶柄长5厘米	花序上的花不在同一时间开放	淡褐色	花瓣线形	3裂，侧裂片圆形，具宽阔的圆齿；唇盘上有5条褶片	6（4）—8月	产于云南。生于海拔1 300～1 600米的树上或苔藓覆盖的岩石上
28	美丽贝母兰 *C. pulchella*	假鳞茎在根状茎上相距2～3厘米，卵球形至狭卵形，假鳞茎顶端具2片叶	在总状花序基部下方具多枚2列套叠的、宿存的革质颖片	先端急尖	花序上的花在同一时间开放	白色	花瓣线形	3裂，中裂片边缘为圆齿状；唇盘上有5条圆锥状褶片	9（3）月	产于云南。生于林中树干上
29	三褶贝母兰 *C. raizadae*	假鳞茎圆筒状或狭长圆形，上面逐渐变细到狭卵球形，假鳞茎顶端具2片叶	在总状花序基部下方具多枚2列套叠的、宿存的革质颖片	先端急尖	/	花小，白色或奶油色	花瓣反折，丝状	3裂，中裂片边缘呈皱波状；唇盘上有3条褶片，从基部延伸至中裂片2/3处	3—6月	产于云南、西藏。生于海拔1 800～2 200米的低山地森林的树木和岩石上
30	高山贝母兰 *C. taronensis*	假鳞茎在根状茎上相距2～4厘米，假鳞茎顶端具2片叶	在总状花序基部下方具3～4枚2列套叠的、宿存的革质颖片	披针形，叶柄短且不明显	花序上的花不在同一时间开放，具1～3朵花	黄色	花瓣偏斜、披针形	3裂，具3条褶片，延伸至顶部	7月	产于云南。生于海拔2 400～3 500米湿润林中

（续）

序号	种名	根与茎	花莛	叶	花序	花	花瓣、萼片	唇瓣	花期	分布与生境
31	维西贝母兰 *C. weixiensis*	假鳞茎较密集，圆锥形至近椭圆状，假鳞茎顶端具 2 片叶	/	/	花序上的花在同一时间开放，总状花序具 2 ～ 3 朵花	乳黄色	花瓣线形	3 裂，唇盘上有 3 条深黄色褶片	5—6 月	产于云南西北部。生于海拔 2 600 ～ 3 000 米亚热带常绿林的树干上
32	小花贝母兰 *C. micrantha*	/	/	/	/	/	/	/	12 月	产于云南。生于海拔约 1 100 ～ 1 300 米的侵蚀结晶石灰石上
33	片马贝母兰 *C. pianmaensis*	假鳞茎较密集，相距不到 1 厘米，最粗部分在其下部	较短，在总状花序基部下方不具 2 列套叠的革质颖片，从靠近老假鳞茎基部的根状茎上发出	卵状长圆形	花序上数朵或更多的花在同一时间开放	白色	花瓣有 7 条脉，萼片长圆状披针形	有棕黄色，具深褐色眼状斑块	5—7 月	产于云南西部
34	三脉贝母兰 *C. trivervis* 资料不详									

王敏 / 武汉市伊美净科技发展有限公司

110. 独蒜兰属 *Pleione* D. Don

附生、半附生或地生小草本。假鳞茎一年生，卵形、圆锥形、梨形至陀螺形。叶 1 ～ 2 片，生于假鳞茎顶端。花序具 1 ～ 2 朵花；花苞片常有色彩；花大，一般较艳丽；唇瓣明显大于萼片；蕊柱细长；花粉团 4 个。蒴果纺锤状，具 3 条纵棱，稍向前弯曲，成熟时沿纵棱开裂。

全属大约 26 种，自尼泊尔、不丹横跨中国中部、南部和东部到老挝、缅甸、泰国和越南。我国 23 种（12 种特有种）。

独蒜兰

毛唇独蒜兰

云南独蒜兰

独蒜兰

陈氏独蒜兰

矮小独蒜兰

秋花独蒜兰

岩生独蒜兰

白花独蒜兰

黄花独蒜兰

秋花独蒜兰

二叶独蒜兰

二叶独蒜兰

疣鞘独蒜兰

疣鞘独蒜兰

台湾独蒜兰

大花独蒜兰

四川独蒜兰

小叶独蒜兰

美丽独蒜兰

艳花独蒜兰

独蒜兰属植物野外识别特征一览表

序号	类别	叶数	假鳞茎		花颜色	唇瓣	苞片	花期	分布与生境
			形状大小	颜色					
1	疣鞘独蒜兰 *P. praecox*	2片	陀螺状	紫褐色和绿色相间成斑，鞘上具疣状突起	淡紫红色，稀白色	3～5条褶片，分裂成流苏状或乳突状齿	较子房和花梗长	9—10月	产于云南西南部至东南部和西藏东南部。生于海拔1 200～2 500（～3 400）米林中树干上或苔藓覆盖的岩石或岩壁上
2	秋花独蒜兰 *P. maculata*	2片	陀螺状	绿色，无斑纹	白色	5～7条褶片，分裂成乳突状齿	较子房和花梗长	10—11月	产于云南西部。生于海拔600～1 600米阔叶林中树干上或苔藓覆盖的岩石上
3	岩生独蒜兰 *P. saxicola*	1片	陀螺状或扁球形	紫红色，无斑纹	玫瑰红色	3条，褶片全缘	长于花梗和子房	9月	产于云南西北部。生于海拔2 400～2 500米溪谷旁的岩壁上
4	二叶独蒜兰 *P. scopulorum*	2片	卵形	绿色	玫瑰红色	5～9条褶片，具不规则的鸡冠状缺刻	短于或近等长于花梗和子房	5—7月	产于云南西北部和西藏东南部。生于海拔2 800～4 200米针叶林下多砾石草地上、苔藓覆盖的岩石上、溪谷旁岩壁上或亚高山灌丛草地上
5	毛唇独蒜兰 *P. hookeriana*	1片	卵形至圆锥形	绿色或紫色	淡紫红色至近白色	有7行毛	近等长于花梗和子房	4—6月	产于广东北部、广西西部至北部、贵州东南部、云南东南部和西藏南部。生于海拔1 600～3 100米树干上、灌木林缘、苔藓覆盖的岩石上或岩壁上
6	陈氏独蒜兰 *P. chunii*	1片	卵形至圆锥形	绿色或浅绿色	淡粉红色至玫瑰紫色	有4～5行毛	明显长于花梗和子房	3月	产于广东北部和云南西部。生境不详
7	春花独蒜兰 *P. kohlsii*	1片	梨形	绿色	紫堇色或粉红色	边缘流苏状，基部不为囊状，无距	/	春季	产于云南西部。生境不详

（续）

序号	类别	叶数	假鳞茎		花颜色	唇瓣	苞片	花期	分布与生境
			形状大小	颜色					
8	白花独蒜兰 *P. albiflora*	1片	卵状圆锥形	/	白色	边缘流苏状，基部囊状，有距	略长于花梗和子房	4—5月	产于云南西北部。生于海拔2 400～3 250米覆盖有苔藓的树干上或林下岩石上，也见于荫蔽的岩壁上
9	黄花独蒜兰 *P. forrestii*	1片	圆锥形或卵状圆锥形	绿色	黄色、浅黄色或黄白色	无长毛或流苏毛，褶片全缘	明显长于花梗和子房	4—5月	产于云南西北部。生于海拔2 200～3 100米疏林下或林缘腐殖质丰富的岩石上，也见于岩壁和树干上
10	芳香独蒜兰 *P. xconfusa*	1片	卵状圆锥形	绿色或暗橄榄绿色	黄色、浅黄色或黄白色	无长毛或流苏毛，褶片波状具齿或有裂缺	明显长于花梗和子房	4—5月	产于云南西北部。生境不详
11	云南独蒜兰 *P. yunnanensis*	1片	卵形、狭卵形或圆锥形	绿色	淡紫色、粉红色或有时近白色	无长毛或流苏毛，褶片全缘	明显短于花梗和子房	4—5月	产于四川西南部、贵州西部至北部、云南西北部至东南部和西藏东南部。生于海拔1 100～3 500米林下和林缘多石地上或苔藓覆盖的岩石上，也见于草坡稍荫蔽的砾石地上
12	大花独蒜兰 *P. grandiflora*	1片	圆锥形，较大，长3～7厘米	绿色	白色	无长毛或流苏毛	明显长于花梗和子房	5月	产于云南。生于海拔2 650～2 850米林下岩石上
13	四川独蒜兰 *P. limprichtii*	1片	圆锥状卵形，较小，长3～4厘米	绿色或紫色	紫红色至玫瑰红色	无长毛或流苏毛，摊平后近圆形，具白色褶片	长于花梗和子房	4—5月	产于四川西南部和云南西北部。生于海拔2 000～2 500米腐殖质多、苔藓覆盖的岩石或岩壁上

（续）

序号	类别	叶数	假鳞茎		花颜色	唇瓣	苞片	花期	分布与生境
			形状大小	颜色					
14	美丽独蒜兰 *P. pleionoides*	1片	圆锥形，较小，长 1.0～2.6（～4.0）厘米	/	玫瑰紫色	无长毛或流苏毛，无白色褶片，从侧面看呈屈膝状或拱桥状，侧裂片无红色斑点	长于花梗和子房	6月	产于湖北西部、四川东部和贵州。生于海拔 1 750～2 250 米林下腐殖质丰富或苔藓覆盖的岩石上或岩壁上
15	独蒜兰 *P. ulbocod-ioides*	1片	假鳞茎较小，长 1.0～2.5 厘米		粉红色至淡紫色	无长毛或流苏毛，无白色褶片，从侧面看不呈屈膝状，侧裂片有红色斑点，唇瓣色泽与萼片及花瓣相似	明显长于花梗和子房	4—6月	产于陕西南部、甘肃南部、广东北部、广西北部、云南西北部、西藏东南部、安徽、湖北、湖南、四川、贵州。生于海拔 900～3 600 米常绿阔叶林下或灌木林缘腐殖质丰富的土壤上或苔藓覆盖的岩石上
16	台湾独蒜兰 *P. formosana*	1片	卵形或卵球形，较小，长 1.0～3.4 厘米	绿色或暗紫色	白色至粉红色	无长毛或流苏毛，无白色褶片，唇瓣从侧面看不呈屈膝状，侧裂片有红色斑点，唇瓣色泽较萼片及花瓣淡	明显长于花梗和子房	3—4月	产于福建西部至北部、浙江南部、江西东南部、我国台湾。生于海拔 600～1 500 米或 1 500～2 500 米林下或林缘腐殖质丰富的土壤和岩石上
17	滇西独蒜兰 *P. × christianii*	1片	/	/	黄色，略带紫色	3裂，有5条褶片，先端有红色条纹	/	4—5月	产于云南西部

（续）

序号	类别	叶数	假鳞茎		花颜色	唇瓣	苞片	花期	分布与生境
			形状大小	颜色					
18	大理独蒜兰 *P.* × *taliensis*	1片	/	/	紫红色，略带白色	内具4～5条褶片，先端有紫色宽条纹，边缘流苏状	花苞片短于子房	4—5月	产于云南西北部。生于海拔2 400～2 700米长满草和灌木的河岸、杜鹃花灌木下、树下、云南松林下
19	艳花独蒜兰 *P. aurita*	1片	圆锥形，长2～4厘米	绿色或淡绿色	浅粉红色、玫瑰红色或紫色	中间有黄色或橙黄色条纹	长于子房和花梗	4—5月	产于云南西部。生于海拔1 400～2 800米的山地森林中
20	长颈独蒜兰 *P. autumnalis*	2片	卵圆锥形或瓶形，长2.5～4.0厘米	绿色	白色	中部以上3浅裂，沿着中央脉有7排稀疏的乳突	长于子房和花梗	11月	产于云南西南部。生于岩壁上
21	矮小独蒜兰 *P. humilis*	1片	瓶状，颈长2～6厘米	橄榄绿	白色	长圆形，在前面不明显的3浅裂，基部囊状	长于子房和花梗	2—3月	产于西藏东南部。附生于海拔1 800～3 200米苔藓、杜鹃花等植物上，通常在树干或树枝周围形成环状或项圈
22	卡氏独蒜兰 *P. kaatiae*	2片	卵球形或圆锥形，长1～2厘米	绿色	玫紫色，略带淡紫色	具黄色中心和深紫色斑点，不明显的3浅裂，唇盘具5～9排乳突	短于子房或几乎和子房一样长	6—7月	产于四川西部。生于亚高山灌木丛生的草地，针叶林中的石质草原上

（续）

序号	类别	叶数	假鳞茎		花颜色	唇瓣	苞片	花期	分布与生境
			形状大小	颜色					
23	小叶独蒜兰 *P. microphylla*	1片	卵球形圆筒状，0.7 ～ 1.5 厘米	/	白色	圆形或菱形，不明显的3裂，上有黄色条纹	长于子房和花梗	4月	产于广东南部

黄永启 / 南宁市第二中学

111. 曲唇兰属 *Panisea* Lindley

附生草本。假鳞茎常较密集地着生于根状茎上。叶 1 ～ 2（～ 3）片生于假鳞茎顶端，常狭椭圆形，具短柄。花莛着生于老假鳞茎基部的根状茎或幼嫩的假鳞茎顶端或根状茎，具 1 ～ 2（～ 5）朵花；花苞片小，宿存；萼片离生，相似，但侧萼片常斜歪或稍狭而长；花瓣与萼片相似；唇瓣不裂或有 2 个很小的侧裂片，基部有爪并呈 S 形弯曲；蕊柱两侧边缘常具翅；花药俯倾；花粉团 2 对，蜡质，基部黏合；柱头凹陷，位于前方近顶端处；蕊喙较大，伸出于柱头穴的上方。蒴果具 3 条棱。

分布于喜马拉雅地区至泰国。我国 5 种，产于西南部。

曲唇兰

曲唇兰

曲唇兰

云南曲唇兰

单花曲唇兰

单花曲唇兰

云南曲唇兰

平卧曲唇兰

曲唇兰属植物野外识别特征一览表

序号	种名	茎	叶	花冠	花数量	唇瓣	花期	分布与生境
1	平卧曲唇兰 *P. cavaleriei*	多个假鳞茎连成一串	1片顶生，狭椭圆形至椭圆形，坚纸质	淡黄白色；萼片近卵状披针形，具5条脉，背面中脉浮凸；侧萼片歪斜，基部扩大；花瓣较萼片短狭	1朵	倒卵状长圆形，先端近截形并具细尖头，上部边缘常有不规则细齿或多少皱波状	12月—次年4月	产于广西西南部、贵州西南部和云南中部至东南部。生于海拔2 000米以下林中或水旁荫蔽岩石上
2	曲唇兰 *P. tricallosa*	根状茎分枝，被膜质鞘；假鳞茎较密集，常多个呈丛生状	1～2片顶生，狭椭圆形或近长圆形	白色；萼片狭卵形、长圆状卵形或近宽披针形，背面有龙骨状突起；侧萼片稍斜歪；花瓣卵状长圆形或近宽披针形，较萼片短	1朵，偶见2朵	倒卵状长圆形，基部有爪，先端浑圆、微凹或具细尖，边缘不明显波状，前部有2条短的纵褶片生于粗厚的脉上	5—6月	产于云南西南部和海南。生于海拔2 100米以下林中树干上
3	单花曲唇兰 *P. uniflora*	根状茎坚硬；假鳞茎较密集，常多少伏贴于根状茎上	2片顶生，线形	淡黄色；萼片狭卵状长圆形，具5条脉；花瓣长圆状椭圆形或狭椭圆形，亦具5条脉	1朵	倒卵状椭圆形，先端浑圆，基部收狭，有短爪，中部有2个不明显的腺体，在下部两侧各有1枚很小的侧裂片；侧裂片长圆状披针形，有时稍呈镰刀状	10月—次年3月	产于云南南部。生于海拔800～1 100米林中岩石或树上

（续）

序号	种名	茎	叶	花冠	花数量	唇瓣	花期	分布与生境
4	云南曲唇兰 *P. yunnanensis*	根状茎密被褐色鞘；假鳞茎较密集，彼此相距数毫米	2片顶生，狭长圆形或长圆状披针形，纸质	白色；中萼片狭卵形，先端渐尖，具5条脉；侧萼片长圆状披针形，与中萼片等长，背面有龙骨状突起；花瓣与侧萼片相似，但无龙骨状突起	1～2朵	长圆状匙形，先端近浑圆，边缘略呈皱波状，向基部渐狭，有爪，无褶片或其他附属物，有时脉的一部分稍粗厚	11—12月	产于云南东南部。生于海拔1 200～1 800米林中树上或岩石上
5	矮曲唇兰 *P. demissa*	假鳞茎丛生，狭卵球形至卵球形	1～2片，披针形，锐尖，叶柄长4～8毫米	白色；花梗纤细，萼片长圆状披针形，基部略带囊状，背面具龙骨状突起	5～8朵	长圆形，先端乙状弯曲，具3条脉，蕊柱具翅	4月	产于我国中部和南部。生境不详

蔡朝晖 / 湖北科技学院

112. 足柱兰属 *Dendrochilum* Blume

附生草本。假鳞茎顶生1片叶。总状花序具多朵2列状排列的花，直立或俯垂；花小；唇瓣基部平坦或稍凹陷，无距、无爪并略肥厚，常近长圆形；蕊柱短，常多少弓曲，两侧边缘具翅，翅围绕蕊柱顶端并在两侧各伸出1个臂状物。

全属270种，分布于东南亚至新几内亚岛，以菲律宾和印度尼西亚最多。我国1种，产于我国台湾。

足柱兰

足柱兰

足柱兰属植物野外识别特征一览表

种名	假鳞茎	花序	花色	唇瓣	蕊柱	花期	分布与生境	备注
足柱兰 *D. uncatum*	密集，近丛生	总状花序具20～30朵花，花2列	黄色	提琴形，唇盘上具2条红色的短纵脊	中部两侧各具1个臂状物	10—11月	产于我国台湾。生于海拔500～1 000米阔叶林中或灌丛中树上	据《台湾兰科植物彩色图鉴》，我国台湾还产 *D. microchilum* (Schltr.)Ames。据苏鸿杰考证，实际上为本种植物

晏启 / 武汉市伊美净科技发展有限公司

113. 石仙桃属 *Pholidota* Lindley ex Hooker

附生草本，通常具根状茎和假鳞茎。叶 1～2 片，生于假鳞茎顶端，基部多少具柄。总状花序，具数朵或多朵花；花序轴常稍曲折；花苞片大，2 列；花瓣通常小于萼片；唇瓣凹陷或仅基部凹陷呈浅囊状，不裂或罕有 3 裂。蒴果较小，常有棱。

全属约 30 种，分布于亚洲热带和亚热带南缘地区，南至澳大利亚和太平洋岛屿。我国 12 种，产于西南、华南至我国台湾。

细叶石仙桃

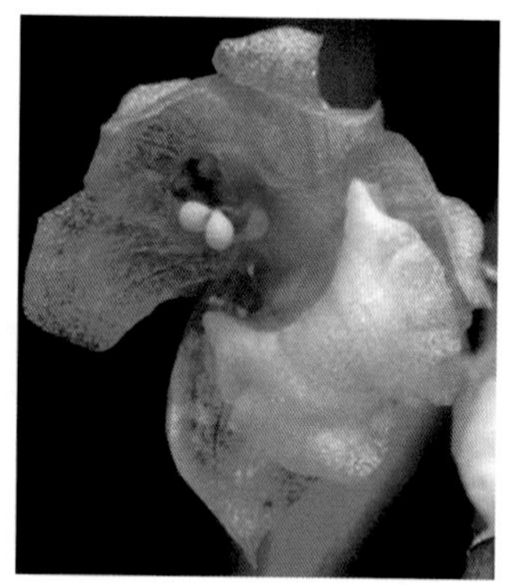

单叶石仙桃

节茎石仙桃

节茎石仙桃

细叶石仙桃

石仙桃

单叶石仙桃

粗脉石仙桃

石仙桃

凹唇石仙桃

长足石仙桃

云南石仙桃

云南石仙桃

凹唇石仙桃

宿苞石仙桃

长足石仙桃

尖叶石仙桃

尖叶石仙桃

宿苞石仙桃

粗脉石仙桃

石仙桃属植物野外识别特征一览表

序号	种名	假鳞茎	叶	花序	苞片	花色	唇瓣	花期	分布与生境
1	节茎石仙桃 *P. articulata*	圆柱状，宽5～10（～25）毫米，肉质	2片，叶宽超2厘米，叶柄长1.0～1.5厘米	总状花序具10余朵花	宿存或脱落	淡绿白色或白色而略带淡红色	轮廓为宽长圆形，缢缩而成前后唇，后唇凹陷呈舟状，前唇横椭圆形	6—8月	产于四川西南部、云南西北部至东南部和西藏东南部。生于海拔800～2 500米的林中树上或稍荫蔽的岩石上

（续）

序号	种名	假鳞茎	叶	花序	苞片	花色	唇瓣	花期	分布与生境
2	细叶石仙桃 *P. cantonensis*	狭卵形至卵状长圆形，宽5～8毫米	顶端具2片叶，宽5～7毫米，叶柄长不超过1.5厘米	总状花序通常具10余朵花	早落	白色或淡黄色	宽椭圆形，整个凹陷而呈舟状，先端近截形或钝，唇盘上无附属物	4月	产于浙江、江西、福建、我国台湾、湖南、广东和广西。生于海拔200～850米林中或荫蔽处的岩石上
3	石仙桃 *P. chinensis*	狭卵状长圆形，宽5～23毫米，相距5～15毫米	顶端具2片叶，宽2～6厘米，叶柄长1～5厘米，具3条较明显的脉	总状花序常多少外弯，具数朵至20余朵花	宿存	白色或带浅黄色	轮廓近宽卵形，略3裂，下半部凹陷呈半球形的囊，囊两侧各有1个半圆形的侧裂片	4—5月	产于浙江南部、贵州西南部、云南西北部至东南部、西藏东南部、福建、广东、海南、广西。生于林中或林缘树上、岩壁上或岩石上，海拔通常在1 500米以下，少数可达2 500米
4	凹唇石仙桃 *P. convallariae*	狭卵形，宽约1.5厘米	顶端具2片叶，宽2.0～2.5厘米，叶柄长不超过1.5厘米	总状花序通常具10余朵花	早落，线形	/	凹陷呈浅囊状，先端有凹缺，基部有3条纵褶片	/	产于云南西南部。生境不详
5	宿苞石仙桃 *P. imbricata*	近长圆形，略带4条钝棱，宽1.0～1.5厘米	顶端具1片叶，叶宽超2厘米，薄革质，叶柄长1.5～5.0厘米	总状花序密生	宿存，具密生的细脉	白色或略带红色	凹陷呈囊状，略3裂，围抱蕊柱，中裂片近长圆形	7—9月	产于四川西南部、云南西北部至南部和西藏东南部。生于海拔1 000～2 700米的林中树上或岩石上
6	单叶石仙桃 *P. leveilleana*	狭卵形或长圆形，宽约7～12毫米	顶端具1片叶，叶宽超2厘米，叶柄长3.5～8.0厘米，具折扇状脉	总状花序疏生	椭圆形，果期已脱落	白色略带粉红色	轮廓为宽长圆形，后唇中央凹陷呈浅杯状，边缘平展状	5月	产于贵州南部和广西。生于海拔500～900米的疏林下或稍荫蔽的岩石上
7	尖叶石仙桃 *P. missionar-iorum*	卵形，宽6～10毫米	顶端具2片叶，宽6～12毫米，叶柄长不超过1.5厘米，厚革质，具3条主脉	总状花序具8～9朵花	早落	白色，带绿色或略有红晕	近宽长圆形，先端具钝的短尖，边缘皱波状，基部略凹陷	10—11月	产于云南东南部和贵州。生于海拔1 100～1 700米林中树上或稍荫蔽的岩石上

（续）

序号	种名	假鳞茎	叶	花序	苞片	花色	唇瓣	花期	分布与生境
8	长足石仙桃 *P. longipes*	圆柱状，相距5～15毫米	顶端具2片叶，宽1.5～3.0厘米，纸质，叶柄长不超过1.5厘米	总状花序长4～5厘米，具7～9朵花	宿存	白色	中部缢缩而成前后唇；后唇凹陷呈囊状，前唇长圆形	1月	产于云南东南部。生于海拔1 000～1 400米石灰岩沟谷阔叶林下阴湿岩石上
9	粗脉石仙桃 *P. pallida*	近狭长圆形，略有4条钝棱，宽6～11毫米	顶端具1片叶，叶宽超2厘米，叶纸质，叶柄长1～4厘米	总状花序下垂，密生数十朵花	具较疏而略粗的脉	白色略带淡红色	凹陷呈浅囊状，3裂；侧裂片卵形；中裂片横长圆形	6—7月	产于云南西南部至南部。生于海拔1 300～2 700米林中树干上
10	尾尖石仙桃 *P. protracta*	圆柱状，宽2.5～5.0毫米，彼此相距2～4厘米	顶端具2片叶，叶宽1.3～2.3厘米，叶纸质，叶柄长3～12厘米	总状花序具3～7朵花	宿存	小，浅黄色	轮廓近卵状长圆形，略3裂，先端有凹缺，基部收狭并凹陷呈浅杯状，内无附属物	10月	产于云南西北部和西藏东南部。生于海拔1 800～2 500米沟谷阔叶林中树上或石壁上
11	贵州石仙桃 *P. roseans*	圆柱形，宽约4毫米	顶端具1片叶，坚纸质，叶宽不足2厘米，叶柄长2.0～2.5厘米	总状花序占2/3长度，疏生多花	宿存	浅玫瑰红色	基部宽楔形，在接近中部处凹陷呈浅杯状；侧裂片近圆形；中裂片较大，近方形	3月	产于贵州南部。生于海拔800～1 200米的灌木丛下岩石上
12	云南石仙桃 *P. yunnanensis*	圆柱状，宽6～8毫米	顶端具2片叶，宽7～18(～25)毫米，坚纸质，具折扇状脉	总状花序具15～20朵花	早落	白色或浅肉色	轮廓为长圆状倒卵形，近基部稍缢缩并凹陷呈1个杯状或半球形的囊，无附属物	5月	产于湖北西部、湖南西部、四川东北部至南部、云南东南部、广西、贵州。生于海拔1 200～1 700米林中或山谷旁的树上或岩石上

杨丽／武汉市伊美净科技发展有限公司

114. 耳唇兰属 *Otochilus* Lindley

附生草本。假鳞茎圆柱形，彼此在靠近末端处相连接而形成长茎状。叶 2 片，生于每个假鳞茎顶端。花莛生于假鳞茎顶端两片叶中央；总状花序常下垂；花近 2 列，花被片展开；唇瓣近基部上方 3 裂，基部凹陷为球形的囊；侧裂片耳状，位于囊的两侧，直立并围抱蕊柱；中裂片（或称前唇）较大，舌状至近椭圆形，基部收狭或具爪；囊内常有脊或褶片；蕊柱较长，常在顶端两侧有翅，翅一般围绕蕊柱顶端；花药俯倾，药帽有时具喙。蒴果小，近椭圆形，顶端具宿存的蕊柱。

全属共 4 种，产于喜马拉雅地区至中南半岛。我国 4 种，产于云南和西藏。

宽叶耳唇兰

耳唇兰

白花耳唇兰

宽叶耳唇兰

耳唇兰

白花耳唇兰

狭叶耳唇兰

耳唇兰属植物野外识别特征一览表

序号	种名	叶	花冠	唇瓣	蕊柱	花期	分布与生境
1	白花耳唇兰 *O. albus*	狭椭圆形至椭圆状披针形，宽2厘米以上，中脉不偏离	花较小，中萼片长7～8毫米，花苞片长与宽近相等	耳状侧裂片背面有小疣状突起，囊内有1条粗厚的纵脊	/	6月	产于云南西南部和西藏。生境不详
2	狭叶耳唇兰 *O. fuscus*	2片，近等大，线状披针形或近线形，宽7～11毫米，中脉偏于一侧	白色或带浅黄色，花瓣比萼片短	基部的耳状侧裂片基部上方彼此合生而成为囊的一部分并隔开中裂片与囊之间的通道，囊内无附属物	蕊喙鹦鹉嘴状	3月	产于云南南部至西北部。生于海拔1 200～2 100米林中树上
3	宽叶耳唇兰 *O. lancilabius*	2片，近等大，狭椭圆形至椭圆状披针形，宽2.5～4.2厘米，中脉不偏离	花较大，白色，中萼片狭长圆形，舟状，长1.1～1.5厘米	耳状侧裂片长1.5～2.0毫米，背面无小疣状突起，囊内有3～4条肥厚的脊状附属物，围抱蕊柱，中裂片长圆状披针形，基部有短爪	蕊喙舌状	10—11月	产于云南西南部和西藏东南部。生于海拔1 500～2 800米林中树上
4	耳唇兰 *O. porrectus*	狭椭圆形至椭圆状披针形，宽2.1～4.1（～5.7）厘米	花较大，白色，中萼片长圆形或倒披针形，背面多少具龙骨状突起，长1.1～1.3厘米，花苞片长约为宽的1倍	耳状侧裂片长3～4毫米，背面无小疣状突起，囊内有3～4条肥厚的脊状附属物，中裂片卵状椭圆形	上部有翅，蕊喙狭披针形	10—12月	产于云南西北部至东南部。生于海拔1 000～2 100米林中树上或岩石上

蔡朝晖 / 湖北科技学院

115. 新型兰属 *Neogyna* H. G. Reichenbach

附生草本。根状茎粗壮，具许多纤维根。假鳞茎较长，较密集，顶端生 2 片叶。叶较大，纸质或坚纸质，基部收狭成柄。总状花序下垂；花下垂，不扭转，花被片几乎不张开；萼片离生，背面多少有龙骨状突起，中萼片基部呈囊状，侧萼片基部的囊更明显；花瓣较萼片短而狭，基部无囊；唇瓣顶端 3 裂，围抱蕊柱，基部有囊，包藏于两侧萼片基部囊之内；蕊柱较长，两侧具翅，无蕊柱足；柱头凹陷；蕊喙甚大。

本属 1 种，产于中国（云南）以及老挝、泰国、缅甸、印度、尼泊尔和不丹。

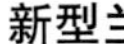

新型兰

新型兰

新型兰属植物野外识别特征一览表

种名	叶	花序	花	萼片	唇瓣	蕊柱	花期	分布与生境
新型兰 *N. gardneriana*	顶端生 2 片叶，叶较大，纸质或坚纸质，基部收狭成柄	下垂	下垂，不扭转，花被片几乎不张开	背面多少有龙骨状突起，萼片基部呈囊状	顶端 3 裂，基部有囊，包藏于两侧萼片基部囊之内	较长，两侧具翅	11 月—次年 1 月	产于云南西南部至东南部。生于海拔 600 ～ 2 200 米林中树上或荫蔽山谷岩石上

刘胜祥 / 华中师范大学

116. 蜂腰兰属 *Bulleyia* Schlechter

附生草本。假鳞茎密集地生于粗短的根状茎上，下面生许多纤维根，顶端生 2 片叶。叶狭长。花莛生于 2 片叶中央，俯垂；总状花序具多花；花序轴左右曲折；唇瓣近长圆形，中部略皱缩，基部稍扩大并凹陷，有距；距向前上方弯曲，整个包藏于两枚侧萼片基部内；蕊柱宿存。

本属 1 种，产于我国云南。

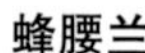
蜂腰兰

蜂腰兰

蜂腰兰属植物野外识别特征一览表

种名	假鳞茎	叶	花序	花	唇瓣	花期	分布与生境
蜂腰兰 *B. yunnanensis*	狭卵形或狭卵状椭圆形	2 片，线状披针形或近披针形，叶柄长 5～12 厘米	花序轴左右曲折，花苞片对折而 2 列	白色，唇瓣淡褐色	由于中部皱缩而多少呈提琴形，先端微缺、截形或具小尖头	7—8 月	产于云南西北部至东南部。生于海拔 700～2 700 米林中树干上或山谷旁岩石上

晏启 / 武汉市伊美净科技发展有限公司

117. 瘦房兰属 *Ischnogyne* Schlechter

附生草本。假鳞茎弯曲，下部平卧，上部直立，彼此以短的根状茎相连接，在根状茎着生处具数条长的纤维根，顶端生1片叶。花单朵；萼片离生，侧萼片基部延伸而呈囊状；唇瓣狭倒卵形，基部有短距，一部分距包藏于两枚侧萼片基部之内。

本属1种，产于我国亚热带地区。

瘦房兰

瘦房兰

瘦房兰属植物野外识别特征一览表

种名	假鳞茎	叶数量	花数量	花色	距	花期	分布与生境
瘦房兰 *I. mandarinorum*	弯曲，下部平卧，上部直立，彼此以短的根状茎相连接	1片	单朵	白色，唇瓣中裂片基部有2个紫色小斑块	短、伸直	5—6月	产于陕西南部、甘肃南部、湖北西部、贵州西部和四川。生于海拔700～1 500米林下或沟谷旁的岩石上

晏启 / 武汉市伊美净科技发展有限公司

118. 多穗兰属 *Polystachya* Hooker

附生草本。茎短或有时基部增粗为块状或其他形状的小假鳞茎，具1至数片叶。叶2列，常为狭长圆形或长圆形，基部具鞘并有关节。花序顶生，不分枝或分枝，具多数花；花较小或有时中等大，不扭转；中萼片离生；侧萼片基部与蕊柱足合生而形成萼囊；花瓣与中萼片相似或较狭；唇瓣位于上方，不裂或3裂，基部着生于蕊柱足末端，具关节，无距；唇盘上常有粉质毛；蕊柱短，具明显的蕊柱足。

全属约150种，主要分布于非洲热带地区与南部地区，少数种类也见于美洲热带与亚热带地区，1种见于亚洲热带地区，也产于我国。

多穗兰

多穗兰

多穗兰属植物野外识别特征一览表

种名	叶	花序	花	萼片	唇瓣	花果期	分布与生境
多穗兰 *P. concreta*	具1至数片叶，叶2列，常为狭长圆形或长圆形	总状，顶生，花序轴多少有狭翅，每个花序具3～8朵花	小，较密集，淡黄色	侧萼片宽卵状三角形，生于蕊柱足上，形成萼囊	生于蕊柱足末端，基部收狭成短爪，前部3裂；侧裂片小，内弯；中裂片近圆形，边缘波状，有不规则缺刻，先端微缺，中央有1个增厚的部分	8—9月	产于云南南部。生于海拔1 000～1 500米密林中或灌丛中的树上

刘胜祥 / 华中师范大学

119. 毛兰属 *Eria* Lindley

附生植物，通常具根状茎；茎常膨大成假鳞茎。叶在芽中席卷状，1 至数片，常生于假鳞茎顶端或近顶端的节上。花序侧生或顶生，常排列成总状，较少减退为单花。萼片背面与子房被绒毛或无毛，萼片离生，侧萼片多少与蕊柱足合生成萼囊。蕊柱直立或略向前弧曲，蕊柱足上无垫状胼胝体。

全属约 15 种，分布于亚洲热带地区至澳大利亚，向北可到喜马拉雅地区、中国亚热带南缘以及日本。我国 7 种，产于南部和西南部。

香花毛兰　半柱毛兰　半柱毛兰　匍茎毛兰

香港毛兰　香港毛兰　香花毛兰

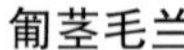
匍茎毛兰

足茎毛兰

足茎毛兰

毛兰属植物野外识别特征一览表

序号	种名	假鳞茎	叶	苞片	花色	花	花期	分布与生境
1	匍茎毛兰 *E. clausa*	卵球状或卵状长圆形，较叶长或近等长，茎或假鳞茎仅有1个节间	假鳞茎顶生1～3片叶，长圆形或倒卵状披针形	花序下部苞片较大，卵形，上部的苞片三角形	浅黄绿色或浅绿色	花序明显短于叶，具3～6朵花，唇瓣具4～6条褶片	3月	产于广西西部、云南东南部至南部和西藏东南部。生于海拔1 000～1 700米的阔叶林中树干上和岩石上
2	半柱毛兰 *E. corneri*	密生，幼时卵形，成熟时圆柱形，茎或假鳞茎仅有1个节间	假鳞茎顶生2～3片叶，叶大，椭圆状披针形至倒卵状披针形，干时两面出现灰白色的小疣点	极小，三角形	白色或略带黄色	花序具10余朵花，有时可多达60余朵，唇瓣具3条褶片	8—9月	产于福建南部、广西南部、贵州西南部、云南东南部、广东、我国台湾、海南、我国香港。生于海拔500～1 500米的林中树上或林下岩石上

（续）

序号	种名	假鳞茎	叶	苞片	花色	花	花期	分布与生境
3	足茎毛兰 *E. coronaria*	密集着生，圆柱形，茎或假鳞茎仅有1个节间	假鳞茎顶生2片叶，1大1小，长椭圆形或倒卵状椭圆形，较少卵状披针形	常披针形或线形，少卵状披针形	白色	花倾斜，唇瓣上有紫色斑纹	5—6月	产于云南南部及西北部、西藏东南部、海南、广西。生于海拔1 300～2 000米的林中树干上或岩石上
4	砚山毛兰 *E. yanshanensis*	密集着生，远较叶短，细长，圆柱形，具纵条纹，茎或假鳞茎仅有1个节间	假鳞茎顶生2片叶，稍厚，干时近革质，长圆状倒披针形	披针形	/	花序顶生，疏生9～10朵花，唇瓣基部具爪	/	产于云南东南部至南部。生于林中
5	香花毛兰 *E. javanica*	圆锥形	叶在芽中席卷状，假鳞茎顶生2片叶，椭圆状披针形或倒卵状披针形	卵状披针形	白色	花序近顶生，具多花，芳香	8—10月	产于云南南部、我国台湾。生于海拔300～1 000米林中，地生、半地生或附生
6	香港毛兰 *E. gagnepainii*	相距约2～3厘米，不膨大，细圆筒形，茎或假鳞茎仅有1个节间	假鳞茎顶生2片叶，长圆状披针形或椭圆状披针形	卵状披针形	黄色	花直立，两侧对称，具特化的唇瓣	2—4月	产于云南南部至西北部、西藏东南部、海南、我国香港。生于林下岩石上
7	条纹毛兰 *E. vittata*	圆柱状，较叶长或近等长，茎或假鳞茎仅有1个节间	假鳞茎顶生2片叶，椭圆形或椭圆状披针形	宿存，极小，下部的苞片披针形，上部的苞片披针形或钻形	灰绿色	萼片和花瓣具紫褐色条纹	/	产于西藏东南部。生于海拔1 600米左右的沟谷、林下、岩石上

刘亮 / 武汉市伊美净科技发展有限公司

120. 钟兰属 *Campanulorchis* Brieger

附生草本。假鳞茎具1个节间。叶革质。花少数，花明显开展，密被短柔毛。萼片、花梗和子房密被短柔毛。中萼片离生；侧萼片与蕊柱足合生，形成明显的短圆锥状囊。花瓣离生；唇瓣全缘或在距离顶端一半处3裂；中部裂片具疣状脊。蕊柱短，足弯曲。

约5种，广泛分布于印度尼西亚、老挝、马来西亚、新几内亚、泰国和越南，向东到中国海南。我国1种。

钟兰

钟兰

钟兰属植物野外识别特征一览表

种名	假鳞茎	花序	花	唇瓣	唇盘	花期	分布与生境
钟兰 *C. thao*	卵球状或球状，彼此间隔1～3厘米，先端具1片叶	顶生，具1朵花，密被红棕色绵毛	黄色，唇瓣桃红色带紫色	3裂，中裂片近圆形，侧裂片近三角形，边缘明显加厚	具3条平行的纵褶片，中间褶片不明显，两侧褶片较高	8—10月	产于海南南部。附生在海拔600～1 200米林下岩石上或树上

晏启 / 武汉市伊美净科技发展有限公司

121. 蛤兰属 *Conchidium* Griffith

附生小草本。根状茎匍匐；假鳞茎具1个节间，球状、盘状或长圆形、扁球形。叶1～4片，通常生于假鳞茎顶端，倒卵状披针形，近无柄，基部收狭。单个花序顶生，细长；花后展叶或花叶同期；1朵花至少量花；花梗丝状，苞片盔状，膜质；花白色、淡绿色或黄色。中萼片三角形，渐尖；侧萼片基部与蕊柱足合生成萼囊。柱足弯曲；花粉块8个，扁卵球形；喙部截形，轮廓正方形。

本属约10种，我国4种，其中特产1种。

蛤兰

蛤兰

高山蛤兰

高山蛤兰

网鞘蛤兰

菱唇蛤兰

菱唇蛤兰

高山蛤兰

蛤兰属植物野外识别特征一览表

序号	种名	假鳞茎	花序着生位置	花色	花期	分布与生境
1	网鞘蛤兰 *C. muscicola*	相邻着生，扁球形，（5～6）毫米×（4～6）毫米，被网状鞘包围	生于假鳞茎顶端，从叶内侧发出	淡绿色	7—8月	产于云南南部。附生于海拔1 800～2 800米的常绿阔叶林下树干或岩石上
2	高山蛤兰 *C. japonicum*	相邻着生，狭卵球形，（10～15）毫米×（3～4）毫米，未被网状鞘包围	生于假鳞茎近顶端，着生于叶的内侧	白色	6月	产于安徽南部、福建西部至北部、浙江、我国台湾和贵州。生于海拔700～900米的岩壁上，在我国台湾海拔可达1 400～2 500米，生于林中树干上
3	蛤兰 *C. pusillum*	间距2～5厘米着生，近球形或压扁球状，3～6毫米，被网状鞘覆盖	生于假鳞茎顶端叶的内侧	白色或淡黄色	10—11月	产于广东南部、云南、西藏、广西、我国香港、海南和福建。生于林中，常与苔藓混生在石上或树干上
4	菱唇蛤兰 *C. rhomboidale*	间距2～5厘米着生，长圆筒状，9～15毫米，没有网状鞘	生于假鳞茎顶端叶的外侧	米色、淡紫色或红色	4—5月	产于广西西南部、云南东南部、贵州、海南。生于海拔700～1 300米的林下岩石上

李晓艳 / 武汉市伊美净科技发展有限公司

122. 拟毛兰属 *Mycaranthes* Blume

茎通常细长，圆筒状，无假鳞茎。叶互生，在茎轴上2列排列。花序亚顶生或顶生，具密集星状的毛；花苞片三角形，被短星状毛；花螺旋状排列，通常奶油色或绿黄色，有时有小的紫色斑点；侧萼片斜三角形，在基部膨大。唇瓣明显3裂，刚硬，垂直于蕊柱足；侧裂片具2枚胼胝体。

约25种，产于中国、不丹、柬埔寨、印度、印度尼西亚、老挝、马来西亚、缅甸、尼泊尔、新几内亚、菲律宾、新加坡、泰国、越南。我国2种。

指叶拟毛兰

指叶拟毛兰

指叶拟毛兰

拟毛兰

拟毛兰

拟毛兰属植物野外识别特征一览表

序号	种名	茎	叶	花序	萼片与花瓣	唇瓣	花期	分布与生境
1	拟毛兰 *M. floribunda*	茎近簇生，直立，圆柱状，基部微肿，多节，节间被叶鞘包围	多，沿茎互生，无柄，线形或狭披针形，先端渐尖	花序具密集的灰白色棉毛，花淡黄绿色	萼片背面被浓密的灰白色棉毛，花瓣无毛	基部具短爪，末端3裂；花盘从基部到近先端具白色哑铃状的胼胝体	/	产于云南。附生在海拔约800米树干上
2	指叶拟毛兰 *M. pannea*	植物体较小，幼时全体被白色绒毛，根状茎明显，具鞘	肉质，圆柱形，稍两侧压扁，近轴面具槽，槽边缘常残留有稀疏的白色绒毛	花序1个，基部具1～2枚膜质不育苞片，花黄色	萼片外面密被白色绒毛，内面黄褐色（干时），疏被绒毛；中萼片长圆状椭圆形，侧萼片具萼囊；花瓣两面疏被白色绒毛	不裂，上面被白色短绒毛，背面基部被稍长的白色绒毛，近端具显著的长椭圆形胼胝体	4—5月	产于海南东南部、贵州西南部、云南西南部、西藏东南部、广西。生于海拔800～2 200米的林中树上或林下岩石上

刘胜祥 / 华中师范大学

123. 柱兰属 *Cylindrolobus* Blume

草本，茎伸长，细长。叶互生。花序通常短而细长，花苞片较宽短，黄色或红色；花的大部分是白色或奶油色，有时是赭黄色；中萼片离生，通常下弯；侧萼片在基部倾斜，与柱足形成钝的、倾斜的萼囊；花瓣离生；唇瓣3裂，弯曲，有乳头状、近球形胼胝体和乳头状龙骨；侧叶直立，包围蕊柱。

大约30种，分布于中国西南部、中南半岛、印度尼西亚、马来西亚、缅甸、菲律宾、泰国。我国5种。

柱兰　柱兰

细茎柱兰

细茎柱兰

柱兰属植物野外识别特征一览表

序号	种名	茎	叶	花序	萼片与花瓣	唇瓣与蕊柱	蒴果	花期	分布与生境
1	鸡冠柱兰 *C. cristatus*	假鳞茎圆柱状，有时在顶点棍棒状	3或4片，披针形，锐尖	花序近顶生，2朵花，花轴、花梗和子房被白色绒毛，花苞片黄绿色，花白色，唇瓣黄色	中萼片卵状披针形；侧萼片三角形卵形，具萼囊；花瓣披针形	3浅裂，先端下弯，盘状多毛，有3个不明显的龙骨	/	/	产于云南。附生于海拔1 400～1 500米树干上
2	中缅柱兰 *C. glabriflorus*	假鳞茎不膨大，在根状茎上紧密排成1列，圆柱形	椭圆形或长圆状披针形，先端渐尖或长渐尖，无柄	花序1～3个，花序轴和子房密被黄褐色柔毛，花白色，唇瓣带黄色斑点	中萼片长圆形；侧萼片近镰形，先端渐尖；花瓣狭长圆形，先端钝	轮廓为倒卵形，3裂；内侧近边缘处各具1个三角形胼胝体，先端向外弯曲；中裂片中央具1条高褶片；蕊柱近圆柱形，先端稍膨大	圆柱形	6—7月	产于西藏墨脱县背崩乡。生于海拔1 750～1 800米的亚热带常绿阔叶林中
3	柱兰 *C. marginatus*	假鳞茎密集着生，棒槌状，中部和上部膨大，下部收狭	长圆状披针形或卵状披针形,先端急尖，无柄	花序基部具1枚鞘，花一般2朵，花梗和子房密被白色绵毛，花白色，具香气	中萼片、侧萼片背面被白色绵毛，具萼囊；花瓣长圆状披针形，无毛	轮廓为倒卵形，3裂，中央自基部至中裂片上有1个加厚带；蕊柱短	倒卵状圆柱形	2—3月	产于云南南部。生于海拔1 000～2 000米的林缘树干上

（续）

序号	种名	茎	叶	花序	萼片与花瓣	唇瓣与蕊柱	蒴果	花期	分布与生境
4	墨脱柱兰 *C. motuoensis*	植株干后变黑色；根状茎横走，假鳞茎圆柱状，纤细	2片，披针状长圆形，先端渐尖，基部收狭成短柄	花序具2～4朵花，花近直立，稍张开，淡黄绿色，近辐射对称	3枚萼片相似，背面淡紫色；3枚花瓣与萼片相似，但稍狭窄	蕊柱短而粗	长圆状椭圆形	4—5月	产于西藏东南部。生于海拔1 800～2 100米的灌丛中树干上
5	细茎柱兰 *C. tenuicaulis*	根状茎通常呈不规则的蜿蜒状（干后），有时略伸直并呈圆柱状	长圆形或披针状长圆形，先端渐尖，基部收狭成柄	通常具2朵花，较少仅有1朵花，花较小，无毛	中萼片长圆状卵形或近长圆形，先端急尖；侧萼片歪斜，具萼囊；花瓣近卵形，先端急尖	轮廓近卵形，基部近楔形，3裂；中裂片中央具1条圆形褶片；唇盘上具2条半圆形褶片；蕊柱稍弯曲，分成两组	/	4月	产于西藏东南部。生于海拔1 500～2 200米的常绿阔叶林中树上

刘胜祥 / 华中师范大学

124. 绒兰属 *Dendrolirium* Blume

附生草本，很少陆生。根状茎粗壮，长而匍匐或短，具鞘。茎通常为假鳞茎，先端具叶，基部有鞘叶。叶狭椭圆形，革质，有叶鞘。花序直立，花苞颜色有时为鲜艳的橙色或黄色，比花更显眼；花色暗淡，通常呈褐色或黄绿色；萼片无毛，具长柔毛或背面密被星状短柔毛；侧萼片斜卵形，基部附着在柱足上，形成一个倾斜的萼囊；花瓣离生，披针形到倒披针形；唇裂3裂或不明显的3裂，在中裂片的基部有脊或增厚的组织，形成有点球状的疣。

约12种。分布于不丹、柬埔寨、中国、印度、印度尼西亚、老挝、马来西亚、缅甸、尼泊尔、菲律宾、泰国、越南。我国2种。

白绵绒兰

白绵绒兰

绒兰

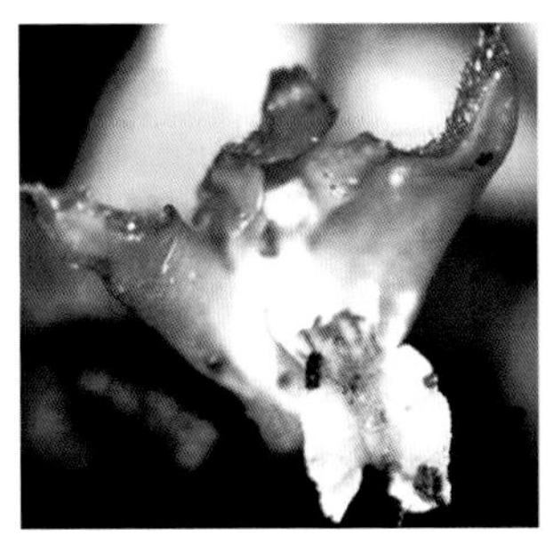
绒兰

绒兰

绒兰属植物野外识别特征一览表

序号	种名	茎	叶	花序	萼片与花瓣	唇瓣	花果期	分布与生境
1	绒兰 *D. tomentosum*	根状茎发达，假鳞茎椭圆形，略压扁，基部具膜质鞘	较厚，有时肉质，椭圆形或长圆状披针形，先端急尖，基部渐收狭，具关节	花序粗壮，密被黄棕色的绒毛，基部被鞘，花苞片、花梗、子房、萼片背面被较密的黄棕色绒毛	中萼片长圆状披针形，先端短渐尖；侧萼片基部与蕊柱足合生成萼囊；花瓣线状披针形，先端渐尖	轮廓近长圆形，3裂，向外弯曲，基部稍收窄；唇盘自基部有1条宽厚的带状物直达中裂片上部，带状物的附近通常具许多黄白色（干后）的细乳突	花期4—5月，果期8—9月	产于海南东南部和云南南部。附生于海拔800～1 500米的树上或岩石上
2	白绵绒兰 *D. lasiopetalum*	根状茎横走，具革质鞘，相距1.5～5.0厘米着生1个假鳞茎	椭圆形或长圆状披针形，两端渐尖	花序轴、苞片、花梗、子房、萼片背面被柔软、厚密的白绵毛	中萼片披针形；侧萼片三角状披针形，具萼囊；萼囊钝圆形；花瓣线形，先端渐尖	轮廓为卵形，基部收缩成爪，3裂，裂片边缘波浪状；唇盘上具1个倒卵状披针形的加厚区，自基部延伸到中裂片上部	花期1—4月，果期8月	产于海南东南部。生于海拔1 200～1 700米的林荫下或近溪流的岩石上或树干上

刘胜祥 / 华中师范大学

125. 气穗兰属 *Aeridostachya* (J. D. Hooker) Brieger

附生或陆生草本。茎肥厚成假鳞茎，短而紧密相接，基部具数枚套叠的短鞘。叶1～3片，生于假鳞茎顶端，狭长。花序直立，从近假鳞茎顶端发出；花莛长，具多数小花，通常是奶油色或黄色，有时略带紫色，或由于棕色星状毛而呈现褐色；萼片背面密被棕色星状毛；中萼片三角形；侧萼片在基部倾斜扩张，贴生于很长的柱状足部，形成长而明显的萼囊；唇瓣直立，不裂或不明显3裂。

约15种，分布于中国、印度尼西亚、马来西亚、新几内亚、太平洋岛屿、菲律宾、泰国。我国1种，产于我国台湾。

气穗兰

气穗兰

气穗兰属植物野外识别特征一览表

种名	茎	叶	花序	萼片与花瓣	唇瓣	花期	分布与生境
气穗兰 *A. robusta*	假鳞茎簇生，横向压缩，圆筒状	直立，无梗，线形倒披针形，革质，基部渐狭，先端锐尖	花序近顶生，密被多花，花序梗密被星状柔毛，花小、褐色	侧萼片斜卵形；花瓣长圆形，无毛，基部截形，边缘波状，先端圆形	长圆形，紫色，无毛	3月	产于我国台湾。生于海拔约1 000米森林树干上

刘胜祥 / 华中师范大学

126. 藓兰属 *Bryobium* Lindley

附生草本。假鳞茎卵球形到纺锤形，沿根状茎有序排列，先端具 1～3 片叶。叶对折，革质。总状花序顶生，短于叶；花梗无不育苞片；花苞片小。花小，不全开。萼片、花瓣离生；侧萼片斜三角形，与蕊柱足形成 1 个明显的圆锥状萼囊。唇瓣下弯，全缘或 3 裂。

约 20 种，分布区从斯里兰卡和东南亚到新几内亚、澳大利亚（东北部）和西南太平洋岛屿。我国 1 种。

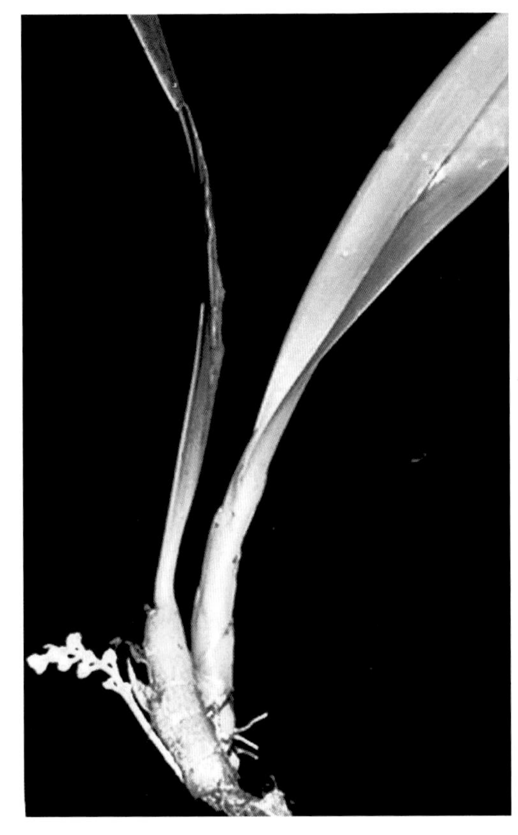

藓兰

藓兰

蘚兰属植物野外识别特征一览表

种名	假鳞茎	花序	花	萼片	唇瓣	花期	分布与生境
蘚兰 *B. pudicum*	排列紧密，近棱形，具2～3个节，顶端生1片叶	密被灰白色柔毛	绿白色，萼片和花瓣具红色的脉，唇瓣基部、蕊柱足红棕色	背面疏被白色曲柔毛	四菱形或宽椭圆形，基部具红棕色胼胝体，近先端中央部分有红棕色锚状附属物	6—7月	产于云南南部。生于海拔1 500米左右的林中树干上

晏启／武汉市伊美净科技发展有限公司

127. 苹兰属 *Pinalia* Lindley

附生或陆生草本。茎密生。叶线形、披针形或狭椭圆形，多革质，无明显的叶柄。总状花序腋生，疏生至密生多花，花序轴通常有小的、鳞片状的棕色毛；花苞片明显且大；花色变化很大；萼片背面密生至疏生短柔毛；侧萼片腹面在基部膨大，在蕊柱足上形成萼囊；花瓣与中萼片相似或较小；唇瓣3裂，基部与蕊柱基部有关节，通常上面有数条长度不等的纵脊或胼胝体。

约160种，分布从喜马拉雅山和印度北部到缅甸、中国、越南、老挝、泰国、马来群岛、澳大利亚北部和太平洋岛屿。我国16种。

双点苹兰

长苞苹兰

双点苹兰

密花苹兰

密花苹兰

滇南苹兰

粗茎苹兰

粗茎苹兰

鹅白苹兰

长苞苹兰

钝叶苹兰

钝叶苹兰

鹅白苹兰

苹兰属植物野外识别特征表

序号	种名	茎	叶	花序	萼片与花瓣	唇瓣	花果期	分布与生境
1	钝叶苹兰 *P. acervata*	假鳞茎纺锤状，有时酒瓶状，通常2～3个或有时8个密集着生成1排，具鞘	2～4片生于假鳞茎顶端，先端钝并稍不等侧2裂	花序1～3个，萼片和花瓣白色，唇瓣黄色	中萼片狭卵形；侧萼片镰状披针形，具萼囊；花瓣披针形，先端钝	轮廓近宽菱形，基部具膝状关节，3裂；唇盘上具3条纵贯的从基部延伸至中裂片中部的龙骨状褶片	花期8月，果期9月	产于云南南部和西藏东南部。生于海拔600～1 500米疏林中树干上
2	粗茎苹兰 *P. amica*	假鳞茎纺锤形或圆柱形，基部具鞘，顶端具1～3片叶	长椭圆形或卵状椭圆形，先端急尖，基部渐狭成柄	花序轴、花梗和子房密被锈色曲柔毛；萼片和花瓣具黄色带紫褐色脉纹，唇瓣黄色，萼片均具锈色曲柔毛	中萼片长圆状披针形，先端钝；侧萼片斜卵状三角形，基部具萼囊；花瓣倒卵状披针形，先端渐尖	轮廓近倒卵状椭圆形；唇盘上具3条褶片，中央褶片在中裂片上增粗，两侧褶片则自唇盘基部上方开始增粗呈脊状，一直延伸到中裂片基部	花期3—4月，果期6月	产于云南南部和我国台湾。生于海拔900～2 200米的林中树上，在我国台湾也见于海拔900米以下的阴湿林中
3	双点苹兰 *P. bipunctata*	根状茎不明显；假鳞茎密集，倒卵形或棍棒状，稍压扁，被2～3枚膜质鞘，通常具1～2节	通常4片，着生于假鳞茎顶端，倒卵形、倒卵状椭圆形或椭圆形，先端钝	花序通常2个，弯曲；花白色，无毛	中萼片宽椭圆形，先端圆钝；侧萼片长圆状椭圆形，先端急尖，基部具萼囊；花瓣长圆形，先端圆钝	轮廓为菱形；侧裂片近三角形，与中裂片交成直角；中裂片近三角形，明显增厚	花期7月	产于云南南部。生于海拔1 750米左右的林中树干上

（续）

序号	种名	茎	叶	花序	萼片与花瓣	唇瓣	花果期	分布与生境
4	密苞苹兰 *P. conferta*	根状茎粗壮；假鳞茎密集着生，圆柱状，具3～5节，顶端具3片叶	长圆状倒披针形或狭椭圆形，纸质，先端渐尖，基部渐狭成柄	花序具多朵近密集着生的花，无毛；花小，白色，但唇瓣先端黄色	中萼片卵状椭圆形，先端急尖，无毛；侧萼片斜卵形，基部具萼囊；花瓣近卵形，稍短于萼片，无毛	轮廓为宽卵形，基部具爪，3裂；侧裂片近卵形，先端钝；中裂片三角状卵形，肉质，先端钝；唇盘基部3条脉有时稍增粗	花期7月	产于西藏东南部。生于树上
5	反苞苹兰 *P. excavata*	根状茎粗壮，圆柱状，具2～3节，基部具鞘	椭圆状倒披针形，先端锐尖，基部收窄成柄	花序被褐色柔毛，疏生少数花；花苞片披针形，先端渐尖，外面被褐色柔毛；花白色；萼片外面被褐色柔毛	中萼片近椭圆形，先端锐尖；侧萼片镰状披针形，先端锐尖，基部具萼囊；花瓣椭圆形，先端锐尖	近圆形，近基部3裂，基部凹陷；侧裂片内侧各具1枚直立胼胝体；中裂片近肾形，基部发出5条扇状脉，中间1条直达先端并伸出成小尖头，脉上均具褶片或增粗	花期6月	产于西藏东南部和南部。生于海拔1 750～2 100米的河谷路边阔叶林中

（续）

序号	种名	茎	叶	花序	萼片与花瓣	唇瓣	花果期	分布与生境
6	台湾苹兰 *P. copelandii*	根状茎粗，攀缘状；假鳞茎常具蝎尾状分枝，圆柱状，常略膨大	狭窄，披针形，先端近锐尖，基部渐窄	花序1～2个，花序轴红褐色，遍布卷曲长毛；花苞片绿色，反卷；花黄绿色，稍带红褐色；萼片外面被卷曲长毛	中萼片长椭圆形，先端钝；侧萼片歪卵形，基部具短萼囊；花瓣卵状椭圆形，无毛，先端钝	卵形，不裂，先端具短尖，自中部向外反卷，基部两侧各具1个块斑，上面具2条短而弯曲的褶片	花期3—4月	产于我国台湾南部至北部。生于海拔200米左右林内十分阴湿的树干上
7	禾颐苹兰 *P. graminifolia*	假鳞茎不膨大，在根状茎上紧密排成1列，圆柱形，具鞘	椭圆形或长圆状披针形，先端渐尖或长渐尖，基部收狭，无柄	花序1～3个，花序轴和子房密被黄褐色柔毛；花白色，唇瓣带黄色斑点	中萼片长圆形，先端钝或渐尖；侧萼片近镰形，先端渐尖；花瓣狭长圆形，先端钝	轮廓为倒卵形，3裂；侧裂片与中裂片几乎成直角，内侧近边缘处各具1枚三角形胼胝体，先端向外弯曲；中裂片中央具1条高褶片	花期6—7月，果期8月	产于云南西北部和西藏东南部。生于海拔1 600～2 500米林中的树干或岩石上
8	龙陵苹兰 *P. longlingensis*	假鳞茎尚幼嫩	3片，近长圆形或长圆状披针形，先端锐尖或钝，基部变狭成短柄	花序1个，长近6厘米，具多花，被淡棕色绒毛；花黄色，较小	中萼片长圆状椭圆形，无毛，边缘波状；侧萼片歪斜，先端锐尖，基部有萼囊；花瓣先端钝，边缘波状，无毛	着生于蕊柱足先端，多少扇形，不裂，中部以上最宽，先端钝并具短尖头，基部渐窄成爪	花期8月	产于云南西南部。生于海拔2 000米左右的乔木树干上

（续）

序号	种名	茎	叶	花序	萼片与花瓣	唇瓣	花果期	分布与生境
9	长苞苹兰 *P. obvia*	假鳞茎密集，纺锤形，幼时外面被鞘	3～4片，着生于假鳞茎顶端，椭圆形或倒卵状披针形，先端钝，基部渐狭	花序1～3个，具多花；花序轴具黄褐色毛或近无毛，花白色	中萼片披针形，先端钝；侧萼片先端急尖，基部具萼囊；花瓣先端钝	轮廓近长圆形，3裂；唇盘上面具3条褶片，中间褶片延伸到中裂片基部	花期4—5月，果期9—10月	产于广西西部、云南南部、海南。生于海拔700～2 000米的林中，常附生于树干上
10	大脚筒 *P. ovata*	假鳞茎密集，圆柱状，基部被透明的膜质鞘	4～5片，生于假鳞茎顶端，长椭圆形，先端钝，基部浑圆或渐狭	花序无毛，密生多花；花苞片黄色，花黄白色	中萼片长椭圆形，先端锐尖；侧萼片斜长卵形，先端尖，基部具短萼囊；花瓣椭圆形，先端渐尖	较小，不裂，先端锐尖，基部强烈收狭，与蕊柱足连接处具关节，上面具2条薄片状附属物，延伸至近先端	花期7月	产于我国台湾南部至北部。生于海拔800米以下的林内树干上
11	厚叶苹兰 *P. pachyphylla*	根状茎粗壮，密被膜质杯状鞘；假鳞茎长圆形，坚挺	肉质，先端渐尖，基部变狭，具关节，中脉明显凹陷	花序1个，被黄棕色绒毛，具多花；花浅黄褐色，多少肉质；萼片背面密被黄棕色绒毛	中萼片长圆形；侧萼片近三角形，有萼囊；花瓣长圆形，先端钝，无毛，具3条脉	5裂，基部2裂片多少耳形；前部3裂，两个侧裂片对折或半圆筒形；唇盘增厚，强烈凸起，具疣状突起，近基部具3条横向槽	花期4—6月	产于云南南部和广西南部。生于海拔650米的林中树干或岩石上

（续）

序号	种名	茎	叶	花序	萼片与花瓣	唇瓣	花果期	分布与生境
12	五脊苹兰 *P. quinquelamellosa*	假鳞茎紧密着生，长圆状椭圆形，通常两侧压扁	两面具粉状物，狭长圆形，先端锐尖，基部稍变窄，叶脉两面凸起，无明显叶柄	花序被长柔毛，疏生20余朵花；花无毛	中萼片舌状，先端渐尖；侧萼片镰状卵形；花瓣镰刀状狭舌形，先端钝	近倒卵形，中部3裂，基部具爪；爪具槽，向内弯曲；唇盘上具5条不甚明显的褶片，褶片基部合生	/	产于海南。生于岩石上
13	密花苹兰 *P. spicata*	假鳞茎紧靠，圆柱形或纺锤形，具单节间和鞘	椭圆形或倒卵状披针形，先端钝，基部渐狭	花序1～3个，密生许多花，基部具2枚鞘；花序轴、花梗和子房密生锈色柔毛；花白色，仅唇瓣先端黄色	中萼片椭圆形，先端圆钝；侧萼片卵状三角形，偏斜，具萼囊；花瓣椭圆形，先端圆钝	轮廓近菱形，基部收狭成爪，3裂；侧裂片卵状三角形，与中裂片相交约成直角	花期7—10月，果期不详	产于云南南部和西藏南部至东南部。生于海拔800～2 800米的山坡林中树上或河谷林下的岩石上
14	鹅白苹兰 *P. stricta*	根状茎不明显；假鳞茎密集着生，圆柱形，顶端稍膨大，基部具撕裂或纤维状鞘	披针形或长圆状披针形，先端急尖，基部狭窄	花序1～3个，密生多数花，基部具1枚三角形不育苞片；花序轴、花梗、萼片背面和子房密被白色绵毛	中萼片卵形，先端急尖；侧萼片卵状三角形，具萼囊；花瓣卵形，先端钝，无毛	轮廓近圆形，3浅裂；唇盘中央有1条自基部至中裂片先端的加厚带，上面有3条褶片，至中裂片近先端处具1枚球形胼胝体	花期11月—次年2月，果期4—5月	产于云南东南部和西藏东南部。生于海拔800～1 300米的山坡岩石上或山谷树干上

（续）

序号	种名	茎	叶	花序	萼片与花瓣	唇瓣	花果期	分布与生境
15	马齿苹兰 *P. szetschuanica*	假鳞茎密集地排列于根状茎上，长圆形，稍弯曲，基部被鞘	长圆状披针形，先端钝，基部渐狭	花序1～2个，具1～3朵花；花序轴常被淡褐色长柔毛；花白色，但唇瓣为黄色	中萼片椭圆形，先端钝；侧萼片斜长圆形，先端钝，基部具萼囊；花瓣倒卵状长圆形	倒卵形，基部渐收窄，3裂；唇盘中央自基部发出3条线纹至中裂片基部	花期5—6月	产于广东、四川、云南。生于海拔2 300米左右的山谷岩石上
16	滇南苹兰 *P. yunnanensis*	假鳞茎椭圆形，具1～2节，基部有鞘，中部或上部着生1片较小的叶，顶端叶大	较小的叶狭卵形，较大的叶狭长圆状披针形或披针形，先端渐尖，基部渐狭成柄	花序1～2个，具多数稍密集的花；花序轴疏被锈色小柔毛；花小，淡绿黄色	中萼片宽卵形或卵状椭圆形；侧萼片斜卵形，基部具萼囊；花瓣卵形或宽卵形，先端急尖，近全缘	轮廓多少呈“十”字形，基部有爪，3裂；爪上面有槽；唇盘上具4～5条稍粗厚的脉	花期7—8月	产于云南南部。生于海拔1 500米的密灌丛中的树干上

刘胜祥 / 华中师范大学

128. 毛鞘兰属 *Trichotosia* Blume

附生、岩生草本，很少陆生。茎长或短，除基部外均着生叶片。叶常红棕色，有极少白色的硬毛，有时毛仅被于叶鞘和花序。花序腋生，少数花；萼片红色，背面有毛，侧萼片贴生于柱足形成囊。唇瓣3裂到全缘。

约50种，分布从亚洲大陆经亚洲到新几内亚和太平洋岛屿。我国4种（1种为特有种）。

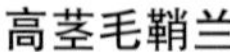
高茎毛鞘兰

高茎毛鞘兰

瓜子毛鞘兰

瓜子毛鞘兰

小叶毛鞘兰

小叶毛鞘兰

毛鞘兰属植物野外识别特征一览表

序号	种名	茎	叶	花序	萼片与花瓣	唇瓣	花期	分布与生境
1	瓜子毛鞘兰 *T. dasyphylla*	茎匍匐，短于4厘米	2～5片，簇生，具叶柄，椭圆形或倒卵状楔形	花序腋生，具单花，花淡黄色	萼片和花瓣背面具浓密的长白色毛	背面有白色长毛，边缘具缘毛，先端近截形，两侧各有2枚胼胝体	6—9月	产于云南西南部。附生于海拔900～1 600米树木上
2	东方毛鞘兰 *T. dongfangensis*	根茎匍匐，分枝	叶紧密排列成2行，肉质，叶片和鞘密披白色毛	花序具1朵花，花苞有毛，花黄绿色	萼片背面有粗毛，花瓣无毛	肉质，全缘，舌形，具短毛，基部略凹入，具近球形胼胝体，中心具2块紫色斑	10—11月	产于海南。附生于海拔1 300～1 500米热带山地常绿森林中树干上
3	高茎毛鞘兰 *T. pulvinata*	根状茎不明显，茎直立，圆柱形，长达1米	两面红棕色，被绒毛，基部具鞘	花序具3～6朵花，花白色、红粉红色	/	钻形，整个边缘反折，先端尖，具1枚伸长的胼胝体	3—7月	产于广西、云南。生于海拔1 200～2 000米森林中岩石上
4	小叶毛鞘兰 *T. microphylla*	植物具白色长柔毛；根茎细长；茎直立，圆筒状，被叶鞘覆盖	10～12片，互生，肉质，两面被长柔毛，先端钝	花序生于茎的上部，叶对生，1朵花，花苞片密集排列、被长毛，花黄色	萼片背面有白色毛，花瓣无毛	在近中部略收缩，背面被毛，基部与蕊柱足成直角相连，近中部两侧有紫色、椭球状胼胝体	4—6月	产于海南、云南。生于海拔1 000～1 500米森林中树干上

刘胜祥 / 华中师范大学

129. 拟石斛属 *Oxystophyllum* Blume

附生草本，根状茎短而硬。叶等长，质硬。花序近顶生，花苞片宿存，花肉质，子房几乎无柄，中萼片、侧萼片离生，坚硬，侧萼片斜三角形；唇瓣肉质，全缘，基部囊状。

约 38 种，广泛分布于东南亚、新几内亚和所罗门群岛。我国 1 种。

拟石斛

拟石斛

拟石斛属植物野外识别特征一览表

种名	叶	唇瓣	萼片	花色	花期	分布与生境
拟石斛 *O. changjiangense*	2 裂，短剑形	舌状，厚肉质	中萼片椭圆形，侧萼片斜卵形三角形	紫黑色	8 月	产于海南。生于海拔 1 000 米左右开阔山地森林的树干上或山谷的岩石上

冯杰 / 武汉市伊美净科技发展有限公司

130. 美柱兰属 *Callostylis* Blume

附生草本。假鳞茎梭状至圆筒状，上部具数节或仅顶端具节。叶 2 ～ 5 片。总状花序常 2 ～ 4 个，具数朵至 10 余朵花；萼片与花瓣离生；唇瓣全缘，不裂，唇盘上有 1 个垫状突起；蕊柱长，向前弯曲呈钩状或至少近直角，具明显的蕊柱足；花粉团 8 个。

全属 5 ～ 6 种，分布于中国、喜马拉雅地区、印度、印度尼西亚、老挝、马来西亚、缅甸、泰国、越南。我国 2 种。

美柱兰

美柱兰

美柱兰

美柱兰属植物野外识别特征一览表

序号	种名	假鳞茎	叶	花序轴	花	唇瓣	花期	分布与生境
1	美柱兰 *C. rigida*	疏生，长6～16厘米，棒状到瓶状，近顶端具4或5片叶	长圆形或狭椭圆形	直，被褐色毛	除唇瓣褐色外，均绿黄色	宽心形或宽卵形	5—6月	产于云南南部。生于海拔600～1 700米混交林中树上
2	竹叶美柱兰 *C. bambusifolia*	丛生，20～70（～90）厘米，圆柱状，多片叶	狭披针形	呈“之”字形，被灰棕色毛	白色，具棕红色的脉	卵状三角形	12月	产于广西（那坡）、云南南部（勐腊）。生于海拔950～1 200米的林中树干上

晏启 / 武汉市伊美净科技发展有限公司

131. 盾柄兰属 *Porpax* Lindley

附生小草本；假鳞茎密集，扁球形，外被白色的膜质鞘。叶2片，生于假鳞茎顶端，花后出叶或花叶同时存在，椭圆形、卵形或其他形状。花莛从假鳞茎顶端或基部穿鞘而出，通常只具单花，罕有2～3朵花；花近圆筒状，常带红色；3枚萼片不同程度地合生成萼管，其中2枚侧萼片合生至上部或完全合生，基部与蕊柱足完全合生并向前方突出而呈短囊状；花瓣通常略小而短，常呈匙形或长圆形，有时有毛；唇瓣很小，完全藏于萼筒之内，基部着生于蕊柱足末端，上部常外弯；蕊柱中等长，有明显的蕊柱足，蕊喙较大，常遮盖柱头。

全属约11种，分布于亚洲大陆热带地区，从喜马拉雅地区经过印度、缅甸、越南、老挝、泰国到马来西亚和加里曼丹岛。我国1种。

盾柄兰

盾柄兰

盾柄兰属植物野外识别特征一览表

种名	叶片	花	萼片	花瓣	唇瓣	花期	分布与生境
盾柄兰 *P. ustulata*	2片，基部收狭成短柄，边缘具细缘毛	红色，近圆筒状，近直立	2枚侧萼片之间合生，基部前方多少呈囊状突出	匙形，边缘多少啮蚀状，上面略有银白色小点	近长圆状倒披针形，外折，先端近尾状，基部收狭，上部边缘有短流苏	6月	产于云南南部。生于海拔1 450米沟谷旁林中树上

刘胜祥 / 华中师范大学

132. 牛角兰属 *Ceratostylis* Blume

附生草本，具根状茎，无假鳞茎。叶1片。花序顶生，常具数朵簇生的花；侧萼片贴生于蕊柱足上并多少延伸而形成萼囊；唇瓣基部变狭并多少弯曲，无距；蕊柱短，顶端有2个直立的臂状物，似牛角，基部具较长的蕊柱足。

全属约100种，主要分布于东南亚，向西北到达喜马拉雅地区，向东南到达新几内亚岛和太平洋岛屿。我国4种。

牛角兰

叉枝牛角兰

管叶牛角兰

叉枝牛角兰

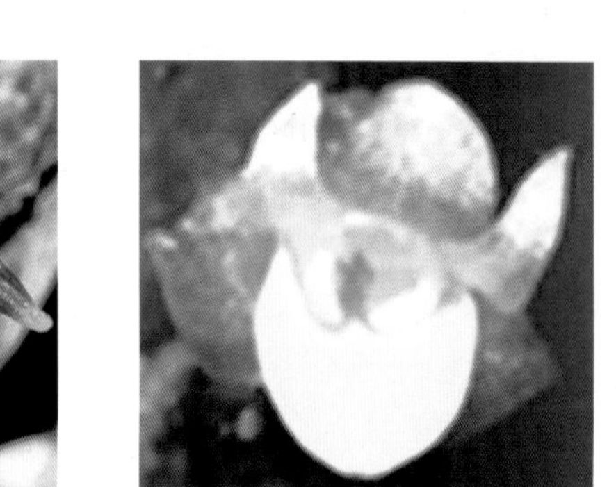

管叶牛角兰

牛角兰

牛角兰属野外识别特征一览表

序号	种名	茎	叶	花	花瓣	唇瓣	花期	分布与生境
1	牛角兰 *C. hainanensis*	长约1厘米，不分枝，外被多枚鳞片状鞘	线形至狭长圆形，明显不同于茎	白色，近基部有淡紫色斑纹	披针状长圆形	宽椭圆状菱形	9—10月	产于海南。生于海拔700～1 000米林中树上或溪谷畔岩石上
2	叉枝牛角兰 *C. himalaica*	长（1.5～）2.0～7.0厘米，呈二叉状分枝，全部为鳞片状鞘	线形至狭长圆形，明显不同于茎	白色而有紫红色斑	线形	近长圆形	4—6月	产于云南西南部至东南部和西藏东南部。生于海拔900～1 700米林中树上或岩石上
3	管叶牛角兰 *C. subulata*	长6～18（～26）厘米，仅基部被5～6枚鳞片状鞘	近圆柱形，近直立，似茎的延续	绿黄色或黄色	披针状菱形	略呈匙形	6—11月	产于海南。生于海拔750～1 100米林中树上或岩石上
4	泰国牛角兰 *C. siamensis*	长约2毫米，被4～6枚鳞片状鞘	线形	白色，具紫红色的斑点	狭长圆形	长圆形	10—11月	产于云南。生于海拔1 540～1 940米常绿阔叶林的树上

晏启 / 武汉市伊美净科技发展有限公司

133. 宿苞兰属 *Cryptochilus* Wallich

附生草本。假鳞茎聚生，近圆柱形。叶2～3片。花莛生于假鳞茎顶端；总状花序；花苞片钻形，向花序轴两侧平展或斜展，规则地排成2列，宿存；花较密集；中萼片与侧萼片合生呈筒状或坛状，仅顶端分离，两个侧萼片基部一侧略有浅萼囊；花瓣小，离生，包藏于萼筒内。

全属约10种，分布于尼泊尔、不丹、印度、越南至中国云南。我国4种。

玫瑰宿苞兰

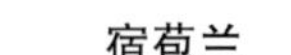
宿苞兰

红花宿苞兰

红花宿苞兰

玫瑰宿苞兰

宿苞兰

宿苞兰属植物野外识别特征一览表

序号	种名	叶片数	花数量	花苞片	花色	萼片	花期	分布与生境
1	宿苞兰 *C. luteus*	2片	20～40朵	狭披针形，长6～14毫米	黄绿色或黄色	萼片合生成的萼筒近坛状，外面无毛	6—7月	产于云南西南部至东南部。生于海拔1 500～2 300米密林中或林缘的树上、石隙上
2	玫瑰宿苞兰 *C. roseus*	1片	2～4朵	线性，长2～5厘米	白色或粉红色	萼筒外面无毛，萼片背面具龙骨状突起	1—3月	产于广东、海南、我国香港、福建。生于海拔1 300米茂密森林中或附生于树上、岩石上
3	红花宿苞兰 *C. sanguineus*	2片	10～30朵	狭披针形，长5～21毫米	猩红色	萼筒外面具白色长柔毛	3月	产于云南西北部和西藏东南部。生于海拔1 800～2 100米林中树上

备注：本属还有翅萼宿苞兰 *C. carinatus*，该种主要分布于云南

晏启 / 武汉市伊美净科技发展有限公司

134. 禾叶兰属 *Agrostophyllum* Blume

附生草本，无假鳞茎。茎常丛生，细长，多少呈扁圆柱形，具多节，具多片叶。叶2列，通常狭长圆形至线状披针形，质地较薄，基部具叶鞘并有关节。花序顶生，近头状，常由多朵小花密集聚生而成，少有减退为少花或单花的；花通常较小；萼片与花瓣离生；花瓣较狭小；唇瓣常在中部缢缩并有1条横脊，形成前后唇；后唇基部凹陷呈囊状，内常有胼胝体；蕊柱短，无明显的蕊柱足；花药俯倾；花粉团8个，蜡质，通常有短的花粉团柄，共同附着在1个黏盘上；柱头穴大，近圆形；蕊喙明显，近三角形。

全属约85种，分布于热带亚洲与大洋洲，1种向西到达非洲东南部的塞舌尔群岛。我国3种。

禾叶兰

禾叶兰

禾叶兰属植物野外识别特征一览表

序号	种名	茎	叶	花序	花	侧萼片	唇瓣	花期	分布与生境
1	禾叶兰 *A. callosum*	无假鳞茎	禾状，纸质，从基部向顶端渐狭，先端为不等的2圆裂，基部具鞘	花序顶生，近头状，常由多朵小花密集聚生而成	淡红色或白色而带紫红色晕	离生，宽卵状圆形	近宽长圆形，中部略缢缩，基部凹陷呈浅囊状，内有1枚胼胝体，胼胝体向两侧呈二叉状分枝	7—8月	产于海南东北部至西南部、云南西南部至东南部和西藏
2	台湾禾叶兰 *A.inocephalum*	茎丛生，被重叠的叶鞘所包，多节	多片，线形，先端钝并常有不等的2浅裂，基部具鞘；鞘较坚挺，一侧开裂	花序顶生，头状，具多花	小，白色，后转黄色	侧萼片与中萼片等长，略宽	中部略缢缩，基部凹陷呈囊状，前部亦略凹陷	2—3月	产于我国台湾南部。生于林中树上
3	扁茎禾叶兰 *A. planicaule*	无假鳞茎，茎扁平	2列	花序顶生，近头状	通常较小	/	常在中部缢缩并有1条横脊，形成前后唇；后唇基部凹陷呈囊状，内常有胼胝体；柱头基部有2个牛角状突起	9月	产于云南省江城县土卡河村。主要附生在海拔400米左右的低地沟谷雨林树干上部

王克华 / 中国农业大学

135. 牛齿兰属 *Appendicula* Blume

附生或地生草本。茎纤细，丛生，被叶鞘所包。叶 2 列互生，较紧密，常由于扭转而面向同一方向。总状花序；侧萼片与唇瓣基部共同形成萼囊；唇瓣上面近基部处有 1 枚附属物；蕊柱短，具长而宽阔的蕊柱足；花粉团 6 个，近棒状，每 3 个为一群。

全属约 60 种，分布于亚洲热带地区至大洋洲，以印度尼西亚与新几内亚岛为最多见。我国 4 种。

牛齿兰　　牛齿兰　　台湾牛齿兰

小花牛齿兰　　小花牛齿兰

牛齿兰属植物野外识别特征一览表

序号	种名	叶形	苞片	唇瓣形态	唇瓣附属物	花期	分布与生境
1	小花牛齿兰 *A. annamensis*	狭卵状长圆形至卵状椭圆形，长 1.4～1.8 厘米	卵状披针形	近长圆形，边缘皱波状	位于中部，半圆形或马蹄形	4—5 月	产于海南。生于陡坡岩石上
2	牛齿兰 *A. cornuta*	狭卵状椭圆形或近长圆形，长 2.5～3.5 厘米	披针形	近长圆形	中部、基部各具 1 枚，中部附属物呈肥厚的褶片状，基部附属物呈（半圆形或宽舌状的、向后伸展的、两侧边缘内弯的）膜片状	7—8 月	产于广东南部、我国香港和海南。生于海拔 800 米以下林中岩石上或阴湿石壁上
3	长叶牛齿兰 *A. fenixii*	披针状长圆形，长达 5 厘米	卵形	近提琴形的长圆形	位于基部，附属物舌状、具毛	全年	产于我国台湾南部。生于海拔 200～350 米林下、树干基部
4	台湾牛齿兰 *A. reflexa*	长圆形或狭卵状椭圆形，长 2～4 厘米	卵形或近三角形	近圆形	位于基部，附属物微凹而圆	全年	产于我国台湾南部。生于海拔 100～1 200 米溪旁或林中树干上

晏启 / 武汉市伊美净科技发展有限公司

136. 柄唇兰属 *Podochilus* Blume

附生草本，矮小。叶 2 列互生。总状花序顶生或侧生；花小，常不甚张开；萼片离生或多少合生；侧萼片基部宽阔并着生于蕊柱足上，形成萼囊；花瓣一般略小于中萼片；唇瓣着生于蕊柱足末端，通常不裂，近基部处大多有附属物；蕊柱较长，具较长的蕊柱足；花药直立，药帽长渐尖。

全属共约 60 种，分布于热带亚洲至太平洋岛屿，以印度尼西亚、菲律宾和新几内亚岛为最多，向北到达印度、尼泊尔和中国南部。我国 2 种。

柄唇兰

柄唇兰

柄唇兰属植物野外识别特征一览表

序号	种名	叶	花果期	分布与生境
1	柄唇兰 *P. khasianus*	2 列互生，扁平或有时两侧内弯，基部具关节	7—9 月	产于广西西南部、云南南部、广东。生于海拔 450～1 900 米林中或溪谷旁树上
2	云南柄唇兰 *P. oxystophylloides*	直立，纵向折叠，横断面呈 V 形，基部无关节	5—8 月	产于广西西南部。生于灌丛中

晏启 / 武汉市伊美净科技发展有限公司

137. 矮柱兰属 *Thelasis* Blume

附生小草本，具假鳞茎或缩短的茎，后者常包藏于套叠的叶鞘中。叶 1～2 片，生于假鳞茎顶端或多片 2 列地着生于缩短的茎上，后者基部具鞘并互相套叠，有时有关节。花莛侧生于假鳞茎或短茎基部，通常较细长；总状花序或穗状花序具多花；花很小，几乎不张开；萼片相似，靠合，仅先端分离；侧萼片背面常有龙骨状突起；花瓣略小于萼片；唇瓣不裂，多少凹陷，着生于蕊柱基部；蕊柱短，无蕊柱足；蕊喙顶生，直立，渐尖，2 裂；柱头较大。

全属约 20 种，产亚洲热带地区，主要见于东南亚，向北可到尼泊尔和中国南部，向南可到新几内亚岛。我国 2 种。

滇南矮柱兰

滇南矮柱兰

矮柱兰

矮柱兰属植物野外识别特征一览表

序号	种名	花序	花	萼片	唇瓣	花期	分布与生境
1	滇南矮柱兰 *T. khasiana*	总状花序长 6～7 厘米，略外弯，具 20 余朵小花	很小，几乎不张开	侧萼片背面无龙骨状突起	卵状披针形，两侧边缘不内卷	7 月	产于云南南部。生于海拔 2 000 米透光林中的树干上
2	矮柱兰 *T. pygmaea*	总状花序初期较短，长 1～2 厘米，随着花的开放逐渐延长，可达 5～10 厘米并多少外弯或下弯，生有许多密集的小花	/	侧萼片背面有极明显的龙骨状突起	卵状三角形，两侧边缘内卷	4—10 月	产于云南南部至东南部、我国台湾、海南。生于海拔 1 100 米以下溪谷旁树干上、山崖树枝上或林中石上

刘胜祥 / 华中师范大学

138. 馥兰属 *Phreatia* Lindley

附生草本，具短或长的茎，或无茎而具假鳞茎。叶 1～3 片生于假鳞茎顶端，或多片近 2 列聚生于短茎上或疏生于长茎上部，生叶的茎基部常有抱茎的鞘，基部有关节。花莛（或花序）侧生，总状花序具多数花；花小，常不甚张开；萼片与花瓣离生，有时靠合；侧萼片常多少着生于蕊柱足上，形成萼囊；花瓣常小于萼片；唇瓣通常基部具爪，着生于蕊柱足上，基部凹陷或多少呈囊状；蕊柱短；花粉团 8 个，每 4 个为一群，蜡质，共同连接于一个狭窄的花粉团柄上，具较小的黏盘。

全属约有 150 种，主要分布于东南亚至大洋洲，以新几内亚岛为最多，向北可达印度东北部和中国南部。我国 5 种。

台湾馥兰

馥兰

垂茎馥兰

大馥兰

馥兰属植物野外识别特征一览表

序号	种名	唇瓣	假鳞茎	叶	花序	花色	花期	分布与生境
1	垂茎馥兰 *P. caulescens*	近宽长圆形，与萼片近等长，但明显于萼片，基部具短爪并凹陷呈浅囊	无假鳞茎，茎长而悬垂，长10～20厘米	多片，2列互生于茎的上部，线形，长约6厘米，宽约6毫米，先端急尖	总状花序腋生，纤细，弯曲，长约8厘米	白色	8月	产于我国台湾。生于海拔约1 500米林缘大树树干上
2	小馥兰 *P. elegans*	有毛，有爪与蕊柱足相连	无假鳞茎，茎长4～10厘米	狭长，先端渐尖，有关节	花序长5～15厘米，具多数小花，管状	白色	8月	产于西藏墨脱县背崩乡。生于海拔1 100米的热带雨林中
3	馥兰 *P. formosana*	近扁圆形，长约1毫米，宽约1.3毫米，基部有短爪并略呈囊状，着生于蕊柱足末端	无假鳞茎，茎很短，包藏于互相套叠的叶鞘之中	4～6（～10）片，近基生，2列互生于短茎上，成簇，线形，长2.5～9.0厘米，宽2.5～6.5毫米，先端略为不等的2裂，较少近于不裂，基部略收狭而后扩大为套叠的鞘，有关节	总状花序长2～5厘米，具多数小花	白色或绿白色	8月	产于我国台湾南部和云南南部。生于海拔800～1 800米林中透光处的树上

（续）

序号	种名	唇瓣	假鳞茎	叶	花序	花色	花期	分布与生境
4	大馥兰 *P. morii*	有细毛，基部凹陷呈囊状，着生于蕊柱足上，前部卵形，凹陷	近球形或卵球形，高度超过直径，部分裸露，茎长小于3厘米	2片，叶狭长圆形或狭椭圆形，长8～18厘米，宽1.5～2.5厘米，先端急尖，基部收狭并具鞘，有关节，鞘长达4厘米	总状花序长约10厘米，具多数小花	白色	6月	产于我国台湾。生于海拔1 000米以下极潮湿环境中，特别是溪涧旁的树干上或巨石上
5	台湾馥兰 *P. taiwaniana*	无毛，卵状心形，长1.5～2.0毫米，基部有短爪并凹陷呈浅囊状，生于蕊柱足末端	扁球形，直径超过高度，多少裸露，茎长小于3厘米	2片，线形或狭长圆形，长1.5～4.5厘米，宽3.0～8.5毫米，先端钝或略为不等的2浅裂，基部稍收狭并具鞘，有关节	总状花序长1～2厘米，具多数小花	白色	6—7月	产于我国台湾北部（栖兰山、竹山）。生于海拔800米溪边大树上

冯杰 / 武汉市伊美净科技发展有限公司

139. 石斛属 *Dendrobium* Swartz

附生草本。茎丛生，有时1至数个节间膨大成各种形状。叶互生，先端不裂或2浅裂。总状花序或有时伞形花序，直立，斜出或下垂，生于茎的中部以上节上；花通常开展；萼片近相似，离生；侧萼片宽阔的基部着生在蕊柱足上，与唇瓣基部共同形成萼囊；花瓣比萼片狭或宽；唇瓣着生于蕊柱足末端，3裂或不裂，基部收狭为短爪或无爪，有时具距；蕊柱粗短，顶端两侧各具1枚蕊柱齿，基部具蕊柱足。

约1 000种，广泛分布于亚洲热带和亚热带地区至大洋洲。我国81种，产于秦岭以南各省区，尤其以云南南部为多。

短棒石斛

钩状石斛

矮石斛

短棒石斛

长苏石斛

黄花石斛

草石斛

黄石斛

长爪石斛

鼓槌石斛

玫瑰石斛

翅萼石斛

毛鞘石斛

束花石斛

叠鞘石斛

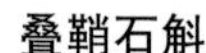
叠鞘石斛

晶帽石斛

兜唇石斛

木石斛

齿瓣石斛

景洪石斛

曲轴石斛

密花石斛

反瓣石斛

燕石斛

景洪石斛

曲轴石斛

串珠石斛

密花石斛

反瓣石斛

曲茎石斛

曲茎石斛

梵净山石斛

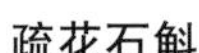
疏花石斛

海南石斛

流苏石斛

燕石斛

红花石斛

苏瓣石斛

杯鞘石斛

细叶石斛

棒节石斛

棒节石斛

黑毛石斛

罗河石斛

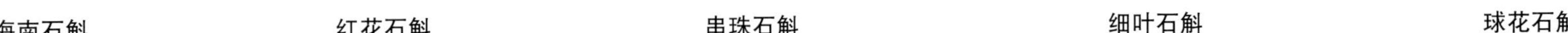

海南石斛　红花石斛　串珠石斛　细叶石斛　球花石斛

苏瓣石斛

大苞鞘石斛

杓唇石斛

翅梗石斛　河口石斛　重唇石斛

报春石斛　翅梗石斛　高山石斛

喇叭唇石斛　尖刀唇石斛　河口石斛

金耳石斛

藏南石斛

矩唇石斛

聚石斛

长距石斛

肿节石斛

单葶草石斛

细茎石斛

紫瓣石斛

勐海石斛

小黄花石斛

美花石斛

琉球石斛

石斛

具槽石斛

刀叶石斛

广西石斛

肿节石斛

始兴石斛

华石斛

剑叶石斛

竹枝石斛

梳唇石斛 叉唇石斛 疏花石斛

小双花石斛 西畴石斛 刀叶石斛 剑叶石斛

针叶石斛 黑毛石斛 大苞鞘石斛 王氏石斛

石斛属植物野外识别特征一览表

序号	种名	茎	叶	总状花序	花	花萼	唇瓣	蕊柱	花期	分布与生境
1	钩状石斛 *D.aduncum*	下垂，圆柱形，有时上部多少弯曲，不分枝，干后淡黄色	长圆形或狭椭圆形，先端急尖并且钩转，基部具抱茎的鞘	通常数个	开展，萼片和花瓣淡粉红色	萼囊明显坛状	白色，朝上，凹陷呈舟状，展开时为宽卵形，反卷，基部具爪，近基部具1个绿色、方形的胼胝体	蕊柱足长而宽，向前弯曲，末端与唇瓣相连接处具1个关节；药帽深紫色，近半球形，密布乳突状毛	5—6月	产于湖南东北部、广东南部、贵州西南部至东南部、云南东南部、我国香港、海南、广西。生于海拔700～1 000米的山地林中树干上
2	矮石斛 *D. bellatulum*	直立或斜立，粗短，纺锤形或短棒状，具许多波状纵条棱	2～4片，近顶生，革质，舌形、卵状披针形或长圆形，两面和叶鞘均密被黑色短毛	顶生或近茎的顶端发出，具1～3朵花	开展，除唇瓣的中裂片金黄色和侧裂片的内面橘红色外，均为白色	萼囊宽圆锥形	近提琴形，侧裂片近半卵形，中裂片近肾形，唇盘具5条脊突	药帽圆锥形，密被乳突毛	4—6月	产于云南东南部至西南部。生于海拔1 250～2 100米的山地疏林中树干上
3	长苏石斛 *D. brymerianum*	在中部通常有2个节间膨大而呈纺锤形，不分枝，干后淡黄色带污黑，多少具纵条棱	薄革质，常3～5片互生于茎的上部，狭长圆形，基部稍收狭并具抱茎的鞘	侧生于去年生无叶的茎上端，近直立，具1～2朵花	质地稍厚，金黄色，开展	萼囊短钝	卵状三角形，基部具短爪，上面密布短绒毛，中部以上边缘具长而分枝的流苏	蕊柱黄色而上端两侧白色，药帽浅黄白色，狭圆锥形	9—10月	产于云南东南部至西南部。生于海拔1 100～1 900米的山地林缘树干上

（续）

序号	种名	茎	叶	总状花序	花	花萼	唇瓣	蕊柱	花期	分布与生境
4	短棒石斛 *D. capillipes*	肉质状，近扁的纺锤形，不分枝，具多数钝的纵条棱和少数节间	2～4片，近茎端着生，革质，狭长圆形，基部扩大为抱茎的鞘	近直立，疏生2至数朵花	金黄色，开展	萼囊近长圆形，末端圆钝	近肾形，两侧具紫红色条纹，边缘波状，两面密被短柔毛	蕊柱金黄色；药帽多少呈塔状，前端边缘近截形并且有缺刻	3—5月	产于云南南部。生于海拔900～1 450米的常绿阔叶林内树干上
5	翅萼石斛 *D. carinife-rum*	肉质状粗厚，圆柱形或有时膨大呈纺锤形，不分枝，干后金黄色	革质，数片，2列，长圆形或舌状长圆形，基部下延为抱茎的鞘，下面和叶鞘密被黑色粗毛	出自近茎端，常具1～2朵花	开展，质地厚，具橘子香气，中萼片浅黄白色	中萼片在背面中肋隆起呈翅状	喇叭状，3裂，侧裂片橘红色，中裂片黄色，唇盘橘红色	蕊柱白色带橘红色；药帽白色，半球形，前端边缘密生乳突状毛	3—4月	产于云南南部至西南部。生于海拔1 100～1 700米的山地林中树干上
6	黄石斛 *D. catenatum*	直立或下垂，多少肉质，细圆柱形，不分枝，具多数节，干后淡黄色	革质，长圆状披针形，基部稍歪斜并且扩大为抱茎的鞘	通常具2～5朵花	黄绿色，后来转变为乳黄色，开展	中萼片卵状长圆形，具5条脉	近基部中央具1个黄色胼胝体；唇盘密布短毛，其前方具1个横向的褐色斑块	蕊柱内面具紫红色斑点；药帽近卵状圆锥形，近光滑	4—5月	产于江西南部。生于海拔300～1 200米的山地林中树干上或山谷岩壁上
7	长爪石斛 *D. chameleon*	下垂，从基部向上逐渐变粗，多分枝，节间倒圆锥状圆柱形	披针形或长圆状披针形，基部收窄并且扩大为鞘，叶鞘紧抱于茎	侧生，具1～4朵花	初开时浅绿色，后来变为白色带紫色，或具绿色脉纹	萼囊圆筒状	长匙形，基部具狭长的爪，并且与萼囊合生，在爪的前端具2条肉疣，中部缢缩，裂片卵状长圆形	蕊柱具长达18毫米的蕊柱足；药帽半球形	10—12月	产于我国台湾。生于海拔500～1 200米的山地林中树干上或山谷岩壁上

（续）

序号	种名	茎	叶	总状花序	花	花萼	唇瓣	蕊柱	花期	分布与生境
8	毛鞘石斛 *D. christyanum* 资料不详									
9	束花石斛 *D. chrysanthum*	粗厚，肉质，下垂或弯垂，圆柱形，不分枝，具多节，干后浅黄色或黄褐色	2列，互生于整个茎上，纸质，长圆状披针形，干后鞘口呈杯状张开，常浅白色	伞状花序每2～6朵花为一束，侧生于具叶的茎上部	黄色，质地厚	萼囊宽而钝	基部具1个长圆形的胼胝体并且骤然收狭为短爪，上面密布短毛，唇盘两侧各具1个栗色斑块，具1条宽厚的脊从基部伸向中部	药帽圆锥形，几乎光滑，前端边缘近全缘	9—10月	产于广西西南部至西北部、贵州南部至西南部、云南东南部至西南部、西藏东南部。生于海拔700～2 500米的山地密林中树干上或山谷阴湿的岩石上
10	线叶石斛 *D. chryseum*	纤细，圆柱形，不分枝，具多数节，干后淡黄色或黄褐色	革质，线形或狭长圆形，基部具鞘，叶鞘紧抱于茎	侧生，通常1～2朵花	橘黄色，开展	萼囊圆锥形	近圆形，基部具爪，并且其内面有时具数条红色条纹，唇盘无任何斑块	药帽狭圆锥形，光滑，前端近截形	5—6月	产于四川中南部、云南东南部至西北部、我国台湾。生于海拔达2 600米的高山阔叶林中树干上
11	鼓槌石斛 *D. chrysotoxum*	直立，肉质，纺锤形，具多数圆钝的条棱，干后金黄色	革质，长圆形，先端急尖而钩转，基部收狭，但不下延为抱茎的鞘	近茎顶端发出，斜出或稍下垂	质地厚，金黄色，稍带香气	萼囊近球形	近肾状圆形，先端浅2裂，基部两侧多少具红色条纹，边缘波状，上面密被短绒毛	药帽淡黄色，尖塔状	3—5月	产于云南南部至西部。生于海拔520～1 620米阳光充足的常绿阔叶林中树干上或疏林下岩石上

（续）

序号	种名	茎	叶	总状花序	花	花萼	唇瓣	蕊柱	花期	分布与生境
12	草石斛 *D. compactum*	肉质，圆柱形或多少纺锤形	2列，2～5片，互生，在茎下部的叶比上部的短小，草质，长圆形，叶鞘偏鼓状	1～5个，直立，具3～6朵小花	白色，开展	萼囊圆锥形	浅绿色，近圆形，不明显3裂，边缘鸡冠状皱褶；唇盘具2～3条褶片连成一体的肉脊	蕊柱上端扩大；药帽短圆锥形，前端边缘微缺刻	9—10月	产于云南南部至西南部。生于海拔1 650～1 850米的山地阔叶林中树干上
13	玫瑰石斛 *D. crepidatum*	悬垂，肉质状肥厚，青绿色，圆柱形，被绿色和白色条纹的鞘，干后紫铜色	近革质，狭披针形，先端渐尖，基部具抱茎的膜质鞘	很短，具1～4朵花	质地厚，开展；萼片和花瓣白色，中上部淡紫色，干后蜡质状	萼囊小，近球形	中部以上淡紫红色，中部以下金黄色，近圆形或宽倒卵形，上面密布短柔毛	蕊柱白色，前面具2条紫红色条纹；药帽近圆锥形	3—4月	产于云南南部至西南部、贵州西南部。生于海拔1 000～1 800米的山地疏林中树干上或山谷岩石上
14	木石斛 *D. crumenatum*	稍压扁状圆柱形，上部细，基部膨大呈纺锤状	扁平，2列互生于茎的中部，先端钝并且不等侧2裂，基部具抱茎的鞘	通常单生	白色或有时先端具粉红色，有浓香气	萼囊长圆锥形	3裂；边缘具细圆齿并且皱波状；唇盘具5条黄色并且边缘带细齿的龙骨脊	蕊柱足基部具1个黄色肉突；药帽白色	9月	产于我国台湾
15	晶帽石斛 *D. crystallinum*	直立或斜立，稍肉质，圆柱形，不分枝，具多节	纸质，长圆状披针形，先端长渐尖，基部具抱茎的鞘，具数条两面隆起的脉	数个，具1～2朵花	大，开展；萼片和花瓣乳白色，上部紫红色	萼囊小，长圆锥形	橘黄色，上部紫红色，近圆形，全缘，两面密被短绒毛	药帽狭圆锥形，密布白色晶体状乳突，前端边缘具不整齐的齿	5—7月	产于云南南部。生于海拔540～1 700米的山地林缘或疏林中树干上

（续）

序号	种名	茎	叶	总状花序	花	花萼	唇瓣	蕊柱	花期	分布与生境
16	兜唇石斛 *D. cucullatum*	下垂，肉质，细圆柱形，不分枝	纸质，2列互生于整个茎上，披针形或卵状披针形，叶鞘纸质，干后浅白色，鞘口呈杯状张开	每1～3朵花为一束，从落叶或具叶的老茎上发出	开展，下垂；萼片和花瓣白色带淡紫红色或浅紫红色的上部或有时全体淡紫红色	萼囊狭圆锥形	宽倒卵形或近圆形，基部两侧具紫红色条纹并且收狭为短爪，中部以上部分为淡黄色	蕊柱白色，其前面两侧具红色条纹；药帽白色，近圆锥状	3—4月	产于广西西北部、贵州西南部、云南东南部至西部。生于海拔400～1 500米的疏林中树干上或山谷岩石上
17	叠鞘石斛 *D. denneanum* 植株明显较粗壮，茎粗4毫米以上，唇瓣上面具1个大的紫色斑块。产于广西西南部至西北部、贵州南部至西南部、云南东南部至西北部、海南。生于海拔600～2 500米的山地疏林中树干上									
18	密花石斛 *D. densiflorum*	粗壮，通常棒状或纺锤形，下部常收狭为细圆柱形，不分枝，干后淡褐色并且带光泽	常3～4片，近顶生，革质，长圆状披针形，先端急尖，基部不下延为抱茎的鞘	下垂，密生许多花	开展，萼片和花瓣淡黄色	萼囊近球形	金黄色，圆状菱形，先端圆形，基部具短爪，上面和下面的中部以上密被短绒毛	蕊柱橘黄色；药帽橘黄色，前后压扁的半球形或圆锥形，前端边缘截形，并且具细缺刻	4—5月	产于广东北部、西藏东南部、海南、广西。生于海拔420～1 000米的常绿阔叶林中树干上或山谷岩石上
19	齿瓣石斛 *D. devonianum*	下垂，稍肉质，细圆柱形，不分枝，干后常淡褐色带污黑	纸质，2列互生于整个茎上，基部具抱茎的鞘，叶鞘常具紫红色斑点	常数个，每个具1～2朵花	质地薄，开展，具香气；中萼片白色，上部具紫红色晕	萼囊近球形	白色，前部紫红色，中部以下两侧具紫红色条纹，唇盘两侧各具1个黄色斑块	蕊柱白色，前面两侧具紫红色条纹；药帽白色	4—5月	产于广西西北部、贵州西南部、云南东南部至西部、西藏东南部。生于海拔达1 850米的山地密林中树干上

（续）

序号	种名	茎	叶	总状花序	花	花萼	唇瓣	蕊柱	花期	分布与生境
20	黄花石斛 *D. dixanthum*	直立或下垂，细圆柱形，不分枝，具多节，干后淡黄色，具多数纵条棱	革质，卵状披针形，先端长渐尖，基部具抱茎的鞘	常2～4个，具2～5朵花	黄色，开展，质地薄	萼囊近圆筒形	深黄色，基部两侧具紫红色条纹，近圆形，先端凹缺，边缘具啮蚀状细齿	蕊柱很短；药帽圆锥形，顶端钝，密布细乳突	7月	产于云南南部。生于海拔800～1 200米的山地林中树干上
21	反瓣石斛 *D. ellipsophyllum*	直立或斜立，圆柱形，具纵条棱，不分枝，具多数节	2列，紧密互生于整个茎上，舌状披针形，基部心形抱茎并且下延为紧抱于茎的鞘	/	白色，常单朵从具叶的老茎上部发出，与叶对生，具香气	萼囊角状，侧萼片反卷	3裂，沿中轴线多少下弯而折叠；唇盘中部以上黄色，中央具3条褐紫色的龙骨脊	/	6月	产于云南东南部。生于海拔1 100米的山地阔叶林中树干上
22	燕石斛 *D. equitans*	直立，扁圆柱形，长达40厘米，基部上方1～2个节间膨大呈纺锤形	肉质，2列互生，斜立，两侧压扁呈匕首状或短狭的剑状，先端锐尖，与鞘相连接处具1个关节	花通常单朵，侧生于茎的上端	不甚开展，乳白色	萼囊角状	中部以上3裂；侧裂片边缘撕裂状或流苏状；唇盘中央黄色并且密布细乳突状毛	药帽前面近方形，光滑	6—9月	产于我国台湾。生于海拔100～300米的林中树干上
23	景洪石斛 *D. exile*	直立，细圆柱形，基部上方2～3个节间膨大呈纺锤形	通常互生于分枝的上部，直立，压扁状圆柱形，先端锐尖，基部具革质鞘	花序减退为单朵花，侧生于分枝的顶端	白色	萼囊劲直朝上	中部以上3裂；侧裂片斜半卵状三角形，内面具少数淡紫色斑点	蕊柱足近基部具1枚胼胝体；药帽圆锥形	11—12月	产于云南南部。生于海拔600～800米的疏林中树干上

（续）

序号	种名	茎	叶	总状花序	花	花萼	唇瓣	蕊柱	花期	分布与生境
24	串珠石斛 *D. falconeri*	悬垂，肉质，细圆柱形，近中部或中部以上的节间常膨大，多分枝，在分枝的节上通常肿大而呈念珠状	薄革质，常2～5片，互生于分枝的上部，狭披针形，基部具鞘；叶鞘纸质，通常水红色，筒状	侧生，常减退成单朵	大，开展，质地薄，很美丽；萼片淡紫色或水红色带深紫色先端；花瓣白色带紫色先端	萼囊近球形	白色带紫色先端，卵状菱形，基部两侧黄色；唇盘具1个深紫色斑块，上面密布短毛	蕊柱足淡红色；药帽乳白色，近圆锥形，前端边缘撕裂状	5—6月	产于湖南东南部、广西东北部、云南东南部至西部、我国台湾。生于海拔800～1 900米的山谷岩石上和山地密林中树干上
25	梵净山石斛 *D. fanjingshanense* 资料不详									
26	流苏石斛 *D. fimbriatum*	粗壮，斜立或下垂，质地硬，圆柱形或有时基部上方稍呈纺锤形，干后淡黄色或淡黄褐色	2列，革质，长圆形或长圆状披针形，基部具紧抱于茎的革质鞘	疏生6～12朵花	金黄色，质地薄，开展，稍具香气	萼囊近圆形	近圆形，基部两侧具紫红色条纹，边缘具复流苏；唇盘具1个新月形横生的深紫色斑块，上面密布短绒毛	蕊柱黄色；药帽黄色，圆锥形，光滑，前端边缘具细齿	4—6月	产于广西南部至西北部、贵州南部至西南部、云南东南部至西南部。生于海拔600～1 700米密林中树干上或山谷阴湿岩石上
27	棒节石斛 *D. findlayanum*	直立或斜立，不分枝，具数节，节间扁棒状或棒状	革质，互生于茎的上部，披针形，基部具抱茎的鞘	通常具2朵花	白色带玫瑰色先端，开展	萼囊近圆筒形	先端锐尖带玫瑰色，基部两侧具紫红色条纹；唇盘中央金黄色，密布短柔毛	蕊柱前面具紫红色条纹；药帽白色，顶端圆钝	3月	产于云南南部。生于海拔800～900米的山地疏林中树干上

（续）

序号	种名	茎	叶	总状花序	花	花萼	唇瓣	蕊柱	花期	分布与生境
28	曲茎石斛 *D. flexicaule*	圆柱形，稍回折状弯曲，不分枝，干后淡棕黄色	2～4片，2列，互生于茎的上部，近革质，长圆状披针形，基部下延为抱茎的鞘	花序具1～2朵花	开展，中萼片背面黄绿色，上端稍带淡紫色；唇瓣淡黄色，先端边缘淡紫色，中部以下边缘紫色	萼囊黄绿色，圆锥形	宽卵形，不明显3裂，上面密布短绒毛；唇盘中部前方有1个大的紫色扇形斑块，其后有1枚黄色的马鞍形胼胝体	蕊柱足中部具2个圆形紫色斑块，末端紫色；药帽乳白色，近菱形	5月	产于湖南东部、四川南部、河南、湖北。生于海拔1 200～2 000米的山谷岩石上
29	双花石斛 *D. furcatopedicellatum*	直立，圆筒状，30～40厘米或更长，直径2毫米，上部有对生叶	线形，革质，3条脉，基部稍收缩然后扩张成鞘，先端渐尖，叶鞘管状	花序伞形，侧生，2朵花，以直角向外展开	稍开，淡黄色	萼片狭披针形，弯曲	3裂；侧裂片直立，小，钝；中裂片三角形披针形，边缘裂齿，先端反卷	/	/	产于我国台湾南部、中部。生于林中
30	曲轴石斛 *D. gibsonii*	斜立或悬垂，质地硬，圆柱形，上部有时稍弯曲，不分枝，干后淡黄色	革质，2列互生，长圆形或近披针形	常下垂，花序轴暗紫色，常折曲	橘黄色，开展	萼囊近球形	近肾形，基部收狭为爪；唇盘两侧各具1个圆形栗色或深紫色斑块	药帽淡黄色，近半球形，无毛，前端边缘微啮蚀状	6—7月	产于云南东南部至南部、广西。生于海拔800～1 000米的山地疏林中树干上
31	红花石斛 *D. goldschmidtianum*	直立或悬垂，圆柱形，有时中部增粗而稍呈纺锤形，不分枝，具多个节	薄革质，披针形或卵状披针形，叶鞘绿色带紫红色，紧抱于茎	簇生状，密生6～10朵花	鲜红色，不甚张开，常不定时开放	萼囊狭圆锥形	匙形，先端稍钝，基部具狭的爪，全缘；蕊柱黄色	蕊柱足黄绿色；药帽黄色，圆锥形，前端边缘具细乳突状毛	3—11月	产于我国台湾。生于海拔200～400米处

（续）

序号	种名	茎	叶	总状花序	花	花萼	唇瓣	蕊柱	花期	分布与生境
32	杯鞘石斛 *D. gratiosissimum*	悬垂，肉质，圆柱形，具许多稍肿大的节，干后淡黄色	纸质，长圆形，先端稍钝并且一侧钩转，基部具抱茎的鞘	具1～2朵花	白色带淡紫色先端，有香气，开展，纸质	萼囊小，近球形	基部楔形，其两侧具多数紫红色条纹，唇盘中央具1个淡黄色横生的半月形斑块	蕊柱白色，正面具紫色条纹；药帽白色，近圆锥形	4—5月	产于云南南部。生于海拔800～1 700米的山地疏林中树干上
33	海南石斛 *D. hainanense*	质地硬，直立或斜立，扁圆柱形	厚肉质，2列互生，半圆柱形，基部扩大成抱茎的鞘，中部以上向外弯	/	小，白色，单生于落叶的茎上部	萼囊弯曲向前	基部具爪，唇盘中央具3条从基部到达中部的较粗的脉纹	蕊柱具长约1厘米的蕊柱足	9—10月	产于我国香港、海南。生于海拔1 000～1 700米的山地阔叶林中树干上
34	细叶石斛 *D. hancockii*	直立，质地较硬，圆柱形或有时基部上方有数个节间膨大而形成纺锤形，干后深黄色或橙黄色，有光泽	通常3～6片，互生于主茎和分枝的上部，狭长圆形，基部具革质鞘	具1～2朵花	质地厚，稍具香气，开展，金黄色，仅唇瓣侧裂片内侧具少数红色条纹	萼囊短圆锥形	基部具1枚胼胝体，中部3裂；近半圆形，先端圆形；中裂片近扁圆形或肾状圆形，先端锐尖；唇盘通常浅绿色	蕊柱齿近三角形，先端短而钝；药帽斜圆锥形，表面光滑，前面具3条脊，前端边缘具细齿	5—6月	产于陕西秦岭以南、甘肃南部、湖北东南部、湖南东南部、广西西北部、四川南部至东北部、贵州南部至西南部、河南。生于海拔700～1 500米的山地林中树干上或山谷岩石上

（续）

序号	种名	茎	叶	总状花序	花	花萼	唇瓣	蕊柱	花期	分布与生境
35	苏瓣石斛 *D. harveyanum*	纺锤形，质地硬，通常弧形弯曲，不分枝，干后褐黄色，具光泽	革质，斜立，长圆形或狭卵状长圆形，基部收狭并且具抱茎的革质鞘	出自去年生具叶的近茎端，纤细，下垂	金黄色，质地薄，开展	萼囊近球形	近圆形，凹，基部收狭为短爪，边缘具复式流苏；唇盘密布短绒毛	药帽近圆锥形，顶端钝，几乎光滑，前端边缘具不整齐的齿	3—4月	产于云南南部。生于海拔1 100～1 700米的疏林中树干上
36	河口石斛 *D. hekouense* 产于云南（河口）。生于海拔约1 000米处									
37	疏花石斛 *D. henryi*	斜立或下垂，圆柱形，不分枝，具多节，干后淡黄色	纸质，2列，长圆形或长圆状披针形，基部收狭并且扩大为鞘	具1～2朵花；花序柄几乎与茎交成直角而伸展	金黄色，质地薄，芳香	萼囊宽圆锥形	近圆形，基部具爪，两侧围抱蕊柱，边缘具不整齐的细齿；唇盘凹，密布细乳突	药帽圆锥形，密布细乳突，前端边缘多少具不整齐的细齿	6—9月	产于湖南南部、广西中部至北部、贵州西南部、云南东南部至南部。生于海拔600～1 700米的山地林中树干上或山谷阴湿岩石上
38	重唇石斛 *D. hercoglossum*	下垂，圆柱形或有时从基部上方逐渐变粗，干后淡黄色	薄革质，狭长圆形或长圆状披针形，基部具紧抱于茎的鞘	通常数个，常具2～3朵花	开展，萼片和花瓣淡粉红色	萼囊很短	白色，直立，分前后唇；后唇半球形，前端密生短流苏，内面密生短毛；前唇淡粉红色，较小，三角形，先端急尖，无毛	蕊柱白色，下部扩大，蕊柱齿三角形；药帽紫色，半球形，密布细乳突，前端边缘啮蚀状	5—6月	产于江西南部、广东西南部、贵州西南部、云南东南部、安徽、湖南、海南、广西。生于海拔590～1 260米的山地密林中树干上和山谷湿润岩石上

（续）

序号	种名	茎	叶	总状花序	花	花萼	唇瓣	蕊柱	花期	分布与生境
39	尖刀唇石斛 *D. heterocarpum*	常斜立，厚肉质，基部收狭，向上增粗，多少呈棒状，鲜时金黄色，干后硫黄色带污黑色	革质，长圆状披针形，基部具抱茎的膜质鞘	具1～4朵花	开展,具香气，萼片和花瓣银白色或奶黄色；花梗连同子房与萼片同色	萼囊圆锥形	不明显3裂；侧裂片黄色带红色条纹，直立，中部向下反卷；中裂片银白色或奶黄色，上面密布红褐色短毛	蕊柱白色，前面两侧具紫红色而内面为黄色，基部稍扩大，具黄色的蕊柱足；药帽圆锥形	3—4月	产于云南南部至西部。生于海拔1 500～1 750米的山地疏林中树干上
40	金耳石斛 *D. hookerianum*	下垂，质地硬，圆柱形，不分枝，具多节，干后淡黄色	薄革质，2列，互生于整个茎上，卵状披针形或长圆形，上部两侧不对称，先端长急尖，基部稍收狭并且扩大为鞘，叶鞘紧抱于茎	1至数个，花序柄通常与茎交成90度角向外伸	金黄色，开展	萼囊圆锥形	近圆形，基部具短爪，两侧围抱蕊柱，唇盘两侧各具1个紫色斑块，爪上具1枚胼胝体	蕊柱上端扩大；药帽圆锥形，光滑，前端边缘具细齿	7—9月	产于云南西南部至西北部、西藏东南部。生于海拔1 000～2 300米的山谷岩石上或山地林中树干上
41	小黄花石斛 *D. jenkinsii* 该种与聚石斛十分相似，植物体各部分较小；总状花序短于或约等长于茎，具1～3朵花，唇瓣整个上面密被短柔毛									

（续）

序号	种名	茎	叶	总状花序	花	花萼	唇瓣	蕊柱	花期	分布与生境
42	夹江石斛 *D. jiajiang-ense*	簇生，圆筒状，节间绿色或淡黄绿色，有白色膜质叶鞘、凹槽和棱角	线形或线状披针形，革质或近革质，基部狭窄成抱茎鞘，先端钝或斜，叶鞘具凸起的脉	花序侧生上升，1或2（或3）朵花	有香味，展开，金黄色，基部有紫色条纹	萼囊长圆形或长圆形椭圆形	宽卵形，正面密被绒毛，具爪，边缘不规则具齿	药帽圆锥形，前缘有齿	/	产于四川。生于海拔1 000～1 300米处
43	广坝石斛 *D. lagarum* 产于海南，资料不详									
44	菱唇石斛 *D. leptocla-dum*	下垂，细圆柱形，常分枝	线形或禾叶状，先端急尖，基部与叶鞘相连接处具1个关节	花序出自落了叶的茎下部，具1～2朵花	雪白色，半张开	萼囊狭长	菱形，上面中部以上被卷曲毛；唇盘中央具1条纵向扁平的厚脊	药帽近圆形	7—11月	产于我国台湾。生于海拔600～1 600米的山地林中树干上或山谷岩壁上
45	矩唇石斛 *D. linawianum*	直立，粗壮，稍扁圆柱形，不分枝，下部收狭，节间稍呈倒圆锥形，干后黄褐色	革质，长圆形，先端钝并且不等侧2裂，基部扩大为抱茎的鞘	具2～4朵花	大，白色，有时上部紫红色，开展	萼囊狭圆锥形	宽长圆形，基部收狭为短爪；唇盘基部两侧各具1条紫红色带，上面密布短绒毛	药帽白色，无毛	4—5月	产于广西东部、我国台湾。生于海拔400～1 500米的山地林中树干上

（续）

序号	种名	茎	叶	总状花序	花	花萼	唇瓣	蕊柱	花期	分布与生境
46	聚石斛 *D. lindleyi*	假鳞茎状，密集或丛生，干后淡黄褐色并且具光泽	革质，长圆形，先端钝并且微凹，基部收狭，但不下延为鞘，边缘多少波状	疏生数朵至10余朵花	橘黄色，开展，薄纸质	萼囊近球形	横长圆形或近肾形，不裂，中部以下两侧围抱蕊柱，先端通常凹缺，唇盘在中部以下密被短柔毛	蕊柱粗短；药帽半球形，光滑，前端边缘不整齐	4—5月	产于贵州西南部、广东、我国香港、海南、广西。生于海拔达1 000米阳光充裕的疏林中树干上
47	喇叭唇石斛 *D. lituiflorum*	下垂，稍肉质，圆柱形，不分枝，具多节	纸质，狭长圆形，先端渐尖并且一侧稍钩转，基部具鞘	通常1～2朵花，花序柄几乎与茎交成直角	大，紫色，膜质，开展	萼囊小，近球形	内面有一块白色环带围绕的深紫色斑块，近倒卵形，边缘具不规则的细齿，上面密布短毛	蕊柱基部扩大；药帽圆锥形，顶端多少平截而凹陷，被细乳突	3月	产于广西西南部和西部、云南西南部。生于海拔800～1 600米的山地阔叶林中树干上
48	美花石斛 *D. loddigesii*	柔弱，常下垂，细圆柱形，有时分枝，具多节，干后金黄色	纸质，2列，互生于整个茎上，舌形、长圆状披针形或稍斜长圆形，基部具鞘		白色或紫红色，1～2朵侧生于具叶的老茎上部	萼囊近球形	近圆形，上面中央金黄色，周边淡紫红色，稍凹，边缘具短流苏，两面密布短柔毛	蕊柱白色，正面两侧具红色条纹；药帽白色，近圆锥形	4—5月	产于广东南部、贵州西南部、云南南部、广西、海南。生于海拔400～1 500米的山地林中树干上或林下岩石上

（续）

序号	种名	茎	叶	总状花序	花	花萼	唇瓣	蕊柱	花期	分布与生境
49	罗河石斛 *D. lohohense*	质地稍硬，圆柱形，具多节，干后金黄色，具数条纵条棱	薄革质，2列，长圆形，基部具抱茎的鞘	总状花序减退为单朵花，侧生于具叶的茎端或叶腋，直立	蜡黄色，稍肉质	萼囊近球形	不裂，倒卵形，基部楔形而两侧围抱蕊柱，前端边缘具不整齐的细齿	蕊柱顶端两侧各具2个蕊柱齿；药帽近半球形，光滑	6月	产于湖北西部、湖南西南部至北部、广东北部、广西东南部至西部、四川东南部、云南东南部、贵州。生于海拔980～1 500米的山谷中或林缘的岩石上
50	长距石斛 *D. longicornu*	丛生，质地稍硬，圆柱形，不分枝，具多个节	薄革质，数片，狭披针形，基部下延为抱茎的鞘，两面和叶鞘均被黑褐色粗毛	具1～3朵花；花苞片背面被黑褐色毛	开展，除唇盘中央橘黄色外，其余为白色	萼囊狭长，劲直，呈角状的距	近倒卵形或菱形，前端近3裂；唇盘沿脉纹密被短而肥的流苏，中央具3～4条纵贯的龙骨脊	蕊柱齿三角形；药帽近扁圆锥形，前端边缘密生髯毛，顶端近截形	9—11月	产于广西南部、云南东南部至西北部、西藏东南部。生于海拔1 200～2 500米的山地林中树干上

51 吕宋石斛 *D. luzonense* 资料不详

52 勐腊石斛 *D. menglaense* 资料不详

（续）

序号	种名	茎	叶	总状花序	花	花萼	唇瓣	蕊柱	花期	分布与生境
53	细茎石斛 *D. moniliforme*	直立，细圆柱形，具多节，干后金黄色或黄色带深灰色	数片，2列，常互生于茎的中部以上，披针形或长圆形，基部下延为抱茎的鞘	2至数个，通常具1～3朵花	黄绿色、白色或白色带淡紫红色，有时芳香	萼囊圆锥形	淡黄绿色或绿白色，带淡褐色或紫红色至浅黄色斑块，3裂；唇盘基部常具1枚椭圆形胼胝体；近中裂片基部通常具1个紫红色、淡褐色或浅黄色的斑块	蕊柱白色；药帽白色或淡黄色，圆锥形；蕊柱足基部常具紫红色条纹	3—5月	产于陕西、甘肃、安徽、浙江、江西、福建、我国台湾、河南、湖南、广东、广西、贵州、四川、云南。生于海拔590～3 000米的阔叶林中树干上或山谷岩壁上
54	藏南石斛 *D. monticola*	肉质，直立或斜立，从基部向上逐渐变细	2列，互生于整个茎上，薄革质，狭长圆形，基部扩大为偏鼓状的鞘	常1～4个，近直立或弯垂，具数朵小花	开展，白色	萼囊短圆锥形	中部以上3裂；侧裂片具紫红色的脉纹；中裂片边缘鸡冠状皱褶；唇盘除唇瓣先端白色外，其余具紫红色条纹	蕊柱中部较粗，具紫红色斑点，边缘密被细乳突；药帽半球形，前端边缘具微齿	7—8月	产于广西西南部、西藏南部。生于海拔1 750～2 200米的山谷岩石上

（续）

序号	种名	茎	叶	总状花序	花	花萼	唇瓣	蕊柱	花期	分布与生境
55	杓唇石斛 *D. moschatum*	粗状，质地较硬，直立，圆柱形，分枝，具多节	革质，2列，互生于茎的上部，长圆形至卵状披针形，基部具紧抱于茎的纸质鞘	下垂，疏生数朵至10余朵花	深黄色，白天开放，晚间闭合，质地薄	萼囊圆锥形	圆形，边缘内卷而形成勺状，上面密被短柔毛，下面无毛；唇盘基部两侧各具1个浅紫褐色的斑块	蕊柱黄色；药帽紫色，圆锥形，上面光滑，前端边缘具不整齐的细齿	4—6月	产于云南南部至西部。生于海拔达1 300米的疏林中树干上
56	石斛 *D. nobile*	直立，肉质状肥厚，稍扁的圆柱形，不分枝，具多节，节间多少呈倒圆锥形，干后金黄色	革质，长圆形，先端钝并且不等侧2裂，基部具抱茎的鞘	从具叶或落了叶的老茎中部以上部分发出，具1～4朵花	大，白色带淡紫色先端，有时整体淡紫红色或除唇盘上具1个紫红色斑块外，其余均为白色	萼囊圆锥形	宽卵形，基部两侧具紫红色条纹并且收狭为短爪，两面密被短绒毛；唇盘中央具1个紫红色大斑块	蕊柱绿色，基部稍扩大，具绿色的蕊柱足；药帽紫红色，圆锥形，密布细乳突	4—5月	产于我国台湾、湖北、我国香港、海南、广西、四川、贵州、云南、西藏。生于海拔480～1 700米的山地林中树干上或山谷岩石上
57	琉球石斛 *D. okinawense*	细长，圆柱状，下垂，节间圆筒状，黄绿色	线形披针形，基部圆形，先端锐尖到钝	花序生于茎的上节，具1～3朵花，通常2朵花	通常为淡黄色	/	长圆状披针形，锐尖；花盘基部具2枚中央龙骨，被柔毛	蕊柱足凹形；药帽蓝色	/	产于我国台湾（台东）。附生于阔叶林中

（续）

序号	种名	茎	叶	总状花序	花	花萼	唇瓣	蕊柱	花期	分布与生境
58	少花石斛 *D. parciflo-rum*	质地硬，直立或斜立，扁圆柱形，干后黄色，具纵条棱，有光泽	厚肉质，2列，两侧压扁呈半圆柱形，基部扩大成抱茎的鞘，中部以上向外弯	/	淡白色或淡黄色，芳香，质地薄，开展，每1～2朵花为1束	萼囊大，向前弯曲	匙形，先端凹缺，前部边缘波状，中央具3～4条纵贯的粗厚脉纹，上面近先端处具黄色斑点并且密布乳突状毛	蕊柱具长约2厘米的蕊柱足	7—8月	产于云南南部。生于海拔约1 500米的山地疏林中，附生于罗汉松树干上
59	紫瓣石斛 *D. parishii*	斜立或下垂，粗壮,圆柱形，不分枝，具数节	革质，狭长圆形，基部被白色膜质鞘	出自落了叶的老茎上部，具1～3朵花	大，开展，质地薄，紫色	萼囊狭圆锥形	菱状圆形，基部具短爪，两面密布绒毛，边缘密生睫毛；唇盘两侧各具1个深紫色斑块	蕊柱白色；药帽紫色，圆锥形，表面被疣状突起，前端边缘具不整齐的细齿	/	产于云南东南部、贵州。海拔、生境不详
60	肿节石斛 *D. pendulum*	斜立或下垂，肉质状肥厚，圆柱形，不分枝，具多节，节肿大呈算盘珠子形状	纸质，长圆形，基部具抱茎的鞘	具1～3朵花	大，白色，上部紫红色，开展，具香气，干后蜡质状	萼囊紫红色，近圆锥形	白色，中部以下金黄色，上部紫红色，近圆形，基部具很短的爪，边缘具睫毛，两面被短绒毛	蕊柱下部扩大；药帽近圆锥形，被细乳突状毛，前端啮蚀状	3—4月	产于云南南部。生于海拔1 050～1 600米的山地疏林中树干上

（续）

序号	种名	茎	叶	总状花序	花	花萼	唇瓣	蕊柱	花期	分布与生境
61	报春石斛 *D. polyanthum*	下垂，厚肉质，圆柱形，不分枝，具多数节	纸质，2列，互生于整个茎上，披针形或卵状披针形，基部具纸质或膜质的叶鞘	具1～3朵花	开展，下垂，萼片和花瓣淡玫瑰色	萼囊狭圆锥形	倒卵形，两面密布短柔毛，边缘具不整齐的细齿；唇盘具紫红色的脉纹	蕊柱白色；药帽紫色，椭圆状圆锥形，密布乳突状毛	3—4月	产于云南东南部至西南部。生于海拔700～1 800米的山地疏林中树干上
62	单葶草石斛 *D. porphyrochilum*	肉质，直立，圆柱形或狭长的纺锤形	3～4片，2列互生，纸质，狭长圆形，基部收窄然后扩大为鞘；叶鞘草质，偏鼓状	单生于茎顶，弯垂，具数朵至10余朵小花	开展，质地薄，具香气，金黄色或萼片和花瓣淡绿色带红色脉纹	萼囊小，近球形	暗紫褐色，边缘为淡绿色，近菱形或椭圆形，凹，不裂，先端近急尖，全缘	蕊柱白色带紫色，基部扩大；药帽半球形，光滑	6月	产于广东北部、云南西部。生于海拔达2 700米的山地林中树干上或林下岩石上
63	针叶石斛 *D. pseudotenellum*	质地硬，直立，纤细，除基部2个节间肿大成纺锤形的假鳞茎外，其余为圆柱形，干后黄褐色，具光泽	肉质，斜立，纤细，2列疏生，近圆柱形，基部具紧抱于茎的鞘	花单生于近茎端	白色，很小，质地薄	萼囊大，长圆锥形	倒卵形，前端3裂，其边缘具撕裂状流苏	蕊柱足基部具1枚胼胝体；药帽前端近截形，表面近光滑	/	产于云南南部。生于海拔约900米的山地林中树干上

（续）

序号	种名	茎	叶	总状花序	花	花萼	唇瓣	蕊柱	花期	分布与生境
64	竹枝石斛 *D. salaccense*	似竹枝，直立，圆柱形，近木质，不分枝，具多节	2列，狭披针形，先端一侧多少钩转，基部收窄为叶鞘，叶鞘与叶片相连接处具1个关节	花序与叶对生并且穿鞘而出，具1～4朵花	小，黄褐色，开展	/	紫色，上面中央具1条黄色的龙骨脊，近先端处具1枚长条形的胼胝体	蕊柱黄色；药帽黄色，圆锥形	2—4（—7）月	产于云南南部、海南、西藏。常生于海拔650～1 000米的林中树干上或疏林下岩石上
65	广西石斛 *D. scoriarum*	圆柱形，近直立，不分枝，具多数节	通常数片，2列，互生于茎的上部，近革质，长圆状披针形，基部收狭并且扩大为抱茎的鞘	具1～3朵花	开展，萼片淡黄白色或白色，近基部稍带黄绿色；唇瓣白色或淡黄色，宽卵形	萼囊白色稍带黄绿色，圆锥形，长	唇盘在中部前方具1个大的紫红色斑块并且密布绒毛，其后方具1枚黄色马鞍形的胼胝体	蕊柱绿白色，中部具1个茄紫色的斑块，末端紫红色；药帽紫红色	4—5月	产于贵州西南部、云南东南部、广西。生于海拔约1 200米的石灰山岩石上或树干上
66	始兴石斛 *D. shixingense* 产于广东，附生于海拔400～600米亚热带山地森林中									
67	华石斛 *D. sinense*	直立或弧形弯曲而上举，细圆柱形，偶尔上部膨大呈棒状，不分枝，具多个节	数片，2列，通常互生于茎的上部，卵状长圆形，幼时两面被黑色毛，老时毛常脱落	/	单生于具叶的茎上端，白色	萼囊宽圆锥形	倒卵形；侧裂片近扇形；中裂片扁圆形，先端紫红色，2裂；唇盘具5条纵贯的褶片，褶片红色，在中部呈小鸡冠状	蕊柱齿大，三角形；药帽近倒卵形，顶端微2裂，被细乳突	8—12月	产于海南。生于海拔达1 000米的山地疏林中树干上

（续）

序号	种名	茎	叶	总状花序	花	花萼	唇瓣	蕊柱	花期	分布与生境
68	勐海石斛 *D. sinominutiflorum*	狭卵形或多少呈纺锤形	薄革质，通常2～3片，狭长圆形，叶鞘偏鼓状，干后浅白色	1～3个	绿白色或淡黄色，开展	萼囊长圆形	近长圆形，中部以上3裂；唇盘具由3条褶片连成一体的宽厚肉脊	蕊柱粗短，基部扩大；药帽前端边缘微撕裂状	8—9月	产于云南南部。生于海拔1 000～1 400米的山地疏林中树干上
69	小双花石斛 *D. somae*	丛生，直立，细圆柱形	2列互生，狭披针形，基部收窄并扩大为鞘，与叶片相连接处具1个关节	伞状花序侧生于具叶的茎上部，具2朵花	开展，黄绿色，间歇性开花，但花的寿命仅约2天	/	黄色，卵形，中部上方3裂，具3条平行的脉纹，脉纹在中裂片上形成带流苏的脊突	/	5—9月	产于我国台湾。生于海拔500～1 500米的山地林中树干上
70	剑叶石斛 *D. spatella*	直立，近木质，扁三棱形	2列，斜立，两侧压扁呈短剑状或匕首状，基部扩大成紧抱于茎的鞘，叶向上逐渐退化而呈鞘状	花序侧生于无叶的茎上部，具1～2朵花	很小，白色	萼囊狭窄	白色带微红色；唇盘中央具3～5条纵贯的脊突	蕊柱很短，药帽前端边缘具微齿	3—9月	产于福建、我国香港、海南、广西、云南。生于海拔260～270米的山地林缘树干上和林下岩石上

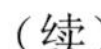
（续）

序号	种名	茎	叶	总状花序	花	花萼	唇瓣	蕊柱	花期	分布与生境
71	梳唇石斛 *D. strongylanthum*	肉质，直立，圆柱形或多少呈长纺锤形	质地薄，2列，互生于整个茎上，长圆形，基部扩大为偏鼓的鞘	常1～4个，密生数朵至20余朵小花	黄绿色，但萼片在基部紫红色	萼囊短圆锥形	紫堇色，中部以上3裂；侧裂片边缘具梳状的齿；中裂片边缘皱褶呈鸡冠状；唇盘具由2～3条褶片连成一体的脊突	蕊柱足边缘密被细乳突；药帽半球形，前端边缘撕裂状	9—10月	产于云南南部至西部、海南。生于海拔1 000～2 100米的山地林中树干上
72	叉唇石斛 *D. stuposum*	圆柱形或有时多少呈棒状	革质，狭长圆状披针形，先端稍钝而一侧稍钩转，基部具抱茎的鞘	具2～3朵花	小，白色	萼囊圆锥形	前端3裂；边缘亦密布白色交织状的长绵毛；唇盘密布长柔毛；从唇瓣基部至先端具1条宽的龙骨脊	蕊柱短，蕊柱齿三角形，先端急尖	6月	产于云南南部至西南部。生于海拔约1 800米的山地疏林中树干上
73	具槽石斛 *D. sulcatum*	通常直立，肉质，扁棒状，上部最粗，下部收狭为细圆柱形，干后黄褐色带光泽	纸质，数片，互生于茎的近顶端，基部稍收狭，但不下延为抱茎的鞘	下垂，密生少数至多数花	质地薄，白天张开，晚间闭合，奶黄色	萼囊圆锥形，宽而钝	颜色较深，呈橘黄色，近基部两侧各具1个褐色斑块，近圆形，呈兜状	药帽前后压扁为半球形或圆锥形，顶端稍凹，光滑	6月	产于云南南部。生于海拔700～800米的密林中树干上

（续）

序号	种名	茎	叶	总状花序	花	花萼	唇瓣	蕊柱	花期	分布与生境
74	刀叶石斛 *D. terminale*	近木质，直立，有时上部分枝，扁三棱形	2列，疏松套叠，厚革质或肉质，斜立，两侧压扁呈短剑状或匕首状	顶生或侧生，常具1～3朵花	小，淡黄白色	萼囊狭长	近匙形，前端边缘波状皱褶，上面近先端处增厚成胼胝体或呈小鸡冠状突起	药帽前端边缘截形并且具细齿	9—11月	产于云南南部。生于海拔850～1 080米的山地林缘树干上或山谷岩石上
75	球花石斛 *D. thyrsiflorum*	直立或斜立，圆柱形，粗状，黄褐色并且具光泽，有数条纵棱	3～4片，互生于茎的上端，革质，长圆形或长圆状披针形，基部不下延为抱茎的鞘，具柄	侧生、下垂，密生许多花	开展，质地薄，萼片和花瓣白色	萼囊近球形	金黄色，半圆状三角形，基部具爪，上面密布短绒毛，爪的前方具1枚倒向的舌状物	蕊柱白色；蕊柱足淡黄色；药帽白色，前后压扁为圆锥形	4—5月	产于云南东南部经南部至西部。生于海拔1 100～1 800米的山地林中树干上
76	翅梗石斛 *D. trigonopus*	丛生，肉质状粗厚，呈纺锤形或有时棒状，不分枝，具3～5个节，干后金黄色	厚革质，3～4片，近顶生，长圆形，基部具抱茎的短鞘，在上面中肋凹下，在背面的脉上被稀疏的黑色粗毛	出自具叶的茎中部或近顶端，常具2朵花	下垂，不甚开展，质地厚，除唇盘稍带浅绿色外，均为蜡黄色	萼囊近球形	直立，与蕊柱近平行，基部具短爪，3裂；侧裂片近倒卵形，先端圆形；中裂片近圆形；唇盘密被乳突	蕊柱齿上缘具数个浅缺刻；药帽圆锥形，光滑	3—4月	产于云南南部至东南部。生于海拔1 150～1 600米的山地林中树干上
77	王氏石斛 *D. wangliangii*	匍匐根状茎，梭形或稍倒卵圆形，不分枝，具3～6个节	2～4片，椭圆形，先端锐尖；叶鞘紧抱茎，膜质，白色	1朵花	萼片和花瓣淡紫色到粉红色；唇瓣白色，顶端淡紫色，在两侧有2个绿黄色斑块	/	宽倒卵形至花基部楔形，边缘波状；花盘密被短柔毛	药帽圆锥形，基部前缘2裂，裂片钝三角形，具不规则齿	/	产于云南南部。生于海拔2 200米落叶和常绿混交林中的云南栎树干上

（续）

序号	种名	茎	叶	总状花序	花	花萼	唇瓣	蕊柱	花期	分布与生境
78	大苞鞘石斛 *D. wardianum*	圆柱形，不分枝，具多个节，节间多少肿胀呈棒状，干后硫黄色带污黑	薄革质，2列，狭长圆形，基部具鞘	具1～3朵花	大，开展，白色带紫色先端	萼囊近球形	宽卵形，先端圆形，基部金黄色并且具短爪，两面密布短毛；唇盘两侧各具1个暗紫色斑块	蕊柱基部扩大；药帽宽圆锥形，无毛，前端边缘具不整齐的齿	3—5月	产于云南东南部至西部。生于海拔1 350～1 900米的山地疏林中树干上
79	高山石斛 *D. wattii*	质地坚硬，圆柱形，上下等粗，不分枝,具多个节，具纵条棱	数片至10余片，2列互生于中部以上的茎上，叶鞘亦密被黑色硬毛	具1～2朵花	除唇盘基部橘红色外，均为白色，开展	萼囊狭长，劲直，呈角状	3裂；唇盘从唇瓣基部至中裂片基部具4～5条并行的小龙骨脊	药帽近半球形，前端边缘具细齿，顶端稍凹	8—11月	产于云南南部。生于海拔约2 000米的密林中树干上
80	黑毛石斛 *D. williamsonii*	圆柱形，有时肿大呈纺锤形，不分枝，具数节，干后金黄色	数片，通常互生于茎的上部，革质，长圆形，基部下延为抱茎的鞘，密被黑色粗毛，尤其叶鞘	出自具叶的茎端，具1～2朵花	开展，萼片和花瓣淡黄色或白色,相似，近等大	萼囊劲直，角状	淡黄色或白色，带橘红色的唇盘；唇盘沿脉纹疏生粗短的流苏	药帽短圆锥形，前端边缘密生短髯毛	4—5月	产于广西西北部和北部、云南东南部和西部、海南。生于海拔约1 000米的林中树干上
81	西畴石斛 *D. xichouense*	丛生，圆柱形，上下等粗，不分枝，具多个节，叶鞘老后变灰白色	薄革质，长圆形或长圆状披针形，基部具抱茎的鞘	侧生,具1～2朵花	不甚开展，白色稍带淡粉红色，有香气	萼囊淡黄绿色，长筒状	近卵形，基部具爪，中部以下两侧边缘向上卷曲；唇盘黄色并且密布卷曲的淡黄色长柔毛，边缘流苏状	/	7月	产于云南东南部。生于海拔约1 900米的石灰岩山地林中树干上

刘胜祥 / 华中师范大学

杨阳 / 武汉市伊美净科技发展有限公司

140. 金石斛属 *Flickingeria* A. D. Hawkes

附生草本。根状茎匍匐生根。茎质地坚硬，上端的1个(少有2～3个)节间膨大成粗厚的假鳞茎。假鳞茎顶生1片叶，叶通常长圆形至椭圆形。花小，单生或2～3朵成簇，从叶腋或叶基背侧（远轴面）发出，花期短；花瓣与萼片相似而较狭；唇瓣通常3裂；后唇为侧裂片，直立；前唇为中裂片，具皱波状或流苏状边缘；唇盘具2～3条纵向褶脊。

约70种，主要分布于东南亚。我国9种，本手册收录8种。主产于云南，其次在海南、我国台湾、广西和贵州。

狭叶金石斛

金石斛

滇金石斛

滇金石斛

流苏金石斛

金石斛属植物野外识别特征一览表

序号	种名	假鳞茎	唇瓣	叶	萼囊与子房成角	花	花期	分布与生境
1	金石斛 *F. comata*	2～3个节间膨大的假鳞茎	黄色，基部楔形，3裂	1片，宽2～5厘米	锐角	萼片和花瓣浅黄白色带紫色斑点	7月	产于我国台湾。生于山间溪流沿岸的树干上
2	狭叶金石斛 *F. angustifolia*	1个节间膨大的假鳞茎	3裂；侧裂片除边缘浅白色外其余紫色；中裂片（前唇）橘黄色	宽0.8～1.2厘米	锐角	萼片和花瓣淡黄色带褐紫色条纹	6—7月	产于广西西南部、海南。生于海拔约1 000米的山地疏林中树干上
3	流苏金石斛 *F. fimbriata*	1个节间膨大的假鳞茎	楔形，3裂；唇盘具2～3条黄白色的褶脊	1片，宽3～5厘米	锐角	萼片和花瓣奶黄色带淡褐色或紫红色斑点	4—6月	产于广西西南部、云南东南部、海南。生于海拔760～1 700米的山地林中树干上或林下岩石上
4	同色金石斛 *F. concolor*	1个节间膨大的假鳞茎	3裂	1片，宽1.4～2.2厘米	钝角	单生，纯乳白色	6月	产于云南南部。生于海拔1 600米的山地疏林中树干上
5	二色金石斛 *F. bicolor*	1个节间膨大的假鳞茎	白色，3裂	1片，宽1.7～2.3厘米	直角	萼片和花瓣白色，侧萼片全体密布紫红色斑点	6—7月	产于云南南部。生于海拔约900米的疏林中树干上
6	滇金石斛 *F. albopurpurea*	1个节间膨大的假鳞茎	白色，3裂	1片，宽2.0～3.6厘米	直角	萼片和花瓣白色，侧萼片无紫红色斑点	6—7月	产于云南南部。生于海拔800～1 200米的山地疏林中树干上或林下岩石上

（续）

序号	种名	假鳞茎	唇瓣	叶	萼囊与子房成角	花	花期	分布与生境
7	三脊金石斛 *F. tricarinata*	1 个节间膨大的假鳞茎	3 裂	1 片，宽 2.5 厘米	钝角或直角	全体淡黄色	6 月	产于云南南部。生于海拔约 800 米的山地疏林中树干上
8	红头金石斛 *F. calocephala*	1 个节间膨大的假鳞茎	橘红色，3 裂	1 片，宽 1.4～1.6 厘米	直角	萼片和花瓣近柠檬黄色	6—7 月	产于云南南部。生于海拔 1 200 米的山地疏林中树干上

黄永启 / 南宁市第二中学

141. 厚唇兰属 *Epigeneium* Gagnepain

附生草本。假鳞茎疏生或密生于根状茎上，单节间。叶革质，椭圆形至卵形，先端急尖或钝而带微凹，基部收狭，具短柄或几无柄，有关节。花单生于假鳞茎顶端或总状花序具少数至多数花；花苞片膜质，栗色，大或小，远比花梗和子房短；萼片离生，相似；侧萼片基部歪斜，贴生于蕊柱足，与唇瓣形成明显的萼囊；花瓣与萼片等长，但较狭；唇瓣贴生于蕊柱足末端，中部缢缩而形成前后唇或 3 裂；侧裂片直立，中裂片伸展，唇盘上面常有纵褶片；蕊柱短，具蕊柱足，两侧具翅；蕊喙半圆形，不裂；花粉团蜡质，4 个，成 2 对，无黏盘和黏盘柄。

约 35 种，分布于亚洲热带地区，主要见于印度尼西亚、马来西亚。我国 11 种，本手册收录 7 种，多见于西南各省区。

双叶厚唇兰

单叶厚唇兰

单叶厚唇兰

宽叶厚唇兰

宽叶厚唇兰

厚唇兰属植物野外识别特征一览表

序号	种名	叶	花序	萼片与花瓣	唇瓣	花期	分布与生境
1	台湾厚唇兰 *E. nakaharaei*	假鳞茎顶生1片叶	顶生，单朵，黄绿色带紫褐色	中萼片卵状披针形；侧萼片镰刀状披针形；花瓣狭长圆形，与侧萼片等长	白色带紫褐色，中部缢缩而形成前后唇，先端圆头状并且具细尖或稍凹缺	10月—次年2月	产于我国台湾。附生于海拔700～2 400米的阔叶林中树干上
2	厚唇兰 *E.clemensiae*	假鳞茎顶生1片叶	顶生，单朵，花质地较厚，紫褐色	中萼片卵状披针形；侧萼片宽卵形，边缘反卷；花瓣狭长圆形，与侧萼片等长	中部缢缩而形成前后唇，前唇圆形，比后唇宽，先端明显浅凹；唇盘具3条稍增粗的龙骨状脊	10—11月	产于云南东南部、贵州东北部、海南。附生于海拔1 000～1 300米的密林中树干上

（续）

序号	种名	叶	花序	萼片与花瓣	唇瓣	花期	分布与生境
3	单叶厚唇兰 *E. fargesii*	假鳞茎顶生1片叶	顶生，单朵，淡粉红色	中萼片卵形，先端急尖；花瓣卵状披针形，先端急尖	几乎白色，中部缢缩而形成前后唇，小提琴状；后唇两侧直立；前唇伸展，近肾形，先端深凹，边缘多少波状	4—5月	产于安徽南部、浙江南部和东南部、江西西南部、福建西部、湖北西南部、湖南东南部、广东东部和北部、广西、四川、云南、我国台湾。附生于海拔400～2 400米沟谷岩石上或山地林中树干上
4	景东厚唇兰 *E. fuscescens*	假鳞茎顶生2片叶，偶具3片	顶生，单朵，花淡褐色	中萼片卵状披针形；侧萼片镰刀状披针形，先端渐尖；花瓣狭披针形或狭长圆形	基部无爪，3裂，整体轮廓呈卵状长圆形；侧裂片直立，近长圆形；中裂片椭圆形，先端具钩曲状的芒	10月	产于广西西南部、云南南部至西部、西藏东南部。生于海拔1 800～2 100米的山谷阴湿岩石上
5	长爪厚唇兰 *E. yunnanense*	假鳞茎顶生2片叶	顶生，单朵，花淡紫红色	中萼片披针形；侧萼片稍斜披针形，先端渐尖；花瓣狭披针形或狭长圆形	基部具长约5毫米的爪，3裂；侧裂片直立，狭长圆形，先端圆形；中裂片近圆形，先端具细尖	10月	产于云南西北部。附生于海拔2 300米的密林中树干上
6	宽叶厚唇兰 *E. amplum*	假鳞茎顶生2片叶	顶生，单朵，花大，黄绿色带深褐色斑点	中、侧萼片先端急渐尖；花瓣披针形或长圆状披针形	基部无爪，3裂；侧裂片短小，直立，先端近圆形；中裂片近菱形，较长，先端近急尖	11月	产于广西西南部、云南东南部至西北部、西藏东南部。附生于海拔1 000～1 900米的林下或溪边岩石上和山地林中树干上
7	双叶厚唇兰 *E. rotundatum*	假鳞茎顶生2片叶	顶生，单朵，花较小，淡黄褐色	萼片先端渐尖；花瓣披针形或长圆状披针形	基部无爪，3裂；侧裂片半卵形；中裂片近肾形或圆形，摊平后比中裂片宽，先端锐尖	3—5月	产于云南东南部和西北部、西藏东南部、广西。附生于海拔1 300～2 500米的林缘岩石上和疏林中树干上

郑炜 / 四川水利职业技术学院

142. 石豆兰属 *Bulbophyllum* Thouars

多为附生草本。根状茎匍匐，少有直立，具或不具假鳞茎。假鳞茎紧靠、聚生或疏离，形状、大小变化甚大，具1个节间。叶通常1片，少有2～3片，顶生于假鳞茎，无假鳞茎的直接从根状茎上发出；叶片肉质或革质，先端稍凹或锐尖、圆钝，基部无柄或具柄。花莛侧生于假鳞茎基部或从根状茎的节上抽出，比叶长或短，具单花或多朵至许多花组成的总状或近伞状花序；花苞片通常小；花小至中等大；萼片近相等或侧萼片远比中萼片长，全缘或边缘具齿、毛或其他附属物；侧萼片离生或下侧边缘彼此黏合，或由于其基部扭转而使上下侧边缘彼此有不同程度的黏合或靠合，基部贴生于蕊柱足两侧而形成囊状的萼囊；花瓣比萼片小，全缘或边缘具齿、毛等附属物；唇瓣肉质，比花瓣小，向外下弯，基部与蕊柱足末端连接而形成活动或不动的关节；蕊柱短，具翅，基部延伸为足；蕊柱翅在蕊柱中部或基部以不同程度向前扩展，向上延伸为形状多样的蕊柱齿（有两个种有明显的蕊柱齿）。

石豆兰属植物通常具有假鳞茎（少数种类假鳞茎极度退化），假鳞茎着生于匍匐生长的根状茎上，叶1～2片，顶生，花序侧生于假鳞茎基部或根状茎的节上，肉质唇瓣附着于明显的蕊柱足上，该属植物以这些特征而得以区别于其他属。

石豆兰属是兰科最大的属之一，其种类超过2 200余种。我国分布大约140种，其中40种被列为濒危物种，本手册收录126种。

广泛分布于热带及亚热带的非洲、马达加斯加群岛、亚洲、澳大利亚、新西兰和西南部的大西洋群岛至南部及中部的美洲，在我国主要产于长江流域及其以南各省区。

赤唇石豆兰

直唇卷瓣兰

圆叶石豆兰

乌来卷瓣兰　钻齿卷瓣兰　窄苞石豆兰　小叶石豆兰

直立卷瓣兰　长足石豆兰　长臂卷瓣兰　云北石豆兰

小叶石豆兰　匙萼卷瓣兰　五指山石豆兰

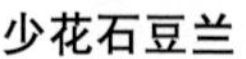

少花石豆兰

曲萼石豆兰

怒江石豆兰

匍茎卷瓣兰

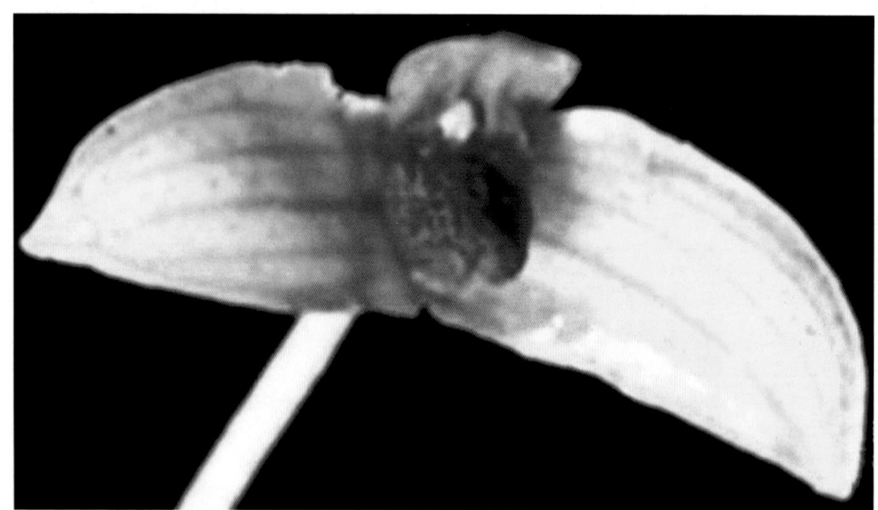

卵叶石豆兰

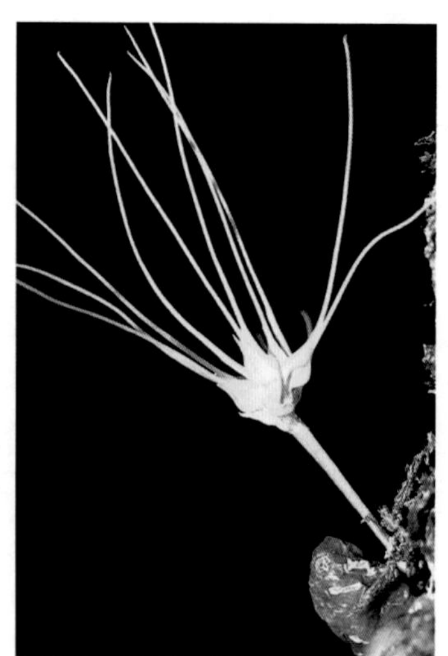

尾萼卷瓣兰

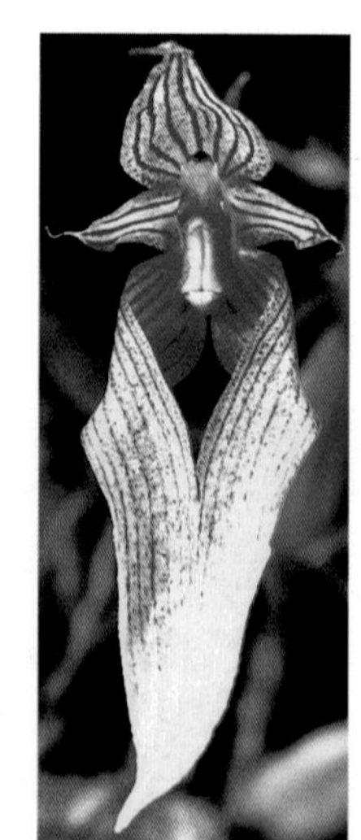

天贵卷瓣兰

少花石豆兰

密花石豆兰

毛药卷瓣兰

伞花卷瓣兰

双叶卷瓣兰

藓叶卷瓣兰

勐海石豆兰

美花卷瓣兰

伞花石豆兰

球茎石豆兰

梳帽卷瓣兰

麦穗石豆兰

落叶石豆兰

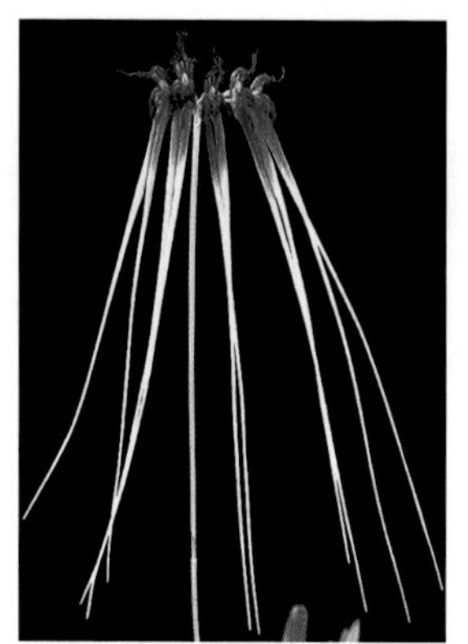

莲花卷瓣兰

卷苞石豆兰

滇南石豆兰

链状石豆兰

瘤唇卷瓣兰

尖叶石豆兰

乐东石豆兰

角萼卷瓣兰

广东石豆兰

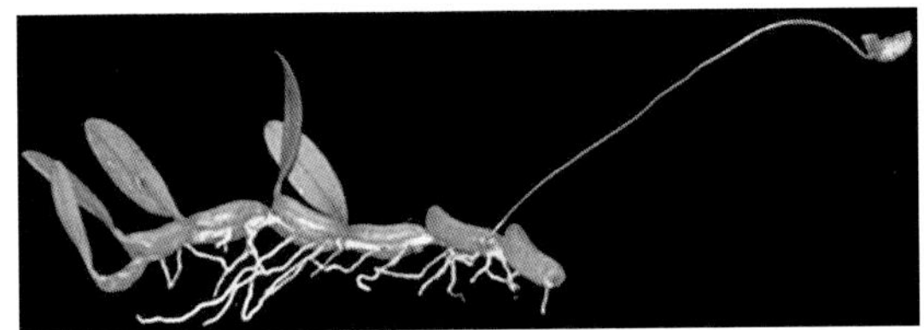
卵叶石豆兰

等萼卷瓣兰

聚株石豆兰

钩梗石豆兰

锥茎石豆兰

茎花石豆兰

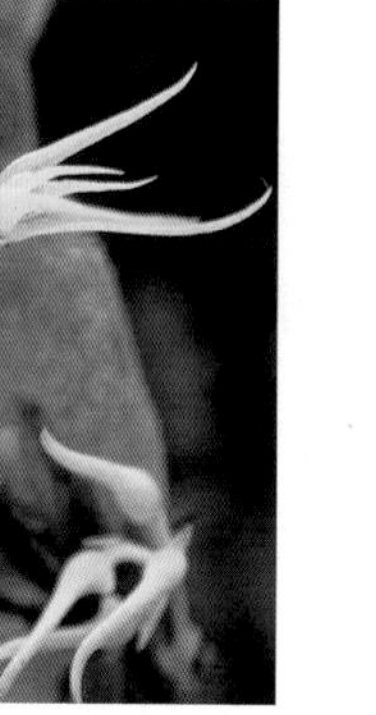

尖角卷瓣兰

二叶石豆兰

富宁卷瓣兰

芳香石豆兰

短耳石豆兰

斑唇卷瓣兰

戟唇石豆兰

伏生石豆兰

伏生石豆兰

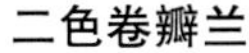

二色卷瓣兰

短足石豆兰

彩色卷瓣兰

短莛石豆兰

带叶卷瓣兰

大叶卷瓣兰

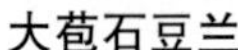
大苞石豆兰

柄叶石豆兰

波密卷瓣兰

齿瓣石豆兰

白花卷瓣兰

齿瓣石豆兰

石豆兰属植物野外识别特征一览表

序号	种名	茎（根状茎和假鳞茎）	叶	花序	花	花期	分布与生境
1	细柄石豆兰 *B. striatum*	根从节和节间发出	椭圆形，基部骤然收狭为柄；叶柄纤细，长约为叶片长的1/3～2/5	单花或2～4朵花的（伞形）总状花序	花淡黄色；花瓣卵形，先端急尖，边缘全缘；唇瓣紫红色，近椭圆形，基部边缘稍具齿	1—2月，10—12月	产于云南东南部。生于海拔1 000～2 300米石灰岩斜坡灌丛中的岩石上，或附生树上
2	芳香石豆兰 *B. ambrosia*	根状茎细，被覆瓦状鳞片状鞘；根成束从假鳞茎基部长出；假鳞茎直立或稍弧曲上举，狭椭圆形或倒卵球形到圆筒状，扁平或不扁平，基部被鞘腐烂后残留的纤维，干后古铜色，具光泽	/	单花	花中等大至大，淡黄色带紫色；侧萼片斜卵状三角形，中部以上扭曲，先端钝；花瓣三角形，急尖；唇瓣近卵形，中部以下对折	1—5月，11—12月	产于广东南部、广西西部、云南南部和东南部、福建、海南。生于海拔600～1 300米雨林、季雨林、针叶林、灌丛中的附生或岩生植物上
3	西南石豆兰 *B. ambrosia* subsp. *nepalense*	假鳞茎不扁平，倒卵球形，且具短柄	/	单花	白色或浅黄，有红色脉	11—12月	产于云南。生于海拔1 200～1 500米林中
4	长足石豆兰 *B. pectinatum*	根状茎鞘早落	/	单花	花中等大至大，黄绿色密布紫褐色斑点；花瓣长圆状披针形，稍钝；唇瓣从中部强烈向外下弯，先端指向后方，基部具2枚圆锥形的胼胝体；蕊柱粗短，基部延伸为长蕊柱足，其分离部分长	（3—）4—7（—9月）	产于云南东南部、我国台湾。生于海拔1 000～2 700米树上、沟壑中岩石上

（续）

序号	种名	茎（根状茎和假鳞茎）	叶	花序	花	花期	分布与生境
5	滇南石豆兰 *B. psittacoglossum*	根状茎鞘宿存，围绕假鳞茎形成松散网状结构	/	单花或2～3朵花的总状花序	花中等大至大，黄色带紫色斑点；花瓣倒卵状椭圆形，钝；唇瓣舌状，先端钝，上面密生疣状突起	5—7月，10—12月	产于云南南部至东南部。生于海拔1 100～1 700米树上
6	蒙自石豆兰 *B. yunnanense*	根状茎鞘宿存；假鳞茎匍匐在根状茎上的长度约为其长度的2/3	/	单花或2朵花的总状花序	花中等大至大；花瓣椭圆形，圆形；唇瓣卵状长圆形，先端钝并且稍向外弯，两侧边缘从基部至先端密生疣状突起		产于云南西北部和东南部。生于海拔1 400～2 900米树上或岩石上
7	短齿石豆兰 *B. griffithii*	根状茎鞘早落；假鳞茎在根状茎上靠近、斜升，或仅基部匍匐在根状茎上	/	单花	花中等大至大，淡黄色带褐色斑点；花瓣近长圆形，稍钝；唇瓣长圆状舌形，肉质，基部稍具凹槽，与蕊柱足末端连接而形成关节，先端近锐尖，从中部向外下弯，两侧边缘波状或具钝齿	10—11月	产于我国台湾中部、云南东南部和中部。生于海拔1 000～1 700米树上
8	短莛石豆兰 *B. leopardinum*	根状茎鞘一般宿存，围绕假鳞茎形成松散网状结构；假鳞茎在根状茎斜升，或仅基部匍匐在根状茎上	/	单花或2朵花的总状花序；花序柄很短，基部被膜质鞘；花苞片膜质，似佛焰苞状	花中等大至大，淡黄色带紫色斑点；花瓣近卵形，钝；唇瓣披针形，先端钝	4—8月，10月	产于西藏南部、云南南部。生于海拔1 300～3 300米树上或岩石上
9	苏瓣石豆兰 *B. dayanum*	/	/	花莛通常短于1厘米；伞形总状花序有2～5朵花	花中等至大型，黄绿色，有深紫色斑点；萼片与花瓣边缘具流苏状丝质毛	/	产于云南南部。生于海拔1 000米热带雨林中凉爽阴湿处的石头上，偶尔生于灌木状树干上

（续）

序号	种名	茎（根状茎和假鳞茎）	叶	花序	花	花期	分布与生境
10	无量山石豆兰 *B. pinicola*	/	脉正面凹，背面凸，先端微裂，基部收缩成很短的柄	伞形花序，6～8朵花，花序梗有2～3个管状鞘	花中等大小，完全开放，黄白色；中萼片披针形，先端渐尖；侧萼片形状与大小类似中萼片；花瓣三角状披针形，比萼片短，先端渐尖；唇瓣短，舌状，基部通过不动的关节连接到合蕊柱足的末端，先端圆形	/	产于云南西南部。生于海拔1 700米常绿阔叶林中潮湿的山谷、树或岩石上
11	曲萼石豆兰 *B. pteroglossum*	根状茎粗壮，节上生根	/	单花	花中等大至大，淡黄色带红色斑点；侧萼片斜卵状三角形，中部以上扭曲，先端钝；花瓣长圆状披针形，近急尖；唇瓣下半部近方形，基部心形	11月	产于云南南部。生于海拔约1 400米林中树干上
12	赤唇石豆兰 *B. affine*	根状茎粗壮，被鳞片状鞘，在节上生根	/	单花	花中等大至大；花萼淡黄色带紫色条纹，质地较厚；中萼片披针形，先端急尖，具5条脉；侧萼片镰状披针形，与中萼片近等长，基部稍歪斜；花瓣披针形，比萼片小，先端急尖，边缘全缘，具3条脉；唇瓣肉质，披针形，比花瓣短，先端渐尖，稍下弯	5—7月	产于我国台湾南部、广西南部、云南南部、广东、海南。生于海拔100～600米林中树干或者岩石上，或者沿沟谷生长

（续）

序号	种名	茎（根状茎和假鳞茎）	叶	花序	花	花期	分布与生境
13	飘带石豆兰 *B. haniffii*	根状茎细长，悬垂，有时分枝，仅基部节上生多数根	肉质，椭圆形，先端锐尖，基部收窄，无柄	花单生于假鳞茎基部的苞鞘内，花梗很短	花开展，萼片近等大，离生；花瓣分裂为两组，每组具2～4个飘带状的裂片，每个裂片基部具1条丝状的柄，有时两组裂片之间还有1条裂片；唇瓣肉质，被覆许多小的圆形泡沫状的黏质物	7月	产于云南南部。生于海拔1 700米常绿阔叶林中树干上
14	锥茎石豆兰 *B. polyrhizum*	假鳞茎顶端收窄为瓶颈状	狭长圆形，近锐尖，比花葶短，开花时叶已经凋落	总状花序，疏生许多小花	花黄绿色；萼片离生，等长，或侧萼片比中萼片稍长，两侧边缘多少内卷；花瓣卵状三角形	3月	产于云南南部。生于海拔900～1 400米常绿阔叶林中树干上
15	伏生石豆兰 *B. reptans*	根状茎分枝，匍匐生根，被筒状鞘	革质，狭长圆形，先端钝并且稍凹入，有柄	花叶不同期；花葶纤细，直立，短于或有时高出叶外；总状花序，通常具3～6朵花	花淡黄色带紫红色条纹；萼片离生，具3条脉或仅中肋明显，侧萼片比中萼片稍长，在中部以下的下侧边缘彼此黏合；花瓣边缘全缘，具1条脉或不明显的3条脉	1—10月	产于贵州西南部、西藏南部和东南部、云南西部到东南部、广西、海南。生于海拔1 000～2 800米山地常绿阔叶林中树干上或林下岩石上
16	环唇石豆兰 *B. corallinum*	植株悬垂或斜立，基部具许多根	狭长圆形或舌状，先端锐尖，近无柄	总状花序很短，花序柄短，密生数朵小花	褐红色；萼片离生，形状大小近相等，或侧萼片比中萼片稍长，两侧边缘多少内卷；花瓣长圆形；唇瓣下弯似钩，肉质，基部通过活动关节连接到柱足的末端，边缘具缘毛，先端钝	3—9月	产于云南东南部至南部。生于海拔1 150～1 530米山坡疏林中树干上

（续）

序号	种名	茎（根状茎和假鳞茎）	叶	花序	花	花期	分布与生境
17	独龙江石豆兰 *B. dulongjiangense*	假鳞茎近圆柱形	披针形叶片，先端锐尖，近无柄	总状花序短，有10～15朵小花，排列紧密	苍白色；萼片离生，形状大小近相等，或侧萼片比中萼片稍长，两侧边缘多少内卷；花瓣长圆形	10—11月	产于云南西北部。生于林中树枝和树干上
18	聚株石豆兰 *B. sutepense*	假鳞茎聚生，梨形或近球形	长圆形或长圆状舌形，先端锐尖或稍钝，近无柄	总状花序常具4～5朵花，由于花序轴缩短似呈伞状；花序柄很短	淡黄色；萼片离生，侧萼片比中萼片长，两侧边缘多少内卷；花瓣狭长圆形，先端急尖；唇瓣近卵状三角形，很小，比花瓣短，向外下弯，3裂	5月	产于云南南部。生于海拔1 200～1 600米混交林中的树干上
19	红心石豆兰 *B. rubrolabellum*	假鳞茎卵球形	长圆形，先端急尖，无柄	总状花序缩短呈伞状，密生6～8朵花	萼片、花瓣浅黄色，唇瓣红色；萼片离生，形状大小近相等；花瓣椭圆形，先端急尖	9—10月	产于我国台湾。生于海拔700～1 500（～1 800）米林中树干上
20	云北石豆兰 *B. tengchongense*	假鳞茎近卵球形	长圆形，先端急尖，无柄	总状花序顶生，缩短呈伞状，常具4～5朵花	除萼片先端和唇瓣红色外，其余为淡黄色；萼片离生，近等长；花瓣卵状披针形，先端长急尖	7月	产于云南西南部。生于海拔2 000米林中树干上
21	茎花石豆兰 *B. cauliflorum*	根状茎粗壮；根出自生有假鳞茎的根状茎节上，具分枝；假鳞茎圆柱形或长卵形	革质，先端钝并且稍凹入，基部骤然收窄为柄，叶柄具纵槽	花莛与假鳞茎等高；总状花序缩短呈伞状，常具3～5朵花；花序柄圆柱形，被数枚筒状鞘	黄绿色；萼片离生，形状大小近相等，或侧萼片比中萼片稍长，两侧边缘多少内卷；花瓣披针形，先端急尖	6—7月	产于西藏东南部。生于海拔800～1 800米阔叶林树干上或者岩石上

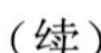
（续）

序号	种名	茎（根状茎和假鳞茎）	叶	花序	花	花期	分布与生境
22	短足石豆兰 *B. stenobulbon*	假鳞茎卵状圆柱形或近圆柱形	长圆形，先端圆钝并且稍凹入	总状花序缩短呈伞状，常具2～4朵花；花序柄被3～4枚膜质、筒状鞘	萼片和花瓣淡黄色，中部以上橘黄色；唇瓣橘黄色；萼片离生，形状大小近相等，或侧萼片比中萼片稍长，两侧边缘多少内卷；花瓣卵形，先端稍钝；唇瓣橘黄色，肉质，舌状或卵状披针形，平展；蕊柱足很短，稍向上弯曲	5—6月	产于广东西南部、贵州西南部、云南东南部。生于海拔1 200～2 100米林中的树干或岩石上
23	乐东石豆兰 *B. ledungense*	假鳞茎圆柱状或椭圆形	长圆形，先端圆钝而稍凹入，有短柄	花葶从假鳞茎基部侧旁和两假鳞茎之间的节上同时发出；总状花序缩短呈伞状，具2～5朵花；花序柄纤细，具3枚膜质鞘	萼片离生，形状大小近相等，或侧萼片比中萼片稍长，两侧边缘多少内卷；花瓣长圆形，先端短急尖	6—10月	产于海南南部。生于林中岩石上
24	密花石豆兰 *B. odoratissimum*	假鳞茎圆柱形	长圆形，先端钝并且稍凹入，近无柄	花葶常高出假鳞茎之上；总状花序缩短呈伞状，密生10余朵花；花序柄较粗壮，疏生3～4枚鞘	初时萼片和花瓣白色，之后萼片和花瓣的中部以上转变为橘黄色，唇瓣橘红色；萼片离生，形状大小近相等，两侧边缘多少内卷；花瓣近卵形或椭圆形	4—8月	产于四川南部、西藏东南部、云南西南部、福建、广东、广西。生于海拔200～2 400米混交林中的树干上，沿山谷的岩石上

（续）

序号	种名	茎（根状茎和假鳞茎）	叶	花序	花	花期	分布与生境
25	五指山石豆兰 *B. wuzhishanense*	/	长圆形，叶尖微凹	单花或者紧缩的伞形总状花序，具2～3朵花，3～5枚膜质鞘	白色；萼片离生，形状大小近相等，两侧边缘多少内卷；花瓣卵形	10月	产于海南。生于海拔1 800米热带森林中的树干上
26	广东石豆兰 *B. kwangtungense*	假鳞茎圆柱状	长圆形，先端圆钝并且稍凹入，有柄	花莛常高出假鳞茎之上；总状花序缩短呈伞状，具2～4（～7）朵花；花序柄鞘膜质、筒状	花较大，淡黄色；萼片离生；侧萼片基部的部分（约1/5～2/5）贴生在蕊柱足上；花瓣狭披针形，先端长渐尖	5—8月	产于福建北部、广东中部和北部、湖南西南部、云南南部、广西、贵州、湖北、江西、浙江。生于海拔800～1 200米林中石上
27	伞花石豆兰 *B. shweliense*	假鳞茎近圆柱形或狭椭圆状长圆柱形	长圆形，先端圆钝并且稍凹入，有短柄	花莛常高出假鳞茎之上；总状花序缩短呈伞状，具4～10朵花；花序柄疏生3～5枚鞘；鞘膜质、筒状	花较小，橙黄色；侧萼片基部完全贴生在蕊柱足上；花瓣卵状披针形，先端短急尖	6月	产于广东北部、云南南部和西部。生于海拔1 300～2 100米林中树干上
28	雅鲁藏布石豆兰 *B. yarlungzangboense* 类似于伞花石豆兰，不同之处在于：雅龙藏布石豆兰花瓣卵形至长圆形，蕊柱齿三角形，蕊柱足基部具V形垫状物						
29	拟环唇石豆兰 *B. gyrochilum*	植株悬垂	/	伞形总状花序很短，短于假鳞茎，有5～8朵花	花苞片长于花梗和子房；萼片淡黄色，唇瓣深橙色具白色边缘；唇瓣非常强烈地下弯，边缘有许多硬毛	/	产于云南南部。附生于海拔1 500米树上

（续）

序号	种名	茎（根状茎和假鳞茎）	叶	花序	花	花期	分布与生境
30	版纳石豆兰 *B. protractum*	根状茎木质，匍匐或悬垂；假鳞茎或多或少圆锥形，先端渐尖，基部被三角形鞘包围，顶生1片叶	长圆状披针形，下弯，先端锐尖，在基部收缩成短叶柄，薄皮质	花莛纤细如丝，具有微小的苞片；伞形花序，4～6朵花，稍长于假鳞茎，远短于叶	花小，白色或黄色；唇瓣凹陷，橙色；萼片近等长，披针形，全缘，3条脉，先端急尖；中萼片稍短于侧萼片；花瓣狭长圆形到披针形，3条脉；唇瓣非常小，卵状披针形，先端钝稍凹，基部与合蕊柱足相连	/	产于云南南部。生于海拔800～1 000米热带常绿阔叶林树上
31	卵叶石豆兰 *B. ovalifolium*	植株矮小，具纤细匍匐的根状茎；假鳞茎在根状茎上密生	近无柄或具短柄，椭圆形，革质，基部收缩，先端钝	花莛纤细，很短，顶生1朵花	花米色或黄色到红色，通常有较深的纹理；花萼分离，等长，边缘光滑，有3条脉；花瓣有1条脉，边缘光滑无毛；唇瓣卵圆形	5月	产于云南。生于海拔约2 400米林中树干上
32	链状石豆兰 *B. catenarium*	植株矮小，具纤细匍匐的根状茎；假鳞茎顶生1片叶，在根状茎上密生	革质，近无柄	花莛纤细，很短，顶生1朵花	花亮黄色，有或没有橙色脉，或完全橙色；花萼分离，等长，边缘光滑，有3条脉；花瓣有1条脉，边缘光滑无毛；唇瓣基部三角形，顶部粗糙瘤状	4—5月	产于云南。生于海拔2 200～2 300米林中树上
33	勐海石豆兰 *B. menghaiense*	植株矮小，具纤细匍匐的根状茎；假鳞茎扁球形或卵形，在根状茎上紧密排列，并常呈串珠状	革质，近无柄	花莛纤细，很短，顶生1朵花	黄色，带红棕色脉；花萼分离，等长，边缘光滑，有3条脉；花瓣有1条脉，边缘光滑无毛；唇瓣基部三角形，顶部光滑	7月	产于云南南部。生于海拔1 500米林中树干上
34	普洱石豆兰 *B. didymotripis*	植株矮小，具纤细匍匐的根状茎；假鳞茎扁球形或不规则球形，在根状茎上紧密排列	无柄	单花	黄色，带红棕色脉；花萼分离，等长，边缘光滑；中萼片有3条脉，侧萼片有5条脉；花瓣有1条脉，边缘光滑无毛；唇瓣红色	/	产于云南西南部。生于海拔1 350～1 400米潮湿季雨林比较开阔的环境中，靠近河流边缘的树干上

（续）

序号	种名	茎（根状茎和假鳞茎）	叶	花序	花	花期	分布与生境
35	戟唇石豆兰 *B. depressum*	根状茎匍匐，纤细，具分枝；假鳞茎直立或斜伏于根状茎上	纸质，卵形或卵状披针形	花莛纤细如发，顶生1朵花	花被片除基部和先端浅绿色外，其余为紫色；唇瓣菱形，边缘无毛	6—11月	产于广东西南部、云南东南部、海南。生于海拔400～600米沟谷岩石上
36	勐仑石豆兰 *B. menlunense*	根状茎匍匐，纤细；假鳞茎靠近，卵形，基部多少伏卧于根状茎	薄革质，卵形，叶柄多少扭曲	花莛纤细，顶生1朵花	花很小，紫红色；唇瓣细圆柱形，在中部以下两侧边缘疏生髯毛	3月	产于云南南部。生于海拔800米石灰山地上、疏林中树干上
37	小花石豆兰 *B. parviflorum*	/	/	花莛直立，纤细；总状花序密被许多小花；花序梗具3枚管状鞘	花苞片卵状披针形，先端尖；花梗和子房短；花浅黄色或带白色，不完全开放；中萼片卵状披针形，1条脉，先端锐尖；侧萼片沿下缘稍有毛，卵状披针形，1条脉，先端锐尖；花瓣长圆形，先端短尖，边缘具缘毛；唇瓣肉质，绿色，先端钝，边缘具缘毛，中间有2个纵向脊	1月，12月	产于云南南部。生于海拔780米热带雨林树干上
38	齿瓣石豆兰 *B. levinei*	根状茎匍匐，其上的根主要在假鳞茎下发芽和生长；假鳞茎近圆柱形或瓶状	狭长圆形或倒卵状披针形	花莛直立，长于叶，纤细，无毛；总状花序缩短呈伞状，通常2～6朵花	侧萼片离生，约等长于中萼片，基部贴生在蕊柱足上而形成兜状的萼囊，边缘全缘，具3条脉；花瓣边缘具细齿，具1条脉，先端长急尖；唇瓣近肉质	5—8月	产于浙江、福建、江西、湖南、广东、我国香港、广西和云南等地。生于海拔800～1500米的林中树上
39	墨脱石豆兰 *B. eublepharum*	根状茎匍匐，其上的根主要在假鳞茎下发芽和生长；假鳞茎圆柱状	长圆形	花莛直立，长；总状花序疏生多花	花绿色；唇瓣厚肉质，长圆状披针形，先端钝并且凹缺，基部具凹槽，边缘具腺状睫毛；蕊柱粗短，基部扩大；蕊柱翅在蕊柱基部扩大；蕊柱足短，向前弯曲	/	产于西藏东南部、云南西北部和东南部。生于海拔2000～2100米林中树干上

（续）

序号	种名	茎（根状茎和假鳞茎）	叶	花序	花	花期	分布与生境
40	穗花卷瓣兰 *B. insulsoides*	根状茎上的根主要在假鳞茎下发芽和生长；假鳞茎长卵状圆锥形	狭长圆形，先端锐尖	花葶直立，纤细，高出假鳞茎之上；总状花序伸长，疏生10朵花	花小；中萼片先端渐尖而向下弯曲，边缘密生睫毛；侧萼片斜卵状披针形，基部贴生在蕊柱足上；花瓣边缘密生睫毛；唇瓣舌状，以1个活动关节连接于蕊柱足末端，上面具3条脊突	7—9月	产于我国台湾中部和南部。生于海拔1 000～2 000米林中树干上
41	短序石豆兰 *B. brevispicatum*	假鳞茎近圆形	无柄，先端锐尖	花葶短于或约等长于假鳞茎；总状花序密生6～7朵花	花紫红色；两侧萼片在下侧边缘彼此黏合；唇瓣基部两侧各具1枚小裂片	1月	产于云南南部。生于海拔1 300～1 400米沿山谷森林边缘的树干上
42	窄苞石豆兰 *B. rufinum*	根状茎粗壮，被鳞片状鞘；根丛生，出自生有假鳞茎的根状茎节上；假鳞茎卵状圆锥形	厚革质或肉质，先端钝并且稍凹入	花葶常较柔弱，稍外弯；总状花序伸长，疏生许多花	花黄色，无毛；花苞片狭长，披针形，约等长于花；唇瓣基部两侧各具1枚小裂片	11月	产于云南南部。生于海拔800～900米林中的树干上
43	团花石豆兰 *B. bittnerianum*	根状茎粗壮，根成束出自生有假鳞茎的根状茎节上；假鳞茎卵球形	稍肉质，先端稍钝	花葶向外弯弓；总状花序呈椭圆形，密生许多花	花淡黄白色；花序轴上的花不偏向一侧，花无毛；花苞片远比花长，花瓣先端锐尖；唇瓣基部两侧各具1枚小裂片	7月	产于云南南部。生于海拔1 700米常绿阔叶林中的树干上
44	短耳石豆兰 *B. crassipes*	假鳞茎卵球形或圆锥形，通常具4～5条棱	肉质或厚革质，长圆形，先端钝并且稍凹入，基部收窄；叶柄具纵向凹槽	总状花序密生许多覆瓦状排列的花	花黄色或黄褐色带紫红色斑点或条纹，花苞片与花约等长或稍长；花瓣先端收狭为尾状；唇瓣基部的小裂片近方形，先端截形并且稍具小齿	4月	产于云南南部。生于海拔1 100～1 200米常绿阔叶林的树干上

（续）

序号	种名	茎（根状茎和假鳞茎）	叶	花序	花	花期	分布与生境
45	麦穗石豆兰 *B. orientale*	根状茎粗壮，被膜质鞘；假鳞茎卵球形	革质或肉质，长圆形，先端稍钝并且凹缺，基部收窄为柄	柄被4～5枚互相套叠的大型鞘；总状花序麦穗状圆柱形，具许多覆瓦状排列的花	萼片和花瓣淡黄绿色带褐色脉纹；侧萼片基部贴生在蕊柱足上，先端急尖，两侧边缘稍内卷，下侧边缘彼此靠合而形成兜状，背面稍疣状突起	6—9月	产于云南南部和西南部。生于海拔1 000～2 000米常绿阔叶林的树干上
46	短尾石豆兰 *B. careyanum*	假鳞茎球形到长圆形，表面有浅槽	长圆形到狭长圆形，近无柄，先端尖，顶端近锐尖，有缺口	花莛粗壮，棕色，侧垂；总状花序有多花；花序柄有许多披针形、棕色的苞片	花有臭味；披针形的花苞片比子房长	/	产于云南。生于海拔200～2 100米常绿低地森林中
47	丝瓣石豆兰 *B. morphologorum*	根状茎坚硬，匍匐；假鳞茎卵球形到狭卵球形，基部通常覆盖有残余的纤维鞘	革质，长圆形到线形长圆形，近无柄，先端微凹或具微小的缺刻	总状花序麦穗状圆柱形，具许多覆瓦状排列的花	花黄绿色，有难闻的鱼腥味；花瓣三角形，基部宽，具一长丝状先端；唇瓣两面密被具腺乳突，沿边缘明显具缘毛，耳发育良好，狭镰状	12月	/
48	少花石豆兰 *B. secundum*	假鳞茎凹圆锥形到透镜状，基部长出多数根	狭长圆形，先端钝，基部收窄为长柄，在上面中肋凹陷，背面隆起	疏松总状花序，直立，8～23朵花；花序柄被2～3枚紧抱的鞘	浅绿色；萼片无毛；花瓣匙形，先端圆形，具1条脉，中部以上边缘密生长绵毛；唇瓣披针形，先端钝，边缘从基部至中部具长硬毛，上面具3条密生短毛的脊	1—2月、5—7月、9月	产于云南。生于海拔1 200～2 500米山地温带或热带常绿森林或者灌木丛中

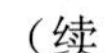

（续）

序号	种名	茎（根状茎和假鳞茎）	叶	花序	花	花期	分布与生境
49	囊唇石豆兰 *B. scaphiforme*	假鳞茎卵球形或宽圆锥形	有柄，厚	疏松的总状花序，直立到平展，23～33朵花	黑紫色，基部淡黄，具黑紫色脉、边缘和散斑；萼片部分或全部被短柔毛或柔毛；唇瓣袋状，正面深凹，黑紫色，有绿色或黄色脊	3—5月，7月	产于云南。附生于海拔1100～1400米处
50	黑瓣石豆兰 *B. nigripetalum*	假鳞茎压扁的圆锥形	有柄，厚	疏松的总状花序，直立到平展，13～32朵花	米色或黄色，近基部常具黑紫色脉，有时远部为黑紫色，或全为黑紫色；萼片部分或全部被短柔毛或柔毛；唇瓣倒卵形到椭圆形，厚且肉质，在近一半处下弯	3—5月	产于云南。生于海拔1000～1300米林中树上或岩石上
51	钩梗石豆兰 *B. nigrescens*	假鳞茎卵球形或宽圆锥形	有柄，厚	疏松总状花序，直立到平展，13～27朵花；花序轴上的花由于花梗基部扭转而使花偏向一侧	花全体密被紫黑色毛；萼片和花瓣紫黑色或萼片淡黄色，基部紫黑色；萼片部分或全部被短柔毛或柔毛；唇瓣薄，倒卵形到椭圆形，在近一半处下弯	1—5月，7月	产于云南南部。生于海拔700～1800米林中树上或岩石上
52	线瓣石豆兰 *B. gymnopus*	假鳞茎长圆柱形或卵球形	稍肉质或革质，长圆形或卵状披针形，先端钝并且稍凹入	总状花序，疏生10余朵花	花开展，白色带黄色的唇瓣，有微臭；萼片离生，中萼片先端急尖，具3条脉，边缘全缘；侧萼片先端急尖，边缘全缘，具3条脉；花瓣线形，边缘具锯齿，具1条脉；唇瓣狭披针形，基部两侧对折，先端锐尖	12月	产于云南南部。生于海拔1000米山地林中树干上

（续）

序号	种名	茎（根状茎和假鳞茎）	叶	花序	花	花期	分布与生境
53	等萼卷瓣兰 *B. violaceolabellum*	假鳞茎卵形	长圆形至倒卵状长圆形，先端钝，叶柄长	花序轴短缩，近伞形总状花序	萼片和花瓣黄色，具紫色斑点；中萼片近等长于侧萼片；花瓣卵状披针形，先端具芒尖	4 月	产于云南南部。生于海拔 700 米石灰岩地区开阔森林中的树木上或岩石上
54	尾萼卷瓣兰 *B. caudatum*	假鳞茎卵形	卵状披针形或有时长圆形，先端急尖或稍钝，叶柄很短	花莛通常与假鳞茎约等高或有时高出假鳞茎之上，伞形花序，花多数	白色；侧萼片线形，向先端渐狭为长尾状，背面无乳突，两侧萼片彼此离生；花瓣倒卵状长圆形，先端钝	/	产于西藏东南部。生于海拔 800 ～ 1 000 米常绿阔叶林中的树干上
55	直唇卷瓣兰 *B. delitescens*	根状茎粗壮，匍匐生根，常分枝，节间被膜质鞘或鞘腐烂后残留的纤维；假鳞茎卵形或近圆柱形	长圆形或椭圆形，有时倒卵状长圆形，先端钝或短急尖	花序轴短缩，伞形花序，2～4 朵花	花较大，茄紫色；中萼片比侧萼片短得多，中萼片先端截形并且具 1 条长芒；花瓣镰状披针形，先端截形而凹缺，凹口中央具 1 个短芒；唇瓣肉质，舌状，向外下弯	4—11 月	产于福建南部、广东东部和南部、西藏东南部及东北部和南部、云南西部、海南。生于海拔 1 000 ～ 2 000 米沿溪流或山谷的岩石上、林中树干上
56	乌来卷瓣兰 *B. macraei*	假鳞茎卵形	厚革质，近椭圆形，先端钝，基部收窄为柄	花序轴短缩，纤细，伞形花序，3 ～ 5 朵花	萼片黄白色或紫红色，花瓣黄白色稍带浅紫红色，唇瓣黄白色；中萼片比侧萼片短得多；侧萼片狭披针形，基部上方扭转而下侧边缘多少靠合，先端渐尖；中萼片和花瓣的先端渐尖或急尖，无芒；唇瓣黄白色，舌状，向外下弯，基部与蕊柱足连接而形成关节	7—10 月	产于我国台湾。生于海拔 500 ～ 1 000 米林中树干上

（续）

序号	种名	茎（根状茎和假鳞茎）	叶	花序	花	花期	分布与生境
57	富宁卷瓣兰 *B. funingense*	根状茎匍匐，幼时被鞘，老时在节上被鞘残留下来的纤维；假鳞茎卵形，基部被鞘腐烂后残留的硬直纤维，干后黄色，具纵棱	厚革质，狭长圆形，先端钝并且稍2裂，基部具短柄，在上面中肋下陷，背面隆起，叶柄对折	花序轴短缩，伞形花序，2朵花	花大，深黄色带红棕色脉纹；中萼片卵形，边缘全缘，具8条脉；侧萼片基部贴生在蕊柱足上，边缘全缘，具5～7条脉，基部上方扭转，除基部边缘稍黏合外其余彼此分离；花瓣具细尖，边缘全缘，具8条脉；唇瓣卵状披针形，基部与蕊柱足连接而形成活动关节，后半部两侧对折并且其边缘具睫毛，两侧面密生细乳突，中部以上骤然收窄而下弯	4月	产于云南东南部。生于海拔约1 000米沿山谷的岩石上
58	天贵卷瓣兰 *B. tianguii*	假鳞茎卵球形、圆锥形或狭卵球形	椭圆形到长圆形，先端圆钝并微缺	花序轴短缩，伞形花序，2或3朵花	花淡黄色带紫褐色脉；中萼片边缘全缘，具7条脉；侧萼片狭披针形，边缘全缘，除基部外，沿上边缘合生；花瓣椭圆卵形，先端渐尖并具1个芒	3月	产于广西西北部。生于海拔900～1 000米林中岩石上
59	直立卷瓣兰 *B. unciniferum*	根状茎直立或斜立；假鳞茎圆柱形或长卵形，基部被覆2枚膜质鞘，上面较长的1枚鞘与假鳞茎约等长	狭长圆形，先端钝，叶柄长	花序轴短缩，近伞形总状花序，2～4朵花	中萼片淡黄色具紫色斑点，侧萼片朱红色，唇瓣紫红色；两侧萼片的上下侧边缘分别彼此黏合而形成狭圆锥形或角状，先端近锐尖；花瓣宽卵形，先端近处肉质状增厚并且密生乳突状毛，稍向背面弯曲呈喙状	3月	产于云南南部。生于海拔1 100～1 500米林中树干上

（续）

序号	种名	茎（根状茎和假鳞茎）	叶	花序	花	花期	分布与生境
60	匙萼卷瓣兰 *B. spathulatum*	根状茎粗壮，被膜质鞘；根成束出自生有假鳞茎的根状茎节上；假鳞茎狭卵形	长圆形，先端钝	花序轴短缩，伞形花序，大于20朵花	花紫红色；两侧萼片的上下侧边缘分别彼此黏合而形成拖鞋状，先端圆钝；花瓣狭长圆状披针形，先端钝	10月	产于云南南部。生于海拔800～900米阔叶林中的树干上
61	瘤唇卷瓣兰 *B. japonicum*	假鳞茎卵球形，幼时被膜质鞘，干后表面具皱纹	长圆形或有时斜长圆形，先端尖锐，叶柄短	花序轴短缩，近伞形总状花序，2～4朵花	花紫红色；花瓣近匙形，先端圆钝；唇瓣肉质，舌状，向外下弯，基部上方两侧对折，中部以上收狭为细圆柱状，先端扩大呈拳卷状	6月	产于福建北部、广西东部和东北部、湖南西南部、我国台湾、广东。生于海拔600～1 500米阔叶林中的树干上，山谷中潮湿的岩石上
62	狭唇卷瓣兰 *B. fordii*	假鳞茎狭卵形	狭长圆形，先端钝并且稍凹入	花序轴短缩，伞形花序，花多数	花淡黄色带紫色；侧萼片基部上方扭转而上侧边缘在中部以上分别彼此黏合；花瓣狭长圆形，先端急尖，基部收狭，边缘全缘，具3条脉；唇瓣肉质，狭披针形，稍向外下弯，基部具凹槽，从基部上方向先端收狭为圆柱状，先端稍尖，边缘下弯，全缘	8月	产于广东北部、云南西南部
63	高茎卷瓣兰 *B. elatum*	假鳞茎圆柱形，干后古铜色，具许多皱曲纵条纹	长圆形，先端钝并且稍凹入	花葶与叶等长，花序轴短缩，伞形花序，花多数	花暗黄色；两个侧萼片在基部以上的边缘彼此不同程度黏合或靠合；花瓣斜卵状三角形，先端急尖	/	产于西藏南部、云南西北部。生于海拔2 200～2 500米常绿阔叶林中的树干上，沿着山谷的岩石上

（续）

序号	种名	茎（根状茎和假鳞茎）	叶	花序	花	花期	分布与生境
64	若氏卷瓣兰 *B. rolfei*	假鳞茎卵形	椭圆形到长圆形，先端（近）锐尖	花序轴短缩，近伞形总状花序，2～4朵花	黄到红紫色，有深紫色斑点；侧萼片近基部稍扭曲，使上边缘彼此面对，先端锐尖；花瓣椭圆状卵形，边缘全缘；唇瓣下弯，轮廓卵形，正面向顶部细乳突状，基部膨大并附于蕊柱足末端，先端圆形	8月	产于云南西部。生于海拔2 400～2 500米处
65	钻齿卷瓣兰 *B. guttulatum*	假鳞茎卵状圆锥形或狭卵形，基部被鞘或鞘腐烂后残存的纤维，干后淡黄色带光泽，具纵棱	椭圆状长圆形，先端圆钝	花序轴短缩，伞形花序，2或3朵花	花黄色带红色斑点；两个侧萼片除基部的下侧边缘黏合外其余分离；花瓣宽卵状三角形，先端具短尖	8月	产于西藏东南部。生于海拔800～1 800米阔叶林树干上
66	伞花卷瓣兰 *B. umbellatum*	假鳞茎卵形或卵状圆锥形，基部被鞘腐烂后残存的多数纤维，干后黄褐色带光泽，并且具多数纵皱纹状的棱角	长圆形，先端钝并且凹入	伞形花序，2～4朵花	花暗黄绿色或暗褐色带淡紫色先端；侧萼片仅基部上侧边缘彼此黏合，其余离生，先端稍钝，基部贴生在蕊柱足上，具5条脉，边缘全缘	4—6月	产于贵州西南部、四川西南部、西藏东南部、云南西南部、我国台湾。生于海拔1 000～2 200米林中树干上
67	球茎卷瓣兰 *B. sphaericum*	根丛生，出自生有假鳞茎的节上；假球形，表面常具皱纹，顶端圆孔状凹陷	厚革质，上面淡绿色，下面紫红色，椭圆状长圆形，先端凹，基部无柄，边缘稍下弯，在上面中肋下陷	花序轴短缩，伞形花序，4或5朵花	紫红色；两侧萼片在基部以上的上下侧边缘彼此不同程度黏合或靠合，中萼片先端凹缺；花瓣椭圆形，先端圆钝	9—11月	产于云南西南部、四川。生于常绿阔叶林中的树干上

（续）

序号	种名	茎（根状茎和假鳞茎）	叶	花序	花	花期	分布与生境
68	波密卷瓣兰 *B. bomiense*	假鳞茎卵状圆锥形	长圆形，先端钝并且稍凹入	花序轴短缩，纤细；伞形花序，2～4朵花；花序柄被3枚筒状鞘	花小，深红色，质地较厚；侧萼片长约7毫米，背面密生疣状突起，两个侧萼片在基部以上的边缘彼此不同程度黏合或靠合	7月	产于云南西北部、西藏。生于海拔2 000～2 100米常绿阔叶林中的岩石上
69	麻栗坡卷瓣兰 *B. farreri*	根出自假鳞茎之下；假鳞茎卵形或球形	先端钝和微缺，近无柄	花序轴短缩，伞形花序，5～9朵花	中萼片和花瓣淡黄色，3条深紫色脉；侧萼片淡黄具紫色斑点和脉；花瓣卵状披针形，先端圆钝	4—5月	产于云南。生于海拔1 000米阔叶林中的岩石和树木上
70	藓叶卷瓣兰 *B. retusiusculum*	假鳞茎卵状圆锥形或狭卵形，基部有时被鞘腐烂后残存的纤维，干后表面具皱纹或纵条棱	长圆形或卵状披针形，先端钝并且稍凹入，近处边缘常较粗糙，短柄	花序轴短缩，纤细；伞形花序，花多数	花较大，背面无疣状突起或有时疏生乳突；中萼片黄色带紫红色脉纹，侧萼片黄色，基部贴生在蕊柱足上，背面有时疏生乳突状毛，基部上方扭转而两个侧萼片的上下侧边缘分别彼此黏合并且形成宽椭圆形或长角状的合萼；花瓣具黄色带紫红色的脉，近似中萼片，几乎方形或卵形，先端圆钝	9—12月	产于甘肃南部、湖南南部、西藏南部和东南部、广东南部、贵州、海南、湖北、四川、我国台湾、云南。生于海拔500～2 800米森林中的树干或岩石上
71	虎斑卷瓣兰 *B. tigridum*	假鳞茎卵状圆锥形或狭卵形	长圆形或卵状披针形，先端钝并且稍凹入，近处边缘常较粗糙，短柄	花序轴短缩，伞形花序，5～8朵花	具暗红色带紫红色的脉；花瓣近似中萼片，几乎方形或卵形，先端圆钝	9月	产于广东南部

（续）

序号	种名	茎（根状茎和假鳞茎）	叶	花序	花	花期	分布与生境
72	贡山卷瓣兰 *B. gongshanense*	假鳞茎在根状茎上近聚生	/	伞形花序，4～5朵花	花红色；两个侧萼片的上侧边缘彼此黏合而形成扁的椭圆形合萼；唇瓣舌形，边缘和背面被粗长毛	10月	产于云南西北部。生于海拔200米的山地林中树干上
73	二色卷瓣兰 *B. bicolor*	假鳞茎干后淡黄色，具光泽	/	花莛远高出假鳞茎之上，花序伞形，1～3朵花	花淡黄色，在基部内面具紫色斑点；萼片和花瓣先端紫红色；中萼片长圆形，先端渐尖，边缘具肥厚的红色缘毛；侧萼片基部上方扭转而下侧边缘在基部彼此黏合	5月	产于我国香港。生于海拔100～500米溪流边的岩石上和悬崖上
74	毛药卷瓣兰 *B. omerandrum*	假鳞茎基部被鞘腐烂后残存的纤维，干后表面具许多皱纹	厚革质，长圆形，先端钝并且稍凹入，基部楔形，具短柄或无柄，边缘下弯，在上面中肋下陷	花莛直立，伞形花序，具1～3朵花	花黄色；萼片卵形，先端稍钝并且具2～3条髯毛，边缘全缘，具5条脉；侧萼片基部贴生在蕊柱足上，边缘全缘，基部上方扭转而两个侧萼片呈八字形叉开；花瓣卵状三角形，先端紫褐色、钝并且具细尖，中部以上边缘具流苏，具3条脉；唇瓣肉质，舌形，向外下弯，基部与蕊柱足末端连接而形成活动关节	3—4月	产于福建北部、浙江中西部、湖北西部、湖南北部、广东北部、广西、我国台湾。生于海拔1 000～1 850米山地林中树干上或沟谷岩石上
75	尖角卷瓣兰 *B. forrestii*	假鳞茎基部被膜质鞘或鞘腐烂后残存的纤维	长圆形	花莛直立，纤细；总状花序缩短呈伞形，10朵花	花杏黄色；中萼片全缘；侧萼片披针形，先端渐尖，基部贴生在蕊柱足上，基部上方扭转而两个侧萼片的边缘分别彼此黏合，背面有小疣状突起	5—6月	产于云南南部和西部。生于海拔1 800～2 000米山地林中树干上

（续）

序号	种名	茎（根状茎和假鳞茎）	叶	花序	花	花期	分布与生境
76	带叶卷瓣兰 *B. taeniophyllum*	假鳞茎在根状茎上聚生或紧靠	狭长圆形，先端钝，基部收狭，近无柄，在背面中肋隆起	伞形花序，具数朵花	萼片和花瓣黄褐色密布紫色斑点；中萼片边缘不整齐，先端锐尖；侧萼片狭披针形，先端渐尖，具3条脉，基部贴生在蕊柱足上并且呈180度扭转，而两个侧萼片的上侧边缘彼此黏合，下侧边缘内卷	6月	产于云南南部。生于海拔800米密林中的树干上
77	城口卷瓣兰 *B. chrondriophorum*	假鳞茎干后淡黄色，具棱角和纵皱纹	叶柄很短	总状花序缩短呈伞形，2～3朵花	花小至中等大，黄色；侧萼片黏合，先端急尖；中萼片和花瓣边缘具腺毛或粒状附属物	6月	产于福建北部、陕西南部、四川东北部、浙江、重庆。生于海拔700～1 200米疏林中的树干上
78	匍茎卷瓣兰 *B. emarginatum*	根状茎匍匐，质地硬，具分枝，被筒状鞘；根粗壮，几乎伸直，成束从生于生有假鳞茎的根状茎节上或1～2条出自紧靠假鳞茎的根状茎节上	厚革质，长圆形或舌状，先端钝并且稍凹入，有短柄，在上面中肋下陷	花莛与假鳞茎约等长，总状花序缩短呈伞形，2～4朵花	花小至中等大，紫红色；侧萼片黏合；中萼片和花瓣边缘具睫状缘毛、齿或流苏	10月	产于云南东南部至西北部、西藏东南部。生于海拔800～2 200米林中树干上
79	中华卷瓣兰 *B. chinense*	/	/	花莛被2枚紧抱于花序柄的鞘，伞形花序，具数花	花黄色带紫红色；中萼片先端具短尖，边缘具细齿；侧萼片基部上方扭转，仅下侧边缘在基部黏合；花瓣先端近钝，边缘具细缘毛；唇瓣肉质，舌形，向外下弯，先端钝	7月	/

（续）

序号	种名	茎（根状茎和假鳞茎）	叶	花序	花	花期	分布与生境
80	角萼卷瓣兰 *B. helenae*	根状茎粗壮，被鞘腐烂后的网格纤维；假鳞茎基部被带网格状的纤维	革质，长圆形，先端钝，基部收狭；叶柄长，两侧对折	花莛比叶短，或与叶约等长，伞形花序，6～10朵花	花黄绿色带红色斑点；中萼片边缘具不整齐的齿或微啮蚀状，先端细尖呈芒状，基部约1/3贴生在蕊柱足上，边缘具流苏，具3条脉；侧萼片基部上方扭转而两个侧萼片的边缘分别彼此黏合而形成角状	8月	产于云南南部和西南部。生于海拔600～2 300米林中树干上
81	梳帽卷瓣兰 *B. andersonii*	根状茎被杯状膜质鞘或鞘腐烂后残存的纤维；假鳞茎基部被鞘腐烂后残存的纤维，干后灰褐色	/	伞形花序，具数花	浅白色密布紫红色斑点；两侧萼片的边缘彼此黏合或靠合而形成椭圆状扁平的合萼；中萼片和花瓣边缘疏生不整齐的齿；蕊柱齿明显	2—10月	产于四川中南部、贵州南部至西南部、云南东南部经南部至西南部、广西。生于海拔400～2 000米林中树干上或岩石上
82	彩色卷瓣兰 *B. picturatum*	根状茎密被膜质鞘	/	伞形花序，5～13朵花	花大，淡黄色，中萼片和花瓣上部有紫色斑点，侧萼片下部有紫色斑点；唇部有紫色斑点	3月	产于云南西南部。生于海拔1 100米石灰岩森林中的树干上
83	大叶卷瓣兰 *B. amplifolium*	根状茎密被膜质鞘；假鳞茎干后黄色，表面光滑带光泽，基部常被鞘腐烂后的残存纤维	大，革质，椭圆形或椭圆状长圆形，先端钝，基部近圆形	伞形花序，具4～8朵花	淡黄褐色；中萼片边缘近先端处稍具细齿；侧萼片基部贴生在蕊柱足上，基部上方扭转而两个侧萼片的上下侧边缘除在先端分离外，分别彼此黏合	10—11月	产于贵州南部、云南西部、西藏东南部。生于海拔1 700～2 000米阔叶林边缘的岩石上
84	美花卷瓣兰 *B. rothschildianum*	根状茎粗壮，密被短的筒状鞘	厚革质，近椭圆形	花莛从假鳞茎基部抽出，挺直，粗壮，伞形花序，具4～6朵花	花大，淡紫红色；中萼片边缘具流苏；侧萼片披针形，向先端急尖为长尾状，中部以下在背面密生疣状突起，基部上方扭转而两个侧萼片上侧边缘彼此黏合为合萼	/	产于云南南部。生于海拔1 500～1 600米密林中的树干上

（续）

序号	种名	茎（根状茎和假鳞茎）	叶	花序	花	花期	分布与生境
85	盈江卷瓣兰 *B. yingjiangense*	假鳞茎卵球形，有4个明显的脊	正面有白色蜡状粉末	伞形花序，具2～4朵花，花序柄具3枚膜状鞘	花黄绿色，没有条纹；中萼片在中间稍收缩，在顶端有3～6条流苏；侧萼片无毛，具短尾，近基部扭曲，上边缘合生形成合生萼片；花瓣卵状三角形，3条脉，边缘具许多流苏，狭长圆形；唇瓣舌状椭圆形，先端钝，基部通过活动的关节与合蕊柱足末端相连，边缘和正面密被流苏状毛	10—11月	产于云南西部。生于海拔1 400～1 700米的山地森林的树干上
86	短葶卷瓣兰 *B. brevipedunculatu*	假鳞茎顶生1片叶，在根状茎上近聚生	几无柄	花莛短；伞形花序，2或3朵花，很少1朵花；花序梗粗壮，具3枚鳞片状鞘	花浅红色；中萼片边缘具白色短毛；侧萼片上边缘弯曲，在短距离内离生或松散地贴附在近先端，无毛，先端钝，短尖	2—4月	产于我国台湾。生于海拔1 800～2 100米常绿阔叶林树干上
87	屏南石豆兰 *B. pingnanense*	/	/	花序伞形，3～5朵花	花橙红色；中萼片凹卵形，背面有乳突，边缘具白色长缘毛，先端钝或锐尖；侧萼片披针形，背面有乳突，基部轻微扭曲，上下边缘经常松散黏附，边缘无毛，先端锐尖；花瓣卵形，边缘具白色长缘毛，先端圆形；唇瓣下弯，卵状三角形，边缘具白色长缘毛，背面具深槽，基部通过活动关节连接到柱足的末端	6—7月	产于福建屏南。生于常绿针阔叶混交林边缘的陡峭岩石上

（续）

序号	种名	茎（根状茎和假鳞茎）	叶	花序	花	花期	分布与生境
88	河南卷瓣兰 *B. hennanense*	假鳞茎在根状茎上近聚生	短柄	花莛短，与假鳞茎约等长，伞形花序具2朵花	花小，萼片黄色；花瓣紫红色，唇瓣紫红色；中萼片先端稍钝，具3条脉，背面基部和边缘具长柔毛；侧萼片具1条脉，边缘全缘，先端稍钝，基部上方扭转而两个侧萼片的下侧边缘除先端外彼此黏合	5—6月	产于河南。生于海拔800～1100米林中树干上
89	白毛卷瓣兰 *B. albociliatum*	/	倒披针形或倒卵形，先端圆钝，有时凹陷，基部收狭，无柄	花莛远高出假鳞茎之上；伞形花序具5～6朵花；花序柄纤细，具2枚鳞片状鞘	花小；中萼片红色，侧萼片淡红黄色，花瓣红色，唇瓣红色；中萼片边缘具白色长毛；侧萼片基部上方扭转而两个侧萼片的上侧边缘彼此黏合	4—5月	产于我国台湾南部。生于海拔1300～1800米林中树干上
90	台南卷瓣兰 *B. kuanwuense*	假鳞茎在根状茎上近聚生	几无柄	伞形花序具3～7朵花；花序梗粗壮，具2枚鳞片状鞘	中萼片红橙色，近基部微染白色，具红棕色脉；侧萼片红到橙色，花瓣红色，唇瓣橙色；中萼片边缘具白色短毛；侧萼片线形长圆形，近基部稍扭曲，其上边缘和下边缘通常松散地黏附，边缘具缘毛，先端钝	4月	产于我国台湾南部。生于海拔2000米山脊上的决明林中
91	斑唇卷瓣兰 *B. pectenveneris*	假鳞茎在根状茎上近聚生，表面常皱曲；根出自生有假鳞茎的节上，长而弯曲	厚革质，椭圆形、长圆状披针形或卵形，先端稍钝或有时具凹头，基部几无柄	花莛直立，远高出叶；伞形花序具3～9朵花	黄绿色或黄色稍带褐色；中萼片基部以上边缘具流苏状缘毛；侧萼片较长，向先端逐渐变为长尾状，两侧边缘内卷呈筒状；唇瓣肉质，舌状，向外下弯，先端近急尖，无毛	4—9月	产于安徽南部、福建北部、湖北西部，我国台湾中部和南部、广西、海南、我国香港。生于海拔1600米以下林中树干上或岩石上

（续）

序号	种名	茎（根状茎和假鳞茎）	叶	花序	花	花期	分布与生境
92	长臂卷瓣兰 *B. longibrachiatum*	根状茎粗壮，常分枝，幼时被筒状鞘，老时在节上被稀疏的短纤维；根出自生有假鳞茎的根状茎节上，密被灰白色绒毛，具分枝；假鳞茎直立，长卵形，基部被鞘腐烂后残存的纤维，干后灰褐色，表面光滑带光泽	大，厚革质，椭圆形，先端钝，基部收窄为柄	花葶较长，伞形花序具3～4朵花	花较大，淡绿色带紫色；中萼片中部以上边缘具流苏；蕊柱齿为偏鼓的披针形，长5毫米，先端长渐尖，基部扭转而水平伸展	11月	产于云南东南部。生于海拔1 300～1 600米林中树干上
93	台湾卷瓣兰 *B. taiwanense*	根状茎质地坚硬；根出自生有假鳞茎的根状茎的节上，纤细，弯曲；假鳞茎淡绿色，具纵条纹	肉质，狭长圆形，先端圆钝并且稍凹入，基部收窄为柄，边缘全缘并且稍下弯，两面无毛，上面深绿，下面淡绿	花葶远高出叶，总状花序缩短呈伞状，密生6朵花	花黄红色；中萼片边缘具睫状缘毛；侧萼片狭披针形，两个侧萼片的边缘彼此黏合而形成的合萼不为椭圆形	4—5月	产于我国台湾南部。生于海拔1 000米以下林中树干上
94	鹳冠卷瓣兰 *B. setaceum*	假鳞茎在根状茎上聚生或近聚生，表面稍皱曲		花葶比叶长，直立，伞形花序具12～16朵花	黄色带棕色；中萼片边缘具黄白色长毛以及锈褐色脉纹；侧萼片上侧边缘内卷，在中部以下的上下侧边缘分别彼此黏合	3—5月	产于我国台湾中部。生于海拔1 500～2 400米林中树干上
95	紫纹卷瓣兰 *B. melanoglossum*	/	/	花葶黄绿色带紫红色斑点，高出叶，伞形花序具数朵花	花淡黄色，密布紫红色条纹；中萼片卵形，先端急尖，边缘具流苏，具3条脉；侧萼片狭披针形，先端近急尖，基部较宽并且贴生在蕊柱足上，全缘，具5条脉，基部上方扭转而两个侧萼片的上下侧边缘分别彼此黏合	5—7月	产于福建南部、海南、我国台湾。生于海拔400～1 800米林中树干上、山谷岩石上

（续）

序号	种名	茎（根状茎和假鳞茎）	叶	花序	花	花期	分布与生境
96	屏东卷瓣兰 *B. pingtungense*	/	几无柄	花莛粗壮，伞形花序，2～4朵花，花序梗有2枚鞘	花橙黄色到淡红色，有红色或深紫红色条纹和斑点；中萼片边缘具缘毛；侧萼片斜披针形，基部贴生于蕊柱足，先端锐尖	1—4月	产于我国台湾南部。生于海拔100～400米阔叶林中的树干上
97	云霄卷瓣兰 *B. yunxiaoense*	/	/	花莛较短，顶生伞形花序具2朵花，花序梗有2枚鞘	中萼片淡绿色，具紫色斑点和脉；侧萼片灰褐色，内有紫色斑点和脉；花瓣淡绿黄色，具紫色斑点和脉；唇瓣灰绿色，基部紫色；合蕊柱淡黄色，具紫色斑点	3月	产于福建云霄县。生于常绿阔叶林边缘海拔200米的陡峭岩石上
98	香港卷瓣兰 *B. tseanum*	根状茎被稻黄色的鞘；假鳞茎在根状茎上近聚生	厚革质，长圆形，先端圆形并且稍凹入，基部具短柄	花莛从上年生假鳞茎基部抽出，伞形花序具4～5朵花；花序柄纤细，具2枚鞘	中萼片鲜黄色带深红色边缘；侧萼片密布暗紫红色和鲜黄色斑点，边缘黄色；花瓣鲜黄色带暗红色边缘；唇瓣橘黄色；中萼片边缘具暗红色、流苏状的长缘毛；两个侧萼片的边缘彼此黏合或靠合而形成椭圆状扁平的合萼；唇瓣肉质、舌状、向外下弯，基部与蕊柱足末端连接而形成活动关节	4月	产于我国香港。石生
99	南方卷瓣兰 *B. lepidum*	假鳞茎在根状茎上聚生或近聚生	近无柄	伞形花序，10朵花	花黄色带紫红色；中萼片边缘具流苏状缘毛；侧萼片基部贴生于蕊柱足，近基部扭曲，其上边缘合生（除了顶端）	4—5月	产于海南南部。生于茂密森林中的树干上

（续）

序号	种名	茎（根状茎和假鳞茎）	叶	花序	花	花期	分布与生境
100	莲花卷瓣兰 *B. hirundinis*	假鳞茎在根状茎上聚生或近聚生，干后表面具不规则的皱纹	厚革质或肉质，先端钝或稍尖，有时稍凹入，基部近无柄，在上面中肋下陷	花序柄纤细，基部被鞘；伞形花序具3～5朵花	花黄色带紫红色；中萼片卵形，边缘具流苏状缘毛，具3条脉；侧萼片线形，基部上方扭转而下侧边缘彼此黏合，近先端处分开，先端近锐尖，边缘全缘或基部上方边缘具细齿；花瓣斜卵状三角形，先端锐尖，边缘具流苏状的缘毛，两面有时密布细乳突，具3条脉；唇瓣肉质	/	产于安徽南部、云南南部、我国台湾、海南、广西。生于海拔500～3 000米林中树干上
101	钝萼卷瓣兰 *B. fimbriperianthium*	假鳞茎在根状茎上近聚生	短柄	伞形花序，4～8朵花	中萼片和花瓣白色，具红色脉，尖端红色；侧萼片基部浅绿色，其他地方黄色；中萼片边缘具缘毛；侧萼片披针形，近基部扭曲，其上边缘松散接触，边缘疏生缘毛，先端钝	9—10月	产于我国台湾南部。生于海拔1 300～1 400米针叶林中树干上和树枝上
102	景东石豆兰 *B .jingdongense*	假鳞茎深绿色或红紫色，扁球形，表面微皱	革质，宽椭圆形，较短；正面深绿色，叶脉凹，背面红紫色，叶脉凸出；基部圆形，叶柄很短	类伞形花序，4～6朵花	花有轻微香味；萼片和花瓣具密集的紫红色斑点；侧萼片比中萼片长（不到1倍），其下侧边缘黏合，上侧边缘内弯并连合在一起，而中上部又彼此分离，强烈弯曲形成2个角；合蕊柱下面有一个突出的、宽的、椭圆形的、橙黄色的腺体，底部有一个短柱，基部截形、渐尖，与柱身两侧的柱翅合并	1—3月	产于云南。生于阔叶和针叶混交林数种乔木和灌木的粗糙树皮上

（续）

序号	种名	茎（根状茎和假鳞茎）	叶	花序	花	花期	分布与生境
103	拟泰国石豆兰 *B. nipondhii*	植株小；假鳞茎球状到圆锥形，有光泽	长圆形到椭圆形长圆形，肉质，无柄，在先端稍具缺刻	花序近伞形，花2～5朵，花苞片4～5枚	中萼片长圆形线状，稍渐狭，白色或黄白色，带紫色条纹；侧萼片狭线形，远长于中萼片，紫色或红紫色，除了基部外或多或少合生；花瓣短卵形或椭圆形到卵形，有3条脉，白色或黄色，带紫色条纹；唇瓣舌状，紫色，中部向外弯曲，肉质的边缘有纵向深槽	10—11月	产于云南南部。生于海拔1 250～1 300米热带山地雨林中
104	大苞石豆兰 *B. cylindraceum*	植物体聚生；根状茎粗壮，匍匐生根；假鳞茎很小，坚硬	/	总状花序从花序轴基部向下弯垂，通常具10余朵花，圆筒状；总苞片大型，佛焰苞状	花淡紫色，质地较厚	11月	产于云南东南部至西部。生于海拔1 400～2 400米林中树干上或岩石上
105	怒江石豆兰 *B. nujiangense*	假鳞茎退化，不明显	/	总状花序大约与叶等长或稍短，悬垂，疏生多数花	花和苞片深紫色，带绿色条纹；萼片肉质，卵形三角形，先端渐尖，3条脉；侧萼片肉质，斜卵形，先端钝或尖，基部下缘稍合生，3条脉；花瓣比萼片薄，长圆形，先端钝；唇瓣肉质、厚	11—12月，1月	产于云南西北部。生于海拔1 300～1 500米湿润的常绿森林树干上

（续）

序号	种名	茎（根状茎和假鳞茎）	叶	花序	花	花期	分布与生境
106	厚叶卷瓣兰 *B. sarcophylloides*	根状茎匍匐，具节，分枝少；数条根从假鳞茎基部或根状茎的节上发出；假鳞茎近球形，小	卵圆形，先端钝且微凹，基部骤然收狭成柄，中脉在上面微凹，在下面不甚明显	花葶基部被2～3枚鞘所包，鞘膜质、筒状、先端尖，花序轴短，近伞状着生1～3朵花	萼片淡黄绿色具紫色斑点，外面密被短腺毛；花瓣淡黄色具紫色先端，唇瓣淡紫色具深紫色斑点；中萼片卵形，先端尖，并具短尖头，边缘稍呈啮蚀状，具5条脉；侧萼片卵状披针形，具3条脉，两个侧萼片下侧边缘彼此黏合，上部边缘在中部以上稍扭转而彼此靠合形成1个兜状的合萼；花瓣镰状披针形，先端尖，并具短尖头，具1条脉；唇瓣肉质，舌状，先端钝，具1条脉，中部以上向外下弯，基部以不动关节与蕊柱足末端连接	/	/
107	卷苞石豆兰 *B. khasyanum*	假鳞茎退化，不明显，顶生1片叶	/	花序基部具数枚总苞片，总苞片鳞片状	花深紫色；花苞片披针形，远比花梗连同子房长，先端渐尖呈芒状并且向外卷曲；花瓣披针形，先端长渐尖	11月	产于云南中部。生于海拔2 000米处
108	球花石豆兰 *B. repens*	假鳞茎彼此紧靠，很小，近卵球形	倒卵形披针形，近肉质，向基部变窄，基部具一些管状鞘，先端钝	总状花序缩短呈球形，密生多数花	花紫色；花苞片卵状三角形，先端急尖，比花梗连同子房稍长	3月	产于海南。生于海拔500～600米密林的树干上

（续）

序号	种名	茎（根状茎和假鳞茎）	叶	花序	花	花期	分布与生境
109	革叶石豆兰 *B. xylophyllum*	根状茎，多少被短鞘；无假鳞茎	出自根状茎的节上，厚肉质，干时革质，长圆形，先端钝且稍凹缺，基部具柄；叶柄近半圆柱形，具1条纵向凹槽	花葶纤细，花序柄上被2～3枚筒状鞘；总状花序短缩呈球形，密生8～15朵小花	花淡黄绿色，质地较厚；中萼片长卵形，先端渐尖，具3条脉，仅中脉淡紫色且到达先端；侧萼片斜卵状三角形，基部贴生在蕊柱足上，先端近急尖，具3条脉；花瓣极小，椭圆状披针形，先端近急尖，具1条脉；唇瓣肉质，舌形，基部具凹槽并且与蕊柱足末端连接而形成活动关节，从中部向下弯	10月	产于贵州南部、海南。生于海拔530米河旁的阔叶树干上
110	柄叶石豆兰 *B. apodum*	根状茎匍匐，多少被短鞘；根成束从根状茎的节上发出，近直立，不分枝；无假鳞茎	从根状茎发出；叶大，具长柄	总状花序密生很多小花	花淡黄色，质地厚	8—9月	产于云南东南部。生于海拔1 000米阔叶林树干上
111	白花石豆兰 *B. pauciflorum*	植株丛生；根状茎直立，纤细，很短，与叶柄一起被数枚膜质鳞片状鞘；根束生，细而弯曲；无假鳞茎	通常3～5片呈莲坐状或稍偏向一侧而丛生于根状茎上，质地稍厚	总状花序通常具2朵花	花直立，浅黄白色，半张开	5—10月	产于我国台湾东部和北部、海南东部。生于海拔300～1 400米密林中的树干上
112	海南石豆兰 *B. hainanense*	根状茎纤细，坚硬，节上具2～3条纤细、弯曲的根；无假鳞茎	出自根状茎的节上，肉质，近无柄，具多数（或不明显）脉	伞形花序，通常具2朵花	花纯黄色，稍垂头，质地较厚；唇瓣宽卵形，中部以上骤然3裂，中裂片很短小	11月	产于海南东部。生于海拔500米混交林中的树干上
113	圆叶石豆兰 *B. drymoglossum*	根状茎匍匐伸长，幼时被膜质杯状鞘，每节生1片叶，并且发出1～3条弯曲的根；无假鳞茎	肉质，肥厚，近椭圆形或圆形，先端钝，基部几无柄，无明显的脉	单花	花开展，萼片和花瓣淡黄色带紫褐色脉纹；萼片彼此离生	5月	产于广东北部、广西东部、云南东南部和南部、我国台湾。生于海拔300～2 400米林中树干上

（续）

序号	种名	茎（根状茎和假鳞茎）	叶	花序	花	花期	分布与生境
114	勐远石豆兰 *B. mengyuanense*	根状茎纤细，匍匐；无假鳞茎	从根状茎发出；叶小	较短，单花	花黄色，脉紫色；中萼片卵状长圆形，先端渐尖，具3条脉；侧萼片稍大，卵状长圆形，先端渐尖，在基部1/3处合生，具3条脉；花瓣长圆形，全缘，先端钝，单脉；唇瓣椭圆形，具3条脉，基部通过活动关节连接到蕊柱足末端	10—11月	产于云南南部。生于石灰岩地区森林树木上
115	小叶石豆兰 *B. tokioi*	根状茎被筒状鞘；无假鳞茎	叶小，在根状茎上疏生，椭圆形或椭圆状圆形，肉质，先端圆钝并且具短突，基部无柄、被膜质鞘，两面无毛，具不明显的脉	总状花序，通常具2朵花	花浅白色；花萼片膜质，两面无毛，具3条脉	4月	产于我国台湾中部和北部。生于海拔600～800米密林树干上
116	双叶卷瓣兰 *B. wallichii*	假鳞茎聚生，卵球形，顶生2片叶	叶狭长圆形，顶端急尖，基部收狭，近无柄	花先于叶；花莛从无叶的假鳞茎基部发出，挺直，疏生2枚筒状鞘；总状花序具少数至多数花，通常在花序轴基部几乎以180度弯垂	萼片和花瓣淡黄白色，唇瓣上面暗紫黑色，背面淡橘红色；花瓣边缘具不整齐的流苏或齿；侧萼片远比中萼片长，基部常扭转而使下侧边缘彼此黏合	3—4月	产于云南南部至西部

（续）

序号	种名	茎（根状茎和假鳞茎）	叶	花序	花	花期	分布与生境
117	白花卷瓣兰 *B. khaoyaiense*	假鳞茎聚生，近卵形，干后表面皱缩，基部生许多根，顶生2片叶	/	总状花序通常具10余朵花；花序柄粗状，光滑无毛，被2～3枚膜质鞘	花偏向一侧，质地薄；萼片和花瓣白色，唇瓣紫红色；花瓣边缘具不整齐的流苏或齿；侧萼片远比中萼片长，基部常扭转而使下侧边缘彼此黏合	3月	产于云南
118	狄氏卷瓣兰 *B. dickasonii*	假鳞茎圆形，深绿色，在开花时变成棕绿色，生2片叶	长圆形，锐尖，边缘波状，无柄，开花时凋落	花序疏生7～15朵花	花棕色，具褐红色的小斑点；萼片不等长，棕色带褐红色，中、侧萼片卵状披针形，锐尖到亚渐尖，具5条脉，内表面有绒毛和散布的乳突；侧萼片大约是中萼片的5倍长，渐尖，沿内边缘合生（除了基部）；花瓣有光泽，卵状披针形，锐尖，边缘散烂，内表面密被乳突，黄色有褐红色斑点；唇瓣全缘，顶端钝，反折，基部具V形沟，先端、边缘和背面具细毛	1—3（4）月	产于云南。生于亚热带森林苔藓覆盖树枝上
119	尖叶石豆兰 *B. cariniflorum*	根纤细，成束从生有假鳞茎的根状茎节上长出；假鳞茎聚生，卵球形，顶生2片叶	薄革质，长圆形，先端急尖，基部收狭为柄	总状花序长约为花莛长的1/4～1/3，下垂，具多数较密生的花；花序柄被3～4枚筒状鞘	花黄色，不甚开展，质地较厚；两个侧萼片的下侧边缘除先端外彼此黏合，先端呈兜状，基部约1/2贴生在蕊柱足上；唇瓣肉质，对折，向外下弯，摊平为舌状	7月	产于西藏南部。生于海拔2 100～2 200米混交林中的岩石上

（续）

序号	种名	茎（根状茎和假鳞茎）	叶	花序	花	花期	分布与生境
120	二叶石豆兰 *B. shanicum*	根状茎密被筒状鞘；鞘纸质，鞘口近平截；根纤细，成束从生有假鳞茎的根状茎节上长出；假鳞茎卵球形，顶生2片叶	/	总状花序长约为花葶长的3/5，密生许多稍偏向一侧的花，花序柄光滑无毛，被5枚鞘	花淡黄色；萼片近等长，侧萼片下边缘不粘连	10月	产于云南西南部。生于海拔1 800～1 900米林中岩石上
121	球茎石豆兰 *B. triste*	假鳞茎干后表面具皱纹，顶端具2片叶，基部长出许多根	淡绿色，在花葶抽出前凋落	总状花序密生多数花，有时从基部弯垂，花序柄被2～3枚鞘	花淡紫红色带紫色斑点；萼片边缘无毛，萼片近等长，侧萼片下边缘粘连	1—2月	产于云南南部。生于海拔800～1 800米林中树干上
122	勐腊石豆兰 *B.menglaense* 茎、叶与尖叶石豆兰、球茎石豆兰相似，花葶比叶长，花瓣边缘呈撕裂状						
123	落叶石豆兰 *B. hirtum*	假鳞茎在根状茎上彼此靠近，顶生2片叶	薄革质，椭圆形或长圆形，先端钝，基部收狭为很短的柄；花期叶已经凋落	花先于叶出现；总状花序下垂，被柔毛，密生许多小花；花序柄被2～3枚鞘	花绿白色；萼片边缘有毛，萼片近等长，侧萼片下边缘不粘连；唇瓣肉质，两侧对折，向外下弯呈半球状，摊平后为狭长圆形，边缘具睫毛，先端稍凹缺，基部与蕊柱足末端连接而形成关节	7月	产于云南南部。生于海拔1 800米常绿阔叶林中的树干上
124	直葶石豆兰 *B. suavissimum*	假鳞茎顶生2片叶，卵形或卵状圆锥形	在花期落叶	花葶从已经落叶的假鳞茎基部长出，直立；花序柄纤细，被2～3枚鞘；鞘紧贴花序柄，先端锐尖，膜质；总状花序疏生数朵稍偏向一侧的花	花先于叶，质地薄，萼片和花瓣淡黄色；萼片边缘无毛，萼片近等长，侧萼片下边缘不粘连	3月	产于云南南部。生于海拔900米常绿阔叶林中的树干上

（续）

序号	种名	茎（根状茎和假鳞茎）	叶	花序	花	花期	分布与生境
125	白苞石豆兰 *B. albibracteum*	新生的假鳞茎褐绿色，外被白色的膜质鞘，老的假鳞茎则变成深紫色且表面多皱，顶生2片叶	上面深绿色，具白色细纹，背面浅绿色略带紫晕，先端2裂	花葶1～2个，从当年生的假鳞茎基部抽出，无毛，花序梗具3～4枚杯状鞘；总状花序外弯，密生4～8朵花	花苞片大，白色，稍后弯，卵状披针形，基部心形，先端渐尖，边缘具细密的齿；花梗和子房短；花绿白色，具紫色的纵纹；萼片绿白色，卵状长圆形，背面具9条紫色纵条纹，沿中脉具短毛；中萼片稍凹，边缘全缘，先端具短突；侧萼片基部边缘黏合，先端稍凹，渐尖；花瓣线形，背面具有1条紫色纵条纹，边缘具细密的锯齿；唇瓣深紫色，肉质，舌形，对折，下弯	9—10月	产于云南南部。生于海拔2 000～2 100米石灰岩山地较开阔的阔叶林中，附生于树干上
126	栖林兰 *B. ayuthayense*	茎短，有数条根状茎；假鳞茎有膜质鞘，顶生2片叶	在花期凋落；背面淡紫色	单花	花黄白色，略带紫色；中萼片卵状长圆形，肉质，边缘灰白色、黄色，中间深紫色，具3条脉，脉深紫色；侧萼片卵形镰刀形，附着于裸柱足的远端，肉质，渐尖，边缘黄白色，中间紫色，具5条脉，脉深紫色；花瓣稍披针形，肉质，渐尖，具1条脉，脉紫色；唇瓣卵形到长圆形，肉质，具7条脉，脉深	3—4月	产于云南南部。生于海拔1 100米阔叶林或者针阔叶混交林树上

程丹丹 / 中国地质大学

143. 短瓣兰属 *Monomeria* Lindley

附生植物。根状茎匍匐。假鳞茎疏生于根状茎上，顶生 1 片叶。总状花序；侧萼片较大，贴生于蕊柱足中部；唇瓣 3 裂，提琴形；蕊柱具长而弯曲的蕊柱足；花粉块具花粉团、黏盘和黏盘柄。

约 3 种，分布于印度、尼泊尔、缅甸、泰国、越南。我国 1 种。

短瓣兰

短瓣兰

短瓣兰

短瓣兰属植物野外识别特征一览表

种名	假鳞茎	花序	花色	侧萼片	蕊柱足	花期	分布与生境	备注
短瓣兰 *M. barbata*	卵形，疏生于根状茎上	总状花序	黄色带红色斑点	较大，远离蕊柱而贴生于蕊柱足的中部	长而弯曲	1 月	产于云南南部和西北部、西藏东南部。生于海拔 1 000 ～ 2 000 米山地林中树干上或林下岩石上	根据《中国生物物种名录》（2021），本属并入石豆兰属

晏启 / 武汉市伊美净科技发展有限公司

144. 大苞兰属 *Sunipia* Lindley

附生草本，具伸长的匍匐根状茎，假鳞茎顶生1片叶。花莛侧生于假鳞茎基部；总状花序或单花，花小，萼片相似，两个侧萼片靠近唇瓣一侧边缘，多少黏合，少彼此分离；花瓣比萼片小；唇瓣常舌形，不裂或不明显3裂，比花瓣长，基部贴生于蕊柱足末端；蕊柱短，蕊柱足甚短或无；蕊喙2裂，反折；花药2室，分隔明显；花粉团4个，蜡质，近球形，等大，成2对，以黏盘附着在蕊喙的两侧，或两对的黏盘柄由于彼此靠近合并贴附于蕊喙中央。

约20种，分布于印度北部、尼泊尔、锡金、不丹、缅甸、泰国、老挝、越南。我国11种，主产于西南地区。

大苞兰

二色大苞兰

绿花大苞兰

云南大苞兰

白花大苞兰

黄花大苞兰

大苞兰属植物野外识别特征一览表

序号	名称	叶	花莛	花数量	花				蕊柱	花期	分布与生境
					色泽	萼片	花瓣	唇瓣			
1	黄花大苞兰 *S. andersonii*	1片，顶生，长圆形	侧生，比叶短	少数	淡黄色或黄绿色	分离，卵状披针形，先端急尖、下弯，具5条脉	卵状披针形，具3条脉，下部边缘有流苏，上部收窄呈圆柱状	深黄色，中部以上突然变窄	甚短（1毫米），喙马蹄形	9—10月	产于我国台湾（南投、高雄）、云南南部和西北部（勐腊、景洪、福贡）。生于海拔700～1 700米林地树干上
2	二色大苞兰 *S. bicolor*	1片，顶生，长圆形，先端稍凹	侧生，直立	3～10朵	白色，带紫红色条纹	卵状披针形，具3条脉，近唇瓣侧边缘黏合	卵形或卵状长圆形，具1条脉，有细齿	紫红色，小提琴形，边缘撕裂状	粗短，长宽近相等	（3）7—11月	产于云南南部至西北部（屏边、景东、勐海、临沧、镇康、凤庆、高黎贡山）。生于海拔1 900～2 700米林中树干上或岩石上
3	白花大苞兰 *S. candida*	1片，顶生，狭长圆形，顶端稍凹	侧生，单一或成对，直立，稍高于叶	7～8朵	绿白色	卵状披针形，等长，具3条脉，近唇瓣侧边缘黏合	膜质，卵形，边缘啮蚀状，具1条脉	上黄下白，披针形或匕首状	白色，长约1毫米	7—8月	产于云南南部至西部（勐海、腾冲、耿马、盈江）、西藏南部和东南部（墨脱、定结、聂拉木、吉隆）。生于海拔1 900～2 500米林中树干上

（续）

序号	名称	叶	花葶	花数量	花				蕊柱	花期	分布与生境
					色泽	萼片	花瓣	唇瓣			
4	海南大苞兰 *S. hainanensis*	1片，顶生，狭长圆形，顶端钝，近无柄	侧生，直立，花序柄被2枚鞘	6～8朵	/	卵状披针形，等长，近唇瓣侧边缘黏合，近先端处分离，另一侧边缘上卷	倒卵形，具1条脉，全缘	卵状披针形，中部以上骤收、增厚	很短，两对花粉团的黏盘柄分别各自独立地附着于蕊喙前端两侧	3—4月	产于海南（黎母山）。生于海拔约900米林中树干上
5	少花大苞兰 *S. intermedia*	1片，顶生，狭长圆形，顶端钝，直立	侧生，直立，花序柄被3枚鞘	2～3朵	淡绿色	披针形，具3条脉，近唇瓣一侧边缘彼此黏合成卵状椭圆形的合萼	肉质，线状披针形	贴生于蕊柱基部，边缘疏生细齿	长1.5毫米，两对花粉团的黏盘柄共同具1个黏盘	8月	产于西藏东南部（墨脱）。生于海拔2 000米常绿阔叶林中树干上
6	圆瓣大苞兰 *S. rimannii*	1片，顶生，直立，长圆形，先端稍凹	不高出叶	2～3朵	质地薄，黄色	披针形，具5条脉，近唇瓣一侧边缘除先端分离外彼此黏合	近圆形，先端圆钝，边缘具细尖齿	中央具1条宽厚的纵脊	长约2毫米，两对花粉团的黏盘柄分别各自独立地附着于蕊喙的前端两侧	11月	产于云南东南部（河口）。生于海拔约1 600米林中树干上
7	大苞兰 *S. scariosa*	1片，顶生，长圆形，先端稍凹	比叶长，达33厘米	多数	花小，淡黄色	中萼片卵形，凹，先端近锐尖；侧萼片斜卵形，V形对折	斜卵形，先端圆钝，边缘具细齿，具1条脉	肉质，舌形，先端钝，基部有凹槽，槽内具1条龙骨脊	长2毫米，花粉团具同一个黏盘	3—4月	产于云南南部至西北部（勐腊、怒江流域）。生于海拔870～2 500米疏林树干上

（续）

序号	名称	叶	花莛	花数量	花				蕊柱	花期	分布与生境
					色泽	萼片	花瓣	唇瓣			
8	苏瓣大苞兰 *S. soidaoensis*	1片，顶生，直立，长圆形，先端稍凹，厚革质	远高出叶，达 11～12 厘米	3～4朵	质地厚	中萼片卵状披针形，具6条脉；侧萼片披针形，具5条脉，近唇瓣侧边缘黏合	卵状三角形，边缘具流苏	卵状三角形，中部以上收窄增厚	粗短，长25毫米，花粉团独立附着于两侧	9—10月	产于云南南部（景东）。生于海拔1 950米林中树干上
9	光花大苞兰 *S. thailandica*	1片，顶生	斜立，7.5毫米，花序柄被3～4枚筒状鞘	10余朵	紫红色	中萼片卵形，具3条脉；侧萼片长圆形，基部贴生于蕊柱足，具3条脉，近唇瓣侧黏合	膜质，近方形，全缘，具1条脉，背面基部具1个肉质附属物	淡黄色，舌状或近戟形，唇盘厚，具3条纵条纹，被鳞片	长宽近相等，花粉团具同一个黏盘	4月	产于云南西南部（沧源）。生于海拔1 650米混交林中栎树上
10	云南大苞兰 *S. cirrhata*	1片，顶生	基生，21～40厘米，纤细	4～8朵	白色至淡紫色，具紫色脉	中萼片披针形，侧萼片基部合生	宽卵形，边缘啮蚀状	紫色，2裂，基部具瘤状物	粗短	10—12月	产于云南。生于海拔800～1 800米常绿林中
11	绿花大苞兰 *S. annamensis*	茎先端生1片叶，厚革质，直立，长圆形	直立，15～35厘米	4～6朵	/	中萼片卵形，先端圆钝；侧萼片卵形，下部多少合生或离生	卵状三角形，具3条脉，具啮蚀状小齿	心形至菱形，顶端狭窄加厚	每对花粉囊有1个柄和1个黏质体	10月	不详

蔡朝晖 / 湖北科技学院

145. 带叶兰属 *Taeniophyllum* Blume

小型草本植物。茎短，无绿叶，具长而伸展的气生根。气生根紧贴于附体，雨季常呈绿色，旱季时浅白色或淡灰色。总状花序；唇瓣基部着生于蕊柱基部，基部具距，先端有时具倒向的针刺状附属物。

全属 120～180 种，主要分布于热带亚洲和大洋洲，向北到达日本和中国南部，也见于西非。我国 3 种，产于南方省区。

兜唇带叶兰

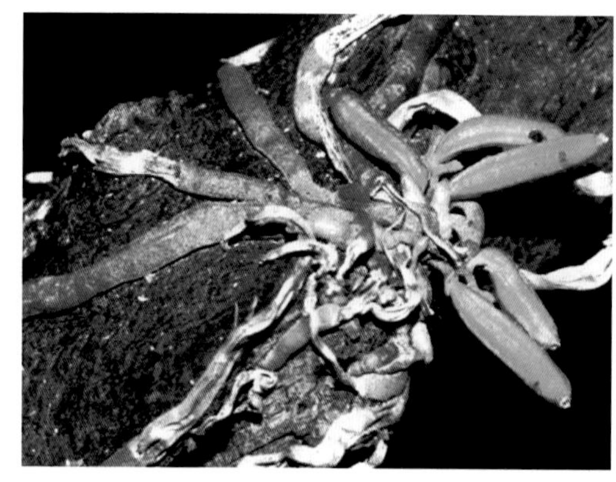

带叶兰

带叶兰

带叶兰属植物野外识别特征一览表

序号	种名	根部	花色	萼片和花瓣合生情况	唇瓣	花期	分布与生境
1	扁根带叶兰 *T. complanatum*	强烈扁平	萼片、花瓣、唇瓣绿色	基部合生呈管状	卵形三角形	1 月	产于我国台湾。常生于树干上
2	带叶兰 *T. glandulosum*	稍扁而弯曲	萼片、花瓣、唇瓣黄绿色	中部以下彼此合生呈筒状	卵状披针形	4—7 月	产于湖南、四川、云南、福建、我国台湾、广东、海南。生于海拔 480～800 米的山地林中树干上
3	兜唇带叶兰 *T. pusillum*	扁平	萼片、花瓣黄色，唇瓣白色	离生	凹陷呈兜状	3—5 月	产于云南。生于海拔 700～1 150 米的山地林缘树干上

晏启 / 武汉市伊美净科技发展有限公司

146. 肉兰属 *Sarcophyton* Garay

附生草本。茎直立，粗壮，伸长，具多数2列的叶。叶厚革质或肉质，扁平，狭长，先端不等侧2裂，基部无柄，具关节和鞘。总状花序或圆锥花序侧生于茎，疏生多数花；花小至中等大，开展；萼片相似，离生，中萼片近直立，侧萼片和花瓣稍反折，花瓣较小；唇瓣贴生于蕊柱基部，3裂；侧裂片直立；中裂片下弯，上面具明显的皱纹；距圆筒形，下垂，无隔膜，在距口处具2枚胼胝体；蕊柱小，无蕊柱足；柱头大而圆；蕊喙短，2裂。

3种，分布于中国、缅甸和菲律宾。我国1种，产于我国台湾。

肉兰属植物野外识别特征一览表

种名	叶	花序	花	唇瓣	花期	分布与生境
肉兰 （台湾肉兰、厚唇兰） *S. taiwanianum*	2列互生，带状，革质，外伸而下弯，先端不等侧2圆裂，基部具1个关节，关节之下具抱茎的鞘	总状花序从叶腋长出，花序轴多少肉质，具多数花	花向上，稍具香气，黄绿色，在内面具紫褐色的横纹或斑点	基部具短距，稍3裂；侧裂片短耳状，直立；中裂片近半圆形，反卷；距口处具2枚胼胝体	4月	产于我国台湾。生于海拔200～800米的山地林中树干上或河谷岩壁上

刘胜祥 / 华中师范大学

147. 小囊兰属 *Micropera* Lindley

草本，具纤毛，茎长。叶片多，平展，肉质，长方形或线形，具叶鞘。花序一般与叶对生，多花；萼片与花瓣离生，小；唇瓣明显具距或囊，3 裂，侧裂片宽且直，中裂片小，肉质，距内常有纵隔。蕊柱突出，有喙；花粉团 4 个，成 2 对；黏盘小。

约 15 种，分布于喜马拉雅山到亚洲、新几内亚、澳大利亚和所罗门群岛；我国 1 种。

小囊兰

小囊兰属植物野外识别特征一览表

种名	茎	叶	花莛	花	花期	分布与生境
小囊兰 *M. poilanei*	圆柱状	线形，先端钝	总状花序具 20～25 朵花	花较小，白色至绿白色；萼片线形，花瓣线形；唇瓣 3 裂，侧裂片直立，具紫色边缘，中裂片拱形；距圆锥形，3 裂	9—10 月	产于海南。附生于海拔 200～500 米树木或岩石上

刘胜祥 / 华中师范大学

148. 五唇兰属 *Doritis* Lindley

附生草本。叶数片，近基生，扁平，2列。总状花序侧生于茎的基部；侧萼片基部宽阔，贴生于蕊柱足，与唇瓣基部共同形成圆锥形的萼囊；唇瓣5裂；蕊柱短，具狭翅，基部具较长的蕊柱足；花粉团4个，彼此离生。

本属2种，分布于亚洲热带地区。我国1种。

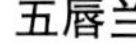

五唇兰

五唇兰

五唇兰属植物野外识别特征一览表

种名	叶	花	唇瓣	萼囊	花粉团	花期	分布与生境	备注
五唇兰 *D. pulcherrima*	长圆形	淡紫色	5裂	圆锥形	4个，彼此离生	7—8月	产于海南。生于密林或灌丛中，常见于覆有土层的岩石上	根据《中国生物物种名录》(2021)，五唇兰属并入蝴蝶兰属 *Phalaenopsis*

晏启 / 武汉市伊美净科技发展有限公司

149. 象鼻兰属 *Nothodoritis* Z. H. Tsi

附生草本。茎极短。总状花序侧生于茎基部，不分枝；中萼片卵状，内凹；侧萼片斜倒卵形，基部具爪；花瓣倒卵形，基部收狭为爪；唇瓣无爪，3 裂；侧裂片狭长；中裂片狭舟形，向前伸展，与侧裂片成直角；基部具囊，囊小，近半球形，在囊口处具 1 枚直立的附属物；黏盘柄狭长；黏盘小，近圆形。

本属 1 种，产于我国东南部。

象鼻兰

象鼻兰

象鼻兰属植物野外识别特征一览表

种名	根	叶	花序	花	花瓣、萼片	唇瓣	花期	分布与生境
象鼻兰 *N. zhejiangensis*	气根稍扁	倒卵形至倒卵状长圆形	总状花序纤细，不分枝，具 8～19 朵花	白色具紫色横纹	中萼片卵状椭圆形，兜状；侧萼片歪斜三角形；花瓣倒卵形	象鼻状，3 裂；侧裂片狭长，前端合生；中裂片狭长舟状，向前延伸，与侧裂片成直角	6 月	产于浙江（临安、宁波等地）。生于海拔 350～900 米的山地林中或林缘树枝上

晏启 / 武汉市伊美净科技发展有限公司

150. 拟万代兰属 *Vandopsis* Pfitzer

附生或半附生草本。茎粗壮，伸长，斜立或下垂，有时分枝，具多数叶。叶肉质或革质，2 列，密生或疏生，狭窄或带状，先端具缺刻，基部具关节和宿存而抱茎的鞘。花序侧生于茎，长或短，近直立或下垂，具多数花；花大，萼片和花瓣相似；唇瓣比花瓣小，牢固地着生于蕊柱基部，基部凹陷呈半球形或兜状，3 裂；侧裂片通常较小；中裂片较大，长而狭，两侧压扁，上面中央具纵向脊突；蕊柱粗短，无蕊柱足；蕊喙不明显，先端近截形稍凹缺。

约 5 种，分布于中国至东南亚和新几内亚岛。我国 2 种，产于广西和云南。

白花拟万代兰

拟万代兰

拟万代兰

白花拟万代兰

拟万代兰

拟万代兰属植物野外识别特征一览表

序号	种名	茎	叶	花序	花	唇瓣	花期	分布与生境
1	拟万代兰 *V. gigantea*	不分枝，粗 2 厘米以上	2 列，肉质或厚革质，长 40 厘米以上，宽带形，叶鞘光滑	总状花序下垂，密生多数花；花苞片多少肉质，花梗和子房黄绿色	花质地厚，金黄色带红褐色斑点	侧裂片具淡紫色斑点，斜立，中部以下淡紫色，中部以上淡黄色带淡紫色斑点，上面中央具 1 条纵向的脊突，脊突在下部隆起呈三角形，在上部呈新月形	3—4 月	产于广西西南部、云南南部。附生于海拔 800 ～ 1 700 米的山地林缘或疏林中的大乔木树干上
2	白花拟万代兰 *V. undulata*	具分枝，粗不及 1 厘米	薄革质，长达 12 厘米，近舌状长圆形，叶鞘密被疣状突起	花序通常具少数分枝，疏生少数至多数花	花质地薄，除唇瓣白色带淡粉红色外，其余乳白色	侧裂片内面褐红色带绿色，近直立；中裂片肉质，白色带淡粉红色，多少翘起，狭窄，中部以上屈膝状并且多少两侧压扁，上面中央具高高隆起的龙骨脊，基部凹陷	5—6 月	产于云南南部至西北部、西藏东南部。生于海拔 1 860 ～ 2 200 米林中大乔木树干上或山坡灌丛中岩石上

刘胜祥 / 华中师范大学

151. 蛇舌兰属 *Diploprora* J. D. Hooker

附生草本。茎具多数节和多数 2 列的叶。叶扁平，基部具关节和抱茎的鞘。总状花序侧生于茎，下垂；花不扭转；萼片相似；唇瓣基部牢固地贴生在蕊柱的两侧，舟形，中部以上强烈收狭，先端近截形或收狭，并且尾状 2 裂，基部无距；花粉团 4 个，近球形，不等大的 2 个为 1 对。

约 2 种，分布于南亚的热带地区。我国 1 种，产于南方。

蛇舌兰

蛇舌兰

蛇舌兰属植物野外识别特征一览表

种名	叶	花序位置	唇瓣	花粉团	花期	分布与生境
蛇舌兰 *D. championii*	2 列排列，基部具关节和抱茎的鞘	总状花序与叶对生	舟形，中部以上强烈收狭，先端近截形或收狭，并且尾状 2 裂	4 个，近球形，不等大的 2 个为 1 对	2—8 月	产于云南南部至东南部、福建南部、我国香港、海南、广西、我国台湾。生于海拔 250～1 450 米的山地林中树干上或沟谷岩石上

晏启 / 武汉市伊美净科技发展有限公司

152. 羽唇兰属 *Ornithochilus* (Wallich ex Lindley) Bentham et J. D. Hooker

附生草本。茎短，质地硬，被宿存的叶鞘，基部生许多扁而弯曲的气根。叶肉质，数片，2 列，扁平，常两侧不对称，先端急尖而钩转，基部收窄并且与叶鞘相连接处具 1 个关节。花序在茎上侧生，下垂，细长，分枝或不分枝，疏生许多花；花苞片狭小；花小，稍肉质，萼片近等大，侧萼片稍歪斜，花瓣较狭；唇瓣基部具爪，3 裂；侧裂片小；中裂片大，内折，边缘撕裂状或波状，上面中央具 1 条纵向脊突；距近圆筒状，距口处具 1 个被毛的盖；蕊柱粗短，基部具很短的蕊柱足；蕊喙长，2 裂；花粉团蜡质，2 个，近球形，每个劈裂为不等大的 2 片；黏盘柄狭楔形，黏盘大。

3 种，分布于热带喜马拉雅地区经中国西南部到东南亚。我国 2 种。

羽唇兰

盈江羽唇兰

羽唇兰属植物野外识别特征一览表

序号	种名	茎	叶	花冠颜色	花序	花数量	唇瓣		花期	分布与生境
							中裂片	侧裂片		
1	羽唇兰 *O. difformis*	长2～4厘米，粗约1厘米，包被叶鞘	数片，浅绿色	黄色带紫褐色条纹	侧生及叶腋长出，常2～3个	疏生多花	褐色，锚状，朝蕊柱弯曲，基部具爪，边缘撕裂状上翘	近直立，半卵形	5—7月	产于广东南部、四川南部、云南南部至西部、我国香港、广西
2	盈江羽唇兰 *O. yingjiangensis*	长2厘米，包被叶鞘	2列，斜长圆形，基部收窄为鞘	开展，淡黄色带红褐色条纹	2～3个，远长于叶	疏生多花	大，肾状心形，不裂，中央有1条纵向隆起的三角形褶脊	耳状，不整齐	7—8月	产于云南西部

刘胜祥 / 华中师范大学
蔡朝晖 / 湖北科技学院

153. 脆兰属 *Acampe* Lindley

附生草本。茎伸长，具多节，质地坚硬，下部节上疏生较粗壮的气根。叶近肉质或厚革质，2 列，狭长，斜立，近水平伸展或稍向外弯，基部具关节和抱茎的鞘。花序生于叶腋或与叶对生，直立或斜立，比叶短得多，少有长于叶的，不分枝或有时具短分枝，具多数花；花质地厚而脆，小或中等大，不扭转（唇瓣在上方），近直立；中裂片和侧裂片相似或不相似，花瓣比萼片小；唇瓣贴生于蕊柱足末端，不裂或近 3 裂，基部具囊状短距；距的入口处具横隔，内侧背壁上方有时具 1 条纵向脊突，内壁和口缘通常有短毛；蕊柱粗短，具短的蕊柱足；花粉团蜡质，近球形，2 个（每个劈裂为不等大的 2 片）或 4 个（不等大的 2 个组成 1 对）；黏盘小，椭圆形或长圆形；黏盘柄倒卵状披针形，长约为花粉团直径的 2 倍，基部比黏盘窄。

约 10 种，分布于从热带喜马拉雅地区到印度支那，以及亚洲、热带和亚热带非洲、马达加斯加和印度洋中的岛屿。我国 3 种，分布于南方热带和亚热带地区。

多花脆兰

多花脆兰

短序脆兰

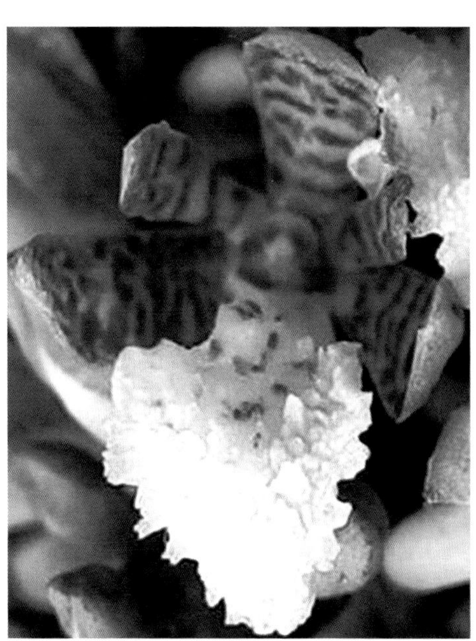

短序脆兰

脆兰属植物野外识别特征一览表

序号	种名	叶	花序	花色	侧萼片	唇瓣	花期	分布与生境
1	窄果脆兰 *A. ochracea*	较小，长不及23厘米，宽2～3厘米	花序较长，近等长于叶，常具4～5个侧枝，每1个侧枝为1个总状花序	萼片和花瓣黄绿色带红褐色横纹和斑块	稍斜，倒卵状长圆形，稍较小，先端钝，具3条主脉	三角形，长约2毫米，稍3裂	12月	产于云南。附生于海拔700～1 100米山地林缘或疏林中树干上
2	短序脆兰 *A. papillosa*	较小，长不及23厘米，宽2～3厘米	花序很短，具少数至多数短的侧枝，似伞状花序	萼片和花瓣黄色带红褐色横向斑纹	镰刀状长圆形，长5毫米，宽2毫米，先端钝	卵形，长4毫米，不明显3裂	11月	产于海南、云南。附生于海拔600米森林中树干上
3	多花脆兰 *A. rigida*	大，长25厘米以上，宽3.5～4.0厘米或更宽	花序腋生或与叶对生，花序远比叶短，常不分枝	花黄色带紫褐色横纹	与中萼片垂直，近方形，内面具紫褐色纵条纹	白色，厚肉质，3裂	8—9月	产于广东、广西、贵州、海南、我国台湾、广东、云南。生于森林中树干上或岩石上

熊姁 / 武汉市伊美净科技发展有限公司

154. 盖喉兰属 *Smitinandia* Holttum

附生草本。茎伸长，具多节，节上常长出气根。叶2列，扁平，狭长，稍肉质，基部具关节和抱茎的鞘。花序侧生于茎，下垂，不分枝，具许多花；花稍肉质，开展；萼片明显比花瓣大；唇瓣牢固地贴生于蕊柱基部，具宽距，距内无附属物，但距口（在唇瓣中裂片的基部）前方有1枚高高隆起的肥厚横隔；蕊柱短、柱状，基部稍扩大，无蕊柱足；蕊喙伸长，小；柱头位于蕊喙之下。

约3种，分布于东南亚，经中南半岛地区至喜马拉雅山。我国1种，产于云南。

盖喉兰

盖喉兰

盖喉兰属植物野外识别特征一览表

种名	茎	叶	花序	萼片	唇瓣	花期	分布与生境
盖喉兰 *S. micrantha*	伸长，具多节，节上常长出气根	2列，扁平，狭长，稍肉质，基部具关节和抱茎的鞘	侧生于茎，下垂，不分枝，具许多花；花稍肉质，开展	明显比花瓣大	牢固地贴生于蕊柱基部，具宽距，距内无附属物，但距口（在唇瓣中裂片的基部）前方有1枚高高隆起的肥厚横隔	4月	产于云南西部。生于海拔约600米的山地林中树干上

刘胜祥 / 华中师范大学

155. 火焰兰属 *Renanthera* Loureiro

附生或半附生草本。具多节和多数2列的叶。总状或圆锥花序侧生，疏生多数花；花火红色或有时橘红色带红色斑点，开展；中萼片和花瓣较狭；侧萼片比中萼片大；唇瓣贴于蕊柱基部，远比花瓣和萼片小，3裂；距圆锥形；蕊柱粗短，无蕊柱足；蕊喙大，近半圆形。

全球约15种，分布于东南亚至热带喜马拉雅地区。我国3种，产于南方热带地区。

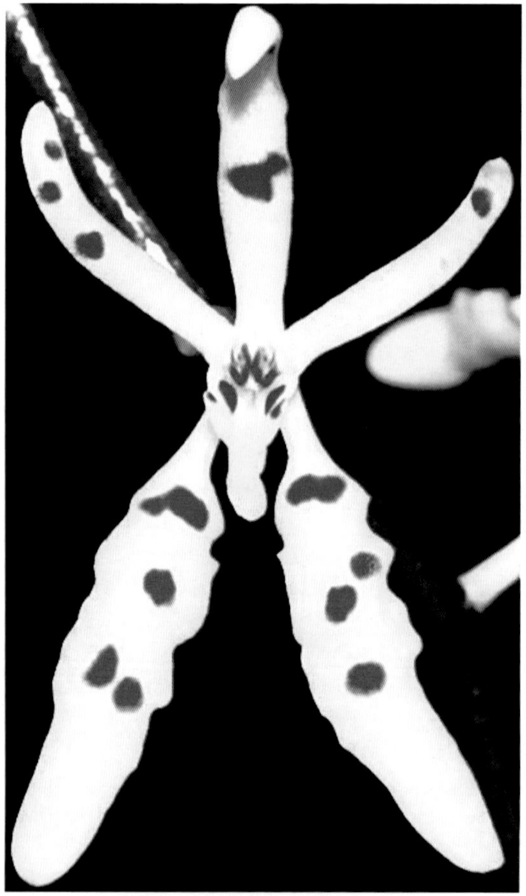

云南火焰兰

火焰兰

中华火焰兰

火焰兰

火焰兰属植物野外识别特征一览表

序号	种名	花莛	叶	花色	唇瓣	花期	分布与生境
1	火焰兰 *R. coccinea*	与叶对生	舌形或长圆形	花火红色，萼片及花瓣内侧具橘黄色斑	侧裂片方形或近圆形，中裂片卵形	4—6月	产于海南、广西。生于海拔达1 400米的沟边林缘、疏林中树干上和岩石上
2	云南火焰兰 *R. imschootiana*	腋生	长圆形	花梗和子房淡红色，中萼片黄色，侧萼片内面红色，背面草黄色，花瓣黄色带红色斑点，唇瓣侧裂片红色，中裂片深红色	侧裂片三角形，中裂片卵形	5月	产于云南南部。生于海拔500米以下的河谷林中树干上
3	中华火焰兰 *R. citrina*	腋生	狭长圆形	花淡黄色，稀疏具紫红色斑点	侧裂片卵状披针形，中裂片近圆形	4—6月	产于云南。生于海拔650～1 200米的林下阴湿处

晏启 / 武汉市伊美净科技发展有限公司

156. 匙唇兰属 *Schoenorchis* Blume

附生草本。总状花序或圆锥花序，具许多小花；唇瓣厚肉质，牢固地贴生于蕊柱基部，基部具圆筒形或椭圆状长圆筒形的距，先端3裂；中裂片较大，常呈匙形；蕊柱粗短，两侧具伸展的翅，无蕊柱足；花粉团近球形，4个，不等大的2个组成一对。

约24种，分布于热带亚洲至澳大利亚和太平洋岛屿。我国3种，产于南方热带地区。

匙唇兰

匙唇兰

台湾匙唇兰

圆叶匙唇兰

匙唇兰属植物野外识别特征一览表

序号	种名	茎	叶形	花序	花色	花瓣	距	花期	分布与生境
1	匙唇兰 *S. gemmata*	伸长	扁平，对折呈狭镰刀状或半圆柱状，彼此疏离	圆锥花序	除侧萼片下缘和唇瓣中裂片白色外，其余为紫红色	先端截形而其中央凹缺	圆锥形	3—6月	产于云南、西藏、福建、广西、海南、我国香港。生于海拔250～2 000米的山地林中树干上
2	圆叶匙唇兰 *S. tixieri*	短	扁平，长圆形或椭圆形，基部具彼此套叠的鞘	总状花序	萼片洋红色，花瓣中部以下白色，上部洋红色	先端钝	囊状	5月	产于云南南部。生于海拔980米的山地林缘树干上
3	台湾匙唇兰 *S. venoverberghii*	伸长	扁平，狭长圆形或狭倒披针形，彼此疏离	圆锥花序	白色	先端圆钝	椭圆形	3—5月	产于我国台湾。生于海拔约1 000米的山地林中

晏启 / 武汉市伊美净科技发展有限公司

157. 拟隔距兰属 *Cleisostomopsis* Seidenfaden

附生草本，茎伸长，被叶鞘。叶多数，圆柱形。总状花序，腋生，具苞片；花小，萼片离生，花瓣小于花萼；唇瓣在基部合生呈柱状，3裂，在背部有Y形的胼胝体；蕊柱短，无蕊柱基，蕊喙大，柱头弯曲；花粉块4个，成2对，近球形，每对花粉块具柄，附着在一个大的黏盘上。

本属1种，分布于中国和越南。

拟隔距兰

拟隔距兰属植物野外识别特征一览表

种名	茎	叶	花序	花萼	唇瓣	柱头	分布与生境
拟隔距兰 *C. eberhardtii*	呈弓形，散生多叶	呈圆柱状	1～2朵花，不分枝；花白色，小	萼片宽卵状椭圆形，侧萼片大于中萼片	3裂，先端扩大，在背部有Y形的胼胝体	柱头披针形，黏盘长方形	产于广西西南部。附生于森林树干上

刘胜祥 / 华中师范大学

158. 毛舌兰属 *Trichoglottis* Blume

附生草本。茎下垂或攀缘。叶多，基部具鞘。花序侧生、腋生，数个至多个或很少单生，花通常带淡褐色或紫色的斑纹，小；萼片和花瓣离生；唇瓣3裂；侧裂片直立；中裂片有时3裂，通常有毛或乳头状；囊或距通常加厚，在背壁基部有1个有毛的胼胝体；蕊柱短而粗壮，无足，通常有小的粗毛。

约55～60种，分布于印度（尼科巴群岛）和斯里兰卡，东至新几内亚、澳大利亚和所罗门群岛，北至中国，以印度尼西亚和菲律宾为多样性中心。我国2种，1种为特有种。

毛舌兰

毛舌兰

毛舌兰属植物野外识别特征一览表

序号	种名	茎	叶	花葶	花	花期	分布与生境
1	短穗毛舌兰 *T. rosea*	丛生，下垂	多，离生，狭披针形	与叶对生，具3～6朵花	花白色，有时带淡黄色或紫色；中萼片小；侧萼片斜卵形；花瓣倒披针形；唇瓣稍肉质，具短刺；侧裂片直立，三角形；中裂片宽卵形，基部增厚，形成1个肉质的附属物	4—5月	产于我国台湾。生于低海拔地区森林树干上
2	毛舌兰 *T. triflora*	直立	/	总状花序，具2～3朵花	/	/	/

肖志豪 / 长江勘测规划设计研究有限责任公司

159. 掌唇兰属 *Staurochilus* Ridley ex Pfitzer

附生草本。茎直立，外弯或下垂，长或短，具多数节和多数2列的叶。叶斜立或向外弯，狭长，先端不等侧2裂，基部具关节和抱茎的鞘。花序侧生，常斜立，约等于或长于叶，分枝或不分枝，疏生数朵至许多花；花中等大，开展，萼片和花瓣相似而伸展，花瓣较小；唇瓣肉质，牢固贴生于蕊柱基部，3～5裂，侧裂片直立，中裂片上面或两个侧裂片之间密生毛，基部具囊状的距；距内背壁上方具1个被毛的附属物；蕊柱粗短，常被毛，无蕊柱足；蕊喙向前伸展；药帽前端收窄或三角形；花粉团蜡质，4个（近球形，不等大的2个成1对）或2个而每个分裂为不等大的2片；黏盘柄近匙形或狭楔形，比花粉团的直径长；黏盘近圆形或卵形，比黏盘柄的基部宽，有时一端具缺刻。

约7种，分布于亚热带地区。我国3种，产于南方。

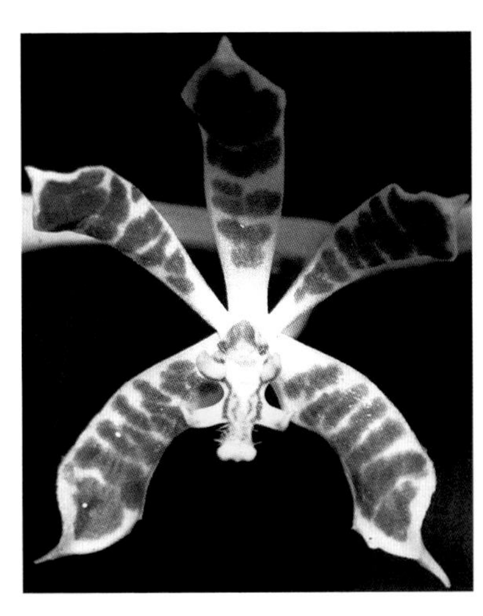

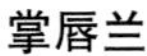

掌唇兰

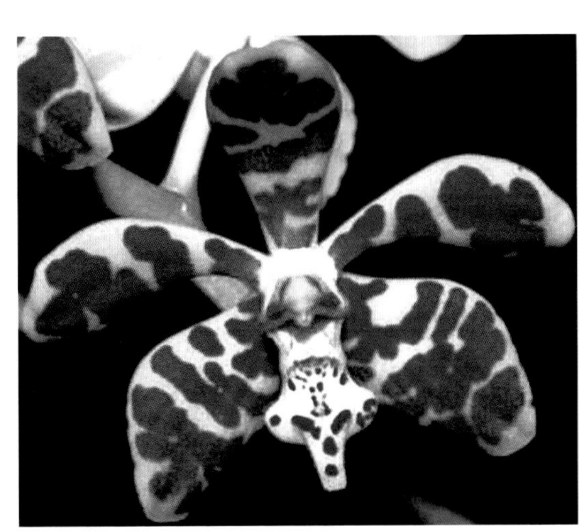

豹纹掌唇兰

小掌唇兰

掌唇兰属植物野外识别特征一览表

序号	种名	茎	叶	花	花序	花数量	唇瓣	花期	分布与生境
1	掌唇兰 *S. dawsonianus*	圆柱形，上举，质地硬，长达50厘米，有时分枝，具多数节	肉质，斜立，2列，狭长圆形，先端钝，不等侧2裂	肉质，开展，淡黄色，具栗色横纹；中萼片近匙形，侧萼片斜长圆形，花瓣匙形	与叶对生，多分枝	多数	橘黄色；侧裂片斜立，中裂片3裂；侧生小裂片斜向前伸展，顶生小裂片厚肉质、先端钝且宽凹缺；唇盘密被长硬毛	5—7月	产于云南南部。生于海拔560～780米的林缘树干上
2	小掌唇兰 *S. loratus*	斜立，质地硬，长3～15厘米，有时分枝	多数，革质，狭长圆形，2列互生，基部有关节和宿存的鞘	花小，稍肉质，黄色带紫褐色斑点；中萼片近匙形，上半部凹；侧萼片斜倒卵形，先端钝；花瓣斜卵形；萼片和花瓣均具1条脉	与叶对生，不分枝	少数	白色，肉质，基部具密被长毛的爪；侧裂片长圆形，先端斜截；中裂片厚肉质，近方形；唇盘中央黄色	1—3月	产于云南南部。生于海拔700～1 420米的山地林中树干上
3	豹纹掌唇兰 *S. lushuensis*	粗壮，圆柱形，长达1米	带状，厚革质，2列互生，先端不等侧2裂	黄白色带许多棕红色斑块，萼片匙形；花瓣镰刀状倒卵形，肉质	侧生于茎上部，数个，直立或斜立	多数	侧裂片直立，半圆形；中裂片厚肉质，上面凹槽状，密被短毛	3—5月	产于我国台湾。生于低海拔的山地林中

蔡朝晖 / 湖北科技学院

160. 鹿角兰属 *Pomatocalpa* Breda

附生草本。叶 2 列，扁平，狭长，先端钝并且具不等侧 2 裂或不整齐的齿，基部具关节和鞘。花序在茎上侧生，下垂或斜立，比叶长或短，分枝或不分枝，密生许多小花；花不扭转，开展，萼片和花瓣相似；唇瓣位于上方，3 裂；侧裂片小，直立，三角形；中裂片肉质，前伸或下弯，通常近圆形或卵状三角形；距囊状，内面前壁肉质状增厚，后壁中部或底部具 1 枚直立而先端 2 裂并且伸出距口的舌状物。

约 35 种，分布于热带亚洲和太平洋岛屿。我国 2 种，产于南方热带地区。

鹿角兰

鹿角兰

鹿角兰属植物野外识别特征一览表

序号	种名	叶	花序	花	萼片	花瓣	唇瓣	花期	分布与生境
1	台湾鹿角兰 *P. undulatum* subsp. *acuminatum*	2列，扁平，狭长	出自茎基部叶腋，粗壮，花序轴密生许多近似伞形的花，花序长不超过3厘米，花序轴缩短而花密集呈伞状	棕黄色，肉质	具2条红褐色的横带，近长圆形	近基部具红褐色斑块	3裂，前部反折，先端近锐尖，基部具2条龙骨状突起；距棕黄色，囊状，背腹压扁，内面背壁上具1枚先端不规则缺刻的片状附属物	3—4月	产于我国台湾。生于海拔约800米林中树干上
2	鹿角兰（白花鹿角兰）*P. spicatum*	皮革质，宽带状或镰状长圆形	花序腋生，下垂，花序轴肉质、伸长，具多数棱，密生许多小花，花序长3.5厘米以上	多少肉质	具2条红褐色的横带，倒卵形	蜡黄色，内面基部具2条褐色带	3裂；侧裂片直立，耳状，上部前缘多少内弯；中裂片厚肉质，向前伸展；距短而宽，近球形，内面前壁靠近距口具1对横生的胼胝体	4月	产于海南。生于山地林中树干上

刘胜祥 / 华中师范大学

161. 钻柱兰属 *Pelatantheria* Ridley

附生草本。茎常为扁的三棱形，被宿存的叶鞘所包，具2列叶。总状花序生于叶腋，短于叶；唇瓣中裂片大，上面增厚呈垫状；距狭圆锥形，内面具1条纵向隔膜或脊；蕊柱粗短，顶端具2条长而向内弯曲的蕊柱齿；花粉团2个，每个劈裂为不等大的2片。

约5种，分布从热带喜马拉雅地区经印度东北部、缅甸到东南亚。我国4种，产于西南地区。

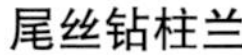

尾丝钻柱兰

钻柱兰

钻柱兰

锯尾钻柱兰

蜈蚣兰

蜈蚣兰

钻柱兰属植物野外识别特征一览表

序号	种名	花色	唇瓣中裂片	花期	分布与生境	备注
1	尾丝钻柱兰 *P. bicuspidata*	萼片和花瓣淡白色，带淡紫红色的脉纹；唇瓣淡白色，带蜡黄色的唇盘	中裂片近心形，先端短尾状并且2～3浅裂	8—9月	产于贵州、云南。生于海拔800～1 400米山地疏林中大树干上或疏林下岩石上	/
2	锯尾钻柱兰 *P. ctenoglossum*	花淡黄色，萼片具紫红色的脉，唇瓣先端紫红色	中裂片近心形，先端短尾状，其两侧具多数白色的流苏	8月	产于云南南部。生于海拔约700米的常绿阔叶林下的岩石上和树干上	/
3	钻柱兰 *P. rivesii*	萼片和花瓣淡黄色，带2～3条褐色条纹；唇瓣粉红色	宽卵状三角形，先端钝	10月	产于广西、贵州、云南。生于海拔700～1 100米的常绿阔叶林中树干上或林下岩石上	/
4	蜈蚣兰 *P. scolopendrifolia*	萼片和花瓣浅肉色	舌状三角形或箭头状三角形，先端长急尖	4月	产于浙江东部（天台山、禾清、临海）、福建西部（宁化）、四川东北部（青川）、河北（小五台山）、山东（崂山）、江苏（南京栖霞山）、安徽。生于海拔达1 000米的崖石上或山地林中树干上	根据《中国生物物种名录》（2021），蜈蚣兰被重新归到隔距兰属

晏启 / 武汉市伊美净科技发展有限公司

162. 大喙兰属 *Sarcoglyphis* Garay

附生草本。茎短，具多数叶。叶稍肉质，2列互生，扁平，狭长圆形，先端钝并且不等侧2裂，基部具关节，在关节之下扩大为鞘。花序从茎下部叶腋中长出，下垂，分枝或不分枝；花序轴纤细，疏生多数花；花小、开展、萼片和花瓣近相似；唇瓣3裂，贴生于蕊柱基部，侧裂片近直立，中裂片稍肉质，与距交成直角；距近圆锥形，内面具隔膜并且在背壁上方具1枚胼胝体；蕊柱粗短，无蕊柱足；柱头近圆形；蕊喙大，高高耸立在浅狭的药床前上方，先端细尖而浅2裂；药帽半球形，前端喙状。

约10种，分布于东南亚、缅甸、泰国、老挝、越南至中国。我国2种。

大喙兰

大喙兰

大喙兰属植物野外识别特征一览表

序号	种名	花序	唇瓣	蕊喙	药帽	花期	分布与生境
1	短帽大喙兰 *S. magnirostris*	总状花序下垂，比叶短，不分枝，花序轴紫黑色，总状花序疏生多数花	中裂片宽舌形，先端近截形	先端短尖，下垂	先端稍收窄呈三角形	5月	产于云南南部。生于海拔约800米的沟谷林中树干上
2	大喙兰 *S. smithiana*	总状花序下垂，比叶长，不分枝或具少数短分枝；花序柄疏生3～4枚苞片状鞘，花序轴纤细，总状花序或圆锥花序具多数花	中裂片在中部扩展呈横长圆形，先端短喙状	先端长细尖，多少钩状弯曲	前端收窄呈长喙状	4月	产于云南南部。生于海拔540～650米的常绿阔叶林中树干上

刘胜祥 / 华中师范大学

163. 隔距兰属 *Cleisostoma* Blume

附生草本。茎长或短，质地硬，直立或下垂，少有匍匐，分枝或不分枝，具多节。叶少数至多数，质地厚，2 列，扁平，半圆柱形或细圆柱形，先端锐尖或钝并且不等侧 2 裂，基部具关节和抱茎的叶鞘。总状花序或圆锥花序侧生，具多数花；花苞片小，远比花梗和子房短；花小，多少肉质，开放，萼片离生，侧萼片常歪斜，花瓣通常比萼片小；唇瓣贴生于蕊柱基部或蕊柱足上，基部具囊状的距，3 裂，唇盘通常具纵褶片或脊突；距内具纵隔膜，在内面背壁上方具 1 枚形状多样的胼胝体；蕊柱粗短，呈金字塔状，具短的蕊柱足或无；蕊喙小；药帽前端伸长或不伸长；花粉团蜡质，4 个，不等大的 2 个为 1 对，具形状多样的黏盘柄和黏盘。

约 100 种，分布于热带亚洲至大洋洲。我国 18 种和 1 变种，主要产于南方各省区。

大序隔距兰

大叶隔距兰

大叶隔距兰

尖喙隔距兰

勐海隔距兰

南贡隔距兰

长叶隔距兰

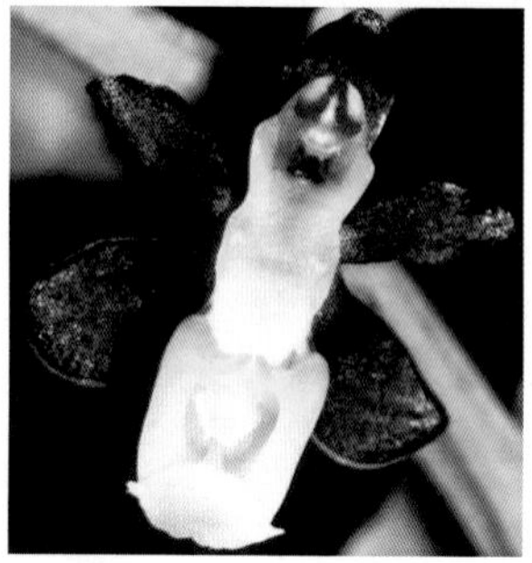

长叶隔距兰

短序隔距兰

毛柱隔距兰

短茎隔距兰

金塔隔距兰

毛柱隔距兰

广东隔距兰

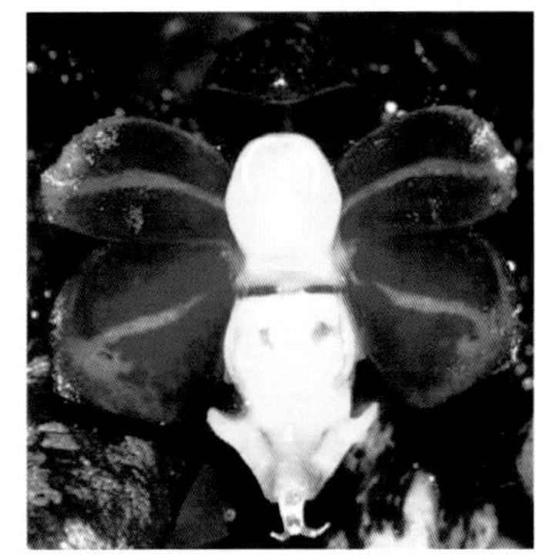

美花隔距兰

绿花隔距兰

金塔隔距兰

红花隔距兰

红花隔距兰

隔距兰属植物野外识别特征一览表

序号	种名	茎	叶	花			药帽	黏盘	花期	分布与生境
				颜色	萼片	唇瓣				
1	大叶隔距兰 *C. racemiferum*	直立，粗壮，具分枝	扁平，厚革质，宽3～4厘米、先端钝且不等侧2裂	萼片和花瓣黄色带褐红色斑点，唇瓣白色	中萼片近长圆形，凹下呈舟状，先端钝；侧萼片稍斜长圆形，与中萼片近等大，先端圆形	中裂片伸展，三角形，先端钝；侧裂片直立，三角形，先端钻状，内弯；距内胼胝体卵状三角形，仅基部稍2裂	前端收窄呈喙状	黏盘柄狭带状，边缘内折；黏盘小而厚，圆盘状	6月	产于云南南部至西部（勐腊、勐海、思茅、盈江、腾冲）。生于海拔1 350～1 800米的山坡疏林中树干上
2	西藏隔距兰 *C. medogense*	直立，茎连同叶鞘粗5毫米	扁平、先端钝、宽不超过2厘米，且不等侧2裂	黄色	中萼片卵状椭圆形，侧萼片相似于中萼片	侧裂片近方形；距内背壁上方的胼胝体近卵状三角形；基部稍2裂，其下部具乳突状毛	先端急尖	黏盘柄多少棒状，两侧边缘内折；黏盘小，近圆形	5月	产于西藏东南部（墨脱）。生于海拔850米的常绿阔叶林中树干上
3	隔距兰 *C. linearilobatum*	直立，茎连同叶鞘粗不及1.5厘米	革质、扁平，宽不超过2厘米，先端钝且不等侧2裂	淡紫红色	中萼片长圆形，舟状；侧萼片斜卵圆形	侧裂片三角形，比中裂片短，先端急尖	先端截形并且宽凹缺	黏盘柄狭楔形，长约0.8毫米，纵向对折；黏盘近圆形	5—9月	产于云南南部（勐腊、景洪、勐海）。生于海拔980～1 530米的山地常绿阔叶林中树干上和河谷疏林中树干上
4	短茎隔距兰 *C. parishii*	茎连同叶鞘粗不及1.5厘米，长不及10厘米	扁平、稍肉质或厚革质，宽不超过2厘米，先端钝且不等侧2裂	金黄色，带红色条纹	中萼片近长圆形；侧萼片稍斜卵圆形	侧裂片近圆形，上端边缘具宽的凹缺；距角状，内具发达隔膜，胼胝体3裂，呈T形	前端圆形，不收狭	黏盘柄狭长如线，纵向对折；黏盘很小，近圆形	4—5月	产于广东北部、广西西南部、海南。常生于海拔1 000米的常绿阔叶林中树干上

（续）

序号	种名	茎	叶	花			药帽	黏盘	花期	分布与生境
				颜色	萼片	唇瓣				
5	绿花隔距兰 *C. uraiense*	直立或下垂，圆柱形，茎连同叶鞘粗不及1.5厘米，长20厘米以上	扁平，宽不超过2厘米，先端钝且不等侧2裂	黄绿色	中萼片近椭圆形；侧萼片近似于中萼片	侧裂片三角形，先端锐尖	前端稍收窄，先端钝	黏盘柄纤细；黏盘近圆形	4—9月	产于我国台湾（兰屿、乌来、太平）。生于海拔约200米的山地林中树干上
6	尖喙隔距兰 *C. rostratum*	伸长，近圆柱形，茎长20厘米以上，有时上部分枝，具多节	扁平、革质，先端锐尖，不裂	黄绿色带紫红色条纹	中萼片近椭圆形，舟状；侧萼片斜倒卵形	中裂片狭卵状披针形，先端渐尖而翘起，基部两侧无伸长的裂片；侧裂片先端骤然变尖为钻状；距近似漏斗，内背壁上方具长圆形胼胝体，其两侧的角状物短且不明显	前端呈喙状	黏盘柄纤细，上部稍扩大；黏盘很小，近圆形	7—8月	产于广西南部至西北部、贵州南部、云南东南部至南部、我国香港、海南。生于海拔350～500米的常绿阔叶林中树干上或石灰山灌木林树枝上和阴湿岩石上
7	长帽隔距兰 *C. longiopeрculatum*	直立，长1～3厘米，不分枝	扁平、肉质，先端锐尖，不裂	淡黄色	中萼片近匙形或斜倒卵形；侧萼片近似于中萼片	中裂片三角形，凹，先端钝；距内背壁上方的胼胝体3裂，呈T形，长等于上端的宽	前端不呈喙状	具棒状的黏盘柄和近圆形而厚的小黏盘	6月	产于云南南部（元江）。生于海拔约700米的山地杂木林内树干上
8	勐海隔距兰 *C. menghaiense*	直立，长1～3厘米，不分枝	扁平、肉质，先端锐尖，不裂	萼片和花瓣淡黄色	中萼片椭圆形，舟状；侧萼片稍斜倒卵形	距内背壁上方的胼胝体不为T形，长明显大于上端的宽	前端不呈喙状	黏盘柄稍棒状，狭而短；黏盘厚，近圆形	7—10月	产于云南南部至东南部（景洪、勐海、勐腊、河口）。生于海拔700～1 150米的山地林缘树干上

（续）

序号	种名	茎	叶	花			药帽	黏盘	花期	分布与生境
				颜色	萼片	唇瓣				
9	大序隔距兰 *C. paniculatum*	直立，扁圆柱形，达20余厘米	扁平、革质，狭长圆形或带状，先端钝并且不等侧2裂	萼片和花瓣背面黄绿色，内面紫褐色，边缘和中肋黄色	中萼片近长圆形，凹；侧萼片斜长圆形	中裂片先端钝，不裂，翘起成倒生的喙，基部两侧向后伸长为钻状裂片；侧裂片直立，较小，三角形，先端钝，前缘内侧有时呈胼胝体增厚；距黄色，圆筒状	前端不伸长，先端截形并且具3个小缺刻	黏盘柄宽短，近基部屈膝状折叠；黏盘大，新月状或马鞍形	5—9月	产于江西东部、广东南部至北部、四川南部至中部、贵州东部、云南东南部至北部、福建、我国台湾、我国香港、海南、广西。生于海拔240～1 240米的常绿阔叶林中树干上或沟谷林下岩石上
10	美花隔距兰 *C. birmanicum*	直立，粗壮，长8～9厘米，不分枝	厚肉质、扁平	萼片和花瓣除边缘和中肋为黄绿色外，其余为紫褐色	中萼片椭圆形，先端钝；侧萼片斜卵形，先端钝	中裂片先端渐尖或急尖并且具2条刚毛或尾；侧裂片狭镰刀状；距白色，具发达的隔膜，背壁上方的胼胝体中空，近三角形，基部稍2裂并且密布细乳突	前端不伸长，先端截形而宽凹缺	黏盘柄小，三角形；黏盘大，半月形或马鞍形	4—5月	产于海南（五指山一带）

（续）

序号	种名	茎	叶	花			药帽	黏盘	花期	分布与生境
				颜色	萼片	唇瓣				
11	短序隔距兰 *C. striatum*	直立，圆柱形，长达30厘米	扁平、肉质，狭长圆状披针形	萼片和花瓣橘黄色，带紫色条纹	中萼片近长圆形，舟状，具5条脉；侧萼片稍斜卵形	唇瓣除中裂片紫色外，其余为淡黄色；中裂片箭头状三角形，先端收狭并且深裂为尾状；侧裂片镰刀状三角形	前端伸长，先端截形而宽凹缺	黏盘柄倒披针形，基部屈膝状折叠，两侧边缘外卷；黏盘大，半月形	6月	产于广西西南部、云南东南部至西部、海南。生于海拔500～1 600米的常绿阔叶林中树干上
12	红花隔距兰 *C. williamsonii*	悬垂，细圆柱形	圆柱形，肉质	粉红色	中萼片卵状椭圆形，舟状，先端圆形，具3条脉；侧萼片斜卵状椭圆形，先端钝，具3条脉	唇瓣深紫红色；侧裂片直立，舌状长圆形，先端钝，两侧边缘多少内折；中裂片狭卵状三角形，中央具1条纵向的脊突于距口前方，隆起呈三角形；距球形，具不明显的隔膜	前端不伸长，先端截形并且具宽凹缺	黏盘柄宽卵状三角形或钟形；黏盘近新月形；蕊柱上端两侧各具1枚齿状附属物	4—6月	产于贵州西南部、云南东南部至西部、广东、海南、广西。生于海拔300～2 000米的山地林中树干上或山谷林下岩石上
13	长叶隔距兰 *C. fuerstenbergianum*	直立或弧形弯曲，细圆柱形	圆柱形，肉质	萼片和花瓣反折，黄色，带紫褐色条纹	中萼片卵状椭圆形，舟状，具3条脉；侧萼片近长圆形，先端斜截形，具3条脉	侧裂片稍下弯，向先端急剧变狭；中裂片上面中央稍凹；距近球形；胼胝体3裂	前端伸长的部分近方形，先端截形	黏盘柄楔形，上半部两侧边缘外卷；黏盘近圆形，比黏盘柄宽，先端稍凹入	5—6月	产于贵州西南部、云南南部至西部。生于海拔690～2 000米的山地常绿阔叶林中树干上

（续）

序号	种名	茎	叶	花			药帽	黏盘	花期	分布与生境
				颜色	萼片	唇瓣				
14	金塔隔距兰 *C. filiforme*	悬垂，细圆柱形	肉质，圆柱形	萼片和花瓣反折，黄绿色带紫褐色条纹	中萼片卵状椭圆形，舟状，具3条脉；侧萼片近长圆形	侧裂片白色，近蕊柱一侧边缘的内折部分近正方形；中裂片紫红色，箭头状三角形；距内背壁上方的胼胝体近似五角星形	前端伸长的部分为三角形，先端稍钝	黏盘柄楔形，上半部两侧边缘外卷；黏盘小，近圆形	9—10月	产于广西西南部、云南南部、海南。生于海拔390～1 000米的常绿阔叶林中树干上
15	南贡隔距兰 *C. nangongense*	悬垂，圆柱形	圆柱形，近轴面具深沟槽	萼片和花瓣黄绿色带紫色	中萼片卵状椭圆形，边缘具不整齐的细齿；侧萼片稍斜长圆形，边缘常疏生细齿	侧裂片先端尖齿状，向内弯，近蕊柱一侧边缘向内折叠而具2个方形的褶片，近先端内侧具1个角状的附属物；中裂片箭头状三角形，比侧裂片短而宽，先端钝；距背腹压扁，内有隔膜；胼胝体3裂	淡黄白色，前端稍伸长，先端截形	黏盘柄短而宽，近半圆形；黏盘大，马鞍形	6月	产于云南南部（勐腊）。生于海拔约1 700米的常绿阔叶林中树干上
16	毛柱隔距兰 *C. simondii*	上举，细圆柱形，分枝	圆柱形，肉质，无沟槽	黄绿色带紫红色脉纹	中萼片长圆形，先端圆形，全缘；侧萼片稍斜长圆形，先端钝，全缘	中裂片紫色，距内背壁上方的胼胝体T形、3裂	前端稍伸长，先端近截形	黏盘柄近半圆形，基部折叠；黏盘大，马鞍形	9月	产于云南南部（景洪、勐海）。生于海拔约1 100米的河岸疏林树干上

（续）

序号	种名	茎	叶	花			药帽	黏盘	花期	分布与生境
				颜色	萼片	唇瓣				
17	广东隔距兰 *C. simondii* var. *guangdongense*	上举，细圆柱形	圆柱形，肉质，无沟槽	黄绿色带紫红色脉纹	中萼片长圆形，先端圆形，全缘；侧萼片稍斜长圆形，先端钝，全缘	中裂片淡黄白色；距内背壁上方胼胝体为中央凹陷的四边形，其4个角翘起	前端稍伸长，先端近截形	黏盘柄近半圆形；黏盘马鞍形	10—12月	产于广东南部、福建、我国香港、海南。常生于海拔500～600米的常绿阔叶林中树干上或林下岩石上
18	角唇隔距兰 *C. tricornutum*	直立或悬垂、上举	硬革质	黄绿色至紫色	倒阔卵形，凹的，先端钝	侧裂片狭三角状，平等向前伸展；中裂片三角箭头状，向前伸直；唇盘带3条肉质、低矮的背	半球形	黏盘柄线状；黏盘小，卵圆形	12月—次年1月；少见7—8月	产于广西龙州县金龙镇。附生于北热带海拔390米石灰岩季雨林林下树干上
19	二齿叶隔距兰 *C. aspersum*	直立	线状长圆形，偏斜，顶端2裂	棕黄色，距白色	中萼片卵形，侧萼片宽椭圆形	侧萼片截形，边缘齿蚀状，中裂片宽卵形，凹陷，基部具2个垫状胼胝体封住距的入口	/	/	7—8月	产于云南（文山壮族苗族自治州）。附生于海拔1 020米热带雨林中潮湿稀疏的树干上

胡闽 / 武汉市伊美净科技发展有限公司

164. 坚唇兰属 *Stereochilus* Lindley

附生草本。叶2列。总状花序腋生。侧萼片贴生于唇瓣基部。花瓣小于萼片；唇瓣贴生于蕊柱基部，不可移动，唇瓣明显3裂，基部有距；中裂片内侧有纵向隔膜。

约6种，分布于印度东北部、不丹、缅甸、泰国、越南、中国。我国4种。

坚唇兰

短轴坚唇兰

坚唇兰属植物野外识别特征一览表

序号	种名	茎长	叶数量	叶形	花序长度	花色	毛被情况	花期	分布与生境
1	短轴坚唇兰 *S. brevirachis*	1.5 厘米	4～6 片	线形，先端不等 2 裂	短于叶	萼片、花瓣淡黄色到淡粉色，唇瓣中部洋红色，侧裂片黄橙色	花序和子房被短柔毛	6 月	产于云南、海南。生于海拔 1 300 米的潮湿雨林高大乔木上
2	坚唇兰 *S. dalatensis*	达 10 厘米	12 片以上	长圆状椭圆形，先端圆形	长于叶	萼片、花瓣白色，唇瓣浅紫色	花序和子房无毛	4—5 月	产于云南
3	绿春坚唇兰 *S. laxus*	达 15 厘米	达 11 片	长椭圆形至线形	长于叶	萼片、花瓣粉红色，唇瓣正面浑紫红色，背面粉红色	花序和子房无毛	7 月	产于云南。生于海拔约 1 800 米的林中树上

备注：本属还有美玲坚唇兰 *S. xiaoi* H.Jiang & Y.Zhang，该物种资料缺乏，暂不对其识别特征进行介绍

晏启 / 武汉市伊美净科技发展有限公司

165. 花蜘蛛兰属 *Esmeralda* H. G. Reichenbach

附生草木。茎长且粗壮，具多节和多数2列的叶。叶厚革质，狭长，不等2裂，基部具1个关节和抱茎的鞘。花序多生于叶腋；花序柄和花序轴粗壮，常比叶长，不分枝，总状花序疏生少数花；花大，开展；萼片和花瓣具红棕色斑纹；唇瓣近提琴形，3裂；距囊状；黏盘马鞍形。

3种，分布于中国、泰国、缅甸、印度、不丹、尼泊尔。我国2种，产于西南部。

口盖花蜘蛛兰

口盖花蜘蛛兰

口盖花蜘蛛兰

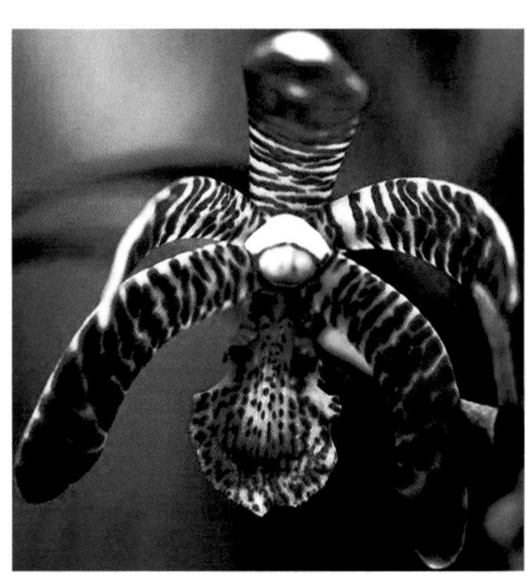

花蜘蛛兰

花蜘蛛兰属植物野外识别特征一览表

序号	种名	唇瓣侧裂片	唇瓣中裂片	距口前方覆盖物	花期	分布与生境
1	花蜘蛛兰 *E. clarkei*	半卵形或近半圆形	卵状菱形，先端不裂，近锐尖	无覆盖物	10月	产于海南（三亚市、保亭、陵水、琼中）。生于海拔500～1 000米的山谷崖石上或疏林中树干上
2	口盖花蜘蛛兰 *E. bella*	近方形	近倒卵状菱形，先端凹缺	具1个向唇瓣先端伸延而在两侧裂片之间可动的覆盖物	11月	产于云南（勐海、景洪、景东）、西藏东南部（墨脱）。生于海拔1 700～1 800米山地疏林中树干上

李晓艳 / 武汉市伊美净科技发展有限公司

166. 湿唇兰属 *Hygrochilus* Pfitzer

附生草本。叶宽阔，2 列互生。总状花序；唇瓣以 1 个活动关节着生于蕊柱基部，3 裂；萼片、花瓣稍短而宽；唇瓣侧裂片基部间凹陷为囊状；距囊状；蕊柱较长，无蕊柱足；花粉团 2 个，具裂隙；黏盘柄长而宽扁，向基部变狭；黏盘近圆形。

本属 1 种，分布于印度东北部、缅甸、泰国、越南、老挝至中国。

湿唇兰

湿唇兰

湿唇兰属植物野外识别特征一览表

种名	花色	萼片、花瓣形态	活动关节	蕊柱足	黏盘	花期	分布与生境	备注
湿唇兰 *H. parishii*	萼片、花瓣黄色带暗紫色斑点	萼片宽倒卵形，花瓣宽卵形	1 个	无	近圆形	6—7 月	产于云南南部。生于海拔 800～1 100 米的山地疏林中树干上	根据《中国生物物种名录》（2021），湿唇兰属并入蝴蝶兰属

晏启 / 武汉市伊美净科技发展有限公司

167. 蜘蛛兰属 *Arachnis* Blume

附生草本。叶 2 列，扁平而狭长，先端浅 2 裂。花序侧生，常比叶长；花开展；萼片和花瓣相似，狭窄，通常向先端变宽；侧萼片和花瓣常向下弯曲；唇瓣基部以 1 个可活动关节着生于蕊柱足末端；距短钝，圆锥形，近末端稍向后弯曲；花粉团 4 个。

约 13 种，分布于东南亚至新几内亚岛和太平洋一些岛屿。我国 1 种和 1 变种，产于南方热带地区。

窄唇蜘蛛兰

窄唇蜘蛛兰

蜘蛛兰属植物野外识别特征一览表

序号	种名	花序	萼片、花瓣形态	花色	侧裂片	中裂片	距	花期	分布与生境
1	窄唇蜘蛛兰 *A. labrosa*	圆锥花序疏生多数花	倒披针形，下弯呈蜘蛛状，长为宽的 4 倍以上	淡黄色带红棕色斑点	近三角形	舌形，先端锐尖或稍钝	位于唇瓣中裂片的中部，圆锥形	8—9 月	产于云南南部、我国台湾、海南、广西。生于海拔 800～1 200 米的山地林缘树干上或山谷悬岩上
2	赵氏蜘蛛兰 *A. labrosa* var. *zhaoi*	与原变种（窄唇蜘蛛兰）的区别在于花黄绿色，没有红棕色斑纹。产于海南。附生于海拔约 600 米树上							

备注：根据《中国生物物种名录》（2021），赵氏蜘蛛兰并入窄唇蜘蛛兰

晏启 / 武汉市伊美净科技发展有限公司

168. 白点兰属 *Thrixspermum* Loureiro

附生草本。茎上举或下垂，短或伸长，有时匍匐状，具少数至多数近 2 列的叶。叶扁平，密生而斜立于短茎或较疏散地互生在长茎上。总状花序侧生于茎，长或短，单个或数个，具少数至多数花；花苞片常宿存；花小至中等大，逐渐开放，花期短，常 1 天后凋萎；花苞片 2 列或呈螺旋状排列，萼片和花瓣多少相似，短或狭长；唇瓣贴生在蕊柱足上，3 裂；侧裂片直立，中裂片较厚，基部囊状或距状，囊的前面内壁上常具 1 枚胼胝体；蕊柱粗短，具宽阔的蕊柱足；花粉团蜡质，4 个，近球形，不等大的 2 个成 1 对；黏盘柄短而宽；黏盘小或大，常呈新月状。蒴果圆柱形，细长。

约 120 种，分布于热带亚洲至大洋洲。我国 14 种，产于南方各省区，尤其是我国台湾。

三毛白点兰

台湾白点兰

垂纹白点兰

小叶白点兰

厚叶白点兰

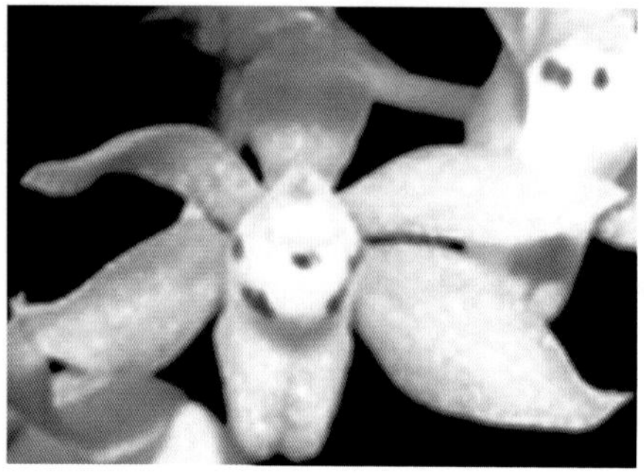

同色白点兰

异色白点兰

海台白点兰

抱茎白点兰

长轴白点兰

白点兰

小叶白点兰

抱茎白点兰

长轴白点兰

白点兰属植物野外识别特征一览表

序号	种名	植株	叶	花序	花苞片	花色	萼片与花瓣	唇瓣	花期	分布与生境
1	小叶白点兰 *T. japonicum*	附生，茎斜立和悬垂，纤细，具多数节	密生多数2列的叶，倒卵状披针形或长圆形，长2～4厘米，宽约7毫米，基部楔形，先端钝并且微2裂	花序轴长3～5毫米，纤细，疏生少数花	2列，彼此疏离	淡黄色	中萼片长圆形，侧萼片与中萼片等长而稍较宽，花瓣狭长圆形	内部带红色条纹，基部凹下呈囊状，具长约1毫米的爪，3裂；侧裂片近直立而向前弯曲，狭卵状长圆形，上端圆形；中裂片很小，半圆形，肉质，背面多少呈圆锥状隆起；唇盘基部稍凹陷，密被绒毛	9—10月	产于广东北部、贵州东北部、我国台湾、湖南、四川。生于海拔900～1 000米的沟谷、河岸的林缘树枝上
2	抱茎白点兰 *T. ampl-exicaule*	茎细长，稍扁三棱形，具多节	2列，卵状披针形，长2～5厘米，基部心形、抱茎，先端近锐尖并且微2裂	花序轴粗壮，长5厘米以上	2列，彼此紧靠	白色和淡紫色	萼片和花瓣卵形	基部凹下呈囊状，3裂；侧裂片很小，直立，先端尖	/	产于海南。附生于临海的海台石上
3	白点兰 *T. centipeda*	附生，茎斜立或下垂，粗壮，质地硬，多少扁圆柱形，常弧形弯曲，具多数节	2列互生，长圆形，长7.0～23.5厘米，先端钝并且2裂，基部近楔形、抱茎	花序轴粗壮，长5厘米以上	紧密排成2列，肉质，两侧对折呈牙齿状	白色或奶黄色，后变为黄色，质地厚，不甚开展，寿命约3天	萼片和花瓣狭披针形	基部凹下呈浅囊，3裂；侧裂片半卵形，直立，上部呈三角形，先端钝并且稍向前弯曲；中裂片向前伸，厚肉质，两侧对折呈狭圆锥形，先端稍钝；唇盘中央隆起1枚胼胝体	6—7月	产于云南南部、海南、我国香港、广西。生于海拔700～1 150米的山地林中树干上

（续）

序号	种名	植株	叶	花序	花苞片	花色	萼片与花瓣	唇瓣	花期	分布与生境
4	厚叶白点兰 *T. subulatum*	附生，植株下垂，具长的茎和很短的花序	2列互生，厚肉质，近先端处骤然变狭为短突	花序轴向先端变粗，具1～3朵花	螺旋状排列，很小，卵状三角形	橘黄色，直径约1.5厘米，寿命约1天	中萼片近椭圆形，侧萼片较大，花瓣比中萼片小	白色带橘黄色斑块，基部凹下呈囊状，3裂；侧裂片直立，前缘先端锐尖并向前下弯；中裂片肉质，不明显；唇盘金黄色，中央具1条狭窄肉突	4—5月	产于我国台湾。生于海拔700米以下的溪边大树树干上
5	垂枝白点兰 *T. pensile*	附生，植株下垂，具长的茎和很短的花序	2列互生，质地厚，非肉质，长	花序侧生，长1～2厘米，具少数花	螺旋状排列	白色，寿命仅约半天	侧萼片比中萼片宽，花瓣相似于萼片而较小	白色带黄色斑块，基部凹下呈囊状，3裂；侧裂片直立，前端呈三角状镰刀形；中裂片稍肉质，其前缘平截；唇盘近唇瓣基部中央具1条线形肉突	不定期	产于我国台湾。生于较低海拔的热带林中树干上
6	长轴白点兰 *T. saruwatarii*	附生，植株上举，具短茎和长的花序	2列，革质，长圆状镰刀形，先端锐尖并且不等侧2裂	花序轴伸长，稍折曲而向上增粗，疏生1～2朵或数朵花	彼此疏离，螺旋状排列，向外伸展，宽卵状三角形	白色或黄绿色，后来变为乳黄色，伸展，均同时开放，寿命约1个星期	花瓣狭椭圆形，比萼片小	基部凹下呈浅囊状，3裂；侧裂片直立，长椭圆形，先端圆钝，内面具许多橘红色条纹；中裂片肉质，红棕色，很小，齿状三角形；唇盘基部密布红紫色或金黄色毛	3—4月	产于福建北部、我国台湾、湖南。生于海拔达2 800米大树枝干上

（续）

序号	种名	植株	叶	花序	花苞片	花色	萼片与花瓣	唇瓣	花期	分布与生境
7	台湾白点兰 *T. formosanum*	附生，植株上举，具短茎和长的花序	稍肉质，狭长圆形，先端锐尖并且微2裂	花序轴缩短而通常肥厚，常具1～2朵花	彼此靠近，螺旋状排列，宽卵状三角形	花在花序轴上从下至上逐渐开放，白色，具香气，寿命约半天	侧萼片斜卵状椭圆形，稍比中萼片大，花瓣小	基部凹下呈圆筒状，3裂；侧裂片直立，近卵形，先端钝，内面具棕紫色斑点；中裂片不明显，其上密布白毛；唇盘被长毛并且具1枚肉质、鳞片状的附属物	2—3月	产于我国台湾。广泛分布于低海拔山区，附生于乔木或灌木枝干上
8	三毛白点兰 *T. merguense*	附生，植株上举，具短茎和长的花序	肉质，狭长圆形，先端钝并且微2裂，基部收狭	花序轴缩短而通常肥厚，具少数花	彼此紧靠，螺旋状排列，狭长	花在花序轴上从下向上逐渐开放，寿命约半天，黄色	花瓣椭圆形，比萼片小	白色带红色条纹，基部凹下呈浅囊状，3裂；侧裂片大，直立，先端钝；中裂片橘黄色，不明显；唇盘在前端具3个密被白毛的肉突	6—11月	产于我国台湾。海拔、生境不详
9	海台白点兰 *T. annamense*	附生，植株上举，具短茎和长的花序	革质，长圆状椭圆形，先端锐尖并且微2裂	花序轴缩短而通常肥厚，具多数花	螺旋状排列，宽卵形，长约1毫米，先端钝	小，白色	花瓣椭圆形，比萼片稍小	基部凹下呈浅囊状，3裂；侧裂片直立，三角形，先端浑圆；中裂片向上内卷，先端稍2裂，密被毛；唇盘中央具1条纵向的厚脊	4—5月	产于我国台湾、海南。生于山地林中树干上
10	同色白点兰 *T. trichoglottis*	附生，植株上举，具短茎和长的花序	革质，先端钝并且稍不等侧2裂	花序轴缩短而通常肥厚，密生数朵花	密集，螺旋状排列，卵状披针形，长3～4毫米，先端渐尖，宿存	黄白色，不甚张开	萼片斜卵形，花瓣椭圆形	基部凹下呈浅囊状，上面密被细乳突，3裂；侧裂片直立，半圆形，前端边缘具细长毛；中裂片小，三角形，前端边缘全缘；唇盘中央具1条宽厚而先端扩大并且凹缺的肉脊	3月	产于云南南部。生于海拔约700米疏林中树干上

（续）

序号	种名	植株	叶	花序	花苞片	花色	萼片与花瓣	唇瓣	花期	分布与生境
11	异色白点兰 *T. eximium*	附生，植株上举，具短茎和长的花序	带状或长椭圆形，先端锐尖	花序轴缩短而通常肥厚，具少数花	苞片密集，螺旋状排列，长约1毫米	白色带粉红色，在花序轴上从基部向上逐渐开放，寿命仅约半天	花瓣凹陷呈槽状，近椭圆形，略小于萼片	基部凹下呈囊状，前缘具不规则的细齿，3裂；侧裂片直立，近半圆形，其外侧边缘棕色，向下延伸并且具有不规则的红色斑块，内侧边缘棕黄色，向下延伸而具有平行的橘红色斑纹；中裂片较宽短，先端浅裂；唇盘具1条中央凹入的纵向肉突，肉突扁平，近中部两侧具2条弯曲的小肉突，上部裂成2叉状或Y形，末端状如刷子	2—4月	产于我国台湾。生于海拔约1 100米的杂木林中
12	金唇白点兰 *T. fantasticum*	附生，植株上举，具短茎和长的花序	革质，长椭圆形或卵状长圆形，先端歪斜并且2尖裂	花序轴缩短而通常肥厚，具数朵花	花苞片卵状三角形，螺旋状排列，彼此紧靠或呈覆瓦状	不甚张开，白色	花瓣相似于侧萼片而较小	白色带黄棕色斑纹，基部凹下呈囊状，3裂；侧裂片直立，较窄，稍向前下弯，前缘具齿；中裂片半圆形，边缘齿状而向内卷曲；唇盘具2条密被白粉的纵向肉突，其先端簇生黄色	4—5月	产于我国台湾。通常生于海拔300～700米的山地丛林中树干上

（续）

序号	种名	植株	叶	花序	花苞片	花色	萼片与花瓣	唇瓣	花期	分布与生境
13	黄花白点兰 *T. laurisilvaticum*	茎上升，通常小于3厘米	近基生，椭圆至线状长圆形	花序上升至下垂，长2～4厘米，具2～4朵花，疏生	花梗和总状花序弯曲，细长	奶油黄色或淡黄色，有时唇上有红色斑点，唇瓣中裂片带红色	中萼片椭圆形,先端钝；侧萼片斜卵形，先端钝或锐尖；花瓣长圆形，先端钝	在基部边缘3裂；侧裂片直立，羽状；中裂片肉质，小，黏液状；花盘无胼胝体，具一簇紫色毛	4—5月	产于福建、湖南和我国台湾。附生于海拔600～1 200米的潮湿森林中树干上
14	吉氏白点兰 *T. tsii* 资料不详									

郑炜 / 四川水利职业技术学院

169. 异型兰属 *Chiloschista* Lindley

附生草本。无明显的茎，具多数长而扁的根。通常无叶或至少在花期无叶。花序细长，常下垂，被毛或无毛，分枝或不分枝，具多数花；花小，开展，萼片和花瓣相似；唇瓣3裂，具明显的萼囊；侧裂片较大，中裂片上面具密被绒毛的龙骨脊或胼胝体；花粉团蜡质，2个，近球形。

约10种，分布于印度至东南亚到澳大利亚，我国5种。

台湾异型兰

广东异型兰

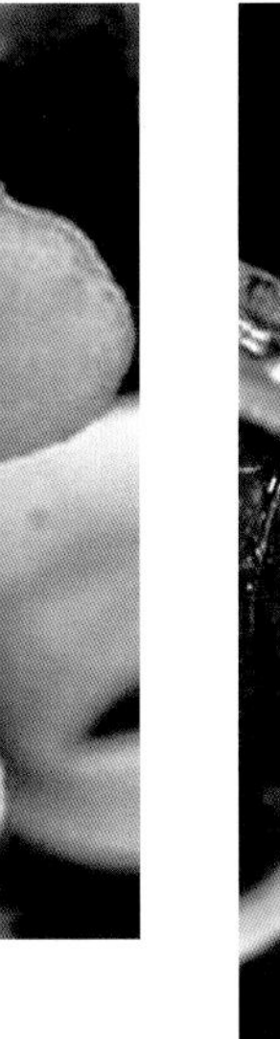

台湾异型兰

异型兰

异型兰

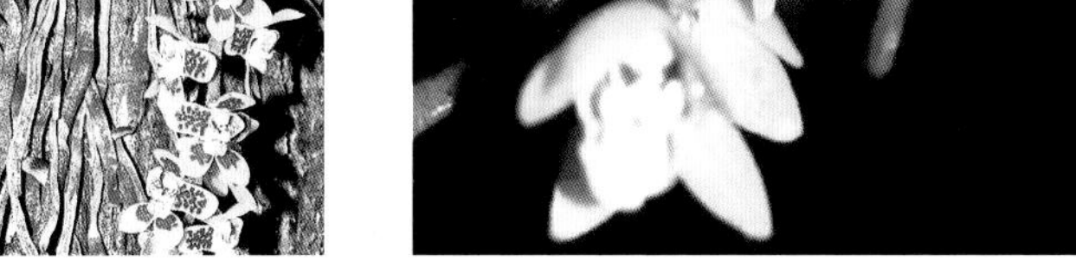

广东异型兰

异型兰属植物野外识别特征一览表

序号	种名	被毛情况	花	唇瓣	花期	分布与生境
1	白花异型兰 *C. exuperei*	花序轴和花梗密被短柔毛，萼片背面轻微被毛，唇瓣背部被毛浓密	白色	中裂片舌状，上面在两侧裂片之间凹陷呈球状，远比侧裂片短	5月	产于云南。附生于海拔1 200米季雨林树干上
2	广东异型兰 *C. guangdongensis*	花序轴和花梗密被硬毛，花无毛	黄色	中裂片卵状三角形，与侧裂片近等大，上面在两侧裂片之间凹陷呈球状；侧裂片半圆形	5—6月	产于广东北部。生于山地常绿阔叶林中树干上，海拔不详
3	宽囊异型兰 *C. parishii*	花序轴和叶柄密被绒毛，花无毛	白绿色或黄色	侧裂片长圆形；中裂片不明显，远比侧裂片短，上面在两侧裂片之间凹陷呈圆形	4月初	产于我国台湾屏东县。生于海拔450米处，生境不详
4	台湾异型兰 *C. segawae*	花序轴和叶柄密被绒毛，花无毛	白绿色或黄色	侧裂片长圆形；中裂片不明显，远比侧裂片短，上面在两侧裂片之间凹陷呈圆锥形	4—5月	产于我国台湾中南部。通常生于海拔700～1 000米的林中树干上
5	异型兰 *C. yunnanensis*	花序密被绒毛，萼片及花瓣背面密被短毛	茶色或淡褐色	侧裂片狭长圆形；中裂片很短，先端钝并且凹入，上面在两侧裂片之间凹陷呈浅囊状	3—5月	产于云南东南部至南部、四川中部。生于海拔700～2 000米山地林缘或疏林中树干上

晏启 / 武汉市伊美净科技发展有限公司

170. 万代兰属 *Vanda* Jones ex R. Brown

附生草本。茎直立或斜立，粗壮，下部节上有发达的气根。叶扁平，2 列，基部具关节和抱茎的鞘。总状花序从叶腋发出，花质地通常较厚；唇瓣侧裂片小，中裂片大；蕊柱粗短，基部具不明显的蕊柱足；花粉团近球形，2 个，每个半裂或具裂隙；黏盘柄短而宽，黏盘近宽的圆形。

约 40 种，分布于中国和亚洲其他热带地区。我国 12 种，本手册收录 11 种，产于南方热带地区。

叉唇万代兰

矮万代兰

垂头万代兰

小蓝万代兰

白柱万代兰

琴唇万代兰

垂头万代兰

纯色万代兰

大花万代兰

雅美万代兰

万代兰属植物野外识别特征一览表

序号	种名	花序	花	唇瓣中裂片	唇瓣侧裂片	花期	分布与生境
1	垂头万代兰 *V. alpina*	总状，短于叶，长 1.5～2.5 厘米，具 1～3 朵花	黄绿色，垂头，不甚张开	近舌形，先端稍凹缺且具乳头状突起	半圆形	6 月	产于云南南部
2	矮万代兰 *V. pumila*	总状，短于叶，长 2～7 厘米，具 1～3 朵花	奶黄色，向前伸展	舌形或卵形，先端钝并且稍凹缺	卵形	3—5 月	产于广西西部、云南南部和西南部、海南。生于海拔 900～1 800 米山地林中树干上
3	叉唇万代兰 *V. cristata*	总状，短于叶，约 3 厘米长，具 1～2 朵花	黄绿色，向前伸展	近琴形，先端狭窄并且尖 2 裂	卵状三角形	5 月	产于云南西南部、西藏东南部。生于海拔 700～1 650 米的常绿阔叶林中树干上
4	大花万代兰 *V. coerulea*	总状，长于叶，长 20～42 厘米，具多朵花	天蓝色，大，直径 6～9 厘米	舌形，向前伸，先端近截形并且中央凹缺，基部具 1 对胼胝体	狭镰刀状	10—11 月	产于云南南部。生于海拔 1 000～1 600 米的河岸或山地疏林中树干上

（续）

序号	种名	花序	花	唇瓣中裂片	唇瓣侧裂片	花期	分布与生境
5	小蓝万代兰 *V. coerulescens*	总状，长于叶，长达 36 厘米，具多朵花	淡蓝色或白色带淡蓝色晕，小，直径约 2.5 厘米	楔状倒卵形，先端扩大呈圆形，其中央稍凹缺，基部具 1 对胼胝体	近长圆形	3—4 月	产于云南南部和西南部。生于海拔 700 ～ 1 600 米的疏林中树干上
6	白柱万代兰 *V. brunnea*	总状，短于叶，长 13 ～ 25 厘米，具 3 ～ 5 朵花	背面白色，正面黄绿色或黄褐色带紫褐色网格纹	提琴形，基部与先端几乎等宽，先端 2 圆裂，基部距口处具 1 对白色胼胝体	圆耳状或半圆形	3 月	产于云南东南部至西南部。生于海拔 800 ～ 1 800 米的疏林中或林缘树干上
7	雅美万代兰 *V. lamellata*	总状，长于叶，长 20 ～ 30 厘米，具多朵花	色多变，通常黄绿色且多少具褐色斑块和不规则纵条纹	提琴形，先端钝或圆形	近圆形	4 月	产于我国台湾。常生于低海拔的林中树干上或岩石上
8	广东万代兰 *V. fuscoviridis*	总状，长于叶，约 23 厘米长，多具朵花	背面白色，正面黄色，直径 3.4 ～ 3.9 厘米	提琴形，先端微凹	卵状三角形	5 月	产于广东
9	琴唇万代兰 *V. concolor*	总状，短于叶，长 13 ～ 17 厘米，多具朵花	背面白色，正面黄褐色带黄色花纹	提琴形，近先端处缢缩，基部比先端狭	近镰刀状或披针形	4—5 月	产于广东北部、广西北部和西南部、贵州西南部、云南南部至西北部。生于海拔 800 ～ 1 200 米的山地林缘树干上或岩壁上
10	纯色万代兰 *V. subconcolor*	总状，短于叶，长 12 ～ 17 厘米，具多朵花	背面白色，正面黄褐色，具明显网格状脉纹	卵形，中部以上缢缩而在先端扩大，基部比先端宽	卵状三角形	2—3 月	产于云南西部、海南。生于海拔 600 ～ 1 000 米的疏林中树干上

备注：此属还有麻栗坡万代兰 *V. malipoensis* Lindl.，但资料不详

奚蓉 / 生态环境部华南环境科学研究所

171. 钻喙兰属 *Rhynchostylis* Blume

附生草本。茎粗壮，具肥根。叶2列，肉质外弯，先端钝、不等侧2圆裂或具牙齿状缺刻，中部以下常呈V形对折，基部具关节和鞘。总状花序侧生，密生许多花；花序柄和花序轴粗壮，具肋棱；花美丽，中等大，开展；萼片和花瓣相似，花瓣较狭；唇瓣贴生于蕊柱足末端，不裂或稍3裂，基部具距；距两侧压扁，末端指向后方；黏盘柄狭长，顶端扩大；黏盘小或大，比黏盘柄宽。

约6种，分布于热带亚洲。我国2种，产于南方热带地区。

海南钻喙兰

海南钻喙兰

钻喙兰

钻喙兰

钻喙兰属植物野外识别特征一览表

序号	种名	花	唇瓣	距	蕊柱足	花期	分布与生境
1	钻喙兰 *R. retusa*	较大，萼片长1.2～1.4厘米	前部明显3裂	狭圆锥形，长4～5毫米	不明显	5—6月	产于贵州西南部、云南东南部至西南部。生于海拔310～1 400米疏林中或林缘树干上
2	海南钻喙兰 *R. gigantea*	较小，萼片长8～11毫米	前部不明显3裂	囊状，两侧压扁，长6～8毫米	明显	1—4月	产于海南。生于海拔约1 000米的山地疏林中树干上

晏启 / 武汉市伊美净科技发展有限公司

172. 叉喙兰属 *Uncifera* Lindley

附生草本。茎伸长，通常下垂，具多数2列的叶。叶稍肉质，扁平，长圆形或披针形，先端不等侧2裂或2～3尖裂，基部具关节和抱茎的鞘。总状花序下垂；萼片相似，凹，侧萼片稍歪斜；花瓣相似于萼片，稍小；唇瓣上部3裂；侧裂片近直立；中裂片厚肉质，很小，稍向前伸或上举，上面多少凹陷；距长而弯曲，向末端变狭，内面无附属物；蕊柱粗短，无蕊柱足；蕊喙明显，粗厚，上举，先端2裂，裂片近三角形；黏盘柄大，细长，上部肩状扩大，远比花粉团宽，向下收狭为线形。

约6种，分布于喜马拉雅山、缅甸、泰国、越南。我国2种，产于西南部。

叉喙兰

叉喙兰

叉喙兰属植物野外识别特征一览表

序号	种名	花色	唇瓣	距	蕊喙	花期	分布与生境
1	叉喙兰 *U. acuminate*	黄绿色	上部3裂	近漏斗状，向前弯曲呈半环状	大，肉质	4—7月	产于云南南部至东南部、贵州。附生于海拔1 600～1 900米的山地密林中树干上
2	中泰叉喙兰 *U. thailandica*	萼片浅紫色，边缘白色；花瓣浅绿色；唇瓣白色	唇侧裂不明显	“乙”状弯曲	隐藏在囊的开口	/	产于云南。附生于海拔1 400米的常绿林中

刘金珍 / 长江水资源保护科学研究所

173. 寄树兰属 *Robiquetia* Gaudichaud

附生草本。2 列叶。花序与叶对生；花半张开，萼片相似，中萼片凹；花瓣比萼片小；唇瓣肉质，3 裂；侧裂片小，直立；中裂片伸展而上面凸状；距圆筒形。

本属约 40 种，分布于东南亚至澳大利亚和太平洋岛屿。我国 4 种，产于南方各省区。

大叶寄树兰

寄树兰

寄树兰

寄树兰

寄树兰属植物野外识别特征一览表

序号	种名	叶	花序	花	唇瓣	花期	分布与生境
1	寄树兰 *R. succisa*	先端近截头状并且啮蚀状缺刻	圆锥花序	黄绿色	白色	6—9 月	产于广西东部、云南南部、广东西部、我国香港、海南、福建。生于海拔 570 ～ 1 150 米的疏林中树干上或山崖石壁上
2	大叶寄树兰 *R. spathulata*	先端钝并且不等侧 2 裂	总状花序	黄色，有时偏红	黄色	7—8 月	产于海南。生于海拔达 1 700 米的山地林中树干上、林下或溪边岩石上
3	越南寄树兰 *R. vietnamensis*	先端钝并且不等侧 2 裂或近急尖而具 2 ～ 3 小裂	总状花序	黄色，花瓣中间具 2 个突出红褐色斑	浅黄色	7 月	产于云南南部、海南。生于海拔约 650 米的山地林中树干上
4	三色寄树兰 *R. insectifera*	先端钝并且不等侧 2 裂或近急尖而具 2 ～ 3 小裂	总状花序	花黄色，花瓣中间具 1 个浅红色斑	黄色	7 月	产于海南。生于海拔约 600 米的山地林中树干上

晏启 / 武汉市伊美净科技发展有限公司

174. 拟囊唇兰属 *Saccolabiopsis* J. J. Smith

附生草本，单轴，茎短小。叶少，卵圆披针形，钝状 2 裂。花序侧出，多花；花小，质薄；唇瓣基部合生呈柱状、囊状或者刺，具宽的边缘，无附属物；蕊柱小，圆柱形，柱头大，花药呈兜状，花粉块分裂成大小不等的 2 半，着生在细长的柄上。

本属约 15 种，分布于喜马拉雅山和中国南部、泰国、马来群岛、新几内亚和澳大利亚。我国 2 种，为特有种。

台湾拟囊唇兰

台湾拟囊唇兰

拟囊唇兰属植物野外识别特征表

序号	种名	茎	叶	花序	花	唇瓣	蕊柱	分布与生境
1	台湾拟囊唇兰 *S. taiwaniana*	约1厘米	3～5片，淡绿色	总状，具13～19朵花	花萼与花瓣弯曲，淡绿色；唇瓣白色，花药偏黄色	宽三角形，边缘不裂，囊状	/	产于我国台湾。附生于海拔400～500米常绿阔叶林树干上
2	拟囊唇兰 *S. wulaokenensis*	长3～6厘米	3～8片，弯曲	腋生，具10～35朵花	花淡绿色，唇瓣中间裂片白色	近3裂，基部呈囊状	柱头凸起明显，花粉块生于长柄上	产于我国台湾。附生于海拔300米阔叶林树枝上

刘胜祥 / 华中师范大学

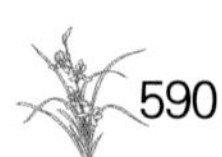

175. 凤蝶兰属 *Papilionanthe* Schlechter

附生草本。叶细圆柱状。花序在茎上侧生；萼片和花瓣宽阔，先端圆钝；唇瓣基部与蕊柱足连接，3 裂；中裂片先端扩大而常 2～3 裂；距漏斗状圆锥形或长角状；蕊柱粗短，具明显的蕊柱足；花粉团 2 个，具沟。

约 12 种，分布于中国南部至东南亚。我国 4 种，产于云南南部和西藏东南部。

凤蝶兰

白花凤蝶兰

凤蝶兰属植物野外识别特征一览表

序号	种名	叶	花色	中裂片	距	花期	分布与生境
1	白花凤蝶兰 *P. biswasiana*	渐狭，在距先端约 2 厘米处骤然收狭而变为细尖	乳白色或有时带淡粉色	近扇形，先端深 2 裂	狭长，长 2.5 厘米	4 月	产于云南南部。生于海拔 1 700～1 900 米的山地林中树干上
2	台湾凤蝶兰 *P. taiwaniana*	先端钝而具细尖	中萼片、花瓣白色带淡黄色；侧萼片淡黄色；唇瓣黄色，有许多深棕色或棕红色纵向条纹，先端白色	近方形，先端微缺	短，长 2～2.5 毫米	12 月	产于我国台湾。生于海拔 200～600 米林中树干上

（续）

序号	种名	叶	花色	中裂片	距	花期	分布与生境
3	凤蝶兰 *P. teres*	先端钝	中萼片、花瓣淡紫红色；侧萼片白色稍带淡紫红色；唇瓣深紫红色，内面黄褐色	倒卵状三角形，先端深2裂	狭长，长2厘米	5—6月	产于云南南部。生于海拔约600米的林缘或疏林中树干上
4	万代凤蝶兰 *P. vandarum*	先端渐尖	白色；唇瓣基部、距紫色	倒卵形，先端2裂，边缘具锯齿状小齿	狭长，长2.0～2.5厘米	5月	产于我国南部

晏启 / 武汉市伊美净科技发展有限公司

176. 蝴蝶兰属 *Phalaenopsis* Blume

附生草本。根肉质，长而扁。茎短，具少数近基生的叶。花序侧生于茎的基部；萼片、花瓣较宽阔；唇瓣3裂；侧裂片直立；中裂片伸展；唇盘在两侧裂片之间或在中裂片基部常有肉突或附属物；蕊柱较长，中部常收窄，通常具翅，基部具蕊柱足；花粉团2个，近球形，每个半裂或劈裂为不等大的2片。

40～45种，分布于热带亚洲至澳大利亚。我国13种，产于南方各省区。

大尖囊蝴蝶兰

大尖囊蝴蝶兰

小尖囊蝴蝶兰

滇西蝴蝶兰

小兰屿蝴蝶兰

版纳蝴蝶兰

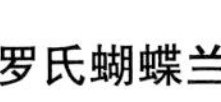

罗氏蝴蝶兰

华西蝴蝶兰

海南蝴蝶兰

台湾蝴蝶兰

麻栗坡蝴蝶兰

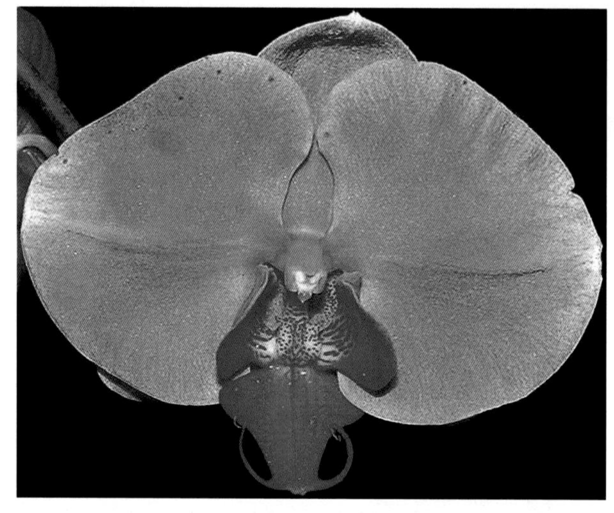

蝴蝶兰

蝴蝶兰属植物野外识别特征一览表

序号	种名	根	叶	花色	唇瓣中裂片	唇瓣侧裂片	距	花期	分布与生境
1	蝴蝶兰 *P. aphrodite*	圆形或稍扁	背面红色，旱季或花季不落叶	颜色丰富	菱形，先端具2条卷须	倒卵形，侧裂片之间具1枚黄色肉突	无距	4—6月	产于我国台湾。生于低海拔的热带和亚热带的林中树干上
2	台湾蝴蝶兰 *P. aphrodite* subsp. *formosana*	圆形或稍扁	背面绿色，旱季或花季不落叶	颜色丰富	菱形，先端具2条卷须	倒卵形，侧裂片之间具1枚黄色肉突	无距	4—6月	产于我国台湾
3	尖囊蝴蝶兰 *P. braceana*	强烈扁平	旱季或花季落叶	萼片、花瓣内面淡棕红色，唇瓣深紫红色	椭圆形，先端稍喙状，两侧边缘下弯而形成倒舟状	近长圆形	狭圆锥形	5月	产于云南南部至西南部。生于海拔1 150～1 700米的山地疏林中树干上

（续）

序号	种名	根	叶	花色	唇瓣中裂片	唇瓣侧裂片	距	花期	分布与生境
4	大尖囊蝴蝶兰 *P. deliciosa*	强烈扁平	边缘波状，旱季或花季落叶	浅白色带淡紫色斑纹	倒卵状楔形，先端深凹	倒卵形	宽圆锥形	7月	产于海南。生于海拔450～1 100米的山地林中树干上或山谷岩石上
5	小兰屿蝴蝶兰 *P. equestris*	圆形或稍扁	旱季或花季不落叶	淡粉红色带玫瑰色唇瓣	卵形，平展，先端锐尖	镰刀状倒卵形	无距	4—5月	产于我国台湾东南部
6	海南蝴蝶兰 *P. hainanensis*	强烈扁平	旱季或花季落叶	淡粉色、黄色，唇瓣深玫红色	馒形或提琴形，边缘强烈下弯呈倒舟状，先端圆钝而微2裂	镰刀状长圆形	无距	7月	产于海南、云南。生于林下岩石上
7	红河蝴蝶兰 *P. honghenensis*	稍扁	旱季或花季不落叶	萼片和花瓣从粉色到淡绿色，唇瓣紫色	长圆形，两侧缢缩，先端钝	长圆形	耳状	/	产于云南。生于海拔2 000米区域
8	罗氏蝴蝶兰 *P. lobbii*	强烈扁平	旱季或花季落叶	白色具棕色斑点，唇瓣中裂片具2个宽的纵向栗褐色条纹	肾形，先端凹，边缘微弯	镰刀状	无距	3—5月	产于云南。生于海拔600米以下开阔的森林树干上
9	麻栗坡蝴蝶兰 *P. malipoensis*	强烈扁平	旱季或花季落叶	萼片和花瓣白色，有时带淡黄色，唇瓣白色和橙色或橙黄色	宽三角形	近披针形	无距	4—5月	产于云南。生于疏林和林缘树木上
10	版纳蝴蝶兰 *P. mannii*	稍扁	旱季或花季不落叶	萼片、花瓣橘红色带紫褐色横纹、斑块，唇瓣白色	锚状，先端圆钝	长方形	无距	3—4月	产于云南南部。生于海拔1 350米的常绿阔叶林中树干上

（续）

序号	种名	根	叶	花色	唇瓣中裂片	唇瓣侧裂片	距	花期	分布与生境
11	滇西蝴蝶兰 *P. stobartiana*	强烈扁平	旱季或花季落叶	萼片、花瓣褐绿色，唇瓣中裂片深紫色，侧裂片上部淡紫色，下部黄色	倒卵状椭圆形，边缘下弯而形成先端喙状的倒舟形	狭长，中部稍缢缩，先端斜截形并且扩大	无距	5—6月	产于云南西部。生于海拔1 350米的山地林中树干上
12	小尖囊蝴蝶兰 *P. taenialis*	强烈扁平	旱季或花季落叶	萼片、花瓣淡紫红色，唇瓣紫红色	匙形，先端圆形	近镰刀状	尖角状	6月	产于云南西部、西藏南部。生于海拔达2 000米的山坡林中树干上
13	华西蝴蝶兰 *P. wilsonii*	强烈扁平	旱季或花季落叶	淡粉红色，唇瓣中裂片深紫色，侧裂片上半部紫色，下半部黄色	宽倒卵形或倒卵状椭圆形，先端钝且稍2裂，边缘白色、下弯而形成倒舟状	狭长，中部缢缩，上部扩大而先端斜截	无距	4—7月	产于四川、贵州、云南、西藏、广西。生于海拔800～2 150米的山地疏林中树干上或林下阴湿的岩石上

备注：囊唇蝴蝶兰 *P. gibbosa* 资料不详，暂不进行介绍。根据《中国生物物种名录》（2021），五唇兰 *D. pulcherrima* 和湿唇兰 *H. parishii* 并入蝴蝶兰属

晏启 / 武汉市伊美净科技发展有限公司

177. 低药兰属 *Chamaeanthus* Schlechter ex J. J. Smith

附生草本。茎短，具少数叶。叶狭窄，近对折。花序短，常从茎节上成对长出，总状花序；花稍张开，萼片和花瓣狭小，具狭长的先端；唇瓣着生于蕊柱足末端并且形成活动关节，3 裂；无距，有时基部囊状；蕊柱短，具向前弯曲的蕊柱足。

约 3 种，南到泰国南部至爪哇岛、新几内亚，东北至台湾和菲律宾。我国 1 种。

低药兰

低药兰属植物野外识别特征一览表

种名	叶	花序	花	花瓣、萼片	唇瓣	花期	分布与生境
低药兰 *C. wenzelii*	2 列互生，线形，呈镰刀状	总状花序腋生	黄色，直立	披针形	以 1 个活动关节与蕊柱足末端相连，基部无距，3 裂，侧裂片边缘多少具锯齿	2 月	产于我国台湾。生于热带雨林中树干上，海拔不详

晏启 / 武汉市伊美净科技发展有限公司

178. 风兰属 *Neofinetia* Hu

附生草本，具气根。茎很短，被密集而2列互生的叶。叶斜立而外弯为镰刀状，多少呈V形对折。总状花序腋生；唇瓣3裂，中裂片向前伸展而稍下弯；距纤细，比花梗和子房长或短；蕊柱粗短，具翅，无蕊柱足；花粉团2个，球形，具裂隙。

约3种，分布于东亚。我国3种均产。

短距风兰

短距风兰

风兰

风兰

风兰属植物野外识别特征一览表

序号	种名	花色	唇瓣侧裂片	距	花期	分布与生境
1	风兰 *N. falcata*	白色	长圆形	纤细，长3.5～5.0厘米	4月	产于甘肃、浙江、江西、湖北、四川、福建。生于海拔达1 520米的山地林中树干上
2	短距风兰 *N. richardsiana*	白色，萼片和花瓣基部、子房顶端淡粉红色	斜倒披针形	长1.0～1.1厘米	4—5月	产于重庆。生于海拔1 300～1 400米的林中树干上
3	西昌风兰 *N. xichangensis*	萼片和花瓣淡粉红色，唇瓣白色	斜倒披针形	长1.0～1.5厘米	/	产于四川西南部（西昌）。附生于海拔1 400～1 500米山谷沿岸树干上

备注：根据《中国生物物种名录》（2021），西昌风兰并入短距风兰

晏启 / 武汉市伊美净科技发展有限公司

179. 萼脊兰属 *Sedirea* Garay et Sweet

附生草本。茎短。叶2列，稍肉质或厚革质，先端钝并且不等侧2浅裂，基部无柄。总状花序，疏生数朵花；苞片宽卵形，短于花梗和子房。花中等大，开展，萼片和花瓣离生，相似。唇瓣3裂，侧裂片直立，中裂片下弯，基部有距；距长，向前弯曲并向末端变狭。蕊柱较长，向前弯，具短的蕊柱足或无蕊柱足；蕊喙大，下弯，2裂；花粉团蜡质，2个，近球形；黏盘柄带状，稍向基部变狭，黏盘大。

2种。分布于中国、日本、韩国。

短茎萼脊兰

短茎萼脊兰

萼脊兰

萼脊兰

萼脊兰属植物野外识别特征一览表

序号	种名	花序	萼片、花瓣颜色	唇瓣		花期	分布与生境
				中裂片	侧裂片		
1	短茎萼脊兰 *S. subparishii*	花序外弯，总状，长10厘米，疏生数朵花	淡黄绿色而有淡褐色斑点	肉质，狭长圆形，全缘，长6毫米，宽约1.2毫米，在背面近先端处有喙状突起	较大，直立，半圆形	5月	产于湖北西南部、广东北部、贵州东北部、四川东北部（城口、雷波）、江西（井冈山）、浙江、福建、湖南。生于海拔300～1 100米的山坡林中树干上

（续）

序号	种名	花序	萼片、花瓣颜色	唇瓣		花期	分布与生境
				中裂片	侧裂片		
2	萼脊兰 *S. japonica*	总状花序长18厘米，下垂，疏生6朵花	花萼和花瓣白绿色，侧萼片在基部上方内面具1～3个污褐色横向斑点，唇瓣白色带紫红色	匙形，其前部边缘具不规则的圆齿	小，近三角形，边缘紫丁香色	6月	产于浙江（文成、天台山）、云南西部（盈江）、日本（琉球群岛）、韩国。生于海拔600～1 350米的疏林中树干上或山谷崖壁上

陈佳 / 福建省寿宁县第一中学

180. 指甲兰属 *Aerides* Loureiro

附生草本，具绿叶，扁平。唇瓣基部具距，距向前伸展；蕊柱足明显；花粉团2个，每个具半裂的裂隙。

约20种，分布于中国南方至东南亚。我国5种，1种为特有种。

多花指甲兰

多花指甲兰

扇唇指甲兰

香花指甲兰

指甲兰属植物野外识别特征一览表

序号	种名	唇瓣中裂片	蕊柱	药帽	花序	花色	花期	分布与生境	备注
1	指甲兰 *A. falcata*	无爪，近卵形	具长的蕊柱足，长达1厘米或更长	前端收窄呈喙状	总状花序较短，疏生数朵花	花瓣淡白色，上部具紫红色	5—6月	产于云南东南部。生于山地常绿阔叶林中树干上	此属为附生草本。小蓝指甲兰在《中国植物志》中无物种性状描述，该种识别特征主要依据FOC
2	扇唇指甲兰 *A. flabellata*	具长爪，前端扩大呈扇状	很短，具很短的蕊柱足	前端截形，不收窄	总状花序较短，疏生数朵花	白色带淡紫色斑点	5月	产于云南东南部至南部。生于海拔600～1 700米的林缘和山地疏生的常绿阔叶林中树干上	
3	香花指甲兰 *A. odorata*	狭长圆形，基部无附属物	粗短	前端收窄呈喙状	总状花序长，密生许多花	白色带粉红色	5月	产于云南西部（盈江）、广东。生于山地林中树干上	
4	小蓝指甲兰 *A. orthocentra*	菱形	很短，约3毫米	具细尖	总状花序长，花序梗直立	花白色，唇瓣紫色	4月	产于云南。生于海拔1 000～1 500米的森林中	
5	多花指甲兰 *A. rosea*	近菱形	很短	前端收窄呈喙状	总状花序长，密生许多花	白色带紫色斑点	7月	产于广西西南部（靖西）、贵州西南部（安龙）、云南东南部至南部（屏边、麻栗坡、勐海、勐腊、景洪）。生于海拔320～1 530米的山地林缘或山坡疏生的常绿阔叶林中树干上	

冯杰 / 武汉市伊美净科技发展有限公司

181. 长足兰属 *Pteroceras* Hasselt ex Hasskarl

附生草本，短茎。叶带状，2 列。总状花序；花开展，萼片和花瓣伸展，侧萼片歪斜；唇瓣 3 裂，基部与蕊柱足末端连接而处于一个水平线上；侧裂片直立，较大；中裂片肉质，短小，基部具袋状或囊状的距。

本属约有 20 种，分布于喜马拉雅山至东南亚和新几内亚岛。我国 5 种，产于云南。

滇南长足兰

滇越长足兰

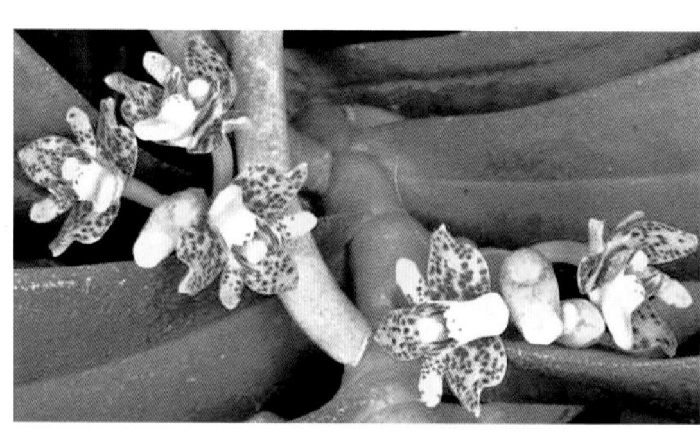
长足兰

长足兰

长足兰属植物野外识别特征一览表

序号	种名	根与茎	叶	花序	花	花瓣、萼片	唇瓣	花期	分布与生境
1	长足兰 *P. leopardinum*	茎明显，质地硬	薄革质，近长圆形	总状花序 2～6 个，不分枝，多花	淡黄色，稍肉质，开展	萼片和花瓣黄色带紫褐色斑点	乳白色，以 1 个活动关节与蕊柱足末端连接，3 裂	3—5 月	产于云南南部。生于海拔 950～1 300 米林缘和山地疏林中树干上
2	毛莛长足兰 *P. asperatum*	茎不明显	直立，斜长圆形或长圆状舌形	总状花序近直立，疏生少数至多数花	白色	萼片和花瓣白色	贴生在蕊柱足末端，3 裂	6—9 月	产于云南南部。生于海拔 1 500 米的常绿阔叶林中树干上

（续）

序号	种名	根与茎	叶	花序	花	花瓣、萼片	唇瓣	花期	分布与生境
3	滇南长足兰 *P. compressum*	茎不明显	直立，斜长圆形	总状花序近直立，多花，花序轴近菱形	白色至淡黄色，具褐色斑点	萼片和花瓣白色至淡黄色	贴生在蕊柱足末端，3 裂	6—9 月	产于云南、海南。生于海拔 500 米的树林中
4	筒距长足兰 *P. teres*	茎不明显	直立，长圆状披针形	总状花序近直立，多花，花序轴圆柱形	黄色，螺旋状排列	萼片与花瓣黄色或棕黄色	贴生在蕊柱足末端，3 裂	6—9 月	产于云南南部。生于海拔 900 ～ 1 150 米的次生林或原始森林边缘
5	滇越长足兰 *P. simondianus*	茎不明显	直立，长圆状披针形	总状花序近直立，多花，花序轴圆柱形	浅黄色	萼片与花瓣浅黄色，中部具红色纹	贴生在蕊柱足末端，3 裂	2—5 月	产于广西弄岗保护区。生于海拔 200 米的常绿雨林中

晏启 / 武汉市伊美净科技发展有限公司

182. 胼胝兰属 *Biermannia* King et Pantling

附生小型草本。茎短，被叶鞘包围。叶线形。总状花序短。萼片和花瓣离生；唇瓣狭而牢固地以一个直角贴生于柱足，基部具一个小裂口而形成一个隐蔽的囊，无距，3 浅裂。蕊柱粗壮，具短足。

约 9 种，分布于中国、印度、印度尼西亚、马来西亚半岛、泰国和越南等，我国 1 种。

胼胝兰

胼胝兰属植物野外识别特征一览表

种名	叶	花序	花	花瓣、萼片	唇瓣	花期	分布与生境
胼胝兰 *B. calcarata*	基生，长圆状披针形	下垂，总状花序，具3～6朵花	小，淡黄色，唇瓣中部白色	椭圆状披针形，顶端渐尖	3裂；侧裂片直立，卵状三角形；中裂片圆锥形，稍呈拖鞋状	7—9月	产于广西西南部。附生于海拔约800米林中树上

晏启 / 武汉市伊美净科技发展有限公司

183. 钗子股属 *Luisia* Gaudichaud

附生草本。茎簇生，圆柱形，木质化，通常坚挺，具多节，疏生多数叶。叶肉质，细圆柱形，基部具关节和鞘。总状花序侧生，远比叶短，花序轴粗短，密生少数至多数花；花通常较小，多少肉质；萼片和花瓣离生；唇瓣肉质，牢固地着生于蕊柱基部，中部常缢缩而形成前后（上下）唇；后唇常凹陷，前唇常向前伸展，上面常具纵皱纹或纵沟；花粉团蜡质；黏盘柄短而宽。

约50种，分布于热带亚洲至大洋洲。我国14种，产于南部热带地区。

叉唇钗子股

台湾钗子股

吕氏钗子股

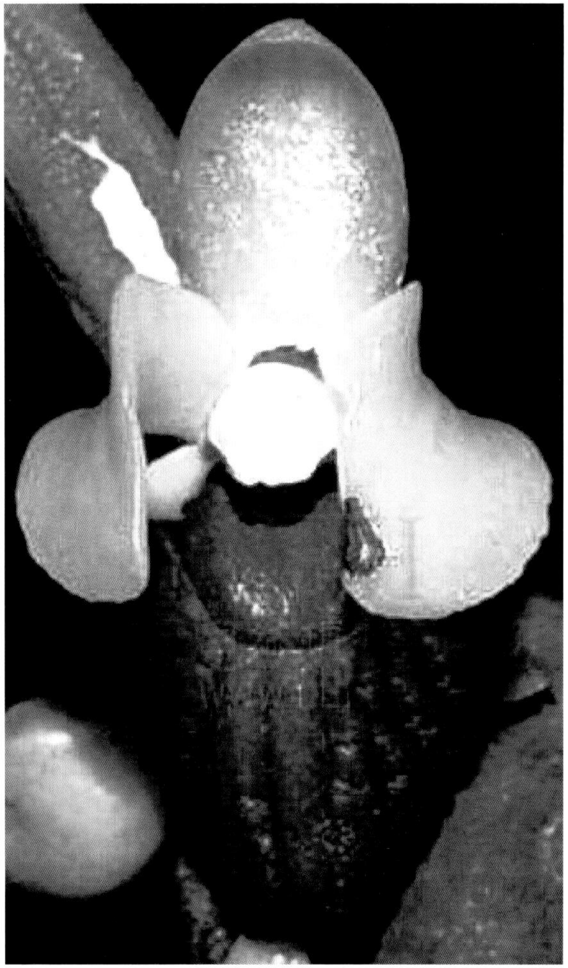

长叶钗子股

钗子股

大花钗子股

紫唇钗子股

小花钗子股

纤叶钗子股

圆叶钗子股

钗子股属植物野外识别特征一览表

序号	种名	茎	叶	花序	花色与花形	侧萼片	唇瓣	花期	分布与生境	备注
1	长瓣钗子股 *L. filiformis*	通常下垂，圆柱形，具多数节	肉质，互生，细圆柱形，基部具1个关节和抱茎的鞘	总状花序直立，具少数花	花稍肉质，萼片和花瓣浅白色；花瓣线形，长8毫米以上	对折而围抱唇瓣的两侧边缘，长8毫米，在背面中肋向先端逐渐扩大呈翅状，翅的先端不变狭为细尖	暗紫色，长7毫米，前后唇之间的界线明显；后唇的基部两侧各具1个长、宽为4毫米的耳；前唇宽卵状三角形，先端钝，上面具数条带疣状突起的纵向脊突	4—6月	产于云南东南部和南部（金平、勐海）。生于海拔700～1 100米的山坡密林中树干上	/

（续）

序号	种名	茎	叶	花序	花色与花形	侧萼片	唇瓣	花期	分布与生境	备注
2	圆叶钗子股 *L. cordata*	直立或下垂，圆柱形，不分枝	肉质，互生，圆柱形，先端锐尖，基部具鞘，叶鞘圆筒形	总状花序腋生，具2～3朵花	花常下垂，花瓣线形，长不及8毫米	绿色，卵状披针形，舟状，先端急尖，具7条脉，在背面中肋呈龙骨状突起	上面深紫红色，背面绿色，肉质，无毛；后唇稍凹，基部具很短钝的侧裂片（耳）；前唇较大，心形，近先端处具1个驼曲的隆起物	1月	产于我国台湾（台东一带）。生于海边及热带雨林中树干上	/
3	长穗钗子股 *L. longispica*	长达20厘米，具多节，被宿存的革质鞘	肉质，互生，圆柱形，先端钝	总状花序与叶对生，长约2厘米，密生4～8朵花	花黄绿色带紫红色，花瓣近卵形	伸展，近披针形，背面龙骨状的中肋伸出先端之外约1.5毫米并呈钻状	紫红色，近卵状三角形，前后唇无明显的界线；前唇较小，近半圆形；后唇凹，基部具1对与蕊柱基部连生的纵脊	5月	产于云南南部至东南部（勐腊、马关）。生于海拔800米的山谷林中树干上	/
4	宽瓣钗子股 *L. ramosii*	通常弧形弯曲而上举，圆柱形，具多数节	肉质，斜立，圆柱形，先端钝，基部具1个关节和抱茎的宿存叶鞘	总状花序与叶对生，近直立，长约1厘米，具3～6朵花	花质地较薄，开展，紫红色；花瓣与中萼片排列在一个平面上，卵形	稍斜长圆形，与唇瓣并行而不对折，仅中肋明显在背面隆起而向先端逐渐扩大呈翅；翅在先端骤然变为钻状或芒，并且伸出侧萼片的先端之外	前后唇之间的界线明显；后唇比前唇宽，稍凹；前唇近肾状三角形，先端圆钝	4—6月	产于海南（陵水等地）、广西西南部至西北部（龙州、天峨、大新）。生于海拔150～500米的山谷疏林中树干上	/

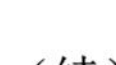

（续）

序号	种名	茎	叶	花序	花色与花形	侧萼片	唇瓣	花期	分布与生境	备注
5	钗子股 *L. morsei*	直立或斜立，坚硬，圆柱形，具多节和多数互生的叶	肉质，斜立或稍弧形上举，圆柱形，基部具1个关节和扩大的鞘	总状花序与叶对生	花小，开展，萼片和花瓣黄绿色，萼片在背面着染紫褐色，花瓣近卵形	侧萼片斜卵形，稍对折并且围抱唇瓣前唇两侧边缘而向前伸，先端钝，背面中肋向先端变为宽翅然后骤然收狭呈尖牙齿状，并且伸出先端之外	前后唇的界线明显；后唇比前唇宽，稍凹陷；前唇紫褐色或黄绿色带紫褐色斑点，近肾状三角形，先端凹缺并且其背面具1枚圆锥形的乳突，边缘多少具圆缺刻	4—5月	产于海南（三亚市、陵水、保亭、昌江、白沙、儋州、琼海等）、广西西南部（龙州）、云南南部（元江、石屏）、贵州西南部（安龙）。生于海拔330～700米的山地林中树干上	/
6	大花钗子股 *L. magniflora*	质地硬，直立，具许多节	斜立，肉质，圆柱形，基部具1个关节，在关节之下扩大为抱茎的鞘	总状花序几乎与叶对生，常具2～3朵花	萼片和花瓣黄绿色，在背面具紫红色斑点，花瓣近椭圆形	侧萼片对折并且围抱唇瓣前唇中下部两侧边缘而向前伸，与中萼片等长，背面中肋向先端变为宽翅，翅的先端钝	暗紫色，前后唇的分界线明显；后唇比前唇小，稍凹；前唇心形，宽约1厘米，上面具许多疣状突起	4—7月	产于云南南部（勐腊、勐海、石屏）。生于海拔680～1900米的疏林中树干上	/

（续）

序号	种名	茎	叶	花序	花色与花形	侧萼片	唇瓣	花期	分布与生境	备注
7	叉唇钗子股 *L. teres*	直立，圆柱形，长达55厘米，具多数节间	斜立，肉质，圆柱形，基部具1个关节和宿存的革质鞘	总状花序侧生于叶鞘背侧的基部上方，具1～7朵花	花开展，萼片和花瓣淡黄色或浅白色，在背面和先端带紫晕；花大，中萼片长约10毫米，花瓣向前倾，稍镰刀状椭圆形	侧萼片与唇瓣的前唇平行而向前伸，稍两侧对折而围抱前唇的两侧边缘，比中萼片长，先端稍锐尖，在背面中肋呈翅状，但其不向先端伸长为芒尖	厚肉质，浅白色而上面密布污紫色的斑块，前后唇之间无明显的界线；后唇稍凹；前唇较大，近卵形，伸展，上面近先端处具1条纵向的肉质脊突，先端叉状2裂	3—5月	产于我国台湾（乌来、屏东和台东等地）、广西西部（西林）、四川中西部（泸定）、贵州西南部（兴义）、云南东南部（岘山、麻栗坡）。生于海拔1 200～1 600米的山地林中树干上	本种花的各部分大小和颜色因地区的差异而常有变化
8	纤叶钗子股 *L. hancockii*	直立或斜立，质地坚硬，圆柱形，具多节	肉质，疏生而斜立，圆柱形，基部具1个关节和抱茎的鞘	总状花序与叶对生，近直立或斜立	花肉质，开展，萼片和花瓣黄绿色；花小，中萼片长约6毫米，花瓣稍斜长圆形	侧萼片长圆形，对折，先端钝，具3条脉，在背面龙骨状的中肋近先端处呈翅状	近卵状长圆形，先端2裂，前后唇无明显的界线；后唇稍凹；前唇紫色，先端凹缺，边缘具圆齿或波状，上面具3～4条带疣状突起的纵脊	5—6月	产于浙江（临安、宁波、普陀、天台、临海、乐清、温州、泰顺等地）、福建（龙岩、长乐、永泰、霞浦等地）、湖北（远安）。生于海拔200米或更高的山谷崖壁上或山地疏生林中树干上	/

（续）

序号	种名	茎	叶	花序	花色与花形	侧萼片	唇瓣	花期	分布与生境	备注
9	小花钗子股 *L. brachystachys*	近直立，圆柱形，具多节	肉质，斜立，圆柱形，基部具1个关节，在关节之下扩大为抱茎的鞘	总状花序与叶对生，近直立，具3～6朵花	花开展，萼片和花瓣黄绿色，在背面具紫褐色的中肋，花瓣狭长圆形，宽1.6～1.8毫米	侧萼片对折并围抱唇瓣的两侧边缘而向前伸，长4.0～4.5毫米，先端钝，在背面中肋稍隆起而到达近先端处变成高翅，翅的先端不延伸为细尖	淡黄色，长5.2毫米，光滑无毛，前后唇之间无明显的分界线；后唇稍凹，比前唇狭；前唇近半圆形或三角状菱形	4月	产于云南南部（勐腊、勐海）。生于海拔700～1 180米的山谷林中树干上	/
10	长叶钗子股 *L. zollingeri*	直立或弧形弯曲而上举，有时分枝，具多节	肉质，互生于茎的上部，斜立，基部具1个关节和抱茎的鞘	总状花序对生于叶，直立或斜立，通常具3～6朵花	花开展，花瓣淡粉红色，与中萼片几乎排成一平面，倒卵状椭圆形，宽3.2毫米	侧萼片内面与中萼片同色，在背面的中下部为黄绿色，稍对折并围抱唇瓣两侧边缘而向前伸，在背面中肋隆起呈龙骨状并且向先端逐渐变成高翅，翅的先端不延伸为细牙齿状	上面除先端边缘绿色外，其余为紫红色，在背面（下面）为黄绿色，前后唇的界线不明显；后唇比前唇宽；前唇半圆形，光滑无毛	5月	产于云南南部（勐腊、元江）。生于海拔500～720米的沟谷林中树干上	/

（续）

序号	种名	茎	叶	花序	花色与花形	侧萼片	唇瓣	花期	分布与生境	备注
11	聚叶钗子股 *L. appressifolia*	直立，通常分枝	/	生于茎的基部，绿黄色具密集的斑点	肉质，萼片黄绿色，背面红色，约3毫米；花瓣金黄色，略带紫色，椭圆形	锐尖，背面具龙骨状突起，先端具翅	金黄色，近轴有浓密的棕色斑点，长10～15毫米，肉厚，前后唇之间无明显的分界线	4—5月	产于云南（麻栗坡）。生于海拔1 450～1 600米石灰岩森林树干上	《聚叶钗子股—中国兰科新记录种及形态特征增补》（吴训锋等，2019）
12	吕氏钗子股 *L. lui*	/	/	/	花通常下垂，直径约1.5厘米；花瓣淡黄色，宽线形，先端钝，长约12毫米	斜卵状椭圆形	正面深紫色，背面绿色，长10～11毫米，唇盘具5～7条不明显的纵向脊	3月	产于我国台湾（屏东、双流）。生于海拔200～300米处	《Supplements to the Orchid Flora of Taiwan (V)》（许天铨，2010）
13	紫唇钗子股 *L. macrotis*	约30～40厘米，直径2～3毫米，节间2～3毫米	圆柱状，长20～30厘米，直径2毫米	花序侧生，长约1厘米，具2或3朵花	花完全开放，花瓣淡紫色，线形，长2.5厘米	不明显，直立，卵形，约1.5毫米	深紫色，长1.2毫米；后唇不凹；前唇心形，长9毫米，稍微缺，或多或少有皱纹	4月	产于云南（泸水）。生于海拔2 500米高黎贡山东坡树干上	《Additional notes on Orchidaceae from Yunnan, China》（Jin X H, 2007）
14	台湾钗子股 *L. megasepala*	常下垂或拱起，疏生多叶	叶片硬	花序短，具1～3朵花	花直径2.5～3.0厘米，萼片和花瓣黄绿色，有紫色斑点，花瓣倒卵形到匙形	龙骨状，在先端成为翅	有绿色和紫色斑点，长13～18毫米；后唇短；前唇近宽长圆形，正面明显具网状槽	3—5月	产于我国台湾中部和南部。附生于海拔700～2 000米开阔森林的树干上	FOC

胡蝶 / 长江大学

184. 香兰属 *Haraella* Kudo

附生草本。茎短，具数片2列的叶。叶扁平，镰刀状，基部扭转，具关节和鞘。花序出自叶腋，不分枝，下垂；萼片与花瓣离生，基部收狭；唇瓣比萼片和花瓣大，中部缢缩而形成近等大的前后唇；后唇基部具1个指向后方的三角形肉质胼胝体；前唇近圆形，边缘不整齐，上面被毛；黏盘柄线形，黏盘近马鞍形。

本属1种，产于我国台湾。

香兰

香兰

香兰属植物野外识别特征一览表

种名	茎	花莛	叶	花序	花色	花瓣、萼片	唇瓣	花期	分布与生境
香兰 *H. retroalla*	极短	出自基部叶腋	2列互生，镰刀状，革质	总状花序，具1～4朵花	黄白色	萼片倒卵形；花瓣斜椭圆形，与萼片等长	前半部近圆形，边缘具撕裂状的流苏，上面中央深紫色并密被毛	7—11月	产于我国台湾。生于海拔500～1 500米阔叶林中

刘胜祥 / 华中师范大学

185. 盆距兰属 *Gastrochilus* D. Don

附生草本，具粗短或细长的茎。茎具节，节生根。叶多数，常2列互生，基部具关节和鞘。花序侧生，比叶短；总状花序或呈伞形花序；花多少肉质；萼片和花瓣近相似；唇瓣分为前唇和后唇（囊距），前唇垂直于后唇；后唇贴生于蕊柱两侧，呈盆状、钢盔状或囊袋状；蕊柱粗短，无蕊柱足；花粉团蜡质，2个，具1个孔隙；黏盘2叉裂，具黏盘柄。

约47种，分布于亚洲热带和亚热带地区。我国约35种，产于长江以南，尤其以台湾和西南部较多。

中华盆距兰

中华盆距兰

中华盆距兰

列叶盆距兰

列叶盆距兰

南川盆距兰

台湾盆距兰

台湾盆距兰

大花盆距兰

大花盆距兰

宣恩盆距兰

小唇盆距兰

海南盆距兰

盆距兰

红斑盆距兰

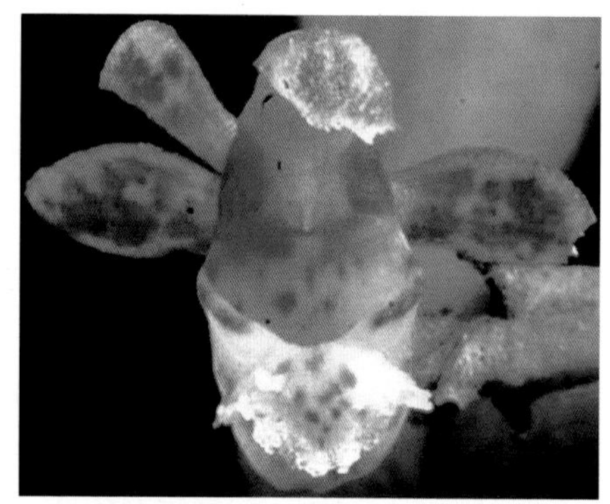
细茎盆距兰

细茎盆距兰

美丽盆距兰

美丽盆距兰

镰叶盆距兰

麻栗坡盆距兰

麻栗坡盆距兰

黄松盆距兰

广东盆距兰

无茎盆距兰

黄松盆距兰

小唇盆距兰

无茎盆距兰

盆距兰属植物野外识别特征表

序号	种名	叶	花序	萼片	唇瓣		花期	分布与生境
					前唇	后唇		
1	镰叶盆距兰 *G. acinacifolius*	镰刀状长圆形，长7～14厘米，宽1～2厘米	伞形花序	近等大	边缘具齿，上面中央增厚呈垫状，光滑无毛，其外围被乳突状毛	白色，帽状或半球形，上端口缘高于前唇	9—12月	产于海南。生于海拔约1 000米林中树干上
2	大花盆距兰 *G. bellinus*	大，带状或长圆形，长11.5～23.5厘米，宽1.5～2.3厘米，先端不等侧2裂，裂片先端稍尖	伞形花序侧生	椭圆形，长12～17毫米，宽6～7毫米，先端圆钝	近肾状三角形，边缘啮蚀状或流苏状，上面密被白色乳突状毛，垫状物基部具穴窝	近圆锥形或半球形，末端圆形，与前唇垫状物几乎在同一水平面上	4月	产于云南南部。生于海拔1 600～1 900米的山地密林中树干上
3	盆距兰 *G. calceolaris*	2列互生，长达23厘米，宽1.5～2.5厘米	伞形花序	中萼片和侧萼片相似、等大，倒卵状长圆形，长7～8毫米	边缘具流苏或啮蚀状，上面中央增厚的垫状物无毛，其余被毛，垫状物基部具穴窝	盔状，长等于宽，上端具截形的口缘	3—4月	产于西藏南部、云南南部至西部、海南。生于海拔1 000～2 700米的山地林中树干上
4	缘毛盆距兰 *G. ciliaris*	多数，卵圆形至倒披针形，长0.8～2.5厘米，宽4～5毫米	伞形花序	相似，椭圆形	三角形，具缘毛，上面疏生短柔毛	近球形	不明	产于我国台湾中部。生于海拔1 800米的林地树上
5	列叶盆距兰 *G. distichus*	多数，与茎交成锐角而伸展，披针形或镰刀状披针形，长1.5～3.0厘米，宽4～6毫米	伞形花序	相似而等大，长圆状椭圆形	近半圆形，边缘全缘，上面光滑无毛，基部具2枚胼胝体	近杯状，比前唇窄	1—5月	产于云南西部、西藏东南部。生于海拔1 100～2 800米的山地林中树干上

（续）

序号	种名	叶	花序	萼片	唇瓣		花期	分布与生境
					前唇	后唇		
6	城口盆距兰 *G. fargesii*	狭长圆形或镰刀状长圆形，长 2.0～4.5 厘米，宽 4～6 毫米	伞形花序	中萼片与侧萼片相似，等大，长圆状椭圆形	宽三角形，先端钝，边缘啮蚀状，上面无毛	近圆锥形或盔状，比前唇窄	5—6 月	产于重庆北部、四川西部。生于海拔 2 300 米的山坡林中树干上
7	台湾盆距兰 *G. formosanus*	长圆形或椭圆形，长 2.0～2.5 厘米，宽 3～7 毫米	总状花序缩短呈伞状	中萼片椭圆形，长 4.8～5.5（～7.0）毫米	宽三角形或近半圆形，先端截形或圆钝，上面垫状物黄色，密被乳突状毛	近杯状，上端口缘截形且与前唇在同一水平面上	整年	产于陕西南部、福建北部、湖北西部、我国台湾。生于海拔 500～2 500 米的山地林中树干上
8	红斑盆距兰 *G. fuscopunctatus*	长圆形或镰刀状长圆形，长 1.5～2.2 厘米，宽 3～5 毫米，先端急尖，3 小裂	伞形花序	中萼片椭圆形，长 4 毫米，具 1 条脉；侧萼片斜卵状长圆形，具 1 条脉	椭圆状圆形，上面光滑无毛，垫状物淡绿色带少数紫红色斑点	近兜状，多少两侧压扁，宽于前唇	1—7 月	产于我国台湾。生于海拔 1 000～2 500 米的山地密林中树干上
9	贡山盆距兰 *G. gongshanensis*	叶与茎交成 90 度角向外伸展，长圆形，长 15～16 毫米，宽 6 毫米	总状花序缩短呈伞状	中萼片近椭圆形，长 5 毫米	肾形，先端圆形，具凹缺，边缘和上面密被短髯毛	近半球形	不明	产于云南西北部。生于海拔 3 200 米的林下岩石上
10	广东盆距兰 *G. guangtungensis*	数片，镰刀状长圆形或长圆形，长 4.5～9.5 厘米，宽 6～11 毫米，先端渐尖，具 2 个芒	总状花序缩短呈伞状	萼片相似，倒卵形	近卵状三角形，上面光滑无毛，边缘稍啮蚀状	上端口缘截形且与前唇的垫状物在同一水平面上	10 月	产于广东北部、云南西南部。生于海拔达 1 500 米的山坡林中树干上

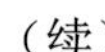

（续）

序号	种名	叶	花序	萼片	唇瓣		花期	分布与生境
					前唇	后唇		
11	海南盆距兰 *G. hainanensis*	4～5片，长达17厘米，宽2～3厘米	伞形花序	萼片倒卵状椭圆形，先端钝；中萼片与侧萼片近相似	卵状三角形，除基部边缘外，其余增厚呈垫状，无毛	圆锥形或近僧帽状，上端口缘与前唇几乎在同一水平面上	8月	产于海南中部。生于山地林中树干上
12	何氏盆距兰 *G. hoi*	长椭圆形，长达2.1厘米，宽7.5毫米，先端锐尖	伞形花序	萼片长5毫米	反卷，先端凹，上面密被白毛，垫状物绿色	圆锥形，伸直，稍扁，末端钝	1—2月	产于我国台湾。生于海拔2 300米山地密林中树干上
13	细茎盆距兰 *G. intermedius*	狭披针形，长5～6厘米，宽7～10毫米，先端渐尖	伞形花序	萼片近相似，椭圆形	边缘啮蚀状或具不整齐的齿，上面光滑无毛	上端具凹口，口缘比前唇高	10月	产于四川东南部。生于海拔1 500米的山地林中树干上
14	黄松盆距兰 *G. japonicus*	长圆形至镰刀状长圆形或倒卵状披针形，长5～14厘米，宽5～17毫米，先端近急尖而稍钩曲	总状花序缩短呈伞状	中萼片和侧萼片相似，倒卵状椭圆形或近椭圆形	近三角形，边缘啮蚀状或全缘，上面无毛	上端口缘与前唇几乎在同一水平面上	6—9月	产于我国台湾和我国香港。生于海拔200～1 500米山地林中树干上
15	狭叶盆距兰 *G. linearifolius*	线形或狭镰刀状，长8～15厘米，宽5～8毫米	伞形花序	中萼片长约5毫米，宽2.5毫米，先端钝	边缘具流苏，前端内侧具长柔毛，上面中央的垫状物被细乳突	近杯状，上端口缘高于前唇，前端具1个凹口	9月	产于西藏东南部。生于海拔1 600米的山坡林中树干上

（续）

序号	种名	叶	花序	萼片	唇瓣		花期	分布与生境
					前唇	后唇		
16	金松盆距兰 *G. linii*	椭圆形或长圆形，长达3厘米，宽8毫米，先端锐尖	总状花序缩短呈伞状	萼片椭圆形或长椭圆形，长5.0～5.5毫米	白色，三角形，边缘和上面被毛，垫状物黄色	向末端稍渐狭并且向前弯曲，近长圆锥形	5月	产于我国台湾中部。生于海拔2 000米的红松树干上
17	宽唇盆距兰 *G. matsudae*	狭披针形，长3厘米，宽3.5～6.0毫米，先端锐尖	总状花序缩短呈伞状	萼片相似，近椭圆形，长4.5～6.0毫米	近半圆形或扇形，上面密被髯毛，垫状物黄色	末端渐尖并且稍向前弯，近圆锥形	1—2月	产于我国台湾南部。生于海拔约1 000米的山地林中树干上
18	南川盆距兰 *G. nanchuanensis*	卵形或椭圆形，长1.3～1.6厘米，宽6～9毫米	伞形花序	萼片椭圆形，长4.2毫米	近半圆形或肾形，先端截形且深2裂，上面密被短毛	近圆锥形，末端圆形，上端口缘近截形	12月	产于重庆。生于海拔1 200米的山地密林中树干上
19	江口盆距兰 *G. nanus*	多数，椭圆状长圆形，长8～10毫米，宽5～6毫米	伞形花序，顶生	中萼片椭圆形，长2.2毫米，侧萼片与中萼片等大	肾形，向前伸展，边缘和上面密被白色毛，垫状物橄榄绿色	近圆筒状，伸直，与子房平行	8月	产于贵州东北部。生于海拔约1 000米的山地林缘树干上
20	无茎盆距兰 *G. obliquus*	长圆形至长圆状披针形，长8～20厘米，宽1.7～6.0厘米	花序近伞形	萼片几乎等大，近椭圆形	近三角形，边缘撕裂状或啮蚀状，上面无毛	两侧压扁，上端口缘与前唇在同一水平面上	10月	产于四川西南部、云南南部。生于海拔500～1 400米的山地林缘树干上
21	滇南盆距兰 *G. platycalcaratus*	3～6片，长圆形，长3～5厘米，宽7～12毫米	总状花序	萼片和花瓣黄绿色带紫红色斑点；中萼片长圆形，先端钝	三角状卵形，中部以上稍反折，上面密被硬毛，具浅绿色垫状物	近圆锥形，从中部至末端背腹强烈压扁，末端近截形并且凹入	3月	产于云南南部。生于海拔700～800米的山坡密林中树干上

（续）

序号	种名	叶	花序	萼片	唇瓣		花期	分布与生境
					前唇	后唇		
22	小唇盆距兰 *G. pseudodistichus*	卵状披针形或长圆形，长15～27毫米，宽5～6毫米，先端具2～3个短芒	伞形花序	萼片近等大，倒披针状长圆形，具1条脉	近半圆形，比后唇狭，上面光滑无毛	上端具与前唇在同一水平面上的截平状口缘	6月	产于云南东南部至西部。常生于海拔1 000～2 500米的山地林中树干上或匍匐于灌丛枝干上
23	合欢盆距兰 *G. rantabunensis*	簇生，倒卵状长圆形，长2.0～2.5厘米，宽4～7毫米	伞形花序	萼片和花瓣淡黄色带紫红色斑点；中萼片长3.8毫米	近肾形，先端稍凹缺，上面密被白色长毛	白色，近圆锥形，上端口缘与前唇垫状物在同一水平面上	1—2月或7月	产于湖南南部、我国台湾中部。生于海拔达2 000米的密林中树干上
24	红松盆距兰 *G. raraensis*	长圆形或长椭圆形，长1.5～2.6厘米，宽5～7毫米	伞形花序	萼片相似，近椭圆形，长3.5～4.5毫米	绿色，近半圆形，上面密被长毛，垫状物绿色	向末端变狭并且向前弯曲，近圆锥形，上端口缘与前唇在同一水平面上	1—2月	产于我国台湾。生于海拔1 500～2 200米的山地林中树干上
25	四肋盆距兰 *G. saccatus*	椭圆形，长1.0～1.8厘米，宽4～7毫米	总状花序缩短呈伞状	中萼片椭圆形，长4.8毫米	肾形或肾状三角形，向外下弯，先端钝，边缘和上面密被短毛	近盏状或杯状，伸直，末端圆形，上端口缘与前唇在同一水平面上	不明	产于云南

（续）

序号	种名	叶	花序	萼片	唇瓣		花期	分布与生境
					前唇	后唇		
26	中华盆距兰 *G. sinensis*	叶与茎交成90度角而伸展，椭圆形或长圆形，长1～2厘米，宽5～7毫米，基部具短柄	总状花序缩短呈伞状	中萼片近椭圆形，具3条脉；侧萼片具1条脉	肾形，先端宽凹缺，边缘和上面密被短毛	稍向前弯曲，近圆锥形，上端口缘稍比前唇高	10月	产于福建北部、浙江西北部、贵州东北部、云南西北部。生于海拔800～3 200米的山地林中树干上或山谷岩石上
27	歪头盆距兰 *G. subpapillosus*	长匙形或近长圆形，长13.0～18.5厘米，宽达2.1厘米	伞形花序	萼片相似，长圆形	近三角形，上面中央具1个黄色、光滑的垫状物，其余疏生短乳突状毛	上端口缘高于前唇且前端具凹口	10月	产于云南南部。生于海拔1 100～1 400米的密林中树干上
28	宣恩盆距兰 *G. xuanenensis*	4～6片，长2.0～2.5厘米，宽5～8毫米	伞形花序	中萼片倒卵状椭圆形，长4毫米，先端锐尖	肾状三角形，全缘，上面无毛	盔状，上端口缘呈耳状，明显高于前唇	5月	产于湖北西南部、贵州东北部。生于海拔500～650米山地林缘树干上
29	云南盆距兰 *G. yunnanensis*	舌形或长圆形，长6.0～16.5厘米，宽1.5～2.5厘米	伞形花序	萼片近等大，舌状长圆形	宽三角形，边缘撕裂状，上面中央垫状增厚，其外围被乳突状毛	上端口缘比前唇高，前端具1个宽的凹口	10月	产于云南南部。生于海拔约1 500米的密林中树干上
30	二脊盆距兰 *G. affinis*	窄椭圆形，具紫斑，顶端是2～3枚锯齿，长约1.5厘米，宽约0.5厘米	花序顶生，总状花序	萼片、花瓣绿色带褐色	绿色带褐色	黄色	5—6月	产于云南。生于海拔2 000～3 000米树干上
31	膜翅盆距兰 *G. alatus*	披针形，顶端3裂，密被紫褐色斑点，中脉延伸呈艺状，长约1.6厘米，宽约0.4厘米	伞形花序	萼片、花瓣黄色	宽椭圆形	圆锥形	5—6月	产于云南。生于海拔2 600～2 700米树干上

（续）

序号	种名	叶	花序	萼片	唇瓣		花期	分布与生境
					前唇	后唇		
32	嘉道理盆距兰 *G. kadooriei*	卵状披针形或长圆形	伞形花序	萼片、花瓣黄色带紫红色斑点	黄色带紫红色斑点，近半圆形	兜状，淡黄色带紫红色斑点	6月	产于云南和我国香港。生于海拔1 500米以下常绿阔叶林中
33	麻栗坡盆距兰 *G. malipoensis*	斜披针形，先端不等2裂	总状花序	萼片、花瓣白色，具紫色斑	半圆形，边缘白色具齿，中央具胼胝体	/	5—6月	产于云南。生于海拔约1 300米的溪边林中
34	短茎盆距兰 *G. obliquus*	长圆形或长圆状披针形，先端钝且不等2裂	伞形花序	萼片、花瓣黄色	白色具褐紫色斑点	白色，具褐紫色斑点	10月	产于云南南部和四川西南部。生于海拔500～1 400米的森林边缘树干上
35	美丽盆距兰 *G. somai*	长圆形至镰刀状长圆形	总状花序缩短呈伞状	萼片、花瓣淡黄绿色带紫红色斑点	白色带黄色先端，近三角形	白色，近帽状或圆锥形	8月	产于我国台湾、我国香港和福建。生于海拔1 000～2 000米的山地林中树干上

郑伟 / 武汉市伊美净科技发展有限公司

186. 槽舌兰属 *Holcoglossum* Schlechter

附生草本。茎短，被宿存的叶鞘，具许多长而较粗的根。叶肉质，圆柱形或半圆柱形。花序侧生，不分枝；花较大，萼片在背面中肋增粗或呈龙骨状突起；侧萼片较大，常歪斜；花瓣较小，与中萼片相似；唇瓣3裂；侧裂片直立，中裂片较大，基部常有附属物；距通常细长而弯曲，向末端渐狭；蕊柱粗短，具翅；花粉团蜡质，2个，球形，具裂隙。

分布于东南亚至越南、老挝、泰国、缅甸、印度东北部。我国14种，本手册收录12种。

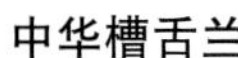

中华槽舌兰

大根槽舌兰

怒江槽舌兰

槽舌兰

滇西槽舌兰

白唇槽舌兰

短距槽舌兰

短距槽舌兰

筒距槽舌兰

大根槽舌兰

管叶槽舌兰

管叶槽舌兰

管叶槽舌兰

舌唇槽舌兰

槽舌兰属植物野外识别特征一览表

序号	种名	叶	唇瓣花色	距长	唇瓣中裂片	唇瓣侧裂片	花期	分布与生境
1	大根槽舌兰 *H. amesianum*	扁带状	淡紫红色	1 厘米	近肾状圆形，先端稍凹缺	先端钝	3 月	产于云南南部至西部。生于海拔 1 250～2 000 米的山地常绿阔叶林中树干上
2	管叶槽舌兰 *H. kimballianum*	圆柱形	紫色	约 1.6 厘米	近圆形，先端凹	直立，背面浅白色，内面黄色带棕红色斑点，向先端变狭而弯曲	11 月	产于云南东南部至西北部。生于海拔 1 000～1 630 米的山地林中树干上
3	白唇槽舌兰 *H. subulifolium*	近半圆形	中裂片白色，仅基部黄色	约 1.2 厘米	宽三角形，凹陷呈浅杓状	白色带黄色并且具紫斑，尖牙齿状	3—4 月	产于海南。生于海拔约 1 300 米的山地常绿阔叶林中树干上

（续）

序号	种名	叶	唇瓣花色	距长	唇瓣中裂片	唇瓣侧裂片	花期	分布与生境
4	舌唇槽舌兰 *H. lingulatum*	圆柱形	中裂片白色，仅基部黄色	长约1.5厘米	圆状舌形，先端钝并且凹缺或2浅裂	上缘凹缺成前后裂片	2月	产于广西、云南。生于海拔1 000米的山地疏林中树干上
5	槽舌兰 *H. quasipinifolium*	圆柱形	中裂片白色，仅基部黄色	长1.3～1.6厘米	倒卵状长圆形，先端稍收狭并且截头状而具凹缺	上缘凹缺成前后裂片，其后裂片半圆形	2—4（—9）月	产于我国台湾、四川。生于海拔700～2 800米的混交林中树干上
6	短距槽舌兰 *H. flavescens*	半圆柱形或多少V形对折	中裂片白色，仅基部黄色	长9～12毫米	椭圆形，先端钝，基部稍收狭	直立，半卵形或卵状三角形，内面具红色条纹，先端钝	5—6月	产于福建北部、湖北西南部、四川西南部、云南北部。生于海拔1 200～2 000米的常绿阔叶林中树干上
7	中华槽舌兰 *H. sinicum*	圆柱形	中裂片白色，仅基部黄色	不及1厘米	近菱形	上缘不凹缺	5月	产于云南西部。生于海拔2 700～3 200米的山地林中树干上
8	滇西槽舌兰 *H. rupestre*	圆柱形	红色	长11～12毫米	卵形，先端圆形，基部具2～3条小鸡冠状的附属物，边缘多少波状	上缘稍凹缺	6月	产于云南西北部
9	怒江槽舌兰 *H. nujiangense*	近圆状，先端渐尖	白色	漏斗形，向前弯曲，6～10毫米	宽菱形，全缘，钝，基部具黄色肉质胼胝体	直立，三角形，正面具红色条纹	4—5月	产于云南西部。附生于海拔2 500～3 000米常绿阔叶林树干上
10	凹唇槽舌兰 *H. subulifolium*	近半圆形	白色	/	三角形，基部具3条黄色带褐色的背突，边缘波状带不整齐的齿	直立，三角形，锐尖	3—5月	产于海南西南部和云南东南部。附生于海拔1 300～2 200米常绿阔叶林树干上

（续）

序号	种名	叶	唇瓣花色	距长	唇瓣中裂片	唇瓣侧裂片	花期	分布与生境
11	筒距槽舌兰 *H. wangii*	近圆形，肉质	唇瓣侧裂片黄色具紫色斑点	长 0.8～1 厘米	长圆形椭圆形	直立，不均匀 2 裂	10—11 月	产于广西西南部和云南东南部。附生于海拔 800～1 200 米常绿阔叶林树干上
12	维西槽舌兰 *H. weixiense*	近圆形，肉质，渐尖	花白色，稍带粉红色	长 0.7 厘米	半圆形，全缘，具强烈增厚的胼胝体，其两侧肿胀并形成 2 条脊	直立，三角形，基部延伸至蕊柱足	5—7 月	产于云南西北部。附生于海拔 2 500～3 000 米山谷阔叶林树干上

阴双雨 / 武汉市科籁恩科技发展有限公司

187. 鸟舌兰属 *Ascocentrum* Schlechter ex J. J. Smith

附生草本，具多数长而粗厚的气根和短或伸长的茎。叶数片，2 列，半圆柱形或扁平而在下半部常 V 形对折，先端锐尖或截头状而带不规则的 2～3 个缺刻，基部具关节和扩大成抱茎的鞘。花序腋生，直立或斜下而外伸；总状花序密生多数花；萼片和花瓣相似；唇瓣基部具距或囊，贴生于蕊柱基部，3 裂；侧裂片小，近直立；中裂片较大，伸展而稍下弯，基部常具胼胝体；距细长，下垂，有时稍向前弯；蕊柱粗短，无蕊柱足。

约 10 种，分布于东南亚至热带喜马拉雅地区。我国 3 种，产于南方省区。

圆柱叶鸟舌兰

尖叶鸟舌兰

鸟舌兰

鸟舌兰

鸟舌兰属植物野外识别特征表

序号	种名	茎	叶	花序柄和花序轴	花	唇瓣	蕊柱	花期	分布与生境
1	鸟舌兰 *A. ampullaceum*	直立	厚革质，扁平，下部常V形对折，上面黄绿色带紫红色斑点，背面淡红色	深紫色或淡黄色带紫色，总状花序密生多数花	花蕾时黄绿色，开放后殊红色	3裂，黄色，两侧各具1枚黄色的胼胝体	粗短，长约2毫米，朱红色而前面浅白色	花期4—5月	产于云南南部至东南部。生于海拔1 100～1 500米的常绿阔叶林中树干上
2	圆柱叶鸟舌兰 *A. himalaicum*	植株悬垂，具许多窄而扁的气根	肉质，暗绿色，半圆柱形，近轴面具1条纵沟	总状花序具数朵至11朵花	小，不甚张开；萼片和花瓣淡红色	3裂，白色，基部在两个侧裂片之间具1枚胼胝体	粗短，长约1毫米	花期11月	产于云南。生于海拔达1 900米常绿阔叶林中树干上
3	尖叶鸟舌兰 *A. pumilum*	直立或斜立	肉质，2列互生，两侧对折成半圆柱形，近轴面具1条纵槽	总状花序具3～10朵花	小，紫红色	贴生于蕊柱基部，3裂，黄色	红色	花期12月—次年2月	产于我国台湾。生于海拔1 000～2 300米的常绿阔叶林中树干上

备注：此属植物的唇瓣侧裂片小、近直立，中裂片较大、伸展而稍下弯，距细长、下垂，形似鸟舌状

刘胜祥 / 华中师范大学

188. 心启兰属 *Singchia* Z. J. Liu et L. J. Chen

附生草本，单轴生长。唇瓣不具附属物；侧裂片生于中裂片两侧；柱头腔大；蕊喙大，明显宽于蕊柱，向下伸展；花粉团具明显的柄，附着于一个共同的黏盘柄近顶端内弯处。

1种，分布于中国、印度东北部。

心启兰

心启兰属植物野外识别特征一览表

种名	茎	叶	花莛	花	花期	分布与生境
心启兰 *G. griffithii*	小而明显的假鳞茎	近基部无关节	发自假鳞茎基部	萼片与花瓣绿色；唇瓣浅黄绿色，并有紫褐色斑；蕊柱浅黄绿色，腹面有紫褐色斑	2—3月	产于云南泸水。生于海拔1 900米石灰岩灌木草丛山坡上

刘胜祥 / 华中师范大学

189. 拟蜘蛛兰属 *Microtatorchis* Schlechter

附生或罕为地生草本。根簇生，通常发达，呈放射状伸展，状如蜘蛛。近无茎。叶小，少数。花莛近直立，短或长，纤细；总状花序直立，具数朵花；花序柄短或长，纤细，具多数2列而宿存的无花苞片，其基部具或不具托叶状的附属物；花序轴具翼；花小，不甚开展；萼片和花瓣近等大，离生或在下部连合成短筒；唇瓣不裂或3裂，基部具囊状距；蕊柱短，无蕊柱足；花粉团蜡质，2个，全缘，具倒披针形的黏盘柄和较大的黏盘。

约50种，主要分布于新几内亚岛、印度尼西亚、菲律宾、大洋洲。我国1种，产于南方。

拟蜘蛛兰

拟蜘蛛兰属植物野外识别特征一览表

种名	根	叶	花序	花	唇瓣	黏盘	花期	分布与生境
拟蜘蛛兰 *M. compacta*	簇生，通常发达，呈放射状伸展，状如蜘蛛	小，近革质，狭长圆形或倒披针形	总状，直立或上举，具少数花；花序柄和花序轴具翼	绿色，半张开；萼片和花瓣连合而形成筒	宽卵形，基部两侧向内包卷，先端具1枚倒向的钩刺状的附属物；距囊状球形	黏盘柄细长，向上扩大呈三角形，黏盘比黏盘柄的基部宽	1—2月	产于我国台湾。生于海拔1 000～1 600米台湾杉和柳杉枝干上

刘胜祥 / 华中师范大学

190. 火炬兰属 *Grosourdya* H. G. Reichenbach

附生草本。具 2 列的叶。花序侧生于茎；花莛密被皮刺状的毛；花开展；萼片、花瓣离生；唇瓣以 1 个活动关节与蕊柱足连接，3 裂；距宽阔，不偏鼓。

约 11 种，分布于东南亚，向北到达越南和中国。我国 2 种。

火炬兰

火炬兰

火炬兰

火炬兰属植物野外识别特征一览表

种名	叶形	花序	花序	花色	唇瓣	距	花期	分布与生境
火炬兰 *G. appendiculata*	镰刀状长圆形，先端急尖并且不等侧 2 裂	总状花序，疏生 2～3 朵花	密被黑色硬毛	黄色带褐色斑点	3 裂；中裂片 3 裂	囊状	8 月	产于海南。生于山地常绿阔叶林中树干上
备注：根据相关资料，本属还有垂茎兰 *G. vietnamica*，由于资料缺乏，暂不对其识别特征进行介绍								

晏启 / 武汉市伊美净科技发展有限公司

191. 管唇兰属 *Tuberolabium* Yamamoto

附生草本。茎粗短。叶2列互生，基部具关节和宿存的鞘。总状花序侧生；同时开放；侧萼片比中萼片大，基部贴生在整个蕊柱足上；唇瓣基部牢固地与整个蕊柱足合生；花粉团蜡质，2个，近球形。

约10种，分布于东南亚、澳大利亚和太平洋岛屿，向北到达中国的台湾和印度的东北部。我国1种。

管唇兰

管唇兰

管唇兰属植物野外识别特征一览表

种名	叶	花序	花色	唇瓣	花期	分布与生境
管唇兰 *T. kotoense*	多少肉质或厚革质	总状花序，具多数翅状肋痕	白色，具香气	基部与整个蕊柱足合生，3裂；侧裂片直立，紫色，质薄，近方形，先端近截头状；中裂片较大，向前伸，前端厚肉质，先端近锐尖，上面紫色而凹陷；距圆锥形，两侧压扁，下垂	12月—次年2月	产于我国台湾。附生于林中树干上

刘金珍 / 长江水资源保护科学研究所

192. 虾尾兰属 *Parapteroceras* Averyanov

附生草本。茎短或伸长，斜立或有时下垂。叶稍肉质，2列，狭长，先端不等侧2尖裂，基部具关节和宿存的鞘。花序侧生，斜立或向外伸展，不分枝；花序柄和花序轴多少肉质，纤细，长于或约等于叶，具翅状纵凸纹，总状花序具许多花；花小，持续开放数日；中萼片卵状椭圆形；侧萼片倒卵形，较大，基部贴生在蕊柱基部；花瓣较小，倒卵状椭圆形；唇瓣着生在蕊柱足末端而形成一个可活动的关节，3裂；侧裂片大，上举，近长圆形；中裂片很小，稍向前伸；蕊柱粗短，具细长的蕊柱足；蕊喙短，2裂。

约5种，分布于东南亚，向北到达泰国、越南和中国南部。我国1种，产于云南南部。

虾尾兰

虾尾兰属野外识别特征一览表

种名	叶	总状花序	萼片	唇瓣	蕊柱	花期	分布与生境
虾尾兰 *P. elobe*	先端不等侧2尖裂，基部具关节和宿存的鞘	侧生，不分枝；花序柄和花序轴具翅状纵凸纹	侧萼片倒卵形，较大，基部贴生在蕊柱基部	着生在蕊柱足末端而形成一个可活动的关节，3裂；侧裂片大，上举；中裂片很小，稍向前伸	前面紫色，药帽前端稍向前伸长为三角形	7月	产于云南南部、海南。生于海拔1 000～1 500米的林缘树干上

刘胜祥 / 华中师范大学

193. 巾唇兰属 *Pennilabium* J. J. Smith

小型附生草本。茎短，具少数密生的叶，花序侧生于茎，伸长；具少数花；花苞片二列互生；花中等大；萼片轮生，等大，花辨相似于萼片而稍小；边缘带有齿；唇辨贴生于花柱基部，无关节，3 裂；侧裂片前端边缘具齿或流苏；中裂片肉质，很小或为较明显肉质实心体，距细长，常向末端膨大，内侧无附属物和隔膜；蕊柱短，无蕊柱足；花粉团蜡质，2 个，近球形，全缘。

全属 10 ～ 12 种，分布从印度（阿萨姆邦）到泰国、马来西亚，再到印度尼西亚和菲律宾。我国 1 种。

巾唇兰属植物野外识别特征一览表

种名	根与茎	花莛	叶	花序	花	花瓣、萼片	唇瓣	花期	分布与生境
巾唇兰 *P. yunnanense*	茎直立	出自茎基部	长圆形，具宿存的鞘	总状花序下垂，具 2 ～ 3 朵花	白色，质地薄	花瓣狭长圆形，中萼片狭长圆形，侧萼片镰刀状长圆形	3 裂，侧裂片大，近匙形	9 月	产于云南南部。生于海拔约 1 300 米茶树树干上

刘胜祥 / 华中师范大学

194. 槌柱兰属 *Malleola* J. J. Smith et Schlechter

附生草本。茎稍扁圆柱形。叶扁平，2 列。总状花序侧生于茎；花开展；唇瓣牢固地着生于蕊柱基部，3 裂；侧裂片小；中裂片较狭，斜立或向前伸展而外卷；距大，囊状；蕊柱粗短，锤形；花粉团球形，2 个。

约 30 余种，分布于越南、泰国、马来西亚、印度尼西亚、新几内亚岛、菲律宾和太平洋一些群岛。我国 3 种，产于热带地区。

槌柱兰

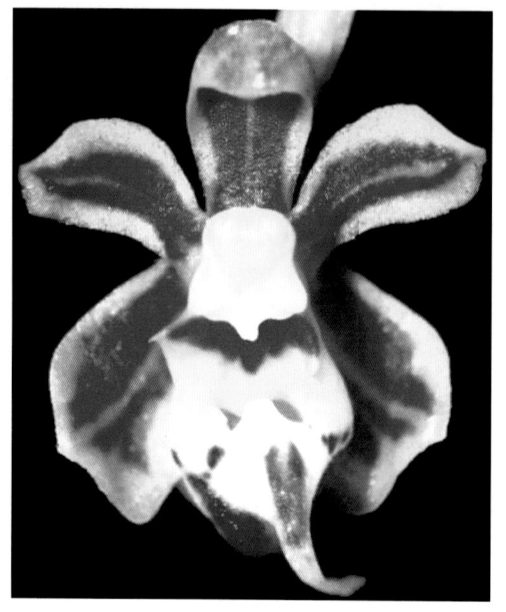
槌柱兰

槌柱兰

槌柱兰属植物野外识别特征一览表

序号	种名	苞片	花色	唇瓣中裂片	距	蕊柱乳突	花期	分布与生境
1	槌柱兰 *M. dentifera*	狭披针形	萼片和花瓣黄白色，具2条红色条纹；唇瓣紫色和白色	狭披针形	囊状	无乳突	9月	产于云南、海南。生于海拔600～700米森林树干上
2	海南槌柱兰 （三色槌柱兰） *M. insectifera*	短三角形	花瓣和萼片棕黄色，具2条深红色条纹；唇瓣淡黄色，带紫色斑块	宽三角形	中部膨大，基部狭窄	无乳突	12月、1月	产于海南。生于海拔500～600米森林树干或岩石上
3	西藏槌柱兰 *M. tibetica*	卵形到三角形	萼片和花瓣黄色，具2条血红色条纹；唇瓣白色	舌状和狭三角状线形，先端反折	长圆形，先端突然收缩变窄，弯曲	具致密结晶状的乳突	7—8月	产于西藏。生于雅鲁藏布江流域海拔800米区域的树干上

晏启 / 武汉市伊美净科技发展有限公司

主要参考文献

陈建兵，王美娜，潘云云，等，2020. 深圳野生兰花 [M]. 北京：中国林业出版社 .

陈心启，吉占和，1998. 中国兰花全书 [M]. 北京：中国林业出版社 .

陈心启，吉占和，罗毅波，1999. 中国野生兰科植物彩色图鉴 [M]. 北京：科学出版社 .

陈心启，吉占和，郎楷永，等，1999. 中国植物志：第 18 卷 [M]. 北京：科学出版社 .

陈心启，郎楷永，罗毅波，等，1999. 中国植物志：第 17 卷 [M]. 北京：科学出版社 .

陈心启，刘仲健，陈利君，等，2013. 中国杓兰属植物 [M]. 北京：科学出版社 .

陈心启，刘仲健，罗毅波，等，2009. 中国兰科植物鉴别手册 [M]. 北京：中国林业出版社 .

丁慎言，尹俊梅，2000. 海南岛野生兰花图鉴 [M]. 北京：中国农业出版社 .

高江云，刘强，余东莉，2014. 西双版纳的兰科植物多样性和保护 [M]. 北京：中国林业出版社 .

黄伯高，2017. 广西雅长野生兰科植物彩色图集 [M]. 北京：中国林业出版社 .

吉占和，陈心启，罗毅波，等，1999. 中国植物志：第 19 卷 [M]. 北京：科学出版社 .

金效华，2016. 中国高等植物彩色图鉴：第 9 卷 [M]. 北京：科学出版社 .

金效华，李剑武，叶德平，2019. 中国野生兰科植物原色图鉴 [M]. 郑州：河南科学技术出版社 .

金效华，赵晓东，施晓春，2009. 高黎贡山原生兰科植物 [M]. 北京：科学出版社 .

兰思仁，刘江枫，彭东辉，等，2016. 福建野生兰科植物 [M]. 北京：中国林业出版社 .

兰思仁，唐泽耕司，陈心启，等，2017. 世界观赏野生兰彩色图鉴 [M]. 北京：科学出版社 .

林维明，2006. 台湾野生兰赏兰大图鉴 [M]. 台北：天下远见出版股份有限公司 .

刘仲健，陈心启，茹正忠，2006. 中国兰属植物 [M]. 北京：科学出版社 .

刘仲健，陈心启，陈利君，等，2009. 中国兜兰属植物 [M]. 北京：科学出版社 .

徐志辉，蒋宏，叶德平，等，2010. 云南野生兰花 [M]. 昆明：云南科技出版社 .

王瑞江，2019. 广东重点保护野生植物 [M]. 广州：广东科技出版社 .

吴明开，刘作易，罗晓青，2014. 贵州珍稀兰科植物 [M]. 贵阳：贵州科技出版社 .

曾宋君，胡松华，2004. 石斛兰 [M]. 广州：广东科技出版社 .

钟诗文，2015. 台湾野生兰图志 [M]. 台北：城邦文化事业股份有限公司 .

周庆，2017. 贵州野生兰科植物 [M]. 贵阳：贵州科技出版社 .

Chen S C，Liu Z J，Zhu G H，et al.，2009. Orchidaceae[M]// Wu C Y，Raven P H. Flora of China：Volume 25. Beijing: Science Press; St. Louis: Missouri Botanical Garden Press.

中文名称索引

J

T

拉丁学名索引

R

附录　湖北兰科一新种——锚齿卷瓣兰

晏启[1,2]　李新伟[1]　吴金清[1]

[1] 中国科学院武汉植物园，湖北武汉　430074

[2] 武汉市伊美净科技发展有限公司，湖北武汉　430074

摘要　描述了在湖北五峰兰科植物省级自然保护区发现的兰科 Orchidaceae 石豆兰属 *Bulbophyllum* 一新种——锚齿卷瓣兰（*Bulbophyllum hamatum* Q. Yan, X.W. Li & J.Q. Wu）。该种与毛药卷瓣兰 *B. omerandrum* Hayata 相近，但假鳞茎长卵形近圆柱形，具长叶柄，花黄白色，中萼片先端长渐尖呈尾状，侧萼片狭镰状披针形，花瓣先端具 1 条长约与花瓣近等长的髯毛，蕊柱翅卵形，蕊柱齿中上部弯曲呈钩状或镰刀状而似锚，药帽前缘具篦齿状齿等特征而与后者不同。

关键词　石豆兰属；锚齿卷瓣兰；兰科；新种；湖北；五峰

附生或石生草本。根状茎纤细，粗约 2 毫米，匍匐生根。假鳞茎在根状茎上彼此相距 1 ～ 7 厘米，长卵形至近圆柱形，长 1 ～ 2.5 厘米，基部上方粗 0.3 ～ 1.2 厘米，顶生 1 枚叶。叶厚革质，长圆形，长 3 ～ 8.5 厘米，中部宽 0.7 ～ 1.6 厘米，先端钝并且稍凹入，基部楔形收窄，具长 1 ～ 2 厘米的柄，边缘下弯，在上面中肋下陷。花莛从假鳞茎基部抽出，直立，长 5 ～ 9 厘米，总状花序缩短呈伞状，常具 2 ～ 4 朵花；花序柄纤细，粗约 1 毫米，疏生 2 ～ 3 枚筒状鞘；花苞片卵形、舟状，长 0.8 ～ 1.2 厘米；花梗和子房密被紫红色斑点，长 1.2 ～ 2 厘米；花黄白色；中萼片卵圆形，凹的，长 0.6 ～ 1 厘米，中部宽 5 毫米，先端长渐尖至尾状，边缘全缘，具 4 ～ 5 条脉；侧萼片狭镰状披针形，长 1.6 ～ 2.2 厘米，基部宽 5 毫米，先端渐尖，基部贴生于蕊柱足，边缘全缘，基部上方扭转而使两侧萼片呈八字形叉开；花瓣卵形至卵状三角形，边缘啮蚀状，长约 5 毫米，基部宽 4 毫米，先端稍钝且具 1 条长约与花瓣近等长的髯毛，具 3 条脉，边缘密生流苏状齿，下侧边缘尤甚；唇瓣肉质，舌形，长约 6 毫米，向外下弯，基部近心形，与蕊柱足末端连接而形成活动关节，后半部两侧对折，先端钝，具短尖头，唇盘密生细乳突；蕊柱长约 5 毫米；蕊柱翅在蕊柱上端向前伸展呈卵形；蕊柱足弯曲，长 4 毫米，其分离部分长 3 毫米；蕊柱齿披针形至长圆形，中上部弯曲呈钩状或镰刀状，似锚，长约 2 毫米，先端钝；

注：在《中国兰科植物野外识别手册》编制期间，编制组发表兰科一新种，锚齿卷瓣兰 *Bulbophyllum hamatum* Q. Yan, X.W. Li & J.Q. Wu，其成果以“*Bulbophyllum hamatum* (Orchidaceae), a new species from Hubei, central China”为题发表在国际植物分类学期刊《Phytotaxa》上。以下为成果的主要译文。

药帽近球形，前缘具篦齿状齿；花粉团蜡质，4 个成 2 对，无附属物。花期 4 月。

产于湖北西部、广西、贵州、湖南。常生于海拔 950～1 100 米的沟谷岩石上或山地林中树干上。模式标本采自湖北五峰兰科植物省级自然保护区，保存于中国科学院武汉植物园标本馆（HIB）。

图 1　锚齿卷瓣兰

A. 生境，B. 群落，C. 植株，D. 叶正面，E. 叶反面，F. 花正面，G. 花背面，H. 侧萼片、花瓣、唇瓣、合蕊柱，I. 花离析，J. 花瓣、唇瓣、合蕊柱，K. 唇瓣、合蕊柱，L. 唇瓣侧面，M. 唇瓣背面观，N. 合蕊柱，O. 药帽，P. 花粉团。

本种与毛药卷瓣兰 *B. omerandrum* Hayata 相近，但其假鳞茎长卵形至近圆柱形，具长叶柄，花黄白色，中萼片先端长渐尖呈尾状，侧萼片狭镰状披针形，花瓣先端具 1 条长约与花瓣近等长的髯毛，蕊柱翅卵形，蕊柱齿中上部弯曲呈钩状或镰刀状而似锚，药帽前缘具篦齿状齿等特征而明显不同。

表 1　锚齿卷瓣兰（*B. hamatum*）与毛药卷瓣兰（*B. omerandrum*）的形态学比较

性状	*B. hamatum*	*B. omerandrum*
假鳞茎	长卵形至近圆柱形	卵状球形
叶柄	1～2 厘米	具短柄或无柄
花序	总状花序	伞状
中萼片	先端长渐尖至尾状	先端稍钝并具 2～3 条髯毛
侧萼片	狭镰刀状披针形	披针形
花瓣	黄色，先端具 1 条长约与花瓣等长的髯毛	中部、下部黄色，先端紫褐色、钝且具细尖
蕊柱翅	在蕊柱上端中部稍向前伸展呈卵形	在蕊柱中部稍向前伸展呈半月形
蕊柱齿	中上部弯曲呈钩状或镰刀状而似锚	三角形，先端急尖呈尖牙齿状
药帽	前缘具篦齿状齿	前缘具短流苏状毛

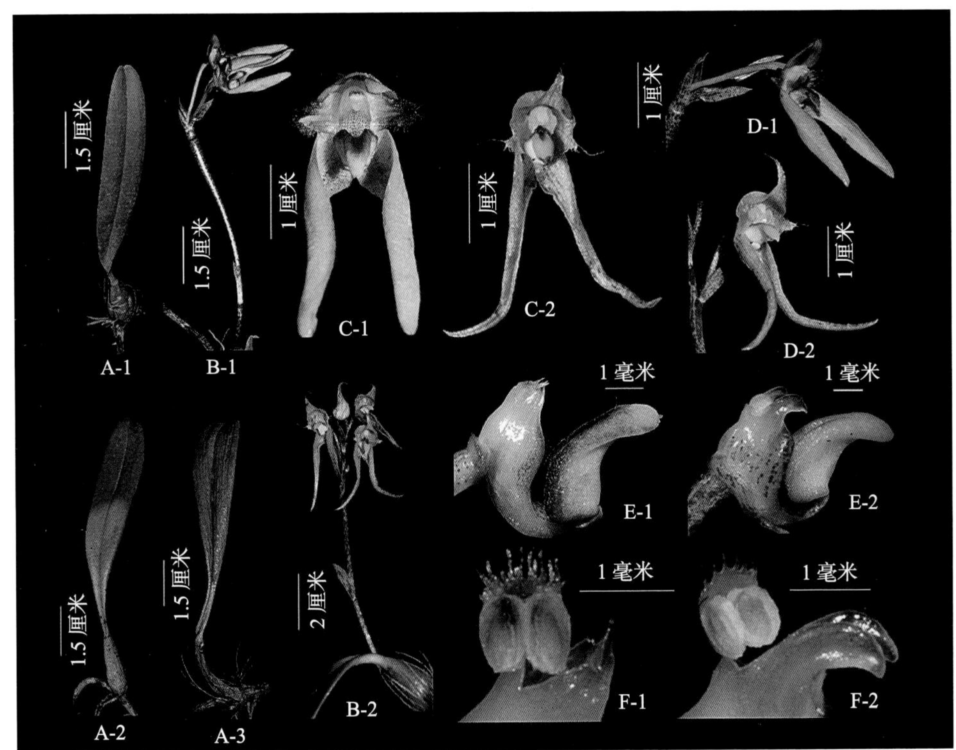

图 2　锚齿卷瓣兰与毛药卷瓣兰的形态学比较

A-1、B-1、C-1、D-1、E-1、F-1：毛药卷瓣兰 B. omerandrum，A-2&A-3、B-2、C-2、D-2、E-2、F-2：锚齿卷瓣兰 B. hamatum。A. 叶和假鳞茎；B. 花序；C. 花正面；D. 花侧面；E. 合蕊柱、唇瓣侧面；F. 蕊柱齿、药帽。

致谢： 承蒙湖北五峰兰科植物省级自然保护区熊治学、张炎华对野外调查及标本采集工作的支持，中国热带农业科学院热带作物品种资源研究所黄明忠、华中师范大学刘胜祥、广州市番禺中心医院王炳谋等对标本鉴定工作等的帮助。谨致谢意。